Eberhard Schuon · Hellmuth Wolf

Nachrichten-Meßtechnik

Prinzipien, Verfahren, Geräte

Mit 155 Bildern

Springer-Verlag
Berlin Heidelberg New York 1981

Dr.-Ing. EBERHARD SCHUON

Fachbereichsleiter im Entwicklungslaboratorium
Wandel & Goltermann GmbH & Co, Eningen u. A.
Honorarprofessor an der Universität Stuttgart

Dr.-Ing. HELLMUTH WOLF

Professor, Leiter des Institutes für Nachrichtensysteme
der Universität Karlsruhe

Dr.-Ing. HANS MARKO

Professor, Lehrstuhl für Nachrichtentechnik
Technische Universität München

CIP-Kurztitelaufnahme der Deutschen Bibliothek
Nachrichten-Meßtechnik / E. Schuon; H. Wolf. – Berlin; Heidelberg; New York : Springer, 1981.
(Nachrichtentechnik; Bd. 9)

ISBN 3-540-10637-5 Springer-Verlag Berlin Heidelberg New York
ISBN 0-387-10637-5 Springer-Verlag New York Heidelberg Berlin

NE : Wolf, Hellmuth :; GT

Satz und Herstellung Fa. Wandel & Goltermann GmbH & Co, Eningen u. A.
Offsetdruck und Bindearbeiten: Oertel + Spörer, Burgstraße 1–7, 7410 Reutlingen 1
im Buchhandel durch Springer-Verlag Berlin Heidelberg New York
2362/3020   5 4 3 2 1 0

Unseren Lehrern und Förderern

Richard Feldtkeller
Herbert Döring

in Dankbarkeit gewidmet

Vorwort

Das vorliegende Buch ist aus gleichnamigen Vorlesungen entstanden, die wir seit längerer Zeit an den Universitäten Stuttgart bzw. Karlsruhe halten. Diese Vorlesungen sind Wahlfächer für Studenten der Nachrichtentechnik und verwandter Gebiete in höheren Semestern. Allerdings war es nicht die Absicht des Herausgebers, in seine Buchreihe „Nachrichtentechnik" einen reinen Vorlesungstext aufzunehmen. Angestrebt wurde vielmehr eine umfassende Darstellung nach Art einer Monographie. Wir haben versucht, diesem Wunsch zu entsprechen, ohne dabei die Verwendbarkeit dieses Textes in Vorlesungen einschränken zu wollen.

Die Nachrichenmeßtechnik befaßt sich mit den Meßmethoden und -verfahren, die der direkten Messung übertragungstechnischer Größen dienen. Sie ist daher weitgehend auf die Anwendung in bestimmten Nachrichtensystemen ausgerichtet, wodurch sie sich von der klassischen Meßtechnik unterscheidet. Allerdings kann die Vielfalt moderner Nachrichtensysteme zu einer Zersplitterung führen, die gegenüber der klassischen Meßtechnik eine systematische Behandlung sehr erschwert. Das zeigt sich u. a. daran, daß es viele Einzelveröffentlichungen, jedoch kaum zusammenfassende Darstellungen gibt. Dieser Umstand hat zur Entstehung des Buches beigetragen.

Der gesamte Stoff ist in sieben Kapiteln dargestellt, wovon jedes einer bestimmten Meßaufgabe gewidmet ist. Nur das letzte Kapitel weicht von diesem Schema ab; in ihm sind alle Meßaufgaben zusammengefaßt, die für digitale Systeme typisch sind. Hier ist also nicht das Meßproblem, sondern das Meßobjekt bestimmend gewesen.

Auswahl, Gliederung und Gewichtung des Stoffes werden in der Einleitung, speziell im Abschnitt 0.1, ausführlich besprochen. Es leuchtet ein, daß die Meßtechnik für analoge Systeme einen breiten Raum einnimmt, nicht nur, weil sie nach wie vor wichtig ist, sondern auch weil sie schon ein relativ abgeschlossenes Gebiet ist und sich daher besonders für eine zusammenfassende Darstellung eignet. Im Gegensatz dazu ist die Meßtechnik für digitale Systeme infolge ihrer stürmischen Entwicklung z.T. noch im Fluß, einer solchen Darstellung also weniger zugänglich. Trotzdem wird sie hier in dem Maße behandelt, in dem sich ihre Methoden bereits eingeführt haben und daher voraussichtlich von Bestand sein werden. Ebenso kann der Umbruch, der sich dank moderner Halbleitertechnologie in der Automatisierung der Meßtechnik vollzieht, noch nicht abschließend beurteilt werden. Hier beschränkt sich der Text auf Hinweise und auf Darlegung der prinzipiellen Möglichkeiten.

Die zum Verständnis des Textes notwendigen Voraussetzungen entsprechen dem Wissensstand eines Studenten der Elektrotechnik in höheren Semestern. Neben allgemeinem mathematischem und elektrotechnischem Grundwissen sind elementare

Kenntnisse der Laplace- und Fouriertransformation sowie der Wahrscheinlichkeitsrechnung erforderlich.

Die Auswahl der zitierten Literatur geschah nach folgenden Gesichtspunkten: Zunächst sollten möglichst zu jedem Problem sowohl ergänzende Übersichtsaufsätze als auch weiterführende Spezialliteratur angegeben werden. Zusätzlich sind in vielen Fällen auch klassische Originalarbeiten zitiert. Bei den Zitaten zu den erforderlichen Grundlagen findet sich hauptsächlich Schrifttum, das – besonders den Studenten – am ehesten zugänglich ist.

Für kritische Durchsicht des Manuskriptes und zahlreiche Korrekturhinweise danken wir vor allem Herrn Dipl.-Ing. *J. Rudolph*, wissenschaftlicher Mitarbeiter am Institut für Nachrichtensysteme der Universität Karlsruhe, sowie auch Mitarbeitern der Firma *Wandel & Goltermann* in Eningen u.A. Der Firma und ihren Mitarbeitern, besonders den Herren *N. Hahn* und *B. Schepper,* danken wir für die Mühe, die sie sich mit der Herstellung des Buches gemacht haben. Beiträge zum Bildmaterial wurden uns freundlicherweise von den im Bildnachweis genannten Stellen überlassen. Für die Ermunterung, dieses Buch zu schreiben, und die stets angenehme und verständnisvolle Zusammenarbeit danken wir schließlich dem Herausgeber, Herrn Prof. Dr.-Ing. *H. Marko,* und dem Springer-Verlag.

Eningen und Karlsruhe,   Eberhard Schuon
im Frühjahr 1981   Hellmuth Wolf

Inhaltsverzeichnis

Inhaltsverzeichnis

0   Einleitung

Mit dem Titel des Buches ist die Meßtechnik der Nachrichtenübertragungstechnik im engeren Sinne gemeint. Behandelt wird also nicht das Gebiet der klassischen Meßtechnik, wie etwa die (nicht anwendungsbezogene) Messung von Spannungen, Strömen, Leistungen und Widerständen, sondern vielmehr die Messung jener Größen, die unmittelbar für die *Nachrichtenübertragung* maßgebend sind. Dazu gehören vorwiegend jene Eigenschaften der Nachrichtensysteme (und ihre Abweichungen von vorgegebenen Sollwerten), die Signalverzerrungen und Signalstörungen aller Art hervorrufen.

Es ist nicht einfach, das Gebiet der Nachrichtenmeßtechnik, soweit es hier behandelt wird, klar zu umreißen. Eine mögliche Abgrenzung kann man etwa nach Frequenzbereich und nach Art der Nachrichtensysteme vornehmen.

Die Nachrichtentechnik bedient sich heute elektromagnetischer Wellen mit Frequenzen von 0 Hz bzw. einigen Hz bis zu Wellen höchster Frequenzen einschließlich der Lichtwellen. Die Nachrichtenmeßtechnik müßte demnach diesen ganzen Frequenzbereich umfassen. Betrachtet wird jedoch einschränkend der *Frequenzbereich* unterhalb der Höchstfrequenz- oder Mikrowellentechnik, wobei man die Grenze ganz grob bei 300 MHz bzw. 1 m Wellenlänge annehmen kann. Hier liegt ein Übergangsgebiet, das durch Abnahme der Wellenlänge bis auf die Größe der Bauteile gekennzeichnet ist und einen Wechsel der Technik erfordert. Die Mikrowellenmeßtechnik wird also nicht betrachtet, wenn auch die Grenzen nicht immer scharf zu ziehen sind.

Ebenso existiert eine Vielzahl unterschiedlicher *Telekommunikationsformen*[1] und der dazugehörigen Nachrichtensysteme. Sie unterscheiden sich je nach den Teilnehmern (Mensch, Maschine), nach der Übertragungsart (bezüglich Aufnahme, Umformung, Speicherung und Wiedergabe der Nachricht) sowie nach der Verfügbarkeit (vorhanden, in naher oder ferner Zukunft zu erwarten) und anderen Kriterien.

Die folgende Systematik wurde von der KtK[2] erarbeitet und unterscheidet
a) bestehende Telekommunikationsformen
b) neue Telekommunikationsformen in bestehenden Netzen
c) Telekommunikationsformen in Breitbandverteilnetzen
d) Telekommunikationsformen in Breitbandvermittlungsnetzen.

Zu a) gehören *Fernsprechen, Fernschreiben, Datenübertragung, Funkdienste, Ton- und Fernsehrundfunk* sowie weitere Dienste geringerer Verbreitung. Zu b) zählt man

---

[1] Als Sammelbegriff für alle Aspekte der Nachrichtenübertragung hat sich das Wort *Telekommunikation* eingebürgert.
[2] *Kommission für den Ausbau des technischen Kommunikationssystems* [0.1].

1

die mit relativ geringem Aufwand einführbaren Dienste, die zwar Zusatzgeräte, jedoch keine neuen Übertragungswege erfordern. Dazu gehören vornehmlich Bürofernschreiben, Bildschirmtext und Fernkopieren. Zu c) gehört hauptsächlich das Kabelfernsehen und zu d) alle Formen von teilnehmerindividuellem Dialog in Bild und Ton, wie z. B. Bildfernsprechen und der individuelle Abruf von Fernsehprogrammen.

Der vorliegende Text befaßt sich vorwiegend mit den Telekommunikationsformen nach Punkt a) und b), d. h. im wesentlichen mit den großen *öffentlichen Nachrichtennetzen,* wobei auch hier eine scharfe Abgrenzung nicht möglich und auch nicht beabsichtigt ist. Entwicklung, Fertigung, Betrieb und Instandhaltung dieser Systeme erfordern eine hochentwickelte Meßtechnik. Im Rahmen dieses Buches kann lediglich versucht werden, einen Überblick über Meßverfahren und Meßgeräte für Nachrichtensysteme der genannten Art zu geben.

0.1 Meßobjekte und Meßgrößen, Gliederung des Textes

Bild 0.1 zeigt ein vereinfachtes *Modell* eines Nachrichtensystems [z. B. 0.2]. Die von der Nachrichtenquelle stammende Nachricht (Sprache, Schrift, Daten, Musik, Bilder u. a.) wird von einem Wandler in ein elektrisches Signal $x(t)$ umgeformt. Das Signal ist damit zum Träger der Nachricht geworden, eignet sich jedoch als sog. primäres Signal nur selten zur direkten Übertragung über einen gegebenen Kanal. Es ist Aufgabe des Senders, aus $x(t)$ ein für die Übertragung geeignetes Signal $s(t)$ zu erzeugen. Man spricht dann, je nach Art der Aufbereitung des Signals (Modulation, Mehrfachumsetzung u. a.) vom sekundären, tertiären usw. Signal $s(t)$. Außer der Umwandlung und Anpassung des Signals an den Übertragungsweg kann der Sender auch noch die Aufgabe haben, mehrere primäre Signale so zusammenzufassen, daß sie als Bündel über einen einzigen Kanal übertragen und am Empfangsort wieder voneinander getrennt werden können (Multiplexbetrieb).

Das vom Sender abgegebene Signal $s(t)$ durchläuft den Kanal, wobei es in der Regel sowohl verzerrt und geschwächt als auch durch Störsignale $n(t)$ zusätzlich beeinflußt

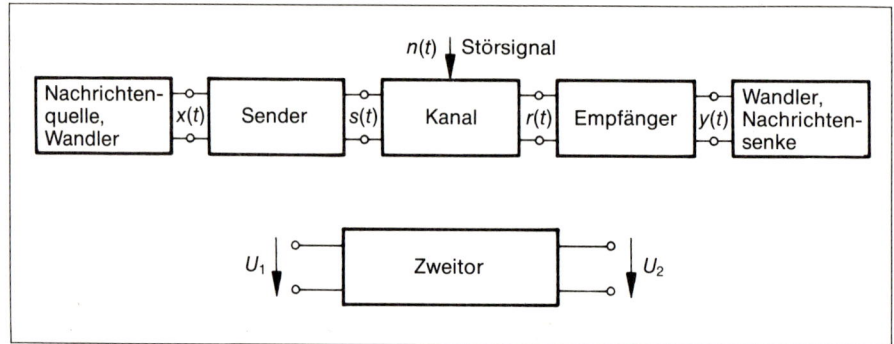

Bild 0.1: Modell eines Nachrichtensystems, Ersatzzweitor.

wird. Das den Empfänger erreichende Signal $r(t)$ ist dann gegenüber $s(t)$ mehr oder weniger verstümmelt. Der Empfänger verstärkt das Signal, trennt es im Fall von Multiplexbetrieb in Einzelsignale auf und macht die vom Sender vorgenommene Signalumwandlung wieder rückgängig. Am Ausgang des Empfängers tritt dann ein primäres Signal $y(t)$ auf, das gegenüber dem ursprünglichen Signal $x(t)$ fehlerhaft ist und über einen entsprechenden Wandler der Nachrichtensenke zugeführt wird (vgl. DIN 40146 [0.3]).

Die Meßobjekte der Nachrichtentechnik sind also in der Regel *Zweitore*. Es kann sich dabei um das komplette Nachrichtensystem oder Teile davon oder um einzelne Komponenten handeln. In jedem Falle läßt sich zwischen zwei Klemmenpaaren ein Ersatzzweitor definieren.

Eines der Ziele der Nachrichtenübertragung besteht in der Erzeugung eines Ausgangssignals, das ein hinreichend verzerrungs- und störungsarmes Abbild des Eingangssignals ist und das zudem noch zeitlich verzögert sein kann. Von den vielen und verschiedenartigen Messungen, die zum Überprüfen dieser Forderung nötig sind, werden im folgenden die wichtigsten genannt.

Bei vielen Übertragungsproblemen interessieren als Meßgrößen zunächst die *linearen Verzerrungen*. Definiert man z.B. anhand des Bildes 0.1 für irgend eine vorgegebene Beschaltung eines Zweitors die *Systemfunktion* [z.B. 0.4]

$$A(f) = \frac{U_2}{U_1} = e^{-g(f)} \quad , \tag{0.1}$$

so setzt sich das Übertragungsmaß

$$g(f) = a(f) + jb(f) \tag{0.2}$$

aus der *Dämpfung* $a(f)$ und der *Phase* $b(f)$ zusammen[1], deren Verlauf über der Frequenz für die linearen Verzerrungen verantwortlich ist. Man unterscheidet dementsprechend zwischen Dämpfungs- und Phasenverzerrungen (Laufzeitverzerrungen)[2].

Die Messung der Systemfunktion bzw. ihrer Teile entspricht der Beschreibung des Systems im *Frequenzbereich*. Kennt man den Verlauf von Dämpfung und Phase als Funktion der Frequenz, so kennt man prinzipiell auch die Übertragungseigenschaften des Systems für beliebige Signale. Man wird diese Messungen jedoch vorzugsweise dort vornehmen, wo es direkt auf diese Größen ankommt. Dämpfung und Phase sind für eine bestimmte Frequenz definiert und müssen daher mit sinusförmigen Signalen gemessen werden.

Kommt es dagegen unmittelbar auf die Verzerrungen der Kurvenform eines Signals an, so ist es oft sinnvoller, das System im *Zeitbereich* zu beschreiben. Man mißt dann das

---

[1] Korrekt heißt es Dämpfungs*maß* und Phasen*maß*, jedoch sind die Kurzformen ,,Dämpfung'' und ,,Phase'' allgemein üblich.

[2] Unter linearen bzw. nichtlinearen Verzerrungen versteht man zunächst die Verformung des Signalverlaufes als Folge nicht idealer Übertragungseigenschaften. Man verwendet aber außerdem den Begriff der Verzerrung auch für die Abweichungen der Systemfunktion vom idealen Verlauf, spricht also von Dämpfungs- bzw. Phasenverzerrungen und zusammenfassend auch hier von ,,linearen Verzerrungen''.

Einschwingverhalten des Systems, ermittelt also z. B. die Impuls- oder Sprungantwort direkt mit entsprechenden impulsförmigen Signalen.

Große Bedeutung in der Nachrichtenübertragung haben die *Impedanzen* (komplexe Widerstände) der Übertragungssysteme. Im übertragungstechnischen Sinn kommt es dabei nicht so sehr auf deren genaue Messung als vielmehr auf überschlägige Bestimmung des Scheinwiderstandes, des Reflexionsfaktors und der Unsymmetrie an. Der Messung des Reflexionsfaktors mit Hilfe der sog. S-Parameter (Streuparameter) kommt in jenem Frequenzgebiet besondere Bedeutung zu, in dem die Wellenlänge vergleichbar oder kleiner als die Abmessungen der Bauteile wird.

Unvermeidliche Krümmungen oder auch Unstetigkeiten in den Kennlinien der Bauteile eines Nachrichtensystems sind Ursache für die *nichtlinearen Verzerrungen.* Im Gegensatz zu den linearen Verzerrungen entstehen hierbei Frequenzen, die im ursprünglichen Signal nicht vorhanden sind. Dadurch wird einerseits das Signal verfälscht (sog. Klirren), andererseits kann bei Mehrkanalübertragung, z. B. in Trägerfrequenzsystemen, das sog. nichtlineare Nebensprechen, d. h. eine gegenseitige Störung der Kanäle auftreten. Nichtlineare Verzerrungen werden, je nach Problemstellung, mit sinusförmigen oder mit Rauschsignalen gemessen.

Jede Nachrichtenübertragung unterliegt gewissen Störungen. Sie entstehen innerhalb des Systems oder dringen von außen ein. Bei den Störungen handelt es sich fast immer um *stochastische Größen,* die durch geeignete Meßmethoden erfaßt werden müssen. Eine der wichtigsten Störungen ist das *Rauschen.* Es verhindert den direkten Empfang beliebig schwacher Signale, da diese auch durch noch so hohe Verstärkung nicht mehr vom Rauschen getrennt werden können. Es muß vielmehr im gesamten Übertragungssystem ein gewisser *Rauschabstand* eingehalten werden. Die dazu erforderliche Signalleistung hängt von den Rauscheigenschaften des Systems ab. Diese lassen sich messen, wofür man vorzugsweise Rauschsignale verwendet. Bei digitalen Signalen mißt man ggf. direkt die durch Rauschen oder andere Störungen verursachte *Fehlerhäufigkeit.*

In Extremfällen läßt sich ein gewünschter Rauschabstand nicht einhalten oder ist von vornherein nicht gegeben. Zur Entdeckung extrem schwacher Signale im Rauschen und auch für andere Zwecke wendet man *Korrelationsmessungen* an.

Schließlich werden die mit der zunehmenden Verbreitung der digitalen Übertragungsverfahren (Datenübertragung, PCM-Technik, optische Nachrichtenübertragung u.a.) immer wichtiger werdenden *Messungen an digitalen Systemen* zusammengefaßt dargestellt.

Damit ist eine Auswahl aus den wichtigsten Messungen getroffen, woraus sich auch die Einteilung dieses Buches ergibt. Seine Kapitel lauten:

1. Pegel- und Dämpfungsmessungen
2. Phasen- und Laufzeitmessungen
3. Messung des Einschwingverhaltens
4. Impedanzmessung

5. Messung nichtlinearer Verzerrungen
6. Messung stochastischer Größen
7. Messung an digitalen Systemen.

Selbstverständlich kann auch diese Auswahl nicht erschöpfend behandelt werden. Vielmehr werden in jedem Kapitel lediglich einige typische Verfahren und Geräte besprochen, so daß sich wenigstens ein Überblick über die Probleme der Nachrichten-Meßtechnik ergibt.

Zur *Gliederung* und Gewichtung des Stoffes sind noch einige Bemerkungen zu machen. Die Einteilung in Kapitel erfolgt hauptsächlich nach den Meßgrößen (Dämpfung, Phase, Impedanz usw.) und daher nicht explizit nach Messungen an bestimmten Nachrichtensystemen. Kapitel 7 fällt insofern aus dem Rahmen, als es Messungen an digitalen Systemen behandelt, die sich nicht ohne Zwang in das Grundschema einordnen lassen und die man zweckmässigerweise auch geschlossen beschreibt.

Die einzelnen Kapitel sind in der Regel folgendermaßen gegliedert: Es werden zunächst die wichtigsten Definitionen und theoretischen Grundlagen zusammengestellt. Dann folgt die Beschreibung der Meßprinzipien und der grundsätzlichen Wirkungsweise der Meßgeräte. Schließlich werden praktische Anwendungen, besondere Probleme, typische Daten, die Meßgenauigkeit und die Grenzen der Meßverfahren besprochen.

Schließlich fällt auf, daß das Kapitel 1 (Pegel- und Dämpfungsmessungen) das umfangreichste Kapitel ist. Dies liegt nicht nur an der grundsätzlichen Bedeutung der Pegelmeßtechnik sondern auch daran, daß viele Dinge in diesem Kapitel behandelt werden, die von allgemeiner Bedeutung und daher nicht nur für die Pegelmessung wichtig sind. Dazu gehören etwa Betrachtungen über Rauschen und Bandbreite, über Wobbelgeschwindigkeit, Signalgleichrichtung sowie besondere Probleme wie Störlinien im Sende- und Empfangsspektrum u.a. Andere Kapitel dagegen sind weniger umfangreich. Dies gilt vor allem für diejenigen Kapitel, die Messungen behandeln, deren Technik noch stark im Fluß ist, wie es z.B. bei den Korrelationsmessungen und den Messungen an Lichtleitern der Fall ist.

0.2   Meßmethoden und Meßverfahren

Messen heißt vergleichen. Bei jeder Messung wird eine unbekannte Größe nach einer bestimmten Methode mit einer bekannten Größe verglichen.

Eine systematische Einteilung der *Meßmethoden*[1] im Sinne der klassischen Meßtechnik scheint für die moderne Nachrichten-Meßtechnik nicht mehr ganz sinnvoll zu sein. Sicherlich lassen sich viele Meßmethoden nach dem Gesichtspunkt der direkten und indirekten Messung, der Ausschlags- und Nullmethode, der Brücken- und Kompensationsmethode usw. einteilen. Es bleiben jedoch zahlreiche Meßmethoden übrig, die man nur mit Mühe in dieses Schema einordnen könnte. Man denke etwa an

---

[1] Vgl. etwa DIN 1319 [0.5].

die Messung digitaler Größen, an die Erfassung, Korrektur und Verarbeitung von Meßgrößen mit Hilfe von Mikrorechnern u.a. Da dieses Gebiet z.Zt. noch sehr im Fluß ist, wird auf den Versuch einer allgemeinen Systematik der Meßmethoden verzichtet und ggf. im Einzelfall auf Besonderheiten verwiesen.

Die Frage der Meßgenauigkeit läßt sich ebenfalls nicht im klassischen Sinne beantworten, daß etwa Nullmethoden (z.B. Brücken- oder Kompensationsmethoden) wegen ihres direkten Bezugs zu einem gleichartigen Normal grundsätzlich genauere Ergebnisse liefern als z.B. direktanzeigende Geräte. Denn bei diesen Geräten, z.B. elektronischen Spannungsmessern, die nur mit Hilfe wiederholter Eichungen[1] an einem Normal diskutabel erschienen, hat sich ein Wandel vollzogen. Bei dem heute zur Verfügung stehenden hohen ,,Überschuß" an Verstärkung, z.B. bei Operationsverstärkern, kann in vielen Fällen bei hinreichender Gegenkopplung die Genauigkeit auf die der gegenkoppelnden Widerstände, d.h. auf diese ,,Normale" zurückgeführt werden, so daß eine laufende Nacheichung mit Hilfe eines Spannungsnormals überflüssig wird.

Auch bei den *Meßverfahren* ist eine systematische Einteilung schwierig geworden. Die große Anzahl und Verschiedenheit moderner Nachrichtensysteme stellen besondere Anforderungen an die Meßtechnik. Man möchte umfangreiche Messungen in möglichst kurzer Zeit, mit ungeschultem Personal und möglichst ohne oder mit nur kurzer Betriebsunterbrechung vornehmen. Das führt zu programmgesteuertem Ablauf der Messungen durch Mikrorechner und zum Verbundbetrieb der benötigten Meßgeräte über Datenbusse, wodurch heute eine Automatisierung jedes Meßproblems lösbar ist (vgl. hierzu Abschnitt 0.4.2).

Trotzdem haben die im folgenden erwähnten Meßverfahren noch grundsätzliche Bedeutung, weswegen sie anhand einiger alternativer Möglichkeiten kurz besprochen werden.

Punktmessung − Wobbelmessung (Bild 0.2). Mißt man mit einem Sender und einem selektiven Empfänger z.B. den Amplitudenverlauf eines Filters, so muß man sowohl den Sender als auch den Empfänger für jeden einzelnen Meßpunkt von Hand abstimmen und anschließend den Meßwert ablesen. Das ist mühsam und zeitraubend. Eine wesentliche Erleichterung bedeutet dabei eine automatische Empfängerabstimmung, wobei nur noch der Sender abgestimmt werden muß. Wird dabei noch die Ausgangsspannung des Senders konstant gehalten, so zeigt das Instrument im Empfänger beim Durchdrehen des Senders bereits direkt den Amplitudenverlauf an. Hierdurch wird der Überblick wesentlich erleichtert. Ein weiterer Schritt zur Automatisierung ist das Wobbeln: Die Sendefrequenz wird im gewünschten Bereich automatisch periodisch durchlaufen, z.B. sägezahnförmig (Bild 0.2b). Die Ausgangsspannung bzw. der Ausgangspegel (logarithmische Darstellung) des Empfängers wird zur Vertikalablenkung eines Sichtgerätes oder eines XY-Schreibers benutzt, wobei in horizontaler Richtung proportional der jeweiligen Momentanfrequenz abgelenkt wird. Dadurch wird die ,,Durchlaßkurve" direkt auf dem Bildschirm oder dem Registrierpapier sichtbar. Ihr Verlauf kann mit einem Blick beurteilt werden, das Resultat einer Änderung, z.B. beim Abgleich, läßt

---

[1] ,,Eichen" wird hier im allgemeinen Sprachgebrauch der Technik im Sinne von Kalibrieren (Einmessen) und Justieren (Abgleichen) verwendet und nicht im Sinne amtlichen Eichens.

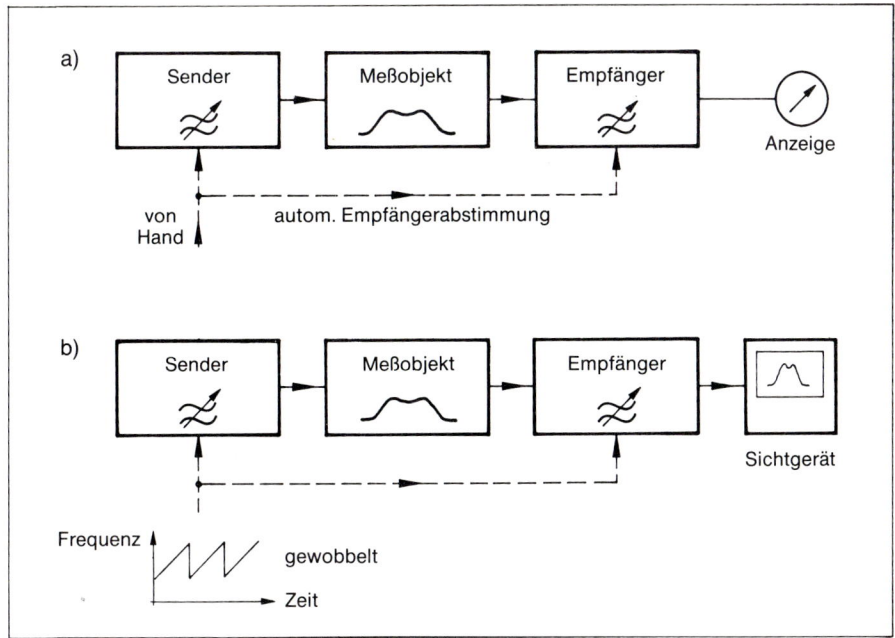

Bild 0.2: a) Punktmessung,   b) Wobbelmessung.

sich schnell erkennen. Im Gegensatz zur Punktmessung liefert die Wobbelmessung nicht nur diskrete, sondern kontinuierliche Werte einer Kurve, so daß keine Teilstücke unerkannt bleiben.

Schleifenmessung − Streckenmessung (Bild 0.3). Je nach zu messender Größe und je nach Ausführung der Meßgeräte sind zwischen Sender und Empfänger außer der Verbindung über das Meßobjekt oft noch zusätzliche Verbindungen erforderlich. Sender und Empfänger müssen sich dann am gleichen Ort befinden. Soll eine Übertragungsstrecke zwischen zwei entfernten Orten A und B gemessen werden, so muß die Meßstrecke mit einer zweiten Strecke zu einer Schleife geschaltet werden. Dadurch werden beide Strecken blockiert und es wird nicht die gewünschte Strecke, sondern die Kettenschaltung beider Strecken gemessen. Sind die Meßgeräte jedoch

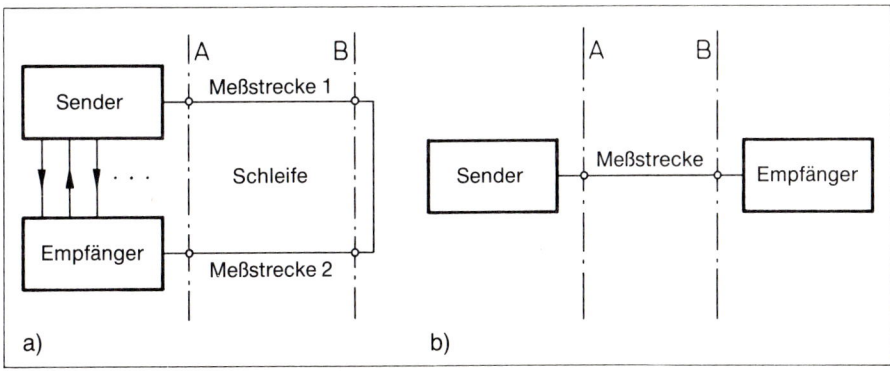

Bild 0.3: a) Schleifenmessung,   b) Streckenmessung.

so ausgeführt, daß zwischen Sender und Empfänger keine zusätzlichen Verbindungen benötigt werden, so können Sender und Empfänger an verschiedenen Orten stehen, d.h. es sind Streckenmessungen möglich. Dem Nachteil der Streckenmessung, daß sowohl die Sende- als auch die Empfangsstelle personell besetzt sein muß, kann durch Fernsteuerung der Meßgeräte und durch automatische Meßwertübertragung begegnet werden.

Messung während des Betriebes. Zur Messung oder Überprüfung muß eine Übertragungsstrecke in der Regel dem Nachrichtenverkehr entzogen werden. Bei häufigen Überwachungsmessungen bedeutet dies eine erhebliche Einschränkung. Man strebt daher Meßverfahren an, die es gestatten, während des Betriebes zu messen. Hierzu müssen Sender und Empfänger rückwirkungsfrei an die Strecke angekoppelt werden und die Meßsignale so beschaffen sein, daß sie die Nachricht nicht stören und sich am Empfangsort von der Nachricht wieder trennen lassen. Dies ist mit einem Multiplexverfahren möglich, in der Regel Frequenz- oder Zeitmultiplex. Man legt das Meßsignal in die „Lücken" des Nachrichtensignals, d.h. in Frequenz- oder Zeitbereiche, die von der Nachricht nicht belegt sind.

Eine andere Möglichkeit, unterbrechungsfrei zu messen, sind Messungen am Nachrichtensignal selbst. In der PCM-Technik z.B. werden häufig pseudoternäre Codes verwendet, bei denen zwei aufeinanderfolgende Einsen stets unterschiedliche Polaritäten haben müssen. Durch Messen der sog. Bipolaritätsverletzungen kann man auf die Fehlerhäufigkeit schließen. Ebenso kann man die Fehler im stets gleichen, bekannten und nicht zur Nachricht gehörenden Synchronwort messen, um die Strecke laufend zu überprüfen (vgl. hierzu Abschnitt 7.3.3.1).

0.3 Meßfehler und Meßunsicherheiten

Jede Messung ist mit Fehlern und Unsicherheiten verbunden, die auf der Unvollkommenheit des Meßobjektes, des Meßgerätes und der messenden Person beruhen. Bei jeder Messung fragt man daher — etwas verschwommen — nach der Meßgenauigkeit, die zweckmäßigerweise anhand der auftretenden *Meßfehler* und *Meßunsicherheiten* erörtert werden kann (DIN 1319 [0.5]).

0.3.1 Definitionen, Fehlerarten

Definiert man bei einem Meßgerät x_a als den abgelesenen und x_r als den richtigen Meßwert, so definiert man folgende Meßfehler:

$$F_{abs} = x_a - x_r \; ; \; F_{rel1} = \frac{x_a - x_r}{x_r} \; ; \; F_{rel2} = \frac{x_a - x_r}{x_{a\,max}} \; . \tag{0.3}$$

Der *Fehler* einer Messung ist also grundsätzlich als Differenz zwischen dem *angezeigten* Wert x_a und dem (sonst irgendwie ermittelten) *richtigen* Wert x_r definiert. Dabei kann ein absoluter Fehler F_{abs}, ein auf den richtigen Wert x_r bezogener relativer

Fehler F_{rel1} sowie ein auf den Meßbereich $x_{a\,max}$ bezogener relativer Fehler F_{rel2} definiert werden.

Die genannten Definitionen gelten auch für sog. Maßverkörperungen. Darunter versteht man nach DIN 1319 ein Normal, das eine Meßgröße „verkörpert". Im Sinne der Nachrichtentechnik sind das Geräte, die nicht eine Größe messen (z. B. ein Pegelmesser), sondern eine Größe erzeugen (z. B. ein Pegelsender).

Bei Fehlern unterscheidet man systematische und zufällige Fehler. *Systematische Fehler* sind nach Größe und Vorzeichen bekannt, berechenbar oder durch systematische Untersuchung erkennbar. Ein mit einem solchen Fehler behaftetes Meßergebnis ist *unrichtig,* wenn es nicht durch eine *Korrektion* berichtigt wird. Die Korrektion ist dabei gleich dem negativen Fehler.

So liefert z. B. ein Thermoelement eine Spannung, die nicht streng proportional der Temperatur ist. Die Abweichungen vom linearen Verlauf können jedoch ein für allemal ermittelt und bei jeder Messung berücksichtigt werden.

Zufällige Fehler sind weder nach Größe noch nach Vorzeichen bekannt oder berechenbar und auch einer systematischen Untersuchung nicht zugänglich, da sie von Messung zu Messung verschieden sein können. Die Meßwerte weichen bei wiederholter Messung voneinander ab, d. h. sie *streuen.* Ein Meßergebnis ist nicht notwendigerweise unrichtig, sondern *unsicher.*

So ist z. B. nicht vorhersagbar, an welcher Stelle der Zeiger eines Meßinstrumentes infolge der Lagerreibung zum Stillstand kommt, oder wie die augenblickliche Anzeige z. B. durch Rauschen verfälscht wird.

0.3.2 Statistische Beschreibung zufälliger Fehler

Bei zufälligen Fehlern kann also keine Korrektion angebracht werden. Sie lassen sich nur mit statistischen Methoden erfassen. Man kann mit Hilfe von Stichproben einen sog. *Vertrauensbereich*[1] angeben, innerhalb dessen der gesuchte Meßwert liegt und dieses zudem nur mit einer *statistischen Sicherheit* (Wahrscheinlichkeit)[2], die in der Praxis stets kleiner als 1 ist [0.6].

Unter einer *Stichprobe* des Umfangs n versteht man die Entnahme von n statistisch unabhängigen Proben x_i ($i = 1 \ldots n$) aus einer Grundgesamtheit, deren Wahrscheinlichkeitsverteilung nur teilweise (z. B. nach ihrer Art, jedoch nicht nach einigen oder allen ihren Parametern) oder gar nicht bekannt ist. Meßtechnisch bedeutet eine Stichprobe also etwa die n-fache unabhängige Ausführung einer Messung derselben Meßgröße mit demselben Meßgerät unter denselben Bedingungen.

Als wichtigster Fall sei eine *normalverteilte* Grundgesamtheit mit dem Mittelwert m_r und der Varianz σ_r^2 (bzw. Standardabweichung σ_r) angenommen (der Index r bezeichnet, wie in Gl. (03), die richtigen Werte). Der gesuchte Wert ist m_r, wobei als *Fallunterscheidung* σ_r^2 bekannt oder nicht bekannt sein soll.

---

[1] Auch Konfidenzintervall genannt.

[2] Auch Konfidenzzahl genannt.

Aus einer Stichprobe vom Umfang n lassen sich Mittelwert m_a und Varianz σ_a^2 (Index a bezeichnet die durch Ablesung ermittelten Werte) lediglich für die Stichprobe bestimmen:

$$m_a = \frac{1}{n} \sum_{i=1}^{n} x_i \quad ; \quad \sigma_a^2 = \frac{1}{n-1} \sum_{i=1}^{n} (x_i - m_a)^2 \quad . \tag{0.4}$$

Für endlichen Umfang n der Stichprobe sind dies lediglich Schätzwerte für Mittelwert m_r und Varianz σ_r^2 der Grundgesamtheit. Für $n \to \infty$ weichen jedoch die Schätzwerte nur noch mit verschwindender Wahrscheinlichkeit von den Werten m_r und σ_r^2 ab.

Mit Hilfe der Werte aus Gl. (0.4) läßt sich nun der *Vertrauensbereich* angeben:

$$m_r = m_a \pm a \quad \text{mit} \quad a = c \, \frac{\sigma}{\sqrt{n}} \,^{1)} \quad . \tag{0.5}$$

Der gesuchte Mittelwert m_r der Grundgesamtheit liegt also innerhalb der Grenzen $\pm\, a$ um den gemessenen Mittelwert m_a der Stichprobe. Die Größe dieses Vertrauensbereiches hängt zunächst von der Standardabweichung σ und vom Stichprobenumfang n ab. Die Angabe dieses Vertrauensbereiches ist jedoch lediglich mit der *statistischen Sicherheit* (Wahrscheinlichkeit)

$$P\,(m_a - a \leqslant m_r \leqslant m_a + a) = \int_{-c}^{c} f_\xi (\xi)\, d\xi \tag{0.6}$$

möglich[2]. Der Zusammenhang mit Gl. (0.5) wird dabei über die Integrationsgrenze c in Gl. (0.6) hergestellt. $f_\xi (\xi)$ ist dabei die Wahrscheinlichkeitsdichtefunktion einer Zufallsvariablen

$$\xi = \sqrt{n} \cdot \frac{m_a - m_r}{\sigma} \,, \tag{0.7}$$

die sich aus Gl (0.5) durch Auflösen nach c ergibt. Faßt man dann m_a als Zufallsvariable mit dem Mittelwert m_r und der Standardabweichung $\sigma/\sqrt{n}$ auf, so wird aus c die Zufallsvariable ξ nach Gl. (0.7), die offensichtlich den Mittelwert Null und die Standardabweichung 1 besitzt.

Unterscheidet man nun die beiden oben genannten Fälle, so gilt:
a) Die Varianz σ_r^2 der Grundgesamtheit ist bekannt. Dann ist in Gl. (0.5) und Gl. (0.7) $\sigma = \sigma_r$ zu setzen und in Gl. (0.6) die *Normalverteilung* für die Zufallsvariable ξ aus Gl. (0.7) zu verwenden (Gaußsches Fehlerintegral).

b) Die Varianz σ_r^2 ist nicht bekannt, sondern lediglich die Varianz σ_a^2 der Stichprobe nach Gl. (0.4). Dann ist in Gl. (0.5) und Gl. (0.7) $\sigma = \sigma_a$ zu setzen und in Gl. (0.6) die *Student-*[3] *oder t-Verteilung* für die Zufallsvariable ξ aus Gl. (0.7) zu verwenden. Für großen Stichprobenumfang n geht diese Verteilung in die Normalverteilung über.

Aus dem Gesagten geht hervor, daß die Größe des Vertrauensbereichs abhängig von der statistischen Sicherheit ist: Kleine Vertrauensbereiche (präzise Angaben) lassen

---

[1] σ ist hier ohne Index geschrieben, da es fallweise σ_r oder σ_a bedeuten kann.
[2] Anstelle von P wird oft auch die Überschreitungswahrscheinlichkeit $1 - P$ genannt.
[3] Pseudonym für W. S. Gosset.

sich nur mit geringer, große Vertrauensbereiche (unpräzise Angaben) dagegen mit großer statistischer Sicherheit nennen. Dies ist nicht zu umgehen und liegt in der Natur der Wahrscheinlichkeitsrechnung. Beide Extreme führen zu unbrauchbaren Angaben.

In Wissenschaft und Technik bleibt es dem jeweiligen Anwendungszweck überlassen, welche statistische Sicherheit P zugrunde gelegt wird. Gebräuchliche Werte für P nach Gl. (0.6) und die daraus folgenden Werte für den Faktor c in Gl. (0.5) sind in Tab. 0.1 angegeben. Dabei ist zwischen den erörterten Fällen a) und b) zu unterscheiden, da im Fall b) die Werte für den Faktor c vom Stichprobenumfang n abhängen und erst für große n ($n \geqslant 100$) sich den Werten im Fall a) hinreichend gut annähern. Für $n \to \infty$ stimmen sie voraussetzungsgemäß überein. Die Abweichungen bei kleinen n sind auf die Unsicherheit des Schätzwertes für die Varianz σ_a^2 nach Gl. (0.4) zurückzuführen, die um so größer ist, je kleiner n wird.

Tab. 0.1: Werte des Faktors c in Gl. (0.5) für vier verschiedene statistische Sicherheiten P nach Gl. (0.6) in den Fällen a) σ_r bekannt, c vom Stichprobenumfang n unabhängig und b) σ_r nicht bekannt, c von n abhängig [0.5; 0.6].

P	0,683 „1σ-Regel"	0,950 „2σ-Regel"	0,990	0,9973 „3σ-Regel"
Fall a):	$c = 1,00$	$c = 1,96$	$c = 2,58$	$c = 3,00$
Fall b): $n = \quad 3$	$c = 1,32$	$c = 4,30$	$c = 9,93$	$c = 19,2$
4	1,20	3,18	5,84	9,2
5	1,15	2,78	4,60	6,6
6	1,11	2,57	4,03	5,5
8	1,08	2,37	3,50	4,5
10	1,06	2,26	3,25	4,1
20	1,03	2,09	2,86	3,4
30	1,02	2,05	2,76	3,3
50	1,01	2,01	2,68	3,2
100	1,00	1,98	2,63	3,1
200	1,00	1,97	2,60	3,0
∞	1,00	1,96	2,58	3,0

Die in Tab. 0.1 angegebenen statistischen Sicherheiten P besagen, daß im Mittel der gesuchte Wert m_r in $P \cdot 100\%$ der Fälle innerhalb des Vertrauensbereiches liegt. In der Physik und Vermessungstechnik begnügt man sich oft mit $P = 0,683$ (sog. 1σ-Regel), während man in der Biologie die hohe Sicherheit $P = 0,9973$ (3σ-Regel) bevorzugt, bei der die Überschreitungswahrscheinlichkeit weniger als 3‰ beträgt. Bei den elektrischen Meßinstrumenten benutzt man ebenfalls den Vertrauensbereich $\pm 3\sigma$ und bezeichnet ihn (ohne nähere Angabe) als *Meßunsicherheit*; neuerdings wird international $P = 0,99$ bevorzugt. In der Industrie verwendet man, insbesondere bei komplexen Anordnungen und Geräten, den Wert $P = 0,95$ (2σ-Regel). Da die statistische Sicherheit meist nicht angegeben wird, ist ein direkter Vergleich der Meßunsicherheit von Geräten oft sehr schwierig. Wichtig ist in jedem Falle die Angabe der *Fehlergrenzen*, die sowohl systematische als auch zufällige Fehler enthalten und deren Einhaltung vom Hersteller garantiert wird. Welche statistische Sicherheit dabei zugrunde liegt, ist in erster Linie Sache des Herstellers, der ggf. entsprechend viele Reklamationen als Garantiefälle anerkennen muß.

Beispiel 0.1

Mit einem Meßinstrument mit 100 Skalenteilen werden in 10 gleichartigen und unabhängigen Messungen folgende Meßwerte x_i ermittelt[1]:

n	1	2	3	4	5	6	7	8	9	10
x_i	78,2	78,0	80,6	80,2	80,5	79,3	79,7	78,9	80,9	80,6
m_a	78,2				79,5					79,7
σ_a	–				1,3					1,0

Betrachtet man diese Meßreihe nacheinander als Stichproben mit dem Umfang $n = 1$ (Einzelmessung), $n = 5$ und $n = 10$, so lassen sich nach Gl. (0.4) die Schätzwerte m_a und σ_a für Mittelwert und Standardabweichung berechnen. Sie sind ebenfalls in die Tabelle eingetragen (wobei für $n = 1$ natürlich keine Schätzung der Standardabweichung möglich ist).

Gesucht sind die Vertrauensbereiche nach Gl. (0.5) für eine statistische Sicherheit von $P = 0,990$ für $n = 1$; 5 und 10, wobei zwischen den Fällen a) bekannter Varianz $\sigma_r^2 = 1$ der Grundgesamtheit und b) unbekannter Varianz σ_r^2 unterschieden werden soll. Mit den Werten aus Tab. 0.1 liefert Gl. (0.5) folgende Ergebnisse:

		$P = 0,990$		
		$n = 1$ $m_a = 78,2$; kein σ_a	$n = 5$ $m_a = 79,5$; $\sigma_a = 1,3$	$n = 10$ $m_a = 79,7$; $\sigma_a = 1,0$
Fall a) $\sigma = \sigma_r = 1$	c m_r	2,6 $78,2 \pm 2,6$	2,6 $79,5 \pm 1,2$	2,6 $79,7 \pm 0,8$
Fall b) $\sigma = \sigma_a$	c m_r	– –	4,6 $79,5 \pm 2,7$	3,3 $79,7 \pm 1,0$

Man erkennt, wie mit zunehmendem Stichprobenumfang n die Ergebnisse präziser werden und daß sie bei gleichen n im Fall a) stets präziser sind als im Fall b). Im Fall b) läßt sich für $n = 1$ (Einzelmessung) kein Vertrauensbereich angeben, da σ_a nicht existiert.

●

Neben dem weitaus wichtigsten und daher ausführlich behandelten Fall einer normalverteilten Grundgesamtheit lassen sich Vertrauensbereiche auch bei anderen Verteilungen definieren, sofern die Art der Verteilung bekannt ist. Ist auch dies nicht der Fall, so kann man Näherungsmethoden anwenden, die bei großem Stichprobenumfang auch zu brauchbaren Ergebnissen führen [0.6].

---

[1] Die Werte für dieses Beispiel wurden von einem Zufallszahlengenerator mit Normalverteilung, $m_r = 80$ und $\sigma_r = 1$ erzeugt. $\sigma = 1$ (d.h. 1 Skalenteil) entspricht bei 100 Skalenteilen des Gerätes nach der 3σ-Regel ($P = 0,9973$) einer Meßunsicherheit von ± 3 Skalenteilen, entsprechend $\pm 3\%$ des Endausschlages.

0.4 Meßgeräte

An moderne Meßgeräte werden eine Anzahl unterschiedlicher Anforderungen gestellt, von denen die grundsätzlichen und wichtigsten im folgenden besprochen werden.

0.4.1 Genauigkeit elektronischer Meßgeräte

Elektronische Meßgeräte haben infolge ihres meist komplizierten und aus vielen Komponenten zusammengesetzten Aufbaues zahlreiche Fehlerquellen. Es treten sowohl systematische als auch unsystematische Fehler auf. Die Angabe der Meßgenauigkeit ist daher ungleich schwieriger und umständlicher als etwa bei einem einfachen Zeigerinstrument, dessen Meßgenauigkeit durch eine oder wenige Angaben charakterisiert werden kann. Trotzdem strebt man auch bei komplexen Meßgeräten einfache und globale Daten über seine *Betriebsgüte* an, indem man für jede Größe, die ein Gerät mißt oder verkörpert, einen sog. *Gebrauchsfehler* angibt, der alle systematischen und zufälligen Fehler unter gewissen zu nennenden Bedingungen berücksichtigt. Die damit verbundene Problematik wird im folgenden kurz (und keinesfalls erschöpfend) besprochen (DIN 43 745 [0.7]; [0.8]).

Bei Meßgeräten unterscheidet man Kenngrößen und Einflußgrößen. *Kenngrößen* sind die Meßgröße und alle ihre Parameter, die die Betriebsgüte ausmachen. Bei einem elektronischen Spannungsmesser z. B. sind Spannung (als Meßgröße) und Frequenz (bei der die Spannung gemessen werden kann) Kenngrößen. *Einflußgrößen* sind alle die Messung beeinflussenden Größen, die keine Kenngrößen sind, z. B. Netzspannung, Raumtemperatur, Feuchtigkeit u. a. Schließlich definiert man noch *beeinflussende Kenngrößen* als solche, die andere Kenngrößen beeinflussen. So kann z. B. bei einem Spannungsmesser die Frequenz einen Einfluß auf die Amplitudenanzeige haben. Umgekehrt könnte bei einer Frequenzmessung die Amplitude die Anzeige beeinflussen. Wenn es nur um eine einzige Meßgröße geht (z. B. um die Amplitude), kann man alle beeinflussenden Meßgrößen (z. B. die Frequenz) zu den Einflußgrößen zählen.

Einflußgrößen (und beeinflussende Kenngrößen) sind systematische Fehler, zu denen noch eine Anzahl zufälliger Fehler hinzutreten können. Nach den Ausführungen des Abschnittes 0.3 lassen sich systematische Fehler durch Korrektion und zufällige Fehler durch genügend große Stichproben eliminieren. Man könnte etwa jedem Exemplar eines Meßgerätes individuelle Korrektionskurven für alle Einflußgrößen mitgeben. Man stelle sich aber dabei den Aufwand etwa bei der oben angedeuteten Amplitudenmessung vor: Man müßte zusätzliche Meßgeräte für alle Einflußgrößen haben, also zusätzlich die Frequenz der Meßspannung, die Raumtemperatur, die Netzspannung usw. messen und den Meßwert dementsprechend korrigieren. Weiterhin müßte man, zur Reduktion der zufälligen Fehler, ein und dieselbe Messung hinreichend oft wiederholen. Zu dieser Erschwernis für den Benutzer käme noch die in der Massenfertigung kaum realisierbare Forderung an den Hersteller, jedes Exemplar individuell mit den erforderlichen Korrektionskurven auszustatten.

Aus diesen Gründen werden auch für die Einflußgrößen nur Toleranzbereiche angegeben. Man gibt also etwa an, um wieviel Prozent die Anzeige schwankt, wenn sich die

Einflußgrößen innerhalb vorgegebener Bereiche bewegen. Diese Angaben sind für jede Einflußgröße einzeln relativ leicht zu machen. Um so schwieriger ist es aber, einen Gesamtfehler für ein Meßgerät anzugeben. Addiert man alle maximal möglichen Einzelfehler nach den Gesetzen der Fehlerfortpflanzung, so erhält man zwar den maximal möglichen Gesamtfehler. Dieser ist jedoch in der Regel unzumutbar groß, glücklicherweise aber auch sehr unwahrscheinlich. Hierzu müßten nämlich alle systematischen und zufälligen Fehler gleichzeitig in voller Größe und in gleicher Richtung wirken. Die Wahrscheinlichkeit hierfür ist gering, so daß man stets mit einem kleineren Fehler rechnen kann. Es ist jedoch sehr schwierig, einen vernünftigen Wert für den Gesamtfehler eines Meßgerätes zu nennen. Um einen realistischeren Wert, als den eben genannten ungünstigsten Fall, zu erhalten, definiert man aus allen systematischen und zufälligen Fehlern eines Meßgerätes einen sog. *Gebrauchsfehler,* der folgende Bedeutung hat.

Für jede Kenngröße wird ein *Meßbereich* angegeben. (Dieser ist meist kleiner als der sog. Nennbereich, innerhalb dessen auch noch, jedoch ohne Fehlerangaben gemessen werden kann.) Für jede Einflußgröße wird ein *Nenngebrauchsbereich* angegeben. Die Zusammenfassung aller Meßbereiche der Kenngrößen und aller Nenngebrauchsbereiche der Einflußgrößen nennt man *Nenngebrauchsbedingungen* (in denen die Wirkung der beeinflussenden Kenngrößen mit enthalten ist). Der Gebrauchsfehler ist dann der unter den Nenngebrauchsbedingungen (bei beliebiger Kombination der einzelnen Einflüsse) maximal auftretende und vom Hersteller in diesen Grenzen garantierte Fehler. Voraussetzung dafür sind vom Hersteller vorgeschriebene Eichmaßnahmen am Gerät (vgl. Abschnitt 0.2).

Es ist klar, daß eine solche Angabe wegen der zufälligen Fehler auch nur mit einer gewissen statistischen Sicherheit gemacht werden kann, die dem Benutzer zudem meist nicht mitgeteilt wird. Da man nach Abschnitt 0.3.2 Fehlergrenzen gegen statistische Sicherheit „einhandeln" kann, ist es Sache des Herstellers, ob er „vernünftige" Garantien gibt und dabei eine erträgliche Zahl von Reklamationen in Kauf nimmt. In den garantierten Fehlergrenzen sollte dabei stets auch die Unsicherheit seiner im Prüffeld verwendeten Meßgeräte enthalten sein.

Schließlich gibt man für Meßgeräte noch sog. *Grenzbetriebsbereiche* für die Einflußgrößen an, innerhalb deren das Gerät ohne Zerstörungsgefahr betrieben werden kann und nach Wiederherstellung der Nenngebrauchsbedingungen den Gebrauchsfehler wieder einhält. Im gleichen Sinne sind noch Angaben über Lagerung und Transport üblich.

0.4.2 Automatisierung

Die Aufgaben der Nachrichten-Meßtechnik bestehen nicht nur im Auffinden geeigneter Meßprinzipien für die ständig wachsende Anzahl unterschiedlichster Meßgrößen, sondern zu einem wesentlichen Teil auch in der Weiterentwicklung der Meßverfahren und Meßgeräte und ihrer Anpassung an die Erfordernisse moderner Nachrichtensysteme.

Wie schon im Abschnitt 0.2 erwähnt, steigen diese Anforderungen in einem Maße, dem man nur mit einer Automatisierung der Messungen, der Meßabläufe und des

Zusammenwirkens mehrerer Meßgeräte begegnen kann. Diese Ideen sind keineswegs neu, können aber mit herkömmlichen Mitteln nur in bescheidenem Umfang realisiert werden. Die Meßgeräte sind daher an der *Grenze der Bedienbarkeit* durch den Menschen angelangt: Die große Anzahl der Bedienungselemente, deren geringe Abmessungen, die verwirrende Vielfalt der Mehrfachbeschriftungen, Skalen usw., die notwendigen Vorbereitungen für eine Messung (Kalibrieren, Meßbereichswahl u. a.) führen dazu, daß komplizierte Meßgeräte nur noch von geschultem und geübtem Personal ohne großen Zeitaufwand und ohne dauernde Gefahr von Fehlmessungen bedient werden können.

Diese Probleme erzwingen einen *Generationswechsel* in der elektronischen Meßtechnik, der dank der raschen Fortschritte in der Technologie neuer und leistungsfähiger Bauelemente auch verwirklichbar ist. Da diese Entwicklung noch sehr im Fluß ist, kann sie hier nur grob umrissen werden. Sie ist im wesentlichen durch zwei Tatsachen gekennzeichnet: durch die Verwendung von *Mikrorechnern* innerhalb einzelner Geräte sowie durch die Ausstattung zusammenarbeitender Meßgeräte mit *genormten Schnittstellen* und ihre Verbindung über ein genormtes Leitungssystem.

Die Halbleiterindustrie produziert seit einigen Jahren *Mikroprozessoren,* die zusammen mit Speichern und anderen peripheren Bauteilen auf einer Steckkarte zu leistungsfähigen Kleinrechnern zusammengebaut werden und das Kernstück eines *intelligenten Meßgerätes* bilden können. Damit ergeben sich kompakte Kleinautomaten mit völlig neuen Möglichkeiten[1]. Der Mikrorechner kann zunächst das gesamte Meßgerät *verwalten* (engl.: housekeeping). Darunter versteht man z. B.

> Programmieren des Gerätes für bestimmte Meßaufgaben,
>
> Herstellen kompletter Geräteeinstellungen ggf. mit automatischer Kalibrierung,
>
> Steuern vorgegebener Meßabläufe mit automatischer Meßbereichswahl für jeweils günstigste Aussteuerung,
>
> Erfassen der Meßwerte und ggf. Umrechnen auf bezogene Größen,
>
> Verarbeiten der Meßwerte und Ausgabe zu einem übergeordneten Rechner oder einem anderen Meßgerät,
>
> Kontrolle der Funktionsblöcke, nötigenfalls Vornahme von Korrekturen oder Abgabe von Fehlermeldungen u. a.

Dies sind nur einige wenige Möglichkeiten für den Einsatz von Mikrorechnern in der Verwaltung eines Meßgerätes, deren Aufzählung keinesfalls vollständig ist. Eine ganz andere Wirkung kann der Mikrorechner haben, indem er ggf. eine *Veränderung des Meßprinzips* ermöglicht. Während herkömmliche Meßgeräte möglichst (auch unter Schwierigkeiten und Ungenauigkeiten) die gewünschte Meßgröße *direkt* zu messen trachten, können Automaten ggf. ganz andere, leichter zu erfassende Größen messen und aus diesen die gewünschte Größe *indirekt* durch Berechnung ermitteln. So kann man z. B. anstelle der direkten Messung einer Impedanz (etwa mit einer selbst-

---

[1] „Prinzip der verteilten Intelligenz".

abgleichenden Brücke) Strom und Spannung nach Betrag und Winkel messen und daraus die Impedanz berechnen.

Viele Meßaufgaben lassen sich nur im Zusammenwirken zweier oder mehrerer Meß-geräte erfüllen, die man zu sog. Meßplätzen oder *Meßsystemen* zusammenschaltet. Es leuchtet ein, daß die Bedienung solcher Meßsysteme bei fehlender Automatisierung noch komplizierter ist als die der Einzelgeräte. Herkömmliche Methoden, wie etwa die automatische Empfängerabstimmung nach Bild 0.2, können dieses Problem nur mildern, zumal auf diese Weise bestenfalls Geräte eines einzigen Herstellers zusammenschaltbar sind. Weitreichende Abhilfe ist hier nur möglich durch Schaffung einer genormten Schnittstelle (engl.: interface) für Meßgeräte unterschiedlichster Art und auch verschiedener Hersteller, die deren Verbindung zu Meßsystemen hoher Flexibilität erlaubt.

Für die Zusammenschaltung von Geräten zu Meßsystemen gibt es drei grundsätzliche Strukturen (Bild 0.4). Bei der *Kettenstruktur* durchläuft die Meßinformation die in Kette geschalteten Geräte und wird am Ende der Kette ausgegeben. Die Ablaufsteuerung erfolgt dabei durch Wechselbeziehungen zwischen je zwei benachbarten Geräten. Bei der *Sternstruktur* ist jedes Gerät individuell an eine Zentrale Z angeschlossen und wird von dort auch gesteuert. Zwei Geräte können nur über die Zentrale miteinander verkehren. Bei der *Linienstruktur* oder dem *Bussystem* sind alle Geräte über ein zentrales Leitungssystem, den sog. *Schnittstellen- oder Interface-Bus* parallel geschaltet. Jedes Gerät kann mit jedem verkehren (,,Konferenzschaltung''), wobei der Ablauf von einem programmierbaren Steuergerät ST (,,Diskussionsleiter'') kontrolliert wird.

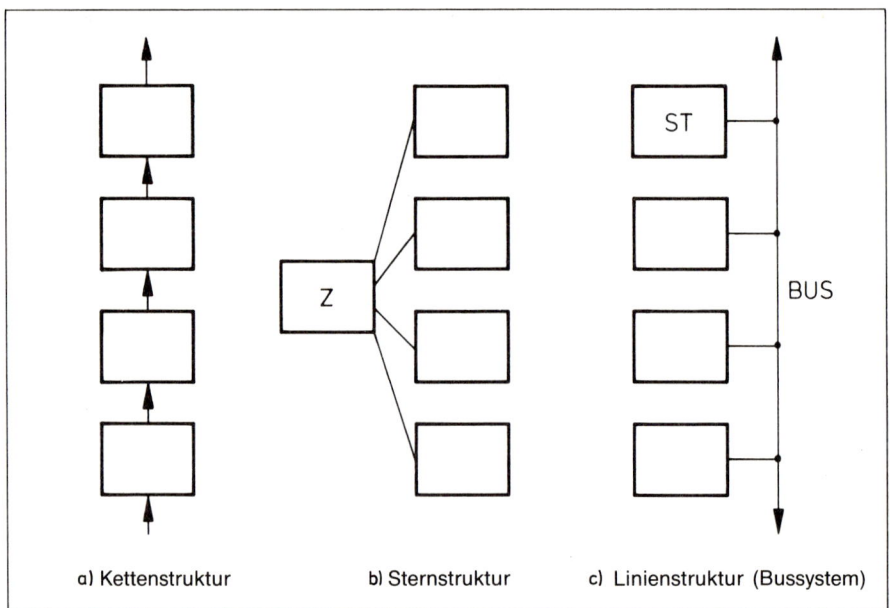

a) Kettenstruktur   b) Sternstruktur   c) Linienstruktur (Bussystem)

Bild 0.4: Strukturen für den Betrieb automatischer Meßsysteme
a) Kettenstruktur, b) Sternstruktur, c) Linienstruktur (Bussystem).

Vor- und Nachteile der einzelnen Strukturen sollen hier nicht erörtert werden. In der Nachrichten-Meßtechnik hat das Bussystem die weitaus größte Bedeutung erlangt. Ein solches System ist international genormt worden und trägt den Kurznamen *IEC-Bus.*

Die IEC (*International Electronical Commission*) hat in langwieriger Normungsarbeit zunächst einen Entwurf IEC 66.22 (DIN IEC 66.22, [0.9]) erarbeitet, der in der endgültigen Fassung zur internationalen Norm IEC 625 und gleichzeitig zur nationalen deutschen Norm DIN IEC 625 wird. Parallele Normungsarbeiten des IEEE (*Institute of Electrical and Electronic Engineers*) in den USA haben zur US-Norm IEEE 488 geführt, die auch vom *American National Standard Institute* unter der Bezeichnung ANSI MC 1.1 übernommen wurde. Die US-Norm ist bis auf den verwendeten Steckverbinder identisch mit der IEC-Norm.

Das *Prinzip* des IEC-Bus ist in Bild 0.5 dargestellt und wird hier nur kurz besprochen. (Einzelheiten müssen der Norm bzw. der Spezialliteratur entnommen werden[1].) Der Bus selbst ist ein rein passives Leitungssystem. Alle aktiven Elemente befinden sich jenseits der Schnittstellen innerhalb der Geräte. Es lassen sich bis zu 15 Geräte mit genormten Schnittstellen über eine Gesamtentfernung von 20 m parallelschalten.

Jedes angeschlossene Gerät kann mindestens eine der drei folgenden *Funktionen* erfüllen: Daten senden (*Sprecher,* engl.: talker), empfangen (*Hörer,* engl.: listener) oder den Datenaustausch steuern (*Steuergerät,* engl.: controller). Ein Meßsystem darf nur *ein* Steuergerät enthalten. Es ergeben sich daher die vier Gerätearten A bis D nach Bild 0.5.

Die Gesamtheit der über das Bussystem übertragbaren Signale nennt man *Nachrichten.* Man unterscheidet *Schnittstellennachrichten,* die zur Steuerung des Bussystems dienen (z. B. Adressen, Befehle) und *Gerätenachrichten,* die vom Bussystem übertragen werden, es jedoch nicht beeinflussen (z. B. Meßdaten). Während die Schnittstellennachrichten detailliert festgelegt sind (z. B. bezüglich der Codierung), gibt die Norm über die Gerätenachrichten keine Vorschriften, läßt also hier dem Hersteller völlig freie Hand.

Der Bus selbst besteht aus *16 Leitungen*[2], die sich in *3 Gruppen* gliedern (Bild 0.5). Der *Datenbus* umfaßt die 8 Leitungen DIO 1 ... 8 (*Data Input Output*). Er dient zunächst der Übertragung aller Gerätenachrichten. Sie erfolgt *bitparallel* und *byteseriell, asynchron* und in beiden Richtungen. Die Schrittgeschwindigkeit kann bis zu 250 kbyte/s, bei kurzen Leitungen bis zu 1 Mbyte/s betragen. Wie schon erwähnt, gibt es keine Codierungsvorschriften für die Gerätenachrichten. Daneben überträgt der Datenbus auch Schnittstellennachrichten, nämlich die Geräteadressen einschließlich des Befehls für Geräte der Art B, entweder als Sprecher oder Hörer zu arbeiten. Hierfür ist der ISO 7-bit-Code (ASCII-Code)[3] vorgeschrieben. Die Adressen werden mit Schaltern an den Geräten individuell eingestellt. Es darf stets nur ein Gerät als Sprecher adressiert werden, wogegen mehrere Geräte Hörerfunktion haben können. Dabei müssen nicht alle, sondern nur die adressierten Geräte an einem Daten-

---

[1] Vgl. [0.9 bis 0.14].

[2] Die Leitungen werden durch englische Abkurzungen bezeichnet, deren Bedeutung im folgenden in Klammern angegeben wird.

[3] ISO, Abk. für *International Organization for Standardization.* ASCII, Abk. für *American Standard Code for Information Interchange.*

17

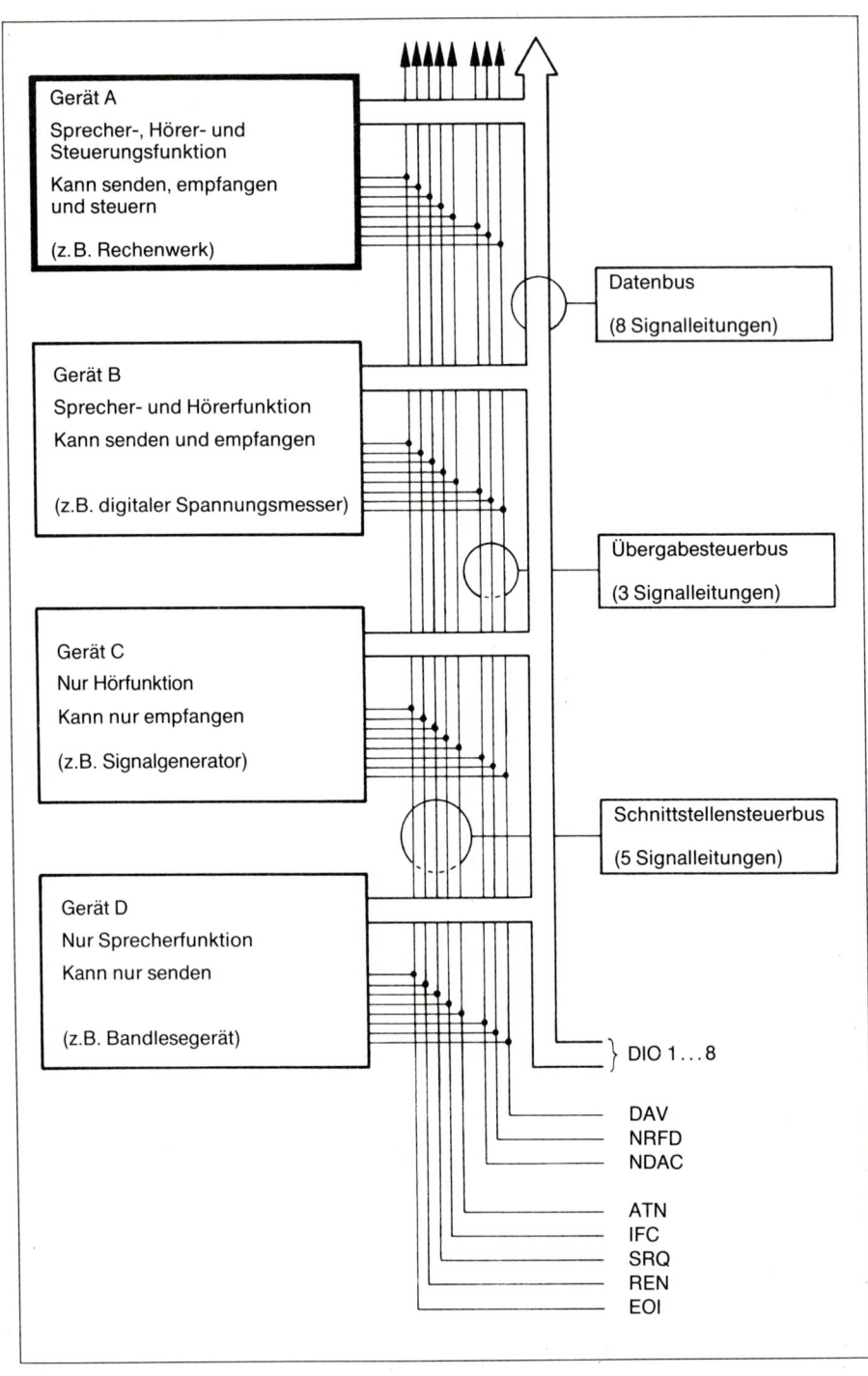

Bild 0.5: Prinzip des IEC-Bus (nach DIN IEC 66.22).

austausch teilnehmen. Die Unterscheidung zwischen Daten und Adressen erfolgt über die Leitung ATN im Schnittstellensteuerbus (s. unten).

Der *Übergabesteuerbus* besteht aus den drei Leitungen DAV (*Data Valid*), NRFD (*Not Ready For Data*) und NDAC (*No Data Accepted*) und sorgt nach einer Art Quittungsverfahren (engl.: handshake) dafür, daß Daten erst gesendet werden, wenn alle Hörer bereit sind und den Empfang vorhergehender Daten bestätigt haben. Dieses Verfahren ist außerordentlich wichtig: Einerseits richtet sich die Übertragungsgeschwindigkeit nach dem langsamsten Gerät, andererseits können schnelle Geräte schnell miteinander verkehren, wenn langsame Geräte nicht adressiert sind.

Der *Schnittstellensteuerbus* schließlich hat die 5 Leitungen ATN (*Attention*), IFC (*Interface Clear*), SRQ (*Service request*), REN (*Remote Enable*) und EOI (*End Or Identify*). ATN gibt an, welche Bedeutung die Signale auf dem Datenbus haben und welche Geräte angesprochen werden. IFC verwendet die Steuereinheit, um das Gesamtsystem in einen festgelegten Ausgangszustand zu versetzen. SRQ bedeutet einen ,,Notruf'' irgend eines Gerätes, das eine Bedienung oder eine Unterbrechung der laufenden Ereignisfolge fordert. REN befiehlt die Fernsteuerung eines Gerätes unter Sperrung der (möglicherweise fehlerhaften) Handbedienung. EOI signalisiert das Ende einer Sprecherübertragung oder die Absicht des Steuergerätes, unter Verwendung von ATN eine Abfrage der Geräte auszuführen.

Diese kurzen Ausführungen sollen lediglich dazu dienen, eine Vorstellung von den Möglichkeiten eines standardisierten Schnittstellensystems zu vermitteln. Seine Anwendung ist sicherlich nur bei umfangreichen Routinemessungen lohnend, da die Übereinstimmung aller Regeln der ,,Kommunikation'' zwischen den Meßgeräten, insbesondere bei Geräten verschiedener Hersteller, nur mühsam herzustellen ist oder ggf. weiterer Festlegungen bedarf.

Schließlich stellt sich noch die Frage der Kommunikation zwischen Geräten über größere Entfernungen, als sie der IEC-Bus ermöglicht. Damit ist der Anschluß eines lokalen Meßsystems an größere Datensysteme gemeint. Hierfür gibt es noch keine standardisierten Lösungen. Benutzt werden Trägerfrequenzsysteme und andere Einrichtungen der Datenübertragung, wofür u. a. die sog. V-24-Schnittstelle des CCITT[1] geeignet ist.

0.4.3 Sonstige Eigenschaften

Neben hoher Genauigkeit und Automatisierung des Meßablaufes fordert man bei modernen Meßgeräten noch eine Unzahl weiterer Eigenschaften, die hier nur beispielhaft und stichwortartig angeführt werden können.

Jede Messung bedeutet einen *Eingriff* in das Meßobjekt; das Meßobjekt erfährt eine *Belastung* durch das Meßgerät. Dadurch ändert sich der Meßwert, und es ist stets zu

---

[1] *Comité Consultatif International Télégraphique et Téléphonique*; vgl. auch Abschnitt 7.2.2.2.

prüfen, wie groß diese Änderung ist. Gute Meßgeräte zeichnen sich auch dadurch aus, daß sie diese Belastung zwar nicht vermeiden, jedoch möglichst gering halten.

Daneben spielen noch weitere Gesichtspunkte eine Rolle. Die Geräte sollen klein, leicht und robust sowie einfach in der *Wartung* sein. Bei manchen Anwendungen ist *Batteriebetrieb* erforderlich. Für extreme Verhältnisse verlangt man *Klimafestigkeit* innerhalb tropischer oder arktischer Klimate, einschließlich Schutz gegen Feuchtigkeit in Form von Tropf-, Spritz- oder Schwallwasser [0.15; 0.29].

Schließlich müssen die Geräte gefahrlos bedienbar sein, d.h. die Bedingungen gewisser *Schutzklassen* [0.16] einhalten. Weiter darf ihr Betrieb andere Geräte nicht stören. Das gilt sowohl für eine „Verseuchung" des Netzes über die Anschlußleitungen als auch für eine Abstrahlung. In den Normen [0.17] sind drei verschiedene Funkstörgrade festgelegt: G = grob, N = normal und K = klein. In der Regel wird für nachrichtentechnische Meßgeräte der Funkstörgrad K verlangt.

0.5 Internationale Gremien, Normen und Vorschriften zur Meßtechnik

Die Angabe eines Meßergebnisses ist in vielen Fällen nicht ausreichend, wenn nicht auch die Parameter und das Meßverfahren angeführt wird, mit dem dieses Ergebnis gewonnen wurde. Darüber hinaus fordert gerade die Telekommunikation mit ihren weltumspannenden Verbindungen *einheitliche Meßverfahren,* insbesondere dann, wenn Streckenmessungen durchgeführt werden müssen. Oft dienen Meßergebnisse auch zum Nachweis einer einwandfreien Lieferung einer Nachrichtenanlage, sind also Bestandteil eines Liefervertrages. Auch dabei ist es wichtig, sich eingeführter und anerkannter Meßmethoden bedienen zu können.

Es gibt deshalb eine ganze Reihe Gremien, die sich mit der Aufstellung von Mindest- und Richtwerten für die Nachrichtenübertragung befassen und die deshalb auch gezwungen sind, geeignete Meßmethoden vorzuschlagen.

Die Internationalen Beratenden Komitees für *Telefonie und Telegrafie* CCITT (*Comité Consultatif International Télégraphique et Téléphonique*) sowie für die *Funkübertragung* CCIR (*Comité Consultatif International des Radiocommunications*) sind Töchter der Internationalen Fernmeldeunion UIT (*Union Internationale de Télécommunication*), die wieder eine Unterorganisation der UNO ist. Diese beratenden Komitees erarbeiten in ihren *Studienkommissionen* Empfehlungen, die weltweit als verbindlich angesehen werden. Die *Empfehlungen* (Recommendations) werden durch eine Nummer (bei CCIR) oder durch Buchstaben und Nummer (CCITT) gekennzeichnet. So finden sich etwa Vorschriften für Meßgeräte in den Empfehlungen der O-Serie. Angaben zum Entwurf von PCM-Systemen sind in der G-Serie und die Empfehlungen der V- und X-Serien beziehen sich auf die Datenübertragung. Grundlagen der Empfehlungen, die von der im mehrjährigem Turnus zusammentretenden Vollversammlung angenommen werden müssen, sind die Vorschläge der einzelnen Komitee-Mitglieder als

Antwort auf „Fragen", die in den Studienkommissionen erarbeitet und formuliert werden.

Die *Internationale Elektrotechnische Kommission* (IEC)[1] ist eine Dachorganisation nationaler Normungsverbände mit der Aufgabe, eine weitgehende Normung und Vereinheitlichung der Vorschriften zu erreichen. Ihre Technischen Komitees (TC = Technical Committee) und Unterkomitees (SC = Subcomittee) besitzen in den einzelnen Ländern „Spiegelausschüsse", die die Aufgabe haben, die nationalen Normen an die IEC-Normen anzugleichen, zu „harmonisieren". Die deutschen Arbeitsgruppen sind in der *Deutsche Elektrotechnische Kommission im DIN und VDE* (DKE) zusammengefaßt [0.18]. Ihre Arbeit findet in den *DIN-Normen* ihren Niederschlag, die dann noch zusätzlich als *VDE-Bestimmungen* gekennzeichnet sind, wenn sie Festlegungen hinsichtlich der technischen Sicherheit, einer Beeinflussung oder der Funkstörung enthalten. Die DIN-Normen bringen Angaben über Meßverfahren und Eigenschaften der erforderlichen Meßgeräte.

Für den einheitlichen Betrieb von Satellitensystemen gibt die INTELSAT (*International Telecommunications Satellite Consortium*) Vorschriften heraus, die sehr stark in die Meßtechnik hineinreichen (z.B. das Satellite System Operational Guide, abgekürzt SSOG).

Schließlich befaßt sich die NTG (*Nachrichtentechnische Gesellschaft im VDE*) mit der Abfassung von Begriffsbestimmungen („NTG-Empfehlungen"), die aber keinen Normcharakter tragen.

---

[1] IEC ist nur für elektrotechnische Normen zuständig, die ISO (International Organization for Standardization) bearbeitet alle anderen Aufgaben einschließlich der Datenübertragung.

1 Pegel- und Dämpfungsmessungen

Die *linearen Verzerrungen* eines Nachrichtensignals ergeben sich aus der Frequenzabhängigkeit, die bei Übertragung der *Amplitude* (des Betrages) und der *Phase* (des Winkels) sinusförmiger Schwingungen auftreten. Pegel- und Dämpfungsmessungen dienen der Messung der Amplitude.

1.1 Pegelmaße, Dämpfungsmaße

1.1.1 Pegel

Ein Pegelmaß oder kurz ein *Pegel* ist ein logarithmiertes Verhältnis zweier gleichartiger Leistungs- oder Feldgrößen, wobei im Nenner eine festgelegte Bezugsgröße steht. Er ist damit ein logarithmisches Maß z. B. für Leistungen, Spannungen und ggf. auch Ströme. Der Vorteil des logarithmischen gegenüber dem linearen Maß liegt in der Möglichkeit, Zahlen sehr unterschiedlicher Größenordnung (Numerus) auf einen relativ begrenzten Zahlenbereich (Logarithmus) abbilden und mit überall gleicher relativer Genauigkeit zeichnerisch darstellen zu können. Außerdem hat man noch den Vorteil, daß die Multiplikationen zweier Zahlen in die Addition ihrer Logarithmen übergeht. (DIN 5493 [1.1]; [1.2]).

Die Größen Spannung, Strom und Leistung an einer Meßstelle sind entsprechend Tab 1.1 zu verstehen. Pegel- und Dämpfungsangaben beziehen sich in der Regel auf den Betrieb mit stationären sinusförmigen Spannungen und Strömen. U und I sind die durch $\sqrt{2}$ geteilten komplexen Amplituden, $|U|$ und $|I|$ also die Effektivwerte der Spannung und des Stromes. Der Widerstand Z, an dem U und I gemessen werden, ist i.a. ebenfalls komplex. Die Leistung P ist die vom Widerstand Z aufgenommene Scheinleistung, d.h. der Betrag der komplexen Leistung. Jedoch können auch andere Signale, z.B. Geräusche und Rauschen, durch ihren Pegel gekennzeichnet werden, wobei ggf. zusätzliche Angaben (Bewertung, Bandbreite) erforderlich sind.

Bevor eine physikalische Größe (Produkt aus Zahlenwert und Einheit) logarithmiert werden kann, muß sie zuerst durch eine *Bezugsgröße* gleicher Dimension dividiert werden, da der Logarithmus nur für reine Zahlen erklärt ist. Benützt man beliebige Bezugsgrößen, so ergeben sich dabei laut Tab. 1.1. die *relativen Pegel*[1], während vereinbarte Bezugsgrößen auf die *absoluten Pegel* führen.

---

[1] In der Übertragungstechnik hat der relative Pegel auch die spezielle Bedeutung eines ortsbezogenen Pegels. Vgl. Abschnitt 1.2.2.

Je nach der gewählten Basis des Logarithmus kommt man zu verschiedenen logarithmischen Maßen. Gebräuchlich sind die dekadischen „lg" (Basis 10) und die natürlichen Logarithmen „ln" (Basis e). Die dekadischen Logarithmen führen auf das Maß *Dezibel* (dB), die natürlichen auf das Maß *Neper* (Np)[1]. Da heute vorwiegend das Dezibel verwendet wird, sind nur die Grunddefinitionen in Tab. 1.1 auch in Neper angegeben und es wird im weiteren Verlauf dem Dezibel der Vorzug gegeben. Bei Bedarf kann in Neper umgerechnet werden.

Pegelangaben beziehen sich fast ausschließlich auf Leistungen und Spannungen, weswegen in Tab. 1.1 auch nur diese Größen aufgeführt sind. Wenn erforderlich kann man mit $U = IZ$ auf die Ströme umrechnen.

Man definiert laut Tab. 1.1 (relative oder absolute) *Leistungspegel* und *Spannungspegel,* jeweils in dB oder in Np. Leistungs- und Spannungspegel lassen sich ineinander umrechnen; sie sind gleich, falls der Betrag $|Z|$ des (i.a. komplexen) Widerstandes an der Meßstelle gleich dem Betrag $|Z_0|$ des (i.a. ebenfalls komplexen) Bezugswiderstandes ist, an dem die Bezugsgrößen P_0 und U_0 definiert sind. Die Pegeldifferenz Δp zwischen absolutem Spannungs- und Leistungspegel ist für einige gebräuchliche Widerstandswerte angegeben.

Die Pegelangaben in dB und Np lassen sich ineinander *umrechnen*. In Tab. 1.1 sind die Umrechnungsbeziehungen sowie die Pegelwerte in dB und Np für einige Leistungs- und Spannungsverhältnisse angegeben. Man beachte, daß mit

$$\log \frac{1}{x} = -\log x \tag{1.1}$$

die Kehrwerte der angegebenen Verhältnisse auf die entsprechenden negativen Pegelwerte führen. So entspricht z. B. einem Leistungsverhältnis $P/P_0 = 10^{-2}$ der Pegel -20 dB bzw. $-2,3$ Np. Durch Kombination der angegebenen Werte lassen sich bereits ausreichend viele Zwischenwerte für rasche Abschätzungen ermitteln. So ergeben z. B. 23 dB $= 3$ dB $+ 20$ dB ein Leistungsverhältnis $P/P_0 = 2 \cdot 10^2$.

Für sehr kleine Pegel lassen sich folgende *Näherungsformeln* verwenden:

$$\lg (1 \pm x) \approx \pm 0,4343 \, x \, , \tag{1.2a}$$
$$\ln (1 \pm x) \approx \pm x \, . \tag{1.2b}$$

Der Fehler bleibt für $|x| \le 0,1$ unter 5% und für $|x| \le 0,02$ unter 1%. Ein Leistungsverhältnis von $1,02 = 1 + 0,02$ liefert demnach einen Pegel von $p_P \approx 10 \cdot 0,4343 \cdot 0,02 = 0,08686$ dB oder $p_P \approx 0,01$ Np.

---

[1] Zu Beginn unseres Jahrhunderts benutzte man zur Dämpfungsangabe hauptsächlich in den USA das *Standard Cable,* d. h. den Wert der Dämpfung einer gebräuchlichen Doppelleitung mit der Länge 1 Meile. Dieser betrug bei 800 Hz ziemlich genau 1 dB. 1924 wurde von Ingenieuren des „Bell System" das Zehnfache des Zehnerlogarithmus eines Leistungsverhältnisses in *Transmission Units* angegeben. Erst 1927 wurde auf einer Vollversammlung des CCI (dem Vorläufer von CCITT) der Name Bell (Bel) mit dem Logarithmus zur Basis 10 eines Leistungsverhältnisses verknüpft und damit auch das Dezibel geschaffen.
Gleichzeitig wurde auch der Name *eines* Erfinders der Logarithmen, des Schotten John Napier (1550–1617), mit dem natürlichen Logarithmus eines Strom- oder Spannungsverhältnisses verbunden. Die angelsächsischen Länder bevorzugten seither das Dezibel, die übrigen dagegen eher und zwar bis in die jüngste Zeit das Neper. [1.3; 1.4].

Tabelle 1.1: Pegel.

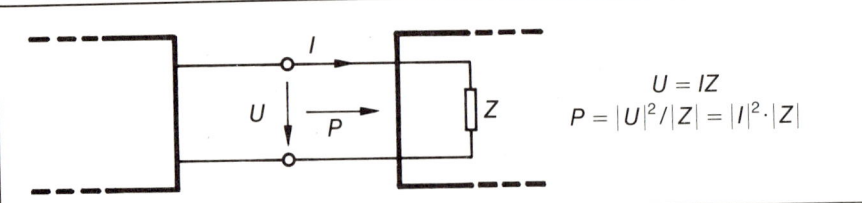

$$U = IZ$$
$$P = |U|^2/|Z| = |I|^2 \cdot |Z|$$

Relative Pegel: Beliebige Bezugsgrößen: P_0, U_0, Z_0
Absolute Pegel: Vereinbarte Bezugsgrößen: $P_0 = 1\,\text{mW}$;
$|U_0| = 775\,\text{mV}; |Z_0| = 600\,\Omega$

Dezibel (dB)	Neper (Np)

Leistungspegel

$$p_P = 10\lg\frac{P}{P_0}\;;\quad \frac{P}{P_0} = 10^{\frac{p_P}{10}} \qquad\Bigg|\qquad p_P = 1/2\ln\frac{P}{P_0}\;;\quad \frac{P}{P_0} = e^{2p_P}$$

Spannungspegel

$$p_U = 20\lg\left|\frac{U}{U_0}\right|\;;\quad \left|\frac{U}{U_0}\right| = 10^{\frac{p_u}{20}} \qquad\Bigg|\qquad p_U = \ln\left|\frac{U}{U_0}\right|\;;\quad \left|\frac{U}{U_0}\right| = e^{p_u}$$

Zusammenhang

$$p_P = p_U + \Delta p$$

$$\Delta p = 10\lg\left|\frac{Z_0}{Z}\right| \qquad\Bigg|\qquad \Delta p = 1/2\ln\left|\frac{Z_0}{Z}\right|$$

Falls $|Z| = |Z_0|$

$$p_P = p_U \qquad\Bigg|\qquad p_P = p_U$$

Umrechnung für $Z_0 = 600\,\Omega$ $\qquad p_P = p_U + \Delta p$

Z/Ω	50	60	75	124	135	150	600	800	900
$\Delta p/\text{dB}$	10,79	10,00	9,03	6,85	6,48	6,02	0	−1,25	−1,76
$\Delta p/\text{Np}$	1,24	1,15	1,04	0,79	0,75	0,69	0	−0,14	−0,20

Umrechnung: $1\,\text{dB} \stackrel{\wedge}{=} 0,115\,\text{Np}\;; 1\,\text{Np} \stackrel{\wedge}{=} 8,686\,\text{dB}$

Einige Pegelwerte:

P/P_0	1,00	1,26	2,00	4,00	7,39	10	10^2	10^4	10^6
$|U/U_0|$	1,00	1,12	$\sqrt{2}$	2,00	2,72	$\sqrt{10}$	10	10^2	10^3
p/dB	0	1,00	3,01	6,02	8,69	10	20	40	60
p/Np	0	0,12	0,35	0,69	1,00	1,15	2,30	4,61	6,91

Bei logarithmierten Größenverhältnissen ist zu beachten, daß sie keine physikalischen Größen sind, die man als Produkt aus Zahlenwert und Einheit auffassen kann. Gleichungen zwischen physikalischen Größen (Größengleichungen) sind in jedem Falle zahlenwert- und dimensionsrichtig und bedürfen keiner Angaben über verwendete Einheiten. Logarithmierte Größenverhältnisse dagegen sind reine Zahlenwerte (Pseudogrößen), die man in den Pseudoeinheiten dB bzw. Np angibt, wobei diese „Einheiten" nicht Bestandteil einer Gleichung, sondern lediglich Hinweiszeichen für den verwendeten Logarithmus sind.

Weiterhin ist dem Zahlenwert eines logarithmierten Größenverhältnisses, z.B. einer Pegelangabe in dB, die verwendete Bezugsgröße nicht anzusehen, weswegen man sie in Klammern hinter der Pseudoeinheit angibt, also dB (P_0) bei Leistungs- und dB (U_0) bei Spannungspegeln schreibt. Für häufig vorkommende Pegelarten haben sich dabei Kurzformen eingebürgert. Außerdem werden zusätzliche Angaben über Pegelart, Bezugspunkt und Meßbedingungen in diese Klammern bzw. in die Kurzformen aufgenommen. Tab. 1.2 gibt einige Beispiele.

Tabelle 1.2: Beispiele für Pegelangaben.

Pegelart	Definition	„Einheit"	Kurzform
Absoluter Leistungspegel	$10 \lg \left(\dfrac{P}{1\ \text{mW}} \right)$	dB (mW)	dBm
	$10 \lg \left(\dfrac{P}{1\ \text{W}} \right)$	dB (W)	dBW
Absoluter Spannungspegel	$20 \lg \left(\dfrac{|U|}{775\ \text{mV}} \right)$	dB (775 mV)	dB
	$20 \lg \left(\dfrac{|U|}{1\ \text{V}} \right)$	dB (V)	dBV
Frequenzbezogener Leistungsdichtepegel	$10 \lg \left(\dfrac{P/\Delta f}{1\ \text{W/Hz}} \right)$	dB (W/Hz)	–
Flächenbezogener Leistungsdichtepegel	$10 \lg \left(\dfrac{P/A}{1\ \text{W/m}^2} \right)$	dB (W/m^2)	–
Feldstärkepegel	$20 \lg \left(\dfrac{|E|}{1\ \mu\text{V/m}} \right)$	dB (μV/m)	–
Relativer Pegel[1,2]	$10 \lg \left(\dfrac{P}{P_0} \right)$	–	dBr
Absoluter Leistungspegel, reduziert auf 0-dBr-Punkt[2]		dB (mW, 0)	dBm0
Absoluter Geräuschleistungspegel, reduziert auf 0-dBr-Punkt und psophometrisch bewertet[3]		dB (mW, 0, p)	dBm0p

[1] ortsbezogener Pegel, P_0 ist Leistung am 0-dBr-Punkt (Ang. in „mW0" bzw. „pW0")
[2] vgl. Abschnitt 1.2.2   [3] vgl. Abschnitt 1.4.3

Beispiel 1.1

a) Gegenüber einem Bezugsklemmenpaar, an dem die Leistung $P_0 = 10\ \text{mW}$ gemessen wird, herrsche an einer Meßstelle ein relativer Leistungspegel $p_P = -20\ \text{dB}$. Wie groß ist die Leistung P an der Meßstelle?

Nach Tab. 1.1 entsprechen 20 dB dem Leistungsverhältnis $P/P_0 = 10^2$. Der negative Wert bedeutet nach Gl. (1.1) $P/P_0 = 10^{-2}$, woraus $P = 0{,}1\ \text{mW}$ folgt.

b) An einem Widerstand $Z = 75\,\Omega$ werden -10 dBm angegeben. Welche Spannung herrscht dort?

Nach Tab. 1.2 bedeutet dBm den absoluten Leistungspegel. Nach Tab. 1.1 folgt für $Z = 75\,\Omega$ die Differenz $\Delta p \approx 9$ dB zum absoluten Spannungspegel $p_U = p_P - \Delta p$, der demnach -19 dB beträgt. Durch die Aufteilung -19 dB $= 1$ dB -20 dB entnimmt man der Tab. 1.1 das Spannungsverhältnis $|U/U_0| = 0{,}112$, was mit $U_0 = 775$ mV auf die gesuchte Spannung $U = 86{,}8$ mV führt.

c) An einem Widerstand von $600\,\Omega$ herrscht ein absoluter Pegel von 3 dB. Wie groß sind Leistung und Spannung?

Eine Unterscheidung zwischen Leistungs- und Spannungspegel ist nicht erforderlich. Es ergibt sich $P = 2\,P_0 = 2$ mW und $|U| = \sqrt{2}\,|U_0| = 1{,}10$ V. ●

1.1.2 Dämpfung

Ein Dämpfungsmaß oder kurz eine *Dämpfung a* ist der negative Wert eines relativen Leistungspegels, d. h. die Bezugsgröße steht im Zähler des Numerus (Tab. 1.3 oben). Es ergeben sich, im Gegensatz zum Pegel, positive Werte, wenn die Meßgröße P_v kleiner ist als die Bezugsgröße P_0. Wie beim Pegel müßte man auch hier zwischen Leistungs- und Spannungsdämpfung unterscheiden. Man spricht jedoch nur von Dämpfung und meint damit Leistungsdämpfung. Falls Spannungsdämpfungen benutzt werden, sollten sie deutlich als solche gekennzeichnet sein. (DIN 40148 [1.5]; [1.6]).

Es gibt, je nach Wahl der Meß- und Bezugsgröße, mehrere unterschiedliche Dämpfungsarten. Die wichtigsten sind in Tab. 1.3 zusammengestellt und werden an einem Zweitor erläutert. (Das untere Zweitor in Tab. 1.3 kann zunächst außer Betracht bleiben.) Die Definitionen gelten nur für ,,Dezibel''. Die Gleichungen für ,,Neper'' erhält man mit Hilfe der Substitution $\lg x \rightarrow (1/20)\,\ln x$.

Bei der *Wellendämpfung* setzt man voraus, daß der Abschlußwiderstand Z_2 des Zweitors gleich seinem (ausgangsseitigen) Wellenwiderstand ist. Dann ist sein Eingangswiderstand Z_1 auch gleich dem (eingangsseitigen) Wellenwiderstand. Meßgröße ist die Leistung P_2, Bezugsgröße die tatsächlich vom Zweitor aufgenommene Leistung P_1. Die Wellendämpfung ist eine Eigenschaft des Zweitors allein, was für die folgenden Dämpfungen nicht gilt, da diese auch von der Beschaltung abhängen. Bei der *Betriebsdämpfung* wird die Leistung P_2 an einem beliebigen Widerstand Z_2 mit einer hypothetischen Bezugsleistung P_{max} verglichen, nämlich mit der bei Anpassung verfügbaren (maximal abgebbaren) Leistung der Quelle. Die *Einfügungsdämpfung* hat als Bezugsleistung P_{20} den Wert, den der Widerstand Z_2 bei direktem Anschluß an die Quelle, also ohne Zwischenschaltung des Zweitors, aufnehmen würde. Falls $Z_2 = Z_0$ d. h. der Abschlußwiderstand gleich dem Quellenwiderstand ist, sind auch Betriebs- und Einfügungsdämpfung gleich. Falls zudem $Z_2 = Z_0 = 600\,\Omega$ ist, spricht man, insbesondere in der Übertragungstechnik, von *Restdämpfung*.

Vergleicht man die Eigenschaften eines Fernsprechapparates, insbesondere die seiner elektro-akustischen Wandler, mit denen eines Standardgerätes (das sind Kopien des sog. Ureichkreises bei CCITT in Genf) durch Besprechen und Abhören, so gibt man den Unterschied als *subjektive Bezugsdämpfung* an. Man versteht darunter also die Dämpfung gegenüber dem Bezugsgerät. In DIN 44013 [1.33] ist eine Anordnung mit künstlichem

Tabelle 1.3: Definitionen verschiedener Dämpfungen.

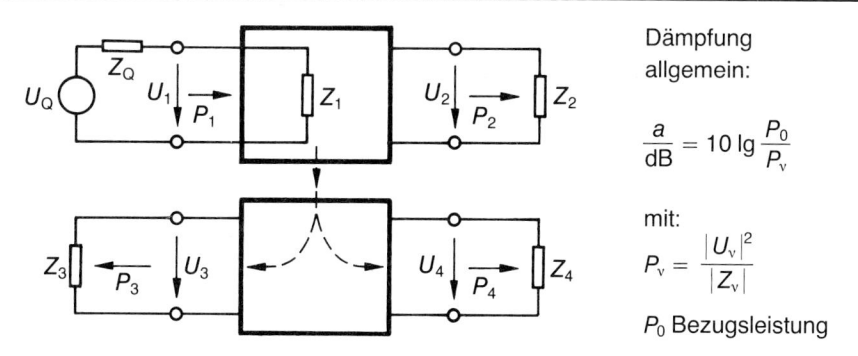

Dämpfung allgemein:

$$\frac{a}{dB} = 10 \lg \frac{P_0}{P_v}$$

mit:

$$P_v = \frac{|U_v|^2}{|Z_v|}$$

P_0 Bezugsleistung

Wellendämpfung: Z_1, Z_2 = Wellenwiderstände des Zweitors;
$P_0 = P_1 = |U_1|^2/|Z_1|$

$$\frac{a_W}{dB} = 10 \lg \frac{P_1}{P_2} = 20 \lg \left|\frac{U_1}{U_2}\right| + 10 \lg \left|\frac{Z_2}{Z_1}\right|$$

Betriebsdämpfung: $P_0 = P_{max} = |U_Q/2|^2/|Z_Q|$ verfügbare Leistung
der Quelle;

$$\frac{a_B}{dB} = 10 \lg \frac{P_{max}}{P_2} = 20 \lg \left|\frac{U_Q}{2\,U_2}\right| + 10 \lg \left|\frac{Z_2}{Z_Q}\right|$$

Einfügungsdämpfung: $P_0 = P_{20}$ = vom Verbraucher bei direktem Anschluß
an die Quelle aufgenommene Leistung;

$$P_{20} = |U_Q|^2 \cdot |Z_2|/|Z_Q + Z_2|^2 = |U_{20}|^2/|Z_2| \quad \text{mit} \quad U_{20} = U_Q \frac{Z_2}{Z_Q + Z_2}$$

$$\frac{a_E}{dB} = 10 \lg \frac{P_{20}}{P_2} = 20 \lg \frac{|U_{20}|}{|U_2|} = 20 \lg \frac{|U_Q|}{|U_2|} + 20 \lg \frac{|Z_2|}{|Z_Q + Z_2|}$$

Restdämpfung: $Z_2 = Z_Q = 600\ \Omega$ (reell)

$$a_B = a_E = a_R; \qquad \frac{a_R}{dB} = 20 \lg \left|\frac{U_Q}{2U_2}\right|$$

Nebensprechdämpfung:
Definition wie Betriebsdämpfung, jedoch ist in a_B der Index 2 zu ersetzen
durch:

Index 3   für Nahnebensprechdämpfung a_N

Index 4   für Fernnebensprechdämpfung a_F

Mund und künstlichem Ohr beschrieben, mit der die zeitraubende subjektive Messung durch eine objektive ersetzt werden kann.

Interessiert die Größe einer durch ungewollte Kopplungen entstehenden Beeinflussung eines benachbarten Zweitors (Tab. 1.3) durch das bereits betrachtete Zweitor, so definiert man die *Nebensprechdämpfung*. Sie ist die Betriebsdämpfung zwischen der Quelle und dem ,,nahen'' (Nahnebensprechen) bzw. ,,fernen'' (Fernnebensprechen) Ende des beeinflußten Zweitors.

Einige Zahlenwerte für Dämpfungen kann man der Tab. 1.1 entnehmen, wenn man berücksichtigt, daß wegen der Definition der Dämpfung zu den angegebenen Leistungs- und Spannungsverhältnissen negative Logarithmen gehören.

Da man grundsätzlich jede Meßgröße auf eine Vergleichsgröße gleicher Dimension beziehen und als logarithmisches Maß angeben kann, gibt es noch zahlreiche andere Pegel- und Dämpfungsmaße, die von Fall zu Fall erörtert werden.

Beispiel 1.2

a) Ein unbekanntes Zweitor wird aus einer Quelle mit $U_Q = 2$ V und $Z_Q = 60$ Ω gespeist. An seinem Ausgang wird bei einer Belastung mit $Z_2 = 600$ Ω die Spannung $U_2 = 0,1$ V gemessen. Wie groß sind Betriebs- und Einfügungsdämpfung?

Nach Tab. 1.3 und mit den Zahlenwerten aus Tab. 1.1 folgt für die Betriebsdämpfung:

$$\frac{a_B}{dB} = 20 \lg \frac{2\,V}{2 \cdot 0,1\,V} + 10 \lg \frac{600\,\Omega}{60\,\Omega} = 20 \lg 10 + 10 \lg 10 = 30.$$

Für die Einfügungsdämpfung findet man, wenn noch Gl. (1.2a) benutzt wird:

$$\frac{a_E}{dB} = 20 \lg \frac{2\,V}{0,1\,V} + 20 \lg \frac{600\,\Omega}{(600+60)\,\Omega}$$
$$= 20 \lg 20 - 20 \lg (1 + 0,1) \approx 26 - 20 \cdot 0,4343 \cdot 0,1 \approx 25.$$

b) Eine Quelle mit $Z_Q = 600$ Ω speist über einen Anpassungsübertrager mit dem Übersetzungsverhältnis $\sqrt{8} : 1$ einen Lastwiderstand $Z_2 = 75$ Ω (Bild). Wie groß sind Betriebs- und Einfügungsdämpfung?

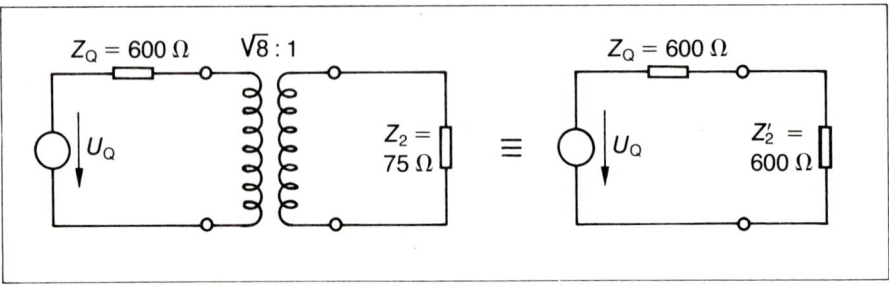

Da der Lastwiderstand an die Quelle angepaßt ist, nimmt er die maximal mögliche Leistung $P_2 = |U_Q|^2/4\,Z_Q$ auf. Für die Betriebsdämpfung ist dies gleichzeitig die Bezugsleistung, woraus $a_B = 0$ folgt. Für die Einfügungsdämpfung ist die Bezugsleistung dagegen $P_0 = |U_Q|^2 \cdot Z_2/(Z_Q + Z_2)^2$, woraus

$$\frac{a_E}{dB} = 10\,\lg\frac{4Z_Q Z_2}{(Z_Q + Z_2)^2} = 10\,\lg\frac{4\dfrac{Z_2}{Z_Q}}{(1 + \dfrac{Z_2}{Z_Q})^2} = -4{,}03 \qquad (x)$$

folgt. Die Einfügungsdämpfung ist negativ, da der Lastwiderstand über das Zweitor (Anpassung) mehr Leistung aufnimmt als bei direktem Anschluß an die Quelle. Die Betriebsdämpfung dagegen kann nie negativ werden, weil der Lastwiderstand keine größere als die verfügbare Leistung der Quelle aufnehmen kann.

Für beliebige Widerstände Z_Q und Z_2 und das Übersetzungsverhältnis $\sqrt{Z_Q/Z_2} : 1$ des Übertragers sind die Verhältnisse in folgendem Diagramm dargestellt: Während die Betriebsdämpfung a_B wegen Anpassung stets den Wert Null hat, nimmt die Einfügungsdämpfung a_E nach Gl. (x) als Funktion des Verhältnisses Z_2/Z_Q unterschiedliche negative Werte an:

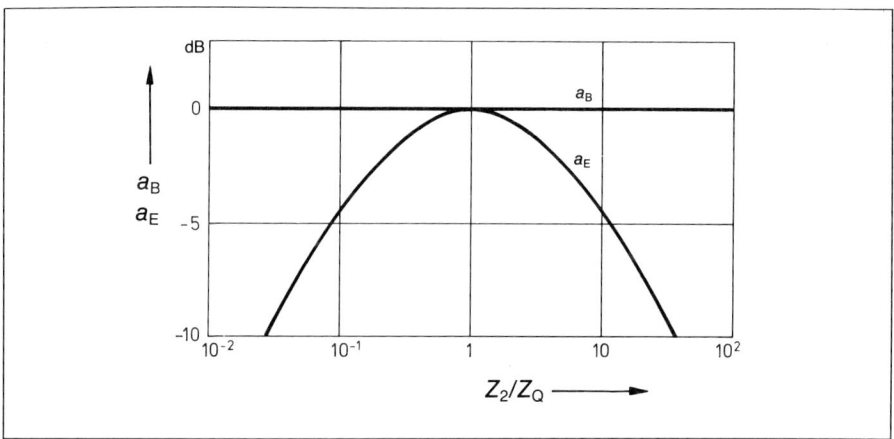

c) Gesucht ist eine Beziehung zwischen der Betriebsdämpfung a_B und der Einfügungsdämpfung a_E.

$$a_B = 10\,\lg\frac{P_{max}}{P_2} = 10\,\lg\left(\frac{P_{max}}{P_2}\cdot\frac{P_{20}}{P_{20}}\right) = \underbrace{10\,\lg\frac{P_{20}}{P_2}}_{a_E} + 10\,\lg\frac{P_{max}}{P_{20}}\cdot$$

$$a_B = a_E + 10\,\lg\left|\frac{U_Q^2/4\,Z_Q}{\left(U_Q\dfrac{Z_2}{Z_Q + Z_2}\right)^2 / Z_2}\right| = a_E + 20\,\lg\left|\frac{Z_Q + Z_2}{2\sqrt{Z_Q\cdot Z_2}}\right|\cdot$$

Die beiden Dämpfungen unterscheiden sich um die sog. „Stoßdämpfung", die den Verlust infolge Fehlanpassung ($Z_2 \neq Z_Q$) berücksichtigt (siehe Bild oben).

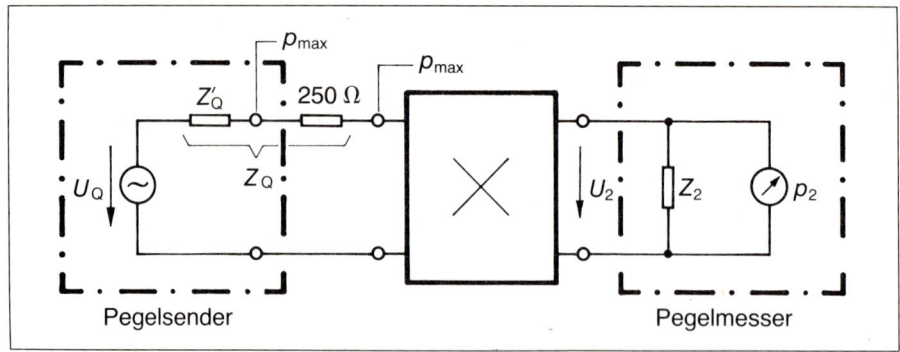

Pegelsender   Pegelmesser

d) Es ist die Betriebsdämpfung eines Zweitores zwischen dem Quellenwiderstand $Z_Q = 850\ \Omega$ und dem Verbraucher $Z_2 = 600\ \Omega$ gesucht. Zur Verfügung stehen ein Pegelmesser und ein Pegelsender mit je $Z'_Q = Z_2 = 600\ \Omega$. Der Quellenwiderstand des Senders wird durch Hinzufügen eines Widerstandes von $250\ \Omega$ auf den geforderten Wert $Z_Q = 850\ \Omega$ erhöht.

Es ist laut Definition $a_B = 10\lg\dfrac{P_{max}}{P_2} = p_{max} - p_2$.

Der vorhandene Sender zeigt den verfügbaren Pegel p'_{max} an; die durch Hinzufügen des Widerstandes ergänzte Schaltung kann maximal p_{max} abgeben.

Mit

$$P'_{max} = \left|\frac{U_Q^2}{4Z'_Q}\right|,\ P_{max} = \left|\frac{U_Q^2}{4(Z'_Q + 250\ \Omega)}\right| = \left|\frac{U_Q^2}{4Z'_Q\left(1 + \dfrac{250\ \Omega}{Z'_Q}\right)}\right|\ \text{und}\ P_2 = \left|\frac{U_2^2}{Z_2}\right|\ \text{ist}$$

$$a_B = 10\lg\frac{P_{max}}{P_2} = 10\lg\left|\frac{U_Q^2}{4Z'_Q}\cdot\frac{Z_2}{U_2^2}\cdot\frac{1}{\left(1 + \dfrac{250\ \Omega}{Z'_Q}\right)}\right|,$$

$$a_B = \underbrace{a'_B}_{p'_{max} - p_2} - \underbrace{10\lg\left(1 + \frac{250\ \Omega}{600\ \Omega}\right)}_{\text{Ablesung}} = p'_{max} - p_2 - 1{,}51\ \text{dB}.$$

Die Ablesung ist also um $1{,}51\ \text{dB}$ zu korrigieren.

Die Aufgabe läßt sich auch über eine Messung der Einfügungsdämpfung lösen. Diese ist besonders einfach: Der Pegelmesser wird einmal direkt an die Klemmen des Senders und zum andern an die Ausgangsklemmen des Zweitores angeschlossen. Die Differenz der Ablesungen ist die Einfügungsdämpfung, die sich nach der Gleichung aus dem vorhergehenden Beispiel in die Betriebsdämpfung umrechnen läßt. Man erhält:

$$a_B = a_E + 20\lg\left|\frac{Z_Q + Z_2}{2\sqrt{Z_Q\cdot Z_2}}\right| = 20\lg\left|\frac{U_{20}}{U_2}\right| + 20\lg\frac{850 + 600}{2\sqrt{850\cdot 600}}$$

$$= p_{20} - p_2 + 0{,}13\ \text{dB}.$$

Die zweite Methode zeigt einen Vorteil, den die Einfügungsdämpfung bietet: Weder Pegelsender noch Pegelmesser müssen absolut geeicht sein, die Meßgenauigkeit hängt allein ab von der Genauigkeit, mit der der Pegelmesser die Relativmessung $p_{20} - p_2$ ausführen kann. ●

1.2 Aufbau einer Übertragungsstrecke

Hauptanwendungsgebiet der Pegelmessung ist sowohl die *Niederfrequenztechnik* (allgemein, im Rahmen der Elektroakustik und der Fernsprechtechnik) sowie vor allem die Fernsprech-*Trägerfrequenztechnik*. Da viele Pegelmeßgeräte bzw. Pegelmeßplätze speziell auf bestimmte Übertragungssysteme zugeschnitten sind, wird im folgenden ein Überblick über Systeme und Übertragungsstrecken gegeben.

1.2.1 Typische Übertragungssysteme

Tab. 1.4 zeigt eine Zusammenstellung der wichtigsten Trägerfrequenzsysteme für den Fernsprech-Weitverkehr (alternativ auch für die Übertragung von Fernsehprogrammen) auf Kabeln und über Richtfunkstrecken. Charakteristisch für die Systeme ist das *Basisband,* d.h. der Frequenzbereich, den die im Frequenzmultiplex gebündelten Sprachkanäle beanspruchen.

Die Systeme mit kleinen Kanalzahlen gehen bis ca. 600 kHz und verwenden bevorzugt symmetrische Leitungen mit einem Wellenwiderstand von 150 Ω. Systeme mit hohen Kanalzahlen wurden bis ca. 60 MHz entwickelt und benützen Koaxialkabel mit 75 Ω Wellenwiderstand.

Zu den Wellenwiderständen[1] ist folgendes anzumerken: Für symmetrische Kabel ist

$$Z/\Omega = (120/\sqrt{\varepsilon_r}) \cdot \ln(2a/d),$$

wobei d der Durchmesser und a der Mittelpunktsabstand der Leiter und ε_r die relative Dielektrizitätskonstante ist. Die Bauart symmetrischer Kabel mit $d = 0{,}9 \ldots 1{,}4$ mm und Papier/Luft- oder Styroflex/Luft-Isolierung führt auf Wellenwiderstände $Z \approx 130 \ldots 190$ Ω. Daneben gibt es noch den Wellenwiderstand 600 Ω der klassischen Freileitung ($d = 3$ mm, $a = 200$ mm) sowie Werte von 800 Ω und 900 Ω. Für Koaxialkabel gilt

$$Z/\Omega = (60/\sqrt{\varepsilon_r}) \cdot \ln(D/d),$$

wobei d bzw. D die Durchmesser des Innen- bzw. Außenleiters sind. Für die Wahl des Wellenwiderstandes gibt es unterschiedliche Kriterien. Bei gegebenem D ergibt $D/d = 3{,}6$ die geringste Dämpfung, woraus für $\varepsilon_r = 1$ ein Wert $Z = 77$ Ω folgt. Dies führt auf den gebräuchlichen Wert 75 Ω, z.B. beim ehemaligen deutschen Breitbandkabel mit $D/d = 18$ mm/5 mm sowie bei den international genormten Kabeln $D/d = 9{,}5$ mm/2,6 mm (CCITT-Normalkabel) und $D/d = 4{,}4$ mm/1,2 mm (CCITT-Zwergkabel), die praktisch luftisoliert sind ($\varepsilon_r \approx 1$). Bei druckfesten flexiblen Kabeln (z.B. Seekabeln) ist Vollisolation ($\varepsilon_r \approx 2{,}3$) erforderlich, woraus sich $Z \approx 50$ Ω ergibt. Ein anderes Kriterium ist die Spitzenfeldstärke im Kabel bei gegebenem D; sie ist bei gegebener Span-

---

[1] Es werden hier nur die reellen ,,Nennwerte'' der Wellenwiderstände betrachtet, mit denen bei hinreichend hohen Frequenzen gerechnet werden kann. Bei tiefen Frequenzen sind die Wellenwiderstände komplex und betragsmäßig größer, was bei Betrieb und Messung ggf. beachtet werden muß.

nung am geringsten für $D/d = 2{,}7$ bzw. $Z \approx 60\ \Omega$ ($\varepsilon_r = 1$). Ein weiterer Gesichtspunkt ist die maximal übertragbare Leistung bei gegebenem D und gegebener Spitzenfeldstärke: sie ist am größten für $D/d = 1{,}65$ bzw. $Z \approx 30\ \Omega$ ($\varepsilon_r = 1$). Während für Fernmeldekabel geringe Dämpfung ausschlaggebend ist ($Z \approx 75\ \Omega$), findet man bei Hochspannungs- und Energiekabeln auch kleinere Wellenwiderstände von 60 Ω und 50 Ω. Da auch bei diesen Kabeln die Dämpfung nicht zu groß werden darf, wird der Wert 30 Ω nicht ausgenutzt.

Ein einheitlicher Wert für alle Kabel, z.B. 60 Ω, als Kompromiß der verschiedenen Auslegungen, hat sich nicht durchgesetzt. [1.37; 1.38].

Tabelle 1.4: Gebräuchliche Trägerfrequenz(TF)- und Pulscodemodulations(PCM)-Systeme.

Kanal-zahl	Basisband kHz	$\dfrac{Z}{\Omega}$	Drahtsysteme	Richtfunk-systeme	Anmerkungen
12	6−108	150	Z 12 auf symm. Kabeln oder Freileitungen		
24	6−108	150	V 24 auf symm. Kabeln oder Freileitungen	FM 24/400	
24	(1,544 Mbit/s)	600/ 100	PCM-System T-1		Grundlegendes PCM-System in den USA
30	(2,048 Mbit/s)	600/ 120	PCM-System auf symm. Kabeln		Grundlegendes europäisches PCM-System („CEPT-System")
60	12−252	150	V 60 auf symm. Kabeln	FM 60/7200	
120	12−552	150	V 120 auf symm. Kabeln		
300	60−1300	75	V 300 auf Koaxialkabeln	FM 300/2200/ 2600/7500	
480	(34,368 Mbit/s)	75	34 Mbit/s-PCM-System		PCM-System für die dritte Hierarchiestufe
960	60−4028	75	V 960 auf Koaxialkabeln	FM 960/4000/ 7200/7500	⎫ für TV-Über-tragung geeignet
1800	312−8120	75	V 1800 auf Koaxialkabeln	FM 1800/4000/ 6000	⎬
1920	(139,264 Mbit/s)	75	140 Mbit/s-PCM-System		PCM-System für die vierte Hierarchiestufe
2700	312−12388	75	V 2700 auf Koaxialkabeln	FM 2700/6700	
3600	312−17300	75	V 3600 auf Koaxialkabeln		vergleichbar mit dem nordamerik. L4-System
10800	4332−59648	75	V 10800 auf Koaxialkabeln		vergleichbar mit dem nordamerik. L5-System

Erläuterungen: Z = Zweidraht-Getrenntlagebetrieb
               V = Vierdraht-Gleichlagebetrieb
              FM = Frequenzmodulation (Kanalzahl/Radiofrequenzen)

In den Nachrichtennetzen sind genaue Pegelpläne vorgeschrieben, die mit engen Toleranzen einzuhalten sind. Die aus vielen Verstärkerfeldern bestehenden Strecken im Weitverkehr müssen eingepegelt werden; die Pegelhaltung muß dauernd kontrolliert werden. Weiterhin sind bei der Entwicklung der Bauteile für Nachrichtensysteme (Filter, Verstärker, Kabel u.a.) Pegel- und Dämpfungsmessungen erforderlich.

Der *Pegelbereich* der Meßgeräte muß sich vom größten Sendepegel (ca. +20 dBm) bis zu den kleinsten noch zu messenden Pegeln (ca. −120 dBm) erstrecken. Trotz des großen Frequenz- und Pegelbereiches müssen die Geräte hohe Genauigkeit und Konstanz haben, damit die geforderten engen Toleranzen noch nachgeprüft werden können.

Meßgeräte, die anstelle eines Teilnehmerapparates an die Fernsprechleitung angeschlossen werden, besitzen häufig am Eingang bzw. Ausgang eine *Halteschaltung*, die wie ein dazwischengeschalteter Hochpaß wirkt. Dieser bildet für den zur Aufrechterhaltung der Verbindung erforderlichen Gleichstrom (Haltestrom) einen Nebenschluß zum eigentlichen Meßgerät, der für Frequenzen ab einigen 10 Hz so hochohmig wird (> 50 kΩ), daß die Meßwechselspannungen ungedämpft übertragen werden. Typisch ist ein Gleichspannungsabfall von 10 bis 15 V bei einem Haltestrom von 100 mA.

1.2.2 Relativer Pegel, Meß- und Summenpegel

Ein Hilfsmittel zur Beschreibung der Pegel- und Dämpfungsverhältnisse auf Übertragungsstrecken sind die *Pegelpläne*. Bild 1.1 zeigt eine schematische Darstellung einer Fernsprech-Fernleitung mit mehreren Verstärkerfeldern. Da der Pegel infolge der Dämpfung entlang der Leitung abnimmt, jedoch wegen der Störungen (z.B. Rauschen) einen Mindestwert nicht unterschreiten darf, muß das Signal in regelmäßigen Abständen verstärkt, d.h. der Pegel angehoben werden.

Aufgetragen ist die negative Dämpfung oder der *relative Leistungspegel*

$$\frac{p_P}{\mathrm{dBr}} = -\frac{a}{\mathrm{dB}} = 10 \cdot \lg \frac{P}{P_0} \tag{1.3}$$

entlang der Übertragungsstrecke, wobei die Bezugsleistung P_0 die Leistung an einer vereinbarten Stelle ist, die man *Übertragungs-Bezugspunkt* (auch *Punkt des relativen Pegels Null* oder *0-dBr-Punkt*) nennt.

Der absolute Leistungspegel (Tab. 1.2)

$$\frac{p_P}{\mathrm{dBm}} = 10 \cdot \lg \frac{P}{1\ \mathrm{mW}} \tag{1.4}$$

an einer beliebigen Meßstelle (Bild 1.1) ist zwar ein Maß für die örtliche Leistung, hängt jedoch von der Lage der Meßstelle, d.h. von dem dort herrschenden relativen Pegel[1] nach Gl. (1.3) ab. Das erschwert die Angabe, den Vergleich und die Kontrolle von Pegelwerten. Man rechnet deswegen alle Meßwerte auf den Übertragungs-Bezugspunkt um, indem man vom Meßwert den örtlichen relativen Pegel abzieht. Solche Pegel werden in der „Einheit" dBm0 angegeben, und man spricht vom *absoluten Leistungspegel am*

---

[1] Aus diesem Grund hat sich die spezielle Bedeutung des (an sich allgemein definierten) Begriffes „relativer Pegel" als ortsbezogener Pegel eingebürgert. [0.3 Blatt 2; 1.7].

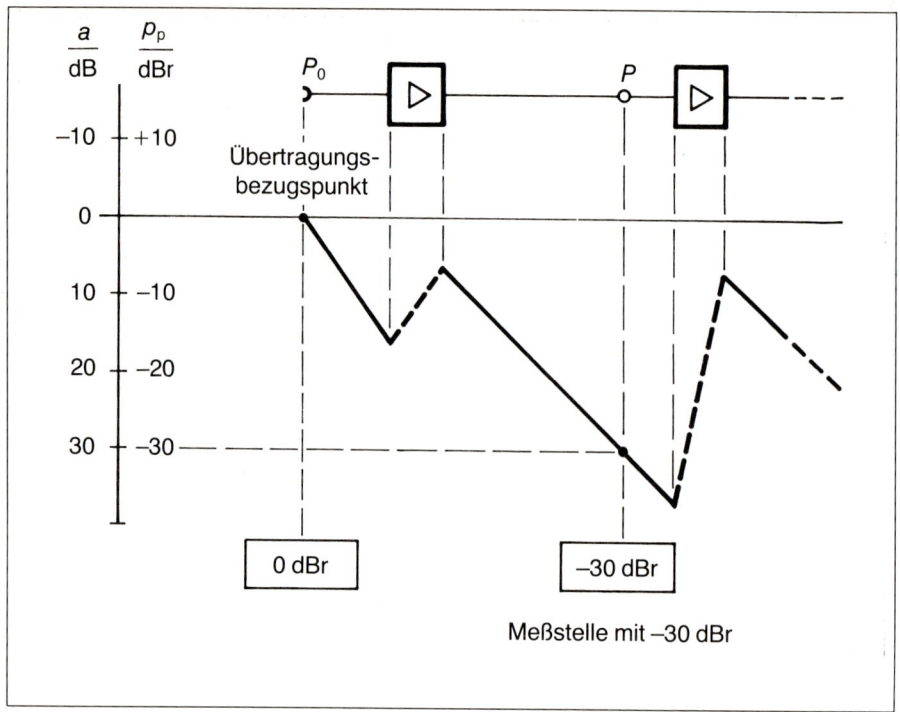

Bild 1.1: Pegelplan (schematisch).

Übertragungs-Bezugspunkt (kurz: „dBm am relativen Pegel 0") bzw. vom (auf diesen Punkt) *reduzierten Pegel:*

$$\frac{p_P}{dBm0} = \frac{p_P}{dBm} - \frac{p_P}{dBr} = \frac{p_P}{dBm} + \frac{a}{dB} \qquad (1.5a)$$

oder mit Gl. (1.4) und (1.3):

$$\frac{p_P}{dBm0} = 10 \cdot \lg \frac{P}{1\,mW} - 10 \cdot \lg \frac{P}{P_0} = 10 \cdot \lg \frac{P_0}{1\,mW} \ . \qquad (1.5b)$$

Dieser Pegel, d.h. die Leistung P_0, käme dem Meßwert am Übertragungs-Bezugspunkt zu. Da durch die Umrechnung die Lage der Meßstelle eliminiert ist, muß bei einer ungestörten Strecke überall der gleiche Pegel in dBm0 vorhanden sein, und diese Forderung läßt sich an jedem Punkt der Strecke überprüfen.

Beispiel 1.3

Eine Übertragungsstrecke wird mit einem Pegel von −10 dBm0 gespeist. An einem Meßpunkt beträgt der relative Pegel −30 dBr an 75 Ω. Welchen Spannungspegel p_U und welche Spannung U muß ein Kontrollmeßgerät dort anzeigen?

Nach Gl. (1.5a) beträgt der örtliche Pegel:

$$\frac{p_P}{\text{dBm}} = \frac{p_P}{\text{dBm0}} + \frac{p_P}{\text{dBr}} = -10-30 = -40.$$

Daraus folgt nach Tab. 1.1 für den absoluten Spannungshebel (bei $Z = 75\ \Omega$):

$$\frac{p_U}{\text{dB}} = \frac{p_P}{\text{dBm}} - \Delta p = -40 -9,03 \approx -49.$$

49 dB $= (3 + 6 + 40)$ dB entsprechen nach Tab. 1.1 einem Spannungsverhältnis von $\sqrt{2} \cdot 2 \cdot 10^2$, woraus $U = 0,775\ \text{V}/(\sqrt{8} \cdot 10^2) = 2,74\ \text{mV}$ folgt. ●

Zum Einmessen oder Einpegeln und Überwachen eines Übertragungssystems schreibt man einen Meßpegel (in dBm0, d. h. bezogen auf den Punkt mit dem relativen Pegel 0) vor und speist das System aus einem Sinusgenerator mit diesem Pegel. Ein richtig eingepegeltes System weist dann an allen Meßpunkten diesen *reduzierten* Pegel auf.

Bei Trägerfrequenzsystemen wird der Meßpegel durch einen Meßton von 800 Hz im einzelnen Fernsprechkanal erzeugt (Kanalmeßpegel). Dieser betrug früher 0 dBm0, so daß an allen Punkten des Systems der Meßpegel in dBm mit dem relativen Pegel (in dBr) übereinstimmte. Bei frequenzmodulierten Richtfunksystemen entspricht dieser gleichzeitig einem vorgeschriebenen Frequenzhub (Kanalhub, z. B. 140 oder 200 kHz), zumindest in einem mittleren Kanal, dem sog. „neutralen Kanal". Neuerdings ist der Meßpegel zugunsten geringerer Systembelastung auf -10 dBm0 herabgesetzt worden.

Als tatsächliche Belastung eines Fernsprechkanals nimmt man aufgrund zahlreicher Messungen einen Langzeitmittelwert des Sprachsignales und der zur Übertragung erforderlichen Signale von -15 dBm0 an. Für das gesamte Basisband eines Trägerfrequenzsystems mit sehr vielen Kanälen ($n \geqq 240$) ergibt sich daher statistisch ein *Summenpegel* (Breitbandpegel) von $p_P/\text{dBm0} = -15 +10\ \lg n$. Dieser Pegel wird als *Vereinbarte Belastung* (engl.: conventional load) bezeichnet (vgl. Abschnitt 5.4.1).

1.3 Pegelsender

Da es schwierig ist, Leistungen (insbesondere „Durchgangsleistungen") zu messen, werden Pegel- und Dämpfungsmessungen auf Spannungsmessungen zurückgeführt, was nach Tab. 1.1 bei Kenntnis der Widerstände möglich ist. Man benötigt als einfachste Form eines sog. Pegelmeßplatzes mindestens einen *Pogelsender* und einen *Pegelmesser*. Aus dem Sender läßt sich das Meßobjekt mit genau definiertem Pegel speisen, mit dem Pegelmesser kann man den Empfangspegel ermitteln. Aus den beiden Anzeigen ergibt sich der absolute Pegel am Sende- und Empfangsort, aus der Differenz der Anzeigen findet man die Dämpfung des Meßobjektes. Durch Zusatzeinrichtungen nach Abschnitt 1.5, z. B. durch automatische Empfängerabstimmung, Wobbeleinrichtungen usw., läßt sich der Pegelmeßplatz erweitern und die Messung vereinfachen.

Pegelsender sind Generatoren für sinusförmige Signale einstellbarer Amplitude und Frequenz. Sie sind in erster Linie für Messungen an Übertragungssystemen bestimmt; ihre wichtigsten Eigenschaften sind:

a) Ausgangsgröße wird in absolutem bzw. reduziertem Spannungs- oder Leistungspegel angezeigt.

b) Quellenwiderstand (Innenwiderstand) definiert und auf gängige Werte (vgl. Abschnitt
   1.2.1) einstellbar[1].

c) Hohe Einstellgenauigkeit und Konstanz von Pegel und Frequenz.

d) Großer Pegel- und Frequenzbereich, hohe spektrale Reinheit der Ausgangsspannung.

Aufbau, Wirkungsweise und Eigenschaften solcher Pegelsender sollen anhand eines
Beispieles erörtert werden. Bild 1.2 zeigt das Blockschaltbild eines Pegelsenders für
den Frequenzbereich 0...30 MHz, den man z.B. bei Trägerfrequenzsystemen höherer
Kanalzahlen benötigt. Die untere Frequenzgrenze ist dabei nur der Übersichtlichkeit
zuliebe mit „Null" angegeben, tatsächlich liegt sie z.B. bei 10 kHz[2].

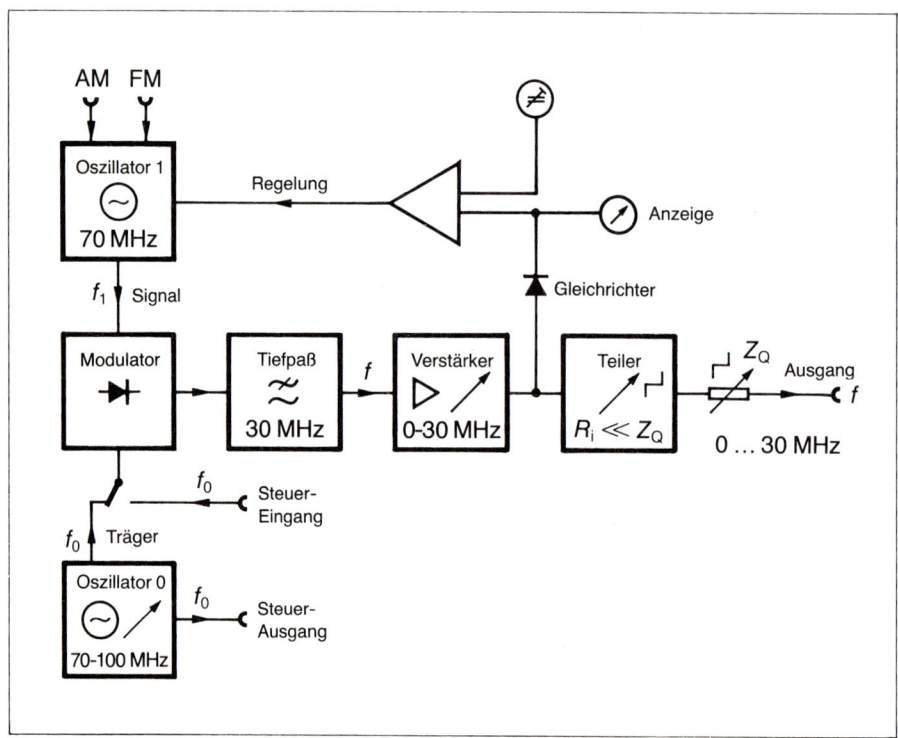

Bild 1.2: Blockschaltbild eines Pegelsenders.

Ein derartig großer Frequenzbereich (Frequenzverhältnis 10^3) kann praktisch nicht mit
Oszillatoren erzeugt werden, die direkt auf der gewünschten Frequenz arbeiten. Man
erzeugt vielmehr die Sendefrequenz f durch *Mischung* zweier wesentlich höherer

---

[1] Daneben gibt es noch einen „$0\,\Omega$-Ausgang", d.h. eine (bis zu bestimmter Belastung) starre Ausgangsspannung.

[2] Die Zahlenwerte sind hier und im folgenden willkürlich und „rund" gewählt, da nur das Prinzip, nicht eine
bestimmte Ausführung erklärt wird.

Frequenzen, deren *Differenzfrequenz* die gewünschte Sendefrequenz ergibt. Dieses Prinzip nennt man *Überlagerung* oder *Frequenzumsetzung*. (Fälschlicherweise spricht man auch vom „Schwebungsverfahren". Eine Schwebung ist jedoch lediglich die Summe zweier Schwingungen verschiedener Frequenz und enthält keineswegs eine Schwingung der Differenzfrequenz.)

Unter Mischung zweier Frequenzen versteht man die Erzeugung neuer Frequenzen durch Speisung eines Modulators (gekrümmte Kennlinie) mit zwei Schwingungen der Frequenzen f_0 und f_1. Als Ergebnis entstehen dann i.a. Schwingungen der Frequenzen (vgl. auch Abschnitt 1.7.4):

$$| pf_0 \pm qf_1 | \; ; \quad p, q = 0,1,2\ldots . \tag{1.6}$$

Es treten also sowohl die *Vielfachen* pf_0 und qf_1 der Grundfrequenzen als auch die sog. *Summen- und Differenzfrequenzen* auf. Wählt man die Amplitude der Schwingung f_0 wesentlich größer als die der Schwingung f_1, so kann man f_0 als arbeitspunktbestimmende „Trägerschwingung" und f_1 als modulierendes „Signal" auffassen. Es entstehen dann außer den Vielfachen pf_0 der Trägerfrequenz praktisch nur Schwingungen mit $q = 1$:

$$|pf_0 \pm f_1| \quad , \tag{1.7a}$$

deren niedrigste sich für $f_1 \leqq f_0$ mit p = 1 zu

$$f = f_0 - f_1 \tag{1.7b}$$

ergibt. Dies ist die Sendefrequenz in Bild 1.2. Sie entsteht also durch Umsetzen der festen Signalfrequenz 70 MHz in den Bereich 0...30 MHz mit Hilfe eines Trägers der Frequenz 70...100 MHz.

Bild 1.3 zeigt diese Frequenzen für den Fall, daß gerade $f = 30$ MHz erzeugt wird (Amplituden willkürlich gewählt). Das Bild zeigt aber auch die Wichtigkeit der Forderung $q = 1$ nach Gl. (1.7a). Nach Gl. (1.6) würden nämlich außer der gewünschten Sende-

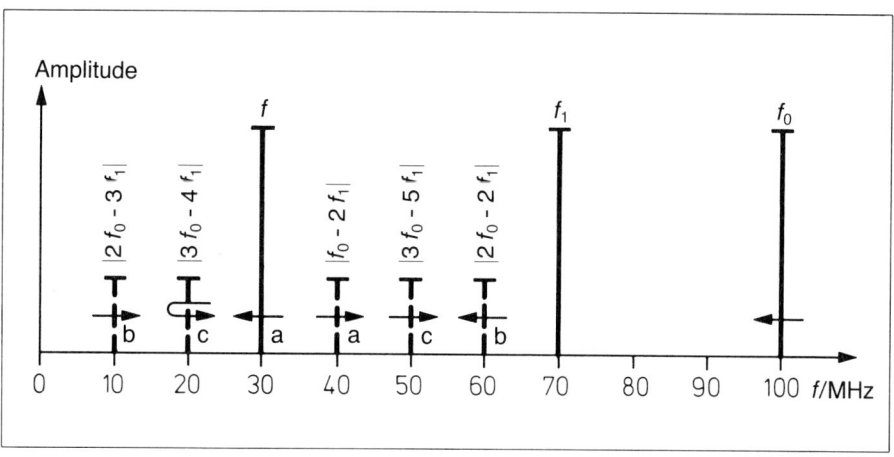

Bild 1.3: Mischprodukte am Ausgang eines Pegelsenders.

frequenz f in deren Umgebung auch noch die gestrichelt dargestellten Störfrequenzen auftreten.

Die Amplitude dieser Störschwingungen ist in der Regel um so kleiner, je größer die Ordnungszahl q ist. Die kritischste dieser Störfrequenzen, nämlich $|f_0-2f_1|$ (q = 2), liegt jedoch wegen der Wahl $f_1 > 2\, f_{max}$ (30 MHz) außerhalb des Nutzfrequenzbereiches. Zu beachten ist ggf. auch Richtung und Geschwindigkeit der „Bewegung" dieser Störlinien, wenn f_0 verändert wird. Für eine durch den Pfeil angedeutete Änderung von f_0 von 100 auf 70 MHz ändern sich alle anderen Frequenzen in den ebenfalls durch Pfeile angegebenen Richtungen, und zwar um insgesamt 30 MHz (a), 60 MHz (b) und 90 MHz (c) (vgl. auch Abschnitt 1.7.4).

Der augenfälligste Vorteil dieser Umsetzung ist zunächst, daß der Träger (Oszillator 0 in Bild 1.2) nur noch ein Frequenzverhältnis von $\approx 1{,}5$ überstreichen muß. Dabei ist die Amplitude der gesendeten Schwingung in weiten Grenzen unabhängig von Amplitudenschwankungen der Trägerschwingung. Sie ist vielmehr proportional der Amplitude der Signalschwingung (sog. quasilineare Umsetzung).

Andererseits sind diesem Verfahren Grenzen gesetzt durch die *Frequenzkonstanz* der Oszillatoren. Jede Absolutänderung in der Frequenz eines der beiden Oszillatoren geht voll in die Sendefrequenz ein und verursacht dort eine wesentlich größere relative Änderung als bei Träger oder Signal. Dies ist besonders kritisch, wenn niedrige Sendefrequenzen eingestellt werden, z. B. $f = 70$ kHz. Dann ist offensichtlich die Konstanz dieser Frequenz um den Faktor 10^3 schlechter als die Konstanz eines der beiden Oszillatoren. Aus diesem Grunde wird bei hochwertigen Geräten ein sehr großer Aufwand für die Einstellgenauigkeit und die Konstanz der Frequenzen f_0 und f_1 getrieben. Man verwendet u.a. auch Frequenzdekaden, mit denen man alle gewünschten Frequenzen mit Quarzgenauigkeit herstellen kann (vgl. auch Abschnitt 1.7.5).

Die so erzeugte Sendefrequenz f durchläuft hinter dem Modulator einen Tiefpaß (Bild 1.2), der lediglich das Nutzfrequenzband durchläßt, höhere Frequenzen (vgl. Bild 1.3) jedoch sperrt. Ein anschließender Breitbandverstärker erzeugt den einstellbaren Pegel gewünschter Größe. Dieser wird angezeigt, und der eingestellte Wert wird durch eine Regelung über die Amplitude des Signaloszillators konstant gehalten. U.a. werden dadurch auch die Frequenzgänge des Tiefpasses und des Verstärkers ausgeglichen.

Da das Anzeigeinstrument nur in einem engen Pegelbereich genau arbeitet, werden auch nur die größten Pegel direkt angezeigt. Kleinere Pegel erzeugt man durch Teilung mit Hilfe eines sehr genauen, stufenweise einstellbaren *Teilers,* dessen Dämpfung bei Angabe des Ausgangspegels von der Anzeige abzuziehen ist. Der Teiler hat einen kleinen Innenwiderstand, so daß der gewünschte Quellenwiderstand Z_Q durch stufenweise zuschaltbare Ergänzungswiderstände verwirklicht werden kann. Angezeigt wird der *verfügbare* (maximal abgebbare) absolute Leistungspegel[1], der der *halben Quellenspannung* am Ausgang entspricht, d.h. unabhängig von der Belastung derjenige Pegel, der an einem Widerstand $Z = Z_Q$ auftreten würde.

Der Signaloszillator in Bild 1.2 besitzt noch Eingänge für eine eventuelle *Modulation* der Amplitude oder der Frequenz. Wegen der quasilinearen Umsetzung geht eine solche Modulation unverändert auf das Sendesignal über. Ferner läßt sich der Hauptmodulator vom Oszillator 0 abschalten und auf einen Steuereingang umschalten (automatische

---

[1] Moderne Geräte lassen sich auch auf reduzierte Pegel einstellen. Ältere Geräte zeigen teilweise nur den absoluten Spannungspegel an.

bzw. *Fremdabstimmung,* vgl. Bild 1.8 und Abschnitt 1.5). Schließlich besitzt der Oszillator 0 noch einen Steuerausgang, der zur Fremdabstimmung anderer Geräte dienen kann.

1.4   Pegelmesser

Pegelmesser, auch Pegelempfänger genannt, sind Spannungsmesser mit folgenden Eigenschaften:

a) Eingangsgröße wird in absolutem bzw. reduziertem Spannungs- oder Leistungspegel angezeigt.

b) Eingangswiderstand definiert und auf gängige Werte (vgl. Abschnitt 1.2.1) einstellbar[1].

c) Hohe Genauigkeit und Konstanz der Anzeige.

d) Großer Pegel- und Frequenzbereich, geringe Nichtlinearitäten.

Bei den Pegelmessern muß man grundsätzlich zwischen *breitbandigen* und *selektiven* Geräten unterscheiden.

Breitbandige Geräte empfangen alle Signale in einem breiten Frequenzbereich. Sie sind einfach im Aufbau, benötigen keine Abstimmung und sind leicht zu bedienen. Dafür haben sie geringere Empfindlichkeit, und es besteht keine Möglichkeit zur Trennung von Frequenzgemischen und zur Unterdrückung von Störspannungen.

Selektive Geräte empfangen nur Signale innerhalb eines schmalen Frequenzbereiches. Sie haben hohe Empfindlichkeit und erlauben die Trennung einer gewünschten Frequenz von anderen Frequenzen und von Störspannungen. Dafür sind sie kompliziert im Aufbau, müssen auf die gewünschte Frequenz abgestimmt werden und sind daher schwieriger zu bedienen.

Ein wesentlicher Unterschied zwischen breitbandigen und selektiven Pegelmessern ist ihre unterschiedliche Empfindlichkeit, d.h. die Fähigkeit, noch kleinste Nutzpegel anzuzeigen. Der Grund dafür ist der Einfluß des *Rauschens,* der bei geringer Bandbreite entsprechend kleiner ist, wie im folgenden Abschnitt erörtert wird.

1.4.1   Rauschen und Bandbreite

Jede Signalübertragung, also auch die Pegelmessung, wird durch Störungen beeinflußt. Selbst bei Abwesenheit aller zusätzlichen Störungen bleibt das Rauschen der Signalquelle und des Pegelmessers als unvermeidliche Störung bestehen. Es setzt eine Grenze für den kleinsten meßbaren Pegel, die im folgenden abgeschätzt werden soll (vgl. hierzu auch Kapitel 6).

Die hier zu betrachtenden Verhältnisse sind in Bild 1.4.a) dargestellt. Am Ausgang des Meßobjektes (Quellenwiderstand *R*) liegt ein Pegelmesser. Sowohl das Meßobjekt als

---

[1] Daneben gibt es noch einen „hochohmigen" Eingang, der das Meßobjekt (bis auf unvermeidliche ohmsche und kapazitive Impedanzen) möglichst wenig belastet.

äquivalente Rauschbandbreite[1] und R den Widerstand (Bild 1.4). Die Zahlenwerte im rechten Teil der Gl. (1.9) ergeben sich aus $k\Theta_0 = 4\cdot10^{-21}$ W/Hz $= 4\cdot10^{-18}$ mW/Hz.

Diese Rauschquelle hat eine *verfügbare* (maximal bei Anpassung abgebbare) *Leistung*

$$P = \frac{\overline{u_Q^2}}{4R} = k\Theta B_N = 4\cdot10^{-18}\,\frac{\text{mW}}{\text{Hz}}\,\frac{\Theta}{\Theta_0}\,B_N \quad . \tag{1.10}$$

Nach Tab. 1.1 folgt daher der verfügbare absolute *Leistungspegel* am Eingang des Pegelmessers zu

$$\frac{p_P}{\text{dBm}} = -174 + 10\cdot\lg\frac{\Theta}{\Theta_0} + 10\cdot\lg\frac{B_N}{\text{Hz}} \,, \tag{1.11}$$

wobei Θ nach Gl. (1.8) bzw. Bild 1.4 einzusetzen ist. Mit Hilfe dieser Gleichung lassen sich daher die größten Rauschleistungspegel berechnen, die bei einer Pegelmessung auftreten können, sofern die Rauschtemperaturen des Meßobjektes und des Pegelmessers sowie die Bandbreite bekannt sind.

Wäre z.B. der Pegelmesser *ideal* rauschfrei ($\Theta_2 = 0$) und würde das Meßobjekt lediglich mit seinem Quellenwiderstand R auf Normaltemperatur $\Theta_1 = \Theta_0$ rauschen, so erhielte man für eine Bandbreite $B_N = 1$ Hz den Rauschpegel -174 dBm.

Praktisch haben moderne Pegelmesser Rauschtemperaturen in der Größenordnung $\Theta_2 \approx 100\,\Theta_0$ *(grober Richtwert)*. Vernachlässigt man hiergegen das auf Normaltemperatur $\Theta_1 = \Theta_0$ rauschende Meßobjekt, so ergibt sich aus Gl. (1.11) als *Abschätzung* für den zu erwartenden *Rauschpegel*:

$$\frac{p_P}{\text{dBm}} \approx -154 + 10\cdot\lg\frac{B_N}{\text{Hz}} \,. \tag{1.12}$$

Bei gegebener Temperatur Θ hängt der Rauschpegel demnach nur noch von der *Rauschbandbreite* B_N des Pegelmessers ab. Je kleiner diese Bandbreite, um so empfindlicher ist der Pegelmesser.

Neben der Rauschtemperatur Θ gibt es noch ein anderes Maß für die Rauscheigenschaften eines Zweitors, d.h. auch eines Empfängers bzw. Pegelmessers. Es ist die sog. *Rauschzahl F*. Sie ist definiert als die verfügbare Rauschleistung am Ausgang des rauschenden Zweitors, bezogen auf die dort verfügbare Leistung, die bei rauschfreiem Zweitor vorhanden wäre, wobei die Rauschtemperatur Θ_1 der Quelle definitionsgemäß gleich der Normaltemperatur Θ_0 ist:

$$F = \frac{k\,(\Theta_0 + \Theta_2)\,B_N}{k\,\Theta_0\,B_N} = 1 + \frac{\Theta_2}{\Theta_0} \quad . \tag{1.13a}$$

Diese Definition hat den Nachteil, daß sie zunächst nur für Quellen mit Normaltemperatur $\Theta_1 = \Theta_0$ gilt. Ist $\Theta_1 \neq \Theta_0$, muß man mit einer geänderten Rauschzahl rechnen:

$$F' = F - 1 + \frac{\Theta_1}{\Theta_0} = \frac{\Theta_1 + \Theta_2}{\Theta_0} \,.$$

Auch das in dB definierte *Rauschmaß* $10\,\lg F$ ist mit den Nachteilen der Rauschzahl behaftet.

---

[1] $B_N = \dfrac{1}{|A(0)|^2}\displaystyle\int_0^\infty |A(f)|^2\,df$, wobei $A(f)$ die Systemfunktion ist.

1.4.2 Breitbandige Pegelmesser

Aufbau und Wirkungsweise eines breitbandigen Pegelmessers werden am Beispiel eines zu dem Pegelsender nach Bild 1.2 passenden Gerätes besprochen. Bild 1.5 zeigt das Blockschaltbild. Am Eingang liegt die zu messende Spannung der Frequenz $f = 0$ (10 kHz)...30 MHz (vgl. Abschnitt 1.3). Der Eingangswiderstand Z_E ist stufenweise auf die gebräuchlichen Werte nach Abschnitt 1.2 umschaltbar. Ein nachfolgender Spannungsteiler dient zur Wahl des Meßbereiches. Ein Breitbandverstärker für den gesamten Frequenzbereich verstärkt das Empfangssignal, so daß es gleichgerichtet und angezeigt werden kann. Für besondere Meß- und Registrieraufgaben (z.B. Frequenzmessung und Anschluß eines Schreibers) sind getrennte Ausgänge für die Wechsel- und Gleichspannung vorgesehen.

Der Breitbandverstärker läßt sich vom Empfangssignal auf einen *Eichoszillator* umschalten, der auf eine konstante Schwingungsamplitude ausgelegt ist. Damit läßt sich die Verstärkung überprüfen und ggf. nachstellen. Dies entspricht dem in Abschnitt 0.2 erwähnten Prinzip direktanzeigender Meßgeräte mit Eichkontrolle[1].

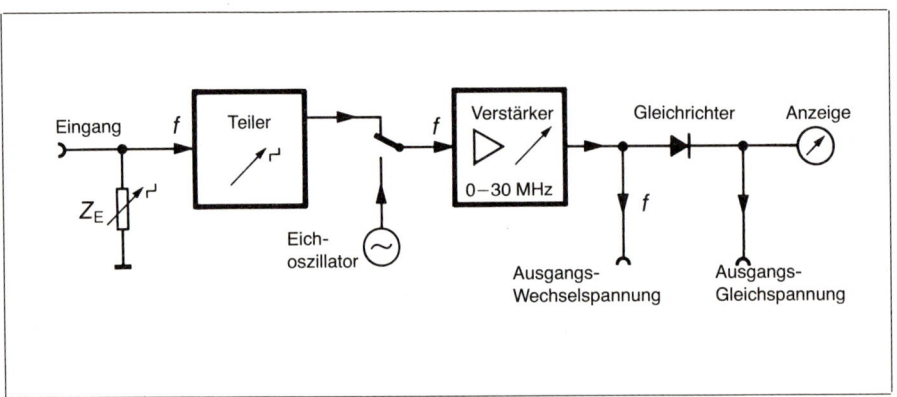

Bild 1.5: Blockschaltbild eines breitbandigen Pegelmessers.

Eine Abschätzung des *Rauschpegels* dieses Pegelmessers ergibt nach Gl. (1.12):

$$\frac{p_P}{\text{dBm}} = -154 + 10 \cdot \lg\left(3 \cdot 10^7\right) \approx -80 \ . \tag{1.14}$$

Ein Nutzpegel dieser Größe kann also gerade noch erkannt werden. Soll der kleinste Meßbereich bei Vollausschlag der Anzeige noch einen Rauschabstand von 20 dB haben, so liegt er in der Größenordnung von −60 dBm, entsprechend einer Leistung von $P = 10^{-6}$ mW = 1 nW.

---

[1] Ggf. ist jedoch heutzutage ein hochkonstanter Verstärker leichter zu realisieren als ein Eichoszillator, so daß dieser Gesichtspunkt an Bedeutung einbüßen kann.

1.4.3 Geräuschpegelmesser

Eine Sonderform des breitbandigen Pegelmessers ist der Geräuschspannungs- oder Geräuschpegelmesser im NF-Gebiet.

Jede Nachrichtenübertragung unterliegt einem *Störpegel*, der durch Rauschen, sinusförmige Störer (z. B. Klirren), Knacken, Nebensprechen u. a. verursacht wird und der hinreichend tief unter dem Nutzpegel liegen muß. Im Fernsprechkanal der Bandbreite $B = 3,1$ kHz fordert man z. B. einen auf maximal -50 dBm0 (entsprechend 10 000 pW0) begrenzten Störpegel.

Der innerhalb des Fernsprechkanals über entsprechende Begrenzungsfilter gemessene Störpegel heißt *Fremdpegel*[1]. Die vom menschlichen Ohr empfundene Störwirkung hängt jedoch vom Frequenzgehalt und von der Dauer einer Störung ab (Impulse). Der Störpegel muß also entsprechend diesen Kriterien durch besondere Filter und Zeitkonstanten *bewertet* werden. Derartig bewertete Pegel heißen *Geräuschpegel*[1], entsprechende Meßgeräte Geräuschpegelmesser[2], die Filter Bewertungsfilter. [0.3, Blatt 2].

Für Bewertungsfilter gibt es verschiedene Normen. Für das Fernsprechen gilt das CCITT-Bewertungsfilter mit einem Verlauf nach Bild 1.6. Das Filter hat eine äquivalente Rauschbandbreite vom 1,74 kHz, d. h. bei Speisung mit weißem Rauschen ist seine Ausgangsleistung gleich der Leistung eines 1,74 kHz breiten Bandes aus diesem Rauschen. Gegenüber dem unbewerteten, innerhalb der Rauschbandbreite von 3,1 kHz gemessenen Fremdpegel ist damit bei weißem Rauschen der Geräuschpegel um den Faktor $3,1/1,74 = 1,78$ entsprechend 2,5 dB kleiner.

Grundgedanke ist die bevorzugte Bewertung der Störungen im Bereich maximaler Ohrempfindlichkeit (800...1000 Hz) und geringere Bewertung außerhalb dieses Bereiches. Da hierbei die individuellen Unterschiede des Ohres und auch die Eigenschaften des Fernhörers eingehen, ist eine optimale Bewertungskurve nicht eindeutig angebbar. So gibt es z. B. in Nordamerika das sog. C-Bewertungsfilter (früher galt die F1A-Kurve). Ebenso gelten für andere Tonübertragungssysteme, z. B. Tonrundfunk oder Tonbandgeräte, andere Bewertungskurven (CCITT P 53, CCIR 468-1).

Zur Kennzeichnung der für die Geräuschmessung verwendeten Bewertungsfilter wird an den Pegel bei CCITT-Bewertung die „Einheit" dBmp bzw. dBm0p angefügt. p steht für ‚pondéré' (franz. gewichtet). Sinngemäß schreibt man bei Benutzung des C-Bewertungsfilters dBrnC (rn für engl.: reference noise) und bei Benutzung der F1A-Bewertung dBa (a für engl.: adjusted). Dabei ist zu beachten, daß die nordamerikanischen Geräuschpegel nicht auf das Milliwatt sondern auf das Pikowatt bezogen sind. (Dahinter steckt die vernünftige Absicht, nur positive Ergebnisse zu bekommen, vergleichbar mit den Überlegungen bei der Wahl des Temperaturbezugspunktes für 0 °F.)

Die Wirkung der verschiedenen Bewertungsfilter auf ein *weißes Rauschen* im Sprachband 0,3...3,4 kHz kann durch folgende Beziehung berücksichtigt werden [1.2]:

$$0 \text{ dBm} = -2,5 \text{ dBmp} = +88 \text{ dBrnC} = +82,0 \text{ dBa} \quad .$$

Bei Messungen an Fernsprech- und Tonleitungen ist der *Effektivwert* der Geräuschspannung zu messen. Dazu wird häufig auch ein sog. Quasi-Effektivwertgleichrichter

---

[1] Der Fremdpegel heißt neuerdings auch *unbewerteter* Geräuschpegel und der bisherige Geräuschpegel auch *bewerteter* Geräuschpegel.

[2] auch Psophometer genannt, von psophos (grch.): Schall, Geräusch.

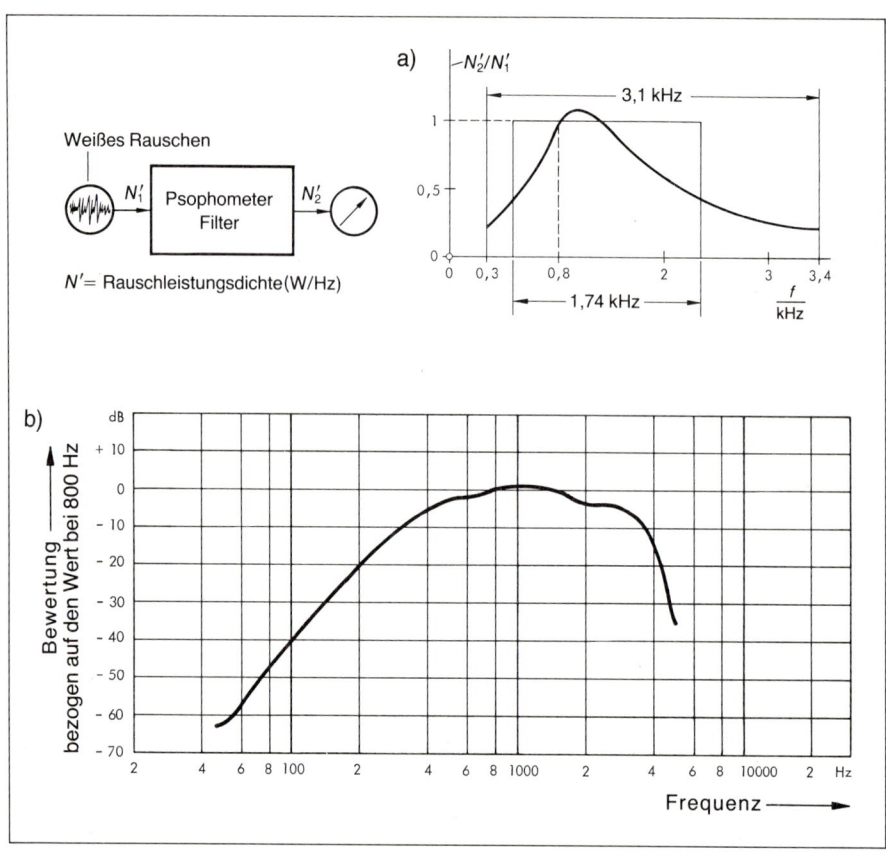

a) $-N_2'/N_1'$

Weißes Rauschen

N_1' → Psophometer Filter → N_2'

N' = Rauschleistungsdichte (W/Hz)

b)

Bild 1.6: CCITT-Psophometerkurve a) in linearer und b) in logarithmischer Darstellung.

verwendet (vgl. Abschnitt 1.6.2). Tonimpulse von 200 ms Dauer sollen bereits die gleiche Anzeige liefern wie ein Dauerton gleicher Amplitude, denn kürzere Impulse hört auch das menschliche Ohr nicht entsprechend der wahren Intensität.

Bei Messungen an Übertragungseinrichtungen für Rundfunkprogramme ergibt eine *Quasi-Spitzenbewertung* eine bessere Übereinstimmung zwischen Anzeige und subjkektivem Höreindruck; die im Störgeräusch auftretenden Spitzen werden dabei stärker zur Anzeige herangezogen als ihrem Effektivwert entspricht. Die z.B. in DIN 45405 niedergelegten Forderungen werden durch unterschiedliche Lade- und Entladezeitkonstanten im Gleichrichterkreis berücksichtigt. (DIN 45405 [1.8]; [1.9;1.10]).

1.4.4 Selektive Pegelmesser

Diese Geräte empfangen im Gegensatz zu den besprochenen Breitbandpegelmessern nur Signale innerhalb eines schmalen Frequenzbereiches (Größenordnung 1 kHz) in der Umgebung der jeweiligen Nutzfrequenz f. Liegt diese Frequenz, wie z.B. bei dem Pegelsender nach Abschnitt 1.3, irgendwo zwischen 0 (10 kHz) ....30 MHz, so müßte ein selektiver Pegelmesser abstimmbare Bandpässe für diesen gesamten Frequenzbereich besitzen. Dieser direkte selektive Empfang entspräche dem Prinzip des sog. *Geradeausempfanges,* das für Empfangsfrequenzen aus einem breiten Frequenzbereich praktisch kaum zu realisieren ist. Man wendet vielmehr das Prinzip des sog. *Überlagerungsempfanges* an, das zunächst an einem einfachen Beispiel erklärt werden soll.

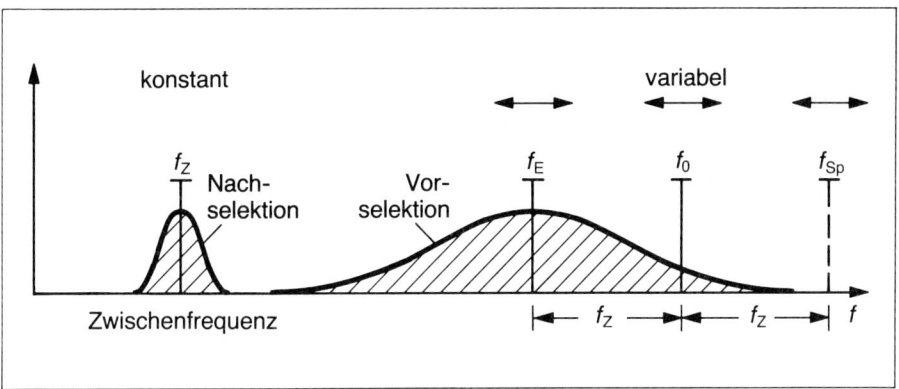

Bild 1.7: Prinzip des Überlagerungsempfanges.

In Bild 1.7 soll eine variable Frequenz f_E empfangen werden. Durch Mischung dieser Frequenz mit einer Trägerschwingung f_0 in einem Empfangsmodulator, wobei f_E jetzt die Rolle des Signals spielt, entsteht nach Gl. (1.7b) u. a. die Frequenz

$$f_Z = f_0 - f_E.$$
(1.15)

Stimmt man den Empfänger so ab, daß zu einer beliebigen Empfangsfrequenz f_E die Trägerfrequenz f_0 stets den gleichen Abstand f_Z hat, so wird die Empfangsfrequenz f_E stets auf diese *konstante* sog. *Zwischenfrequenz* f_Z umgesetzt. Hier kann nun durch fest eingestellte Filter die gewünschte Selektion vorgenommen werden. Da der Aufwand für ein Filter i. a. mit wachsender relativer Bandbreite $\Delta f/f_Z$ abnimmt, ist für diese Selektion eine niedrige Zwischenfrequenz f_Z günstig.

Auch bei beliebig schmalbandigen Zwischenfrequenzfiltern lassen sich jedoch noch nicht alle unerwünschten Empfangsfrequenzen unterdrücken. Es gibt mindesten eine Frequenz, die sich durch diese *Nachselektion* nicht fernhalten läßt, nämlich die sog. *Spiegelfrequenz* f_{Sp}. Sie liegt nach Bild 1.7 „spiegelbildlich" zur gewünschten Empfangsfrequenz f_E bezüglich der Trägerfrequenz f_0. Die Differenz

$$f_{Sp} - f_0 = f_Z$$
(1.16)

fällt also genau auf die Zwischenfrequenz, d. h. mit dem Nutzsignal zusammen. Die Spiegelfrequenz muß daher durch die sog. *Vorselektion* unterdrückt werden, wobei ein entsprechender Bandpaß jeweils auf die gewünschte Empfangsfrequenz f_E abgestimmt werden muß. Da die Spiegelfrequenz stets den Abstand $2f_Z$ von f_E hat, ist für die Vorselektion eine hohe Zwischenfrequenz (u. U. $f_Z > f_E$) günstig.

45

Die Vorteile des Überlagerungsempfängers sind also:

a) Nachselektion *ohne* Abstimmung der Filter und *leicht* realisierbar, falls Zwischenfrequenz hinreichend niedrig.

b) Vorselektion zwar mit Abstimmung, jedoch *leicht* realisierbar, falls Zwischenfrequenz hinreichend hoch. (Bei Geradeausempfang müßte die *gesamte* Selektion hier vorgenommen werden!)

Die Forderungen nach hoher Nachselektion und hoher Spiegelfrequenzsicherheit widersprechen sich, so daß ein Kompromiß gefunden werden muß. Die einmalige Frequenzumsetzung nach Bild 1.7 entspricht etwa der Arbeitsweise eines Rundfunkempfängers, bei dem ein solcher Kompromiß möglich ist. Andernfalls muß mit *mehrfacher* Umsetzung gearbeitet werden, wobei die Anzahl der Umsetzungen um so kleiner bleibt, je selektiver die Filter (z.B. Quarzfilter) sind. Die Mehrfachumsetzung wird anhand des folgenden Beispiels besprochen.

Bild 1.8 zeigt Blockschaltbild und Frequenzplan eines zu dem Pegelsender nach Bild 1.2 passenden selektiven Pegelmessers. Der obere Teil des Blockschaltbildes entspricht dem breitbandigen Gerät nach Abschnitt 1.4.2. Die gewünschte Selektivität und Spiegelfrequenzsicherheit wird durch vierfache Frequenzumsetzung erreicht.

Die Empfangsfrequenz f ist identisch mit der Sendefrequenz f des Pegelsenders nach Bild 1.2, liegt also im Bereich 0 (10 kHz) ...30 MHz (Bild 1.8.b, Zeile 0). Es kommt also nur eine (erste) Zwischenfrequenz f_1 in Frage, die *oberhalb* dieses Bereiches liegt, da eine innerhalb des Empfangsfrequenzbereiches liegende Zwischenfrequenz gegen direkte Einwirkung störanfällig ist. Wegen der gemeinsamen Abstimmung des Senders und Empfängers (vgl. Abschnitt 1.3) wählt man sie gleich der Frequenz $f_1 = 70$ MHz des Oszillators 1 im Pegelsender Bild 1.2. Damit werden auch die Trägerfrequenzen f_0 im Sender und Empfänger gleich, liegen also im Bereich 70...100 MHz. Infolgedessen liegen Spiegelfrequenzen f_{Sp0} nach Gl. (1.16) bei $f_{Sp0} = f_0 + f_1$, d.h. im Bereich 140... 170 MHz. Als Beispiel sind in Bild 1.8.b, Zeile 0 die Bandmittenfrequenzen $f = 15$ MHz, $f_0 = 85$ MHz und $f_{Sp0} = 155$ MHz eingezeichnet. Gegen die Spiegelfrequenzen f_{Sp0} wirkt der Breitbandverstärker 0...30 MHz wie ein Tiefpaß als Vorselektion 0.

Die erste Zwischenfrequenz $f = 70$ MHz erlaubt bei weitem keine ausreichende Nachselektion, weswegen eine weitere Umsetzung auf eine zweite Zwischenfrequenz f_2 erforderlich ist (Zeile 1). Jedoch darf auch diese Zwischenfrequenz nicht zu klein gewählt werden, da erneut das Problem der Spiegelfrequenzen auftritt. Wählt man $f_2 = 7$ MHz, so muß der Oszillator 01 die Trägerfrequenz $f_{01} = 77$ MHz liefern. Die Spiegelfrequenz liegt dann bei $f_{Sp1} = 84$ MHz. (Eine unerwünschte Empfangsfrequenz $f - 14$ MHz würde nach der ersten Umsetzung genau diese Störung liefern). Gegen diese Spiegelfrequenz schützt die Vorselektion 1 des Bandpasses bei 70 MHz, der hinreichend breitbandig und daher leicht realisierbar ist.

In gleicher Weise verlaufen die weiteren Umsetzungen (man beachte die Maßstabsänderungen auf den Frequenzachsen in Bild 1.8.b). Über die Zwischenfrequenz $f_3 = 700$ kHz kommt man schließlich zur letzten Zwischenfrequenz $f_4 = 70$ kHz. Hier läßt sich nun die gewünschte Bandbreite von ca. 1 kHz leicht realisieren. So würde ein einfacher Schwingkreis der Güte (inversen relativen Bandbreite) $Q = f_4/\Delta f = 100$ die absolute Bandbreite $\Delta f = f_4/100 = 700$ Hz liefern. Wollte man dieses Δf bei der ersten Zwischen-

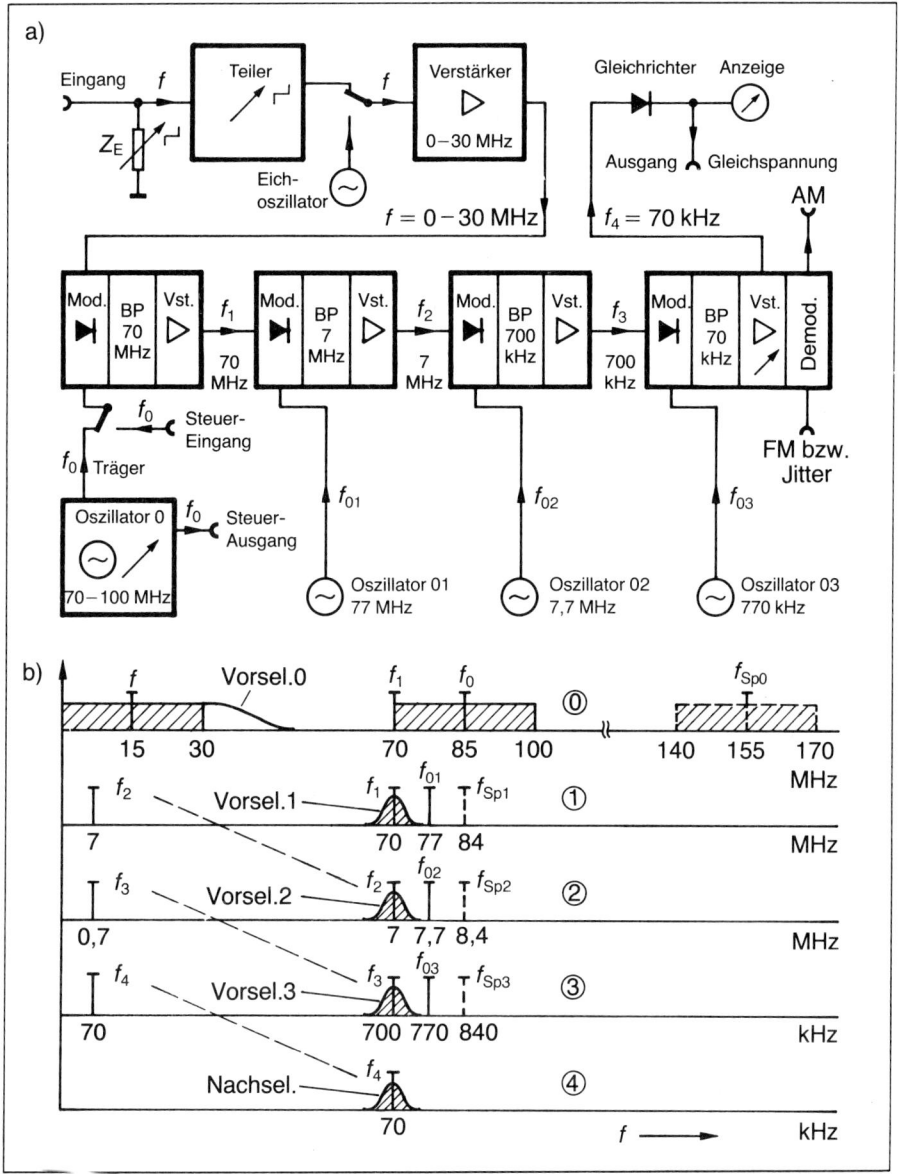

Bild 1.8: a) Blockschaltbild und b) Frequenzplan eines selektiven Pegelmessers.

frequenz f_1 erreichen, müßte die Güte $Q = f_1/\Delta f = 10^5$ betragen: Dies wäre zwar mit einem Quarzfilter möglich, jedoch nur dann sinnvoll, wenn der Aufwand für das Filter durch Einsparung von Umsetzerstufen wettgemacht wird.

Die Bandbreite selektiver Pegelmesser ist zur Anpassung an das Meßproblem meist umschaltbar. Da das empfangene Signal moduliert sein kann, sind in der Regel noch Demodulatoren für Amplituden- bzw. Einseitenbandmodulation (AM) und Frequenzmodulation (FM) bzw. Jitter vorhanden. Zum Empfang eines beliebigen Sprachkanals aus einem TF-System benötigt man z.B. eine Bandbreite von 3,1 kHz und Demodulationseinrichtungen, die Regel- und Kehrlage berücksichtigen. Empfängt man nur Rauschen, so dient eine Bandbreite von 1,74 kHz zur Simulation der psophometrischen Bewertung (vgl. Abschnitt 1.4.3). Falls dabei Mittelwertgleichrichter verwendet werden, die Rauschen nicht leistungsgerecht bewerten (vgl. Beispiel 1.6), wird diese Bandbreite zu 2,2 kHz gewählt. Schließlich benötigt man noch kleine Bandbreiten bis zu 10 Hz, um die zur Pegelhaltung dienenden Pilotfrequenzen empfangen zu können, die von anderen Frequenzen (Trägerreste, Signalfrequenzen) z.T. nur einige 10 Hz Abstand haben.

Für den *Rauschpegel* eines selektiven Pegelmessers mit einer Bandbreite $B_N = 1$ kHz folgt aus Gl. (1.12) die Abschätzung

$$\frac{p_P}{\text{dBm}} \approx -154 + 10 \lg 10^3 = -124 \quad . \tag{1.17}$$

Der kleinste Meßbereich mit einem Rauschabstand von 24 dB bei Vollausschlag liegt also in der Größenordnung -100 dBm. Das selektive Gerät ist damit um rund 40 dB empfindlicher als das im Abschnitt 1.4.2 als Beispiel gewählte breitbandige Gerät mit 30 MHz Bandbreite, es können also um den Faktor 10^4 kleinere Leistungen und (bei gleichem Eingangswiderstand) um den Faktor 10^2 kleinere Eingangsspannungen gemessen werden. Der Meßbereich -100 dBm entspricht einer Leistung $P = 10^{-10}$ mW $= 0,1$ pW. Unter Berücksichtigung häufig vorkommender relativer Pegel von -33 oder -23 dBr an den Meßpunkten einer Fernverbindung ergeben sich somit die kleinsten Meßbereiche für den reduzierten Pegel nach Gl. (1.5a) zu ca. -70 bis -80 dBm0 (Vollausschlag). Ein Pegel von -90 dBm0 läßt sich dann noch mit einem Fehler von ca. 1% messen (vgl. Beispiel 1.7).

Beispiel 1.4

a) Ein Pegelsender mit dem Quellenwiderstand $Z_Q = 75\ \Omega$ speist ein unbekanntes Zweitor. Seine Anzeige beträgt $p_U = 0$ dB (absoluter Spannungspegel). Das Zweitor ist ausgangsseitig durch einen Pegelmesser mit einem Eingangswiderstand $Z_2 = 150\ \Omega$ belastet. Dessen Anzeige beträgt $p_U = -40$ dB (absoluter Spannungspegel). Welche Betriebsdämpfung a_B hat das Zweitor bei der angegebenen Beschaltung?

Da der Sender, unabhängig von der tatsächlichen Belastung, den der halben Quellenspannung entsprechenden Pegel anzeigt, ist die gemessene Pegeldifferenz von 40 dB gleich dem ersten Summanden der Betriebsdämpfung a_B nach Tab. 1.3. Mit Berücksichtigung der unterschiedlichen Widerstände folgt demnach:

$$\frac{a_B}{\text{dB}} = 40 + 10 \lg \frac{150\ \Omega}{75\ \Omega} = 43 .$$

b) Pegelsender und Pegelmesser seien in absolutem Leistungspegel geeicht. Der Sender zeige 0 dBm an. Wie muß die Anzeige des Pegelmessers lauten?

Da das Leistungsverhältnis P_{max}/P_2 direkt gemessen wird, muß der Pegelmesser -43 dBm anzeigen.

c) Der verwendete Pegelmesser sei breitbandig mit einer Rauschbandbreite $B_N = 100\,MHz$ und einer Rauschtemperatur $\Theta_2 = 10^3\,\Theta_0$. Mit welchem Rauschabstand erfolgt die Messung nach Teil b) dieses Beispiels?

Gl. (1.12) kann hier nicht verwendet werden, da sie nur für $\Theta_2 = 100\,\Theta_0$ gilt. Dagegen liefert Gl. (1.11) für den Rauschpegel:

$$\frac{p_P}{dBm} = -174 + 10\,\lg 10^3 + 10\,\lg 10^8 = -64.$$

Gegenüber dem Nutzpegel nach Teil b) von -43 dBm beträgt der Rauschabstand demnach rund 20 dB und ergibt damit eine ausreichende Meßgenauigkeit (vgl. Abschnitt 1.6.2).

Hierbei wurden zwei Voraussetzungen gemacht: Erstens wurde in Gl. (1.11) $\Theta = \Theta_2$ gesetzt. Das bedeutet nach Gl. (1.8), daß die Rauschtemperatur Θ_1 des Meßobjektes gegenüber Θ_2 vernachlässigbar ist. Zweitens wurde Anpassung zwischen Meßobjekt und Pegelmesser angenommen, da der Pegelmesser nur für diesen Fall den Pegel nach Gl. (1.11) anzeigt. ●

1.5   Pegelmeßplätze, Wobbelmessungen

Ein *Pegelmeßplatz*, bestehend aus Sender und Empfänger, entspricht einer Anordnung nach Bild 0.2. Bei der einfachsten Form der Punktmessung muß der Sender auf die gewünschte Frequenz abgestimmt werden, der Empfänger nur dann, wenn er selektiv ist. Bei einer Streckenmessung nach Bild 0.3 muß also entweder ein breitbandiger Pegelmesser verwendet werden oder es muß auch am Empfangsort abgestimmt werden. Bei einer Schleifenmessung dagegen kann auch bei Verwendung selektiver Pegelmesser die zweifache Abstimmung umgangen werden (vgl. Bild 0.2, *automatische Empfängerabstimmung*), da zusätzliche Verbindungen zwischen Sender und Empfänger möglich sind. Wie bereits erwähnt, sind die Trägerfrequenzen f_0 (Oszillator 0) beim Sender Bild 1.2 und beim Empfänger Bild 1.8.a gleich. Man kann also dem Sender über den Steuerausgang den Träger entnehmen und dem Empfänger über den Steuereingang zuführen, wobei dessen Oszillator unbenutzt bleibt. Es genügt dann, den Sender abzustimmen, da der Empfänger automatisch mitläuft. (Wahlweise läßt sich auch der Sender vom Empfänger steuern.) Dieses bedeutet eine wesentliche Bedienungserleichterung – man denke etwa an das Aufsuchen von Maxima oder Minima – und ermöglicht auch beim Wobbeln die vorteilhafte Verwendung eines selektiven Pegelmessers.

Das Prinzip der Wobbelmessung ist bereits im Bild 0.2 erklärt worden und soll nun anhand des Bildes 1.9 näher besprochen werden. Die Frequenz f des Pegelsenders wird in einem gewünschten Bereich (*Wobbelhub* $\Delta f = f_2 - f_1$) nach irgendeiner Funktion periodisch durchlaufen, was z.B. durch Anschluß eines durch einen Funktionsgenerator gesteuerten Abstimmoszillators an den Steuereingang des Senders erreicht werden kann. In Bild 1.9 sind lediglich das sägezahn- und dreieckförmige Wobbeln dargestellt. Andere Möglichkeiten werden später erörtert. Am Empfangsort wird das Meßergebnis

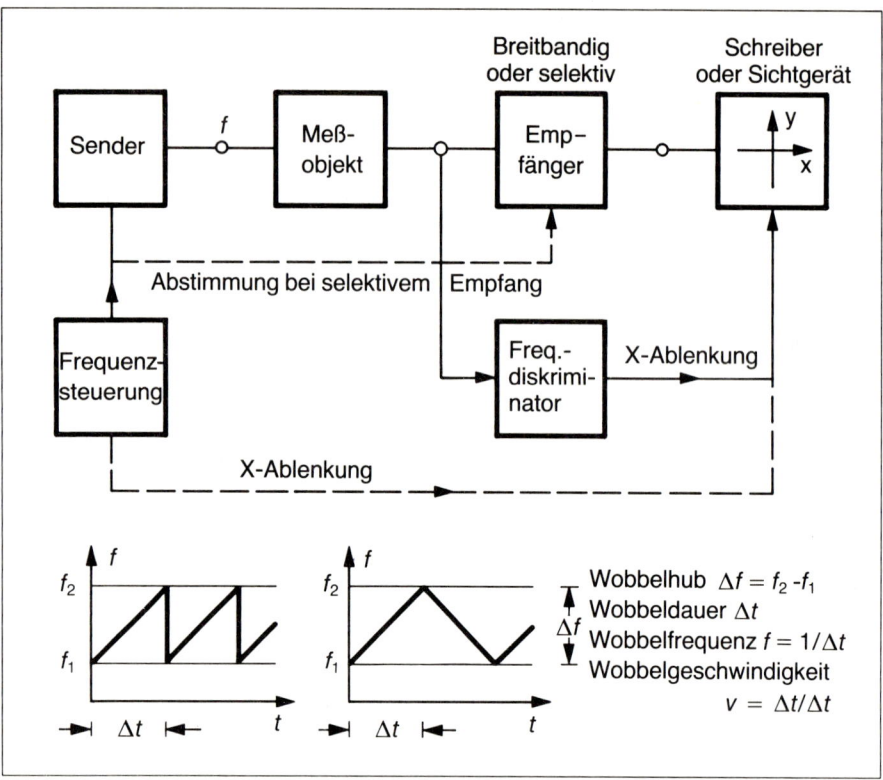

Bild 1.9: Aufbau und wichtigste Daten eines Wobbelmeßplatzes.

als Funktion der Frequenz auf einem Schreiber oder Sichtgerät dargestellt. Auch beim Wobbeln ist zwischen *breitbandigem* und *selektivem* Empfang zu unterscheiden und damit auch zwischen den Möglichkeiten von *Strecken-* oder *Schleifenmessungen* [1.11].

Breitbandempfänger benötigen keine Abstimmung, weswegen *Streckenmessungen* möglich sind. Man bedarf am Empfangsort allerdings eines Diskriminators, der die frequenzproportionale X-Ablenkung des Anzeigegerätes besorgt (Bild 1.9). Nachteilig ist der geringe Pegelumfang des breitbandigen Pegelmessers sowie die erforderliche spektrale Reinheit der Signale, da jeder Oberwellenanteil mit angezeigt wird. Das Klirren des Sende- u. insbesondere des Empfangssignals bestimmt damit die größte noch meßbare Dämpfung eines Meßobjektes.

Selektive Empfänger müssen beim Wobbeln wie der Sender durch denselben Funktionsgenerator abgestimmt werden, wozu eine zusätzliche Leitung zwischen Sender und Empfänger erforderlich ist. Dafür kann jedoch die X-Ablenkung des Anzeigegerätes ohne Frequenzdiskriminator direkt vom Funktionsgenerator erfolgen (gestrichelte Verbindungen in Bild 1.9). Wegen dieser zusätzlichen Verbindungen sind mit den bisher beschriebenen Mitteln nur *Schleifenmessungen* möglich. Eine Streckenmessung würde besonders aufwendige Verfahren erfordern, die einen Synchronismus zwischen der Abstimmung des Senders und des Empfängers ermöglichen.

Beim Wobbeln sind einige grundsätzliche *Einschränkungen* zu beachten, wenn Fehlmessungen vermieden werden sollen. Sie betreffen in erster Linie die *Wobbelgeschwindigkeit v,* die hinreichend klein sein muß, damit das Gesamtsystem Meßobjekt-Meßgerät schnell genug einschwingen, d.h. der Frequenzänderung folgen kann, ohne daß das Meßergebnis durch abklingende Einschwingvorgänge verfälscht wird.

Die *Abklingdauer* eines Einschwingvorganges läßt sich i.a. nicht durch die bekannten Größen ,,Einschwingzeit" oder ,,Anstiegszeit" beschreiben, da diese nur die steilste Stelle bzw. die Dauer zwischen 10% und 90% des Anstiegs der Sprungantwort berücksichtigen, jedoch nicht Überschwingen und langes Nachschwingen, was beim Wobbeln störend sein kann.

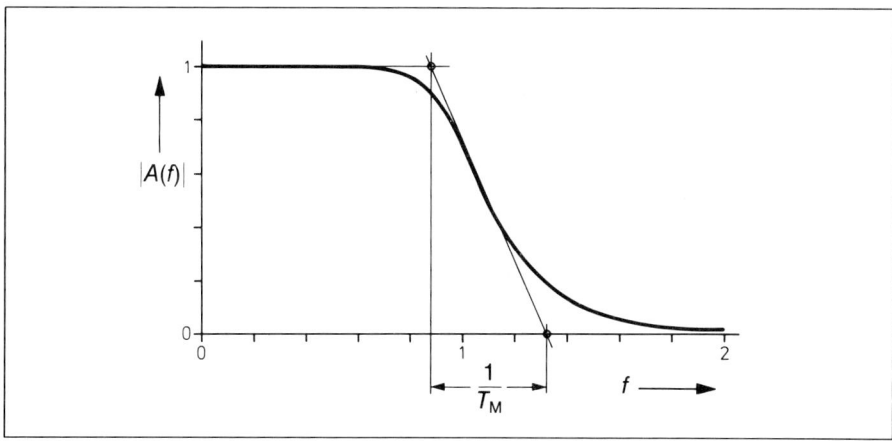

Bild 1.10: Zur Definition der Abklingdauer T_M eines Meßobjektes.

Eine sinnvolle Abklingdauer T_M, z.B. für ein *Meßobjekt* nach Bild 1.10, läßt sich anhand der *steilsten Flanke* der Systemfunktion $A(f)$ definieren:

$$T_M = \frac{d\,|A(f)|}{df}\bigg|_{max} .$$
(1.18)

Darüber hinaus muß noch das Einschwingverhalten des Meßgerätes berücksichtigt werden. Maßgebend ist eine entsprechend Gl.(1.18) zu definierende Abklingdauer T_Z des *Zwischenfrequenzfilters* eines eventuell benutzten selektiven Pegelmessers sowie die Anstiegszeit

$$T_{GI} \approx 3\,\tau; \quad \tau = RC$$
(1.19)

des *Gleichrichterkreises,* der hier als einfaches RC-Glied angenommen wird.

Die für Meßobjekt und Meßgerät *resultierende* Abklingdauer T ergibt sich dann näherungsweise in Anlehnung an Gl.(3.4) zu:

$$T = \sqrt{T_M^2 + T_Z^2 + T_{GI}^2} .$$
(1.20)

Unmittelbar einzusehen ist nun die Forderung, daß die sog. *Verweilzeit* T_V der Meßfrequenz innerhalb des Frequenzbereiches $1/T_M$ der steilsten Flanke (Bild 1.10) groß sein soll gegen die Abklingdauer T nach Gl. (1.20). Diese Verweilzeit beträgt

$$T_v = \frac{1}{T_M \cdot v} \quad , \tag{1.21}$$

wobei v die Wobbelgeschwindigkeit nach Bild 1.9 bedeutet. Die Forderung lautet somit:

$$T_v = \frac{1}{T_M \cdot v} \gg T \quad . \tag{1.22}$$

Mit Gl. (1.20) folgt daraus für die *Wobbelgeschwindigkeit:*

$$v \ll \frac{1}{T_M \cdot T} = \frac{1}{T_M \sqrt{T_M^2 + T_Z^2 + T_{Gl}^2}} \quad . \tag{1.23}$$

Bei großen Unterschieden zwischen T_M, T_Z und T_{Gl} bestimmt die größte davon (das am langsamsten abklingende Teilsystem) die Wobbelgeschwindigkeit. Es ergeben sich u. a. drei Sonderfälle:

$$T_M \gg T_Z , T_{Gl} : \quad v \ll \frac{1}{T_M^2} \qquad \text{(a)}$$

$$T_Z \gg T_M , T_{Gl} : \quad v \ll \frac{1}{T_M \cdot T_Z} \qquad \text{(b)} \tag{1.24}$$

$$T_{Gl} \gg T_M , T_Z : \quad v \ll \frac{1}{T_M \cdot T_{Gl}} \cdot \qquad \text{(c)}$$

Das eben beschriebene Wobbeln kann man auch „Zweitorwobbeln" nennen, da das Meßobjekt ein Zweitor ist. Eine Abart des Wobbelns ist der *Panoramaempfang* oder die *Spektraldarstellung,* wobei der gewobbelte selektive Empfänger mit einem Signal gespeist wird, dessen Spektrum dann auf dem Bildschirm erscheint[1]. Man erhält dadurch einen raschen Überblick z.B. über die Belegung eines Basisbandes, über Lage und Intensität der Pilote usw. Für die Wobbelgeschwindigkeit sind hierbei allein die Empfängereigenschaften maßgebend. Ein Meßobjekt, dessen Einschwingverhalten zu berücksichtigen wäre, ist hier nicht vorhanden. An seine Stelle tritt das Zwischenfrequenzfilter des Pegelmessers und es folgt aus Gl. (1.23):

$$v \ll \frac{1}{T_Z \sqrt{T_Z^2 + T_{Gl}^2}} \quad . \tag{1.25}$$

Auch hier lassen sich sinngemäß Sonderfälle entsprechend Gl. (1.24) unterscheiden.

Bisher wurde nur das Wobbeln mit sägezahn- oder dreieckförmigem Frequenzverlauf betrachtet (Bild 1.9). Die hierbei *konstante Wobbelgeschwindigkeit* hat sich nach der „schwächsten Stelle", d.h. meist nach der kleinsten absoluten Bandbreite im Gesamtsystem zu richten. Dies führt ggf. zu sehr langer Wobbeldauer. Kleine absolute Band-

---

[1] Geräte dieser Art heißen Spektrum-Analysatoren und sind meist Oszilloskope mit entsprechenden Einschüben (vgl. Abschnitt 3.5).

breiten, d.h. steile Flanken nach Bild 1.10 treten aber hauptsächlich bei tiefen Frequenzen auf; die absolute Bandbreite nimmt (konstante Kreisgüten vorausgesetzt) proportional mit der Frequenz zu, so daß man bei höheren Frequenzen innerhalb des Wobbelhubes schneller wobbeln, damit die Wobbeldauer verkürzen und flimmerfreie Bilder erzielen kann[1]. Man wendet daher, besonders beim Wobbeln über breite Frequenzbänder im Niederfrequenzgebiet, Verfahren mit *progressiver*, z.B. exponentiell oder sogar doppelt-exponentiell verlaufender Wobbelgeschwindigkeit an (Bild 1.11).

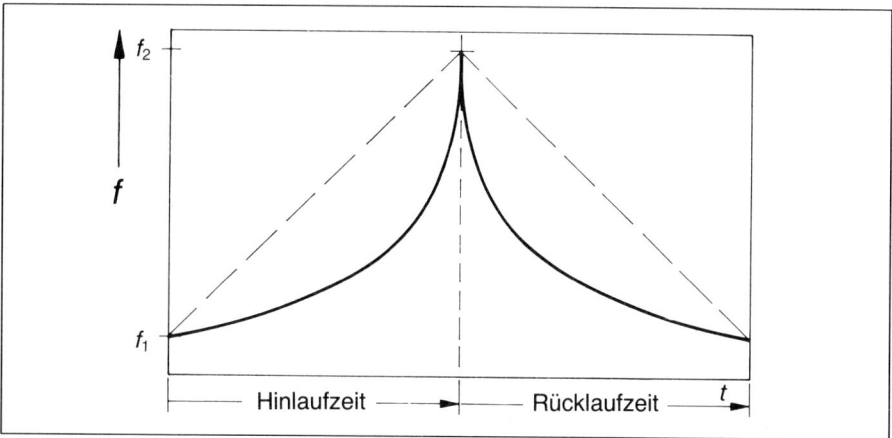

Bild 1.11: Frequenzverlauf in Abhängigkeit von der Zeit bei dreieckförmiger und doppelt exponentieller Wobbelung f ~ exp [exp(kt)].

Eine weitere Einschränkung für die Wobbelgeschwindigkeit ergibt sich bei Schleifenmessungen mit selektivem Pegelmesser durch die *Signallaufzeit* in der Schleife: Die um die Laufzeit verspätet eintreffende Empfangsfrequenz muß noch in den bereits „weitergewanderten" Empfangsbereich fallen.

Beispiel 1.5

a) Der Zwischenfrequenzverstärker in einem Fernsehgerät hat eine Bandbreite von ca. 5 MHz, jedoch eine steilste Flanke, die nach Bild 1.10 einer Breite $1/T_M = 0{,}25$ MHz entspricht. Wie groß sind Wobbelgeschwindigkeit, Wobbelfrequenz bzw. Wobbeldauer, wenn man den Wobbelhub zu $\Delta f = 10$ MHz wählt und zum Empfang ein Breitbandpegelmesser eingesetzt wird, dessen Gleichrichterschaltung eine Zeitkonstante $\tau = 0{,}1$ msec besitzt.

Ein Vergleich der beiden für die Wobbelgeschwindigkeit wichtigen Zeiten T_M und T_{Gl} zeigt, daß die Zeitkonstante des Gleichrichters die entscheidende Rolle spielt. Nach Gl. (1.24c) erhält man mit einem Faktor 0,1 anstelle der Bedingung „sehr klein gegenüber":

$$v = 0{,}1\,\frac{1}{T_M \cdot T_{Gl}} = 0{,}1\,\frac{0{,}25 \cdot 10^6\,\text{Hz}}{3 \cdot 10^{-4}\,\text{s}} = 8{,}3 \cdot 10^7\,\frac{\text{Hz}}{\text{s}}\quad.$$

---

[1] Ab einer Wobbelfrequenz von etwa 10 Hz kann man mit einem flimmerfreien Bild rechnen, besonders bei einem nachleuchtenden Bildschirm.

Die Wobbeldauer ergibt sich zu

$$\Delta t = \frac{\Delta f}{v} = \frac{10^7\,\text{Hz}}{8,3\cdot 10^7\,\text{Hz/s}} = 120\,\text{ms}$$

bzw. die Wobbelfrequenz zu $f = 1/\Delta t = 8,3$ Hz. Man kann also gerade noch schnell genug wobbeln, um ein noch flimmerfreies Bild zu erhalten.

b) Eine Terz entspricht einem Frequenzverhältnis 1,26. Das bedeutet bei einer unteren Grenzfrequenz von 100 Hz eine Bandbreite $B = 26$ Hz und bei 20 kHz eine Bandbreite $B = 5,2$ kHz. Nimmt man für ein Terzfilter jeweils eine glockenförmige Durchlaßkurve mit nicht zu steilen Flanken an, so ist die Abklingdauer etwa gleich der Einschwingzeit, die nach dem Zeit-Bandbreite-Produkt $T_M \approx 1/B$ beträgt.

Die zulässige Wobbelgeschwindigkeit bei 100 Hz beträgt dann nach Gl. (1.24a) (mit einem Faktor 0,1) $v = 67,6$ Hz/s. Würde man über einen Hub von $\Delta f = 20$ kHz mit dieser Geschwindigkeit wobbeln, betrüge die Wobbeldauer $\Delta t = 296$ s ≈ 5 min.

Zum Wobbeln einer Terz bei 20 kHz wäre nach Gl. (1.24a) dagegen eine Geschwindigkeit $v = 2,7$ MHz/s zulässig. Die oben berechnete Wobbeldauer läßt sich also durch progressive, d.h. mit der Frequenz zunehmende Wobbelgeschwindigkeit wesentlich verkürzen.

c) Ein Filter mit einer steilsten Flanke entsprechend $1/T_M = 0,5$ kHz nach Bild 1.10 soll selektiv gewobbelt werden. Für das Zwischenfrequenzfilter wurde eine Abklingdauer von 5 msec ermittelt. Die Gleichrichterschaltung besitzt eine Zeitkonstante $\tau = 2$ msec. Welche Wobbelgeschwindigkeit kann eingestellt werden? Läßt sich bei einem Hub $\Delta f = 20$ kHz ein flimmerfreies Bild erzielen?

Da offensichtlich keine der drei für die Wobbelfrequenz maßgebenden Größen den Ausschlag gibt, wird mit der vollständigen Formel Gl. (1.23) gearbeitet. Für die Wobbelgeschwindigkeit erhält man (mit einem Faktor 0,1):

$$v = 0,1 \cdot \frac{500\,\text{Hz}}{\sqrt{\left(\frac{1}{500}\right)^2 + (5\cdot 10^{-3})^2 + (3\cdot 2\cdot 10^{-3})^2}\,\text{s}} = 6,2\,\frac{\text{kHz}}{\text{s}} \quad .$$

Für den Hub von 20 kHz braucht man also eine Zeit von rund 3 s, das Bild ist nicht flimmerfrei. ●

Eine praktische Kontrolle der zulässigen Wobbelgeschwindigkeit besteht darin, daß man sie von einem hohen Wert so lange reduziert, bis sich die Anzeige nicht mehr ändert. Wobbelt man symmetrisch, z.B. dreieckförmig, so erkennt man eine zu hohe Wobbelgeschwindigkeit an einem Doppelbild, da die Einschwingvorgänge in beiden Frequenzänderungsrichtungen verschieden sind bzw. jeweils etwas verzögert einsetzen; die „Differenz" des Doppelbildes entspricht dem Zweifachen dieser Verzögerung.

Zur Anpassung an das jeweilige Meßproblem haben Wobbelgeneratoren in weiten Grenzen einstellbare Geschwindigkeiten. Da man ggf. sehr langsam wobbeln muß, besitzen die Sichtgeräte Bildröhren mit langer Nachleuchtdauer. In Extremfällen müssen speichernde oder schreibende Anzeigegeräte verwendet werden.

Eine weitere Anwendung des Wobbelns ist das Verfahren der *doppelten Gleichrichtung*. Soll ein Frequenzverlauf möglichst „eben" sein (z. B. konstante Dämpfung innerhalb des Wobbelhubes), so kann man Abweichungen hiervon dadurch feststellen, daß man den Wechselanteil (die Schwankung) des Meßergebnisses mit einem Effektivwertgleichrichter noch einmal gleichrichtet, um so nach entsprechender Integration ein Maß für die Schwankung zu erhalten. Das Verfahren eignet sich besonders zur Entzerrung einer Kabelstrecke mit feingestuften Entzerrern (insbesondere sog. Cosinus- oder Echoentzerrer). Das Vorgehen entspricht exakt der mathematischen Bedingung für das Optimum eines Verlaufes y = f(x) hinsichtlich des kleinsten mittleren Fehlerquadrates. [1.12].

1.6 Signalgleichrichtung

1.6.1 Überblick

Ein wichtiger Baustein innerhalb eines Pegelmessers ist die *Gleichrichterstufe.* Sie hat die Aufgabe, aus dem empfangenen Signal eine Kenngröße abzuleiten, die angezeigt wird und Rückschlüsse auf das zugeführte Signal ermöglicht. Die Gleichrichter lassen sich unterscheiden aufgrund des Zusammenhanges zwischen Signal und Kenngröße. Diese kann dem *Mittelwert,* dem *Effektivwert* oder auch in manchen Fällen dem *Spitzenwert* entsprechen. Aber auch eine Unterscheidung nach dem Prinzip, wie die Kenngröße aus dem Signal gewonnen wird, ist möglich: Gleichrichtung an Knickkennlinien („Ventilgleichrichter"), an anderen nichtlinearen (gekrümmten) Kennlinien, thermisch wirkende Wechselstrom/Gleichstromwandler, Abtasten des Signales zu bestimmten Zeitpunkten usw.

Schließlich verfügt fast jede Gleichrichterstufe außer dem eigentlichen Gleichrichter noch über eine *Integrierschaltung,* mit der Aufgabe, eine stark schwankende Kenngröße zu „glätten". Diese Schwankungen stammen vom Signal und können entweder zufälliger Natur sein, wie etwa beim Empfang eines Rauschsignales oder auch periodisch, wenn das Signal selbst periodisch ist. Die Integrationszeit leitet sich aus den Eigenschaften des Signales und dem gewünschten Grad der Glättung ab. Oft fehlt eine eigentliche Integrationsschaltung; ihre Wirkung übernimmt dann z. B. die thermische Trägheit des Umformers oder die mechanische Masse eines Anzeigegerätes. Eine solche Trägheit verbietet aber die Verwendung als „flinker Gleichrichter", der raschen Signaländerungen unmittelbar folgt. Dieser Gesichtspunkt ist z. B. beim Empfang eines amplitudenmodulierten oder gewobbelten Signales wichtig.

Die *bevorzugte Kenngröße* am Ausgang eines Gleichrichters ist der *Effektivwert* des Signals, da er unabhängig von der Kurvenform ein Maß für die Signalleistung ist. Leider sind genaue und flinke Effektivwertgleichrichter nicht leicht herzustellen und auch teurer als die aus Halbleitern aufgebauten Mittelwertgleichrichter. Letztere liefern eine Kenngröße, die dem *Signalmittelwert* entspricht. Sofern aber die Kurvenform des Signales oder seine Wahrscheinlichkeitsverteilung bekannt ist, kann aus dem gemessenen Mittelwert auf den Effektivwert umgerechnet und dieser angezeigt werden. So besitzen zahlreiche Pegelmesser einen Mittelwertgleichrichter, wobei die Eichung in Effektivwerten ein Sinussignal voraussetzt, also nur für dieses gültig ist[1]. Empfängt man mit ihnen z.B. ein Rauschsignal, so ergibt sich ein beachtlicher Meßfehler. Für Breitbandpegelmesser und besonders für Geräuschpegelmesser wird deswegen der universellere Effektivwertgleichrichter bevorzugt.

Weiterhin ist der *Dynamikbereich* eines Gleichrichters eine wichtige Größe zu seiner Beurteilung. Man versteht darunter den Pegelbereich, in dem die Signale einwandfrei verarbeitet werden können. So richtet beispielsweise eine aus Halbleiterdioden aufgebaute Schaltung Spannungen in der Größe der Temperaturspannung (also in der Größenordnung von einigen 10 mV) nach anderen Gesetzen gleich als Spannungen von einigen Volt. Der Grund liegt im *stetigen* Übergang der u-i-Kennlinie vom Sperrbereich in den Durchlaßbereich. Erst für größere Spannungen kann man mit der vereinfachenden Annahme einer „Knickkennlinie" rechnen. Die obere Grenze des Dynamikbereiches ist durch die Belastbarkeit des Gleichrichters oder die Linearitätsgrenzen der vor dem Gleichrichter liegenden Verstärker gegeben. [1.13].

Um größere Pegelbereiche zu erfassen, kann die Ausgangsgröße der Gleichrichterschaltung dazu herangezogen werden, einen Teiler im Signalweg zu verstellen, so daß das gleichgerichtete Signal immer innerhalb eines gewissen „Fensters" bleibt. Der gesuchte Signalpegel ergibt sich dann aus der Teilerstellung und dem Wert der Ausgangsgröße. Dieses Prinzip kann so weit getrieben werden, bis der Gleichrichter nur noch als Fühler wirkt und das Meßergebnis in der Stellung der vorgeschalteten, feinstufigen Teiler enthalten ist. Damit erreicht man auf recht einfache Weise eine direkte *Pegel*anzeige, sofern die Teiler logarithmisch gestuft sind.

Für einen Meßgleichrichter sind also zwei Gesichtspunkte entscheidend:
a) Welcher Zusammenhang besteht zwischen der Anzeige und dem Effektivwert oder ggf. einem anderen charakteristischen Wert des Signales?
b) Wie groß sind die möglichen Schwankungen der Anzeige, die die Ablesung beeinträchtigen? Und welche Integrationszeit ist erforderlich, um die Schwankung unter ein bestimmtes Maß zu drücken?

1.6.2 Ausgangsspannung und Anzeige eines Gleichrichters

Für die zwei wichtigsten Typen von Gleichrichtern, den Mittelwert- und den Effektivwertgleichrichter, gelten die folgenden Beziehungen zwischen der Eingangsspannung u_E und der Ausgangsspannung u_A. Dabei ist noch zu unterscheiden, ob es sich um einen Zweiweg- oder Einweggleichrichter handelt.

Für den *Mittelwertgleichrichter* gilt der (abschnittsweise) *lineare* Zusammenhang:

$$\text{Einweggleichrichter:} \quad u_A = \begin{cases} c \cdot u_E & \text{für } u_E > 0 \\ 0 & \text{für } u_E < 0 \end{cases} \tag{1.26a}$$

$$\text{Zweiweggleichrichter:} \quad u_A = c \cdot |u_E| \, .$$

---

[1] Die angelsächsische Terminologie kennt die — manchmal irreführende — Unterscheidung zwischen „RMS" (Root Mean Square) = Mittelwertmessung mit Anzeige des (Sinus)effektivwertes und „True RMS" = echte Effektivwertmessung.

Wegen der linearen Abhängigkeit nennt man den Mittelwertgleichrichter oft auch einen „linearen Gleichrichter" und im Gegensatz dazu den *Effektivwertgleichrichter* einen „quadratischen Gleichrichter":

$$\text{Einweggleichrichter:} \quad u_A = \begin{cases} c \cdot u_E^2 & \text{für } u_E > 0 \\ 0 & \text{für } u_E < 0 \end{cases}$$

(1.26b)

$$\text{Zweiweggleichrichter:} \quad u_A = c \cdot u_E^2 \ .$$

Die Ausgangsspannung u_A kann nur Werte *einer* Polarität annehmen; dementsprechend enthält sie eine Gleichkomponente, die die gesuchte Kenngröße ist. Sie läßt sich bei bekanntem Signalverlauf als zeitlicher Mittelwert über eine sehr große Meßzeit berechnen. Bei periodischen Signalen genügt bereits eine Mittelwertbildung über *eine* Periode. Schaltungstechnisch wird die Mittelwertbildung in einer dem Gleichrichter folgenden Integrierschaltung ausgeführt.

Die *Berechnung* des Mittelwertes aus dem zeitlichen Signalverlauf wird unmöglich, wenn dieser nicht angegeben werden kann, wie das etwa bei einem Rauschsignal der Fall ist. Dann muß man auf die Wahrscheinlichkeitsdichte des Signales zurückgreifen und aus dieser den gesuchten Mittelwert berechnen. Allgemein ist für die Ausgangsspannung u_A mit der Dichte $f(u_A)$ der Mittelwert $\overline{u}_A$:

$$\overline{u}_A = \int_{-\infty}^{\infty} u_A \cdot f(u_A) \, du_A \ .$$

Speziell ist beim Mittelwert- oder linearen Gleichrichter mit Gl. (1.26a) und $\overline{u}_A = U$:

$$U = c \int_{0}^{\infty} u_E \cdot f(u_E) \, du_E \quad \text{(Einweggleichrichter)}$$

$$U = c \int_{-\infty}^{\infty} |u_E| \cdot f(u_E) \, du_E \quad \text{(Zweiweggleichrichter)}$$

(1.27a)

und beim Effektivwert- oder quadratischen Gleichrichter mit Gl. (1.26b)

$$U = c \int_{0}^{\infty} u_E^2 \cdot f(u_E) \, du_E \quad \text{(Einweggleichrichter)}$$

$$U = c \int_{-\infty}^{\infty} u_E^2 \cdot f(u_E) \, du_E \quad \text{(Zweiweggleichrichter)} .$$

(1.27b)

Das ist aber zugleich bis auf die Konstante c die Definition des Effektivwertes U_{eff}^2. Die Ausgangs*spannung* entspricht also dem Quadrat des Effektivwertes oder der *Leistung* des angelegten Signales: $U = c \cdot U_{eff}^2$. Die Anzeige bezieht sich jedoch auf die angelegte Eingangsspannung. Der quadratische Zusammenhang zwischen Ausgangsspannung und Anzeige bewirkt nun, daß eine kleine Veränderung ΔU eine etwa halb so große Änderung der *Anzeige* verursacht: $\Delta U_{eff}/U_{eff} \approx \frac{1}{2} \cdot \Delta U/U$.

Beispiel 1.6

Für ein Sinussignal mit dem Spitzenwert $\hat{U} = \sqrt{2} \cdot U_{eff}$ ist

$$f(u) = \frac{1}{\pi \hat{U} \sqrt{1-(u/\hat{U})^2}} \ .$$

Ein linearer Einweggleichrichter liefert nach Gleichung (1.27 a) mit $c = 1$

$$U = U_S = \frac{1}{\pi \hat{U}} \cdot \int_0^\infty \frac{u \cdot du}{\sqrt{1-(u/\hat{U})^2}} = \frac{\hat{U}}{\pi} \int_0^{u/\hat{U}=1} \frac{(u/\hat{U}) \cdot d(u/\hat{U})}{\sqrt{1-(u/\hat{U})^2}} = -\frac{\hat{U}}{\pi} \sqrt{1-\left(\frac{u}{\hat{U}}\right)^2}\Bigg|_0^1$$

$$= \frac{\hat{U}}{\pi} = \frac{\sqrt{2}}{\pi} \cdot U_{\text{eff}} = 0,45 \, U_{\text{eff}} \;.$$

Legt man dagegen ein normalverteiltes Rauschsignal gleichen Effektivwertes mit der Dichte

$$f(u) = \frac{1}{\sqrt{2\pi} \cdot U_{\text{eff}}} \cdot \exp\left[-\frac{1}{2}\left(\frac{u}{U_{\text{eff}}}\right)^2\right]$$

an, dann ergibt sich nach einer einfachen Zwischenrechnung

$$U = U_N = \frac{U_{\text{eff}}}{\sqrt{2\pi}} = 0,40 \, U_{\text{eff}} \;.$$

Wie vorauszusehen war, unterscheiden sich beide Ergebnisse trotz gleichen Effektivwertes:

$$\frac{U_S}{U_N} = \frac{\sqrt{2}}{\pi} \cdot \frac{U_{\text{eff}}}{U_{\text{eff}}} \sqrt{2\pi} = \frac{2}{\sqrt{\pi}} = 1,128 \triangleq 1,05 \, \text{dB} \;.$$

Ein Rauschsignal wird also durch einen Mittelwertgleichrichter benachteiligt; seine hohen Spitzen wirken sich besonders auf den Effektivwert aus, tragen aber nicht viel zum Mittelwert bei. Ein quadratischer Gleichrichter hätte in beiden Fällen den gleichen Wert angezeigt. ●

In vielen Fällen wird das gleichzurichtende Signal weder ein reines Sinussignal noch ausschließlich ein Rauschen sein. Deshalb ist die Frage nach dem *Meßfehler* wichtig, um den ein Sinussignal falsch gemessen wird, wenn ihm ein störendes Rauschen überlagert ist. Für den *Effektivwertgleichrichter* kann die Antwort beinahe unmittelbar gegeben werden. Da seine Ausgangsspannung direkt von der *Leistung* abhängt, die Eichung und Anzeige aber in Effektivwerten der Signalspannung erfolgt, gilt für die *Anzeige*

$$U_S \sim \sqrt{S}, \quad U_{S+N} \sim \sqrt{S+N} \quad (S, N = \text{Signal- bzw. Rausch}\textit{leistung})$$

und für den relativen Fehler

$$F = \frac{U_{S+N} - U_S}{U_S} = \frac{U_{S+N}}{U_S} - 1 = \frac{\sqrt{S+N}}{\sqrt{S}} - 1 = \sqrt{1+\frac{N}{S}} - 1 \approx \frac{1}{2} \cdot \frac{N}{S}$$

$$\text{bzw.} \quad \frac{F}{\text{dB}} = 20 \lg (1+F) \approx 4,3 \cdot \frac{N}{S} \;. \tag{1.28}$$

Ungleich verwickelter ist die Berechnung des Fehlers für den Mittelwertgleichrichter. Sie findet sich z.B. in [1.14; 1.15].

Lediglich für große S/N-Verhältnisse führt ein einfaches Modell auf gute Resultate: Gl. (1.27) lehrt, daß nur die Dichte in die Berechnung eingeht. Man darf also das dem Sinussignal überlagerte Rauschen als zeitlich beliebigen, also auch als langsam verlaufenden Vorgang gleicher Dichte ansehen, d.h. die positiven Sinushalbwellen werden langsam angehoben und abgesenkt (Bild 1.12). Dadurch kommt jeweils ein trapezförmiges Stück zum Mittelwert hinzu bzw. wird abgezogen. Beide Trapeze sind aber etwas verschieden groß, so daß der Mittelwert leicht zunimmt. Diese Vorstellung läßt erwarten, daß ein Mittelwertgleichrichter relativ unempfindlich gegenüber einem zusätzlichen Rauschen ist.

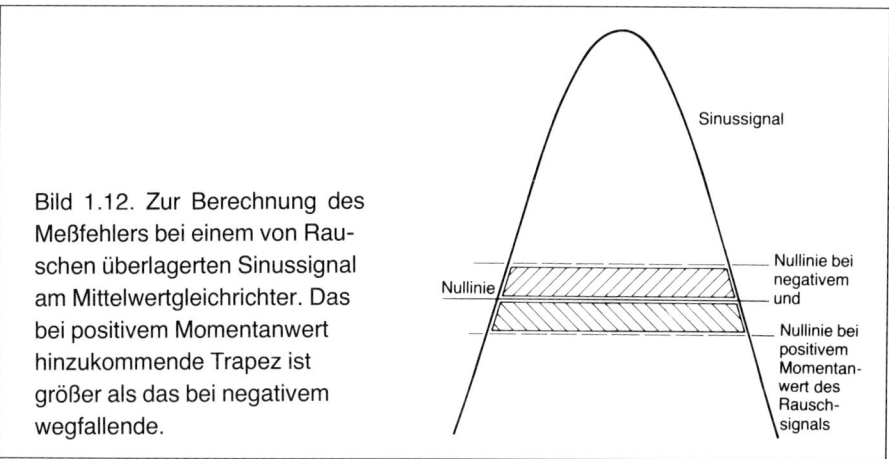

Bild 1.12. Zur Berechnung des Meßfehlers bei einem von Rauschen überlagerten Sinussignal am Mittelwertgleichrichter. Das bei positivem Momentanwert hinzukommende Trapez ist größer als das bei negativem wegfallende.

Die hier nicht wiedergegebene, einfache Berechnung des Fehlers nach Bild 1.12 ergibt für *große* S/N-Verhältnisse:

$$F = \frac{U_{S+N}}{U_S} - 1 \approx \frac{1}{4} \cdot \frac{N^{1)}}{S}$$

$$\frac{F}{dB} = 20 \lg (1+F) \approx 2,2 \frac{N}{S} \cdot \quad (1.29)$$

Bei gleichem S/N-Verhältnis ist also der Fehler des Mittelwertgleichrichters nur halb so groß wie der des Effektivwertgleichrichters. Aus Bild 1.13 sind die berechneten Fehler als Funktion des S/N-Verhältnisses zu entnehmen. Mit den angegebenen Formeln lassen sich die gemessenen Werte U_{S+N} bzw. p_{S+N} in die gesuchten Werte U_S bzw. p_S umrechnen. Wie das Bild zeigt, sind die Näherungsformeln Gl. (1.29) noch bis zu kleinen S/N-Werten gut brauchbar. (Allerdings endet die Brauchbarkeit der „dB-Näherung" in Gl.(1.28) und Gl.(1.29) schon bei größeren S/N-Werten, da beim Logarithmieren zusätzlich Gl.(1.2a) benutzt wurde.)

Beispiel 1.7

Welche S/N-Verhältnisse sind bei den beiden Gleichrichtertypen noch zulässig, wenn der Meßfehler kleiner als 1% sein soll?

Nach Gl.(1.28) ist der Fehler für den Effektivwertgleichrichter

$$F \approx \frac{1}{2} \cdot \frac{N}{S} \leq 0,01, \text{ d.h. } \frac{S}{N} = 50 \triangleq 17 \text{ dB} \cdot$$

---

[1] Die oft für den Mittelwertgleichrichter zitierte Formel $F \approx 0,3 \cdot N/S$ scheint demnach auf den ersten Blick falsch zu sein. Sofern aber die Rauschleistung N bei abgeschaltetem Sinussignal mit dem gleichen Gerät gemessen wurde, haftet dieser Messung der Fehler von 1,05 dB an (vgl. Beispiel 1.6). Dies erklärt den Unterschied zwischen den Faktoren 1/4 und 0,3.

Für den Mittelwertgleichrichter liegen die Verhältnisse um den Faktor 2 besser:

$$F \approx \frac{1}{4} \cdot \frac{N}{S} \leqq 0,01, \text{ d.h. } \frac{S}{N} = 25 \triangleq 14 \text{ dB }.$$

Hier wird deutlich, wie gering der Meßfehler selbst bei einem großen überlagerten Störsignal ist. (Man skizziere sich zur Veranschaulichung ein Sinussignal mit dem Effektivwert 1 und überlagere ihm ein um 14 dB abgesenktes Rauschsignal, also mit einem Effektivwert von 0,2 oder einem Spitzenwert von etwa $3 \cdot 0,2 = 0,6$.) ●

Beim *breitbandigen* Empfang eines Sinussignales verursachen die *Oberschwingungen* des Signales einen weiteren Meßfehler [0.26, Kapitel 8]. Dem Gleichrichter wird nicht nur die zu messende Grundschwingung sondern auch ihre Oberschwingungen zugeführt, deren Größe durch den *Klirrfaktor k* (vgl. Abschnitt 5.2) gekennzeichnet sei. Der dadurch in einem *Effektivwertgleichrichter* verursachte relative Fehler kann aufgrund seiner Eigenschaft, die Leistungen zu summieren, leicht angegeben werden:

$$F = \frac{\sqrt{\hat{U}_{\omega}^2 + \hat{U}_{2\omega}^2 + \hat{U}_{3\omega}^2 + \ldots}}{\hat{U}_{\omega}} - 1 \approx \sqrt{1 + k_2^2 + k_3^2 + \ldots} - 1$$

$$\approx \frac{1}{2} \, (k_2^2 + k_3^2 + \ldots);$$

$$\frac{F}{\text{dB}} \approx 4,34 \, (k_2^2 + k_3^2 + \ldots). \tag{1.30a}$$

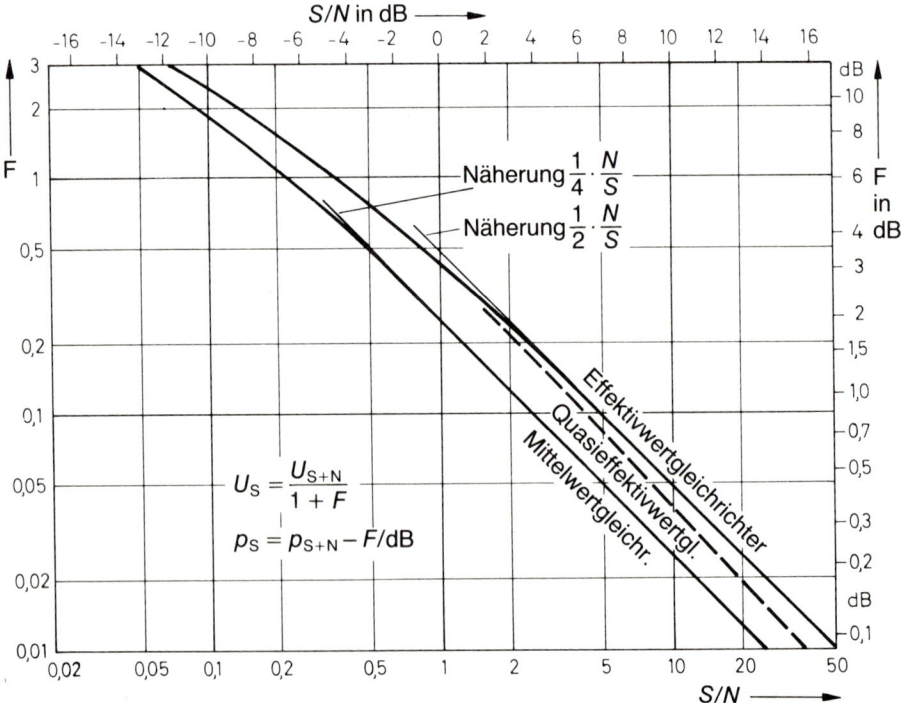

Bild 1.13: Anzeigefehler F bei der Messung eines Sinussignales, das von Rauschen überlagert ist. (S und N sind Leistungen.).

Dagegen wird die *Mittelwertmessung* im linearen Gleichrichter durch die *Phase* der Oberschwingungen beeinflußt. Man kann sich leicht klarmachen, daß die *ungeradzahligen* Harmonischen ($v = 3, 5, ...$) je nach Phasenlage einen den Mittelwert vergrößernden oder verkleinernden Einfluß haben. Eine Fehlerrechnung muß deshalb von einem größtmöglichen absoluten Fehler ausgehen. Anders liegen die Verhältnisse bei *geradzahligen* Harmonischen, deren Wirkung auf den Mittelwert sich zwar weitgehend aufhebt, diesen insgesamt aber etwas vergrößert. Der grundsätzliche Unterschied äußert sich in der *linearen* bzw. *quadratischen Abhängigkeit* des Fehlers vom Klirrfaktor. Die nicht wiedergegebene Rechnung gilt für Einweg- wie für Zweiweggleichrichter und führt zu:

$$F_{v,max} = \text{Max.} \left| \frac{U(k_v)}{U(k=0)} - 1 \right| \leqslant \frac{k_v}{v}, \quad (v = 3, 5, ...)$$

$$F_{v,max} = \text{Max.} \left(\frac{U(k_v)}{U(k=0)} - 1 \right) \leqslant \frac{k_v^2}{2}, \quad (v = 2, 4, ...)$$

$$\frac{F_{v,max}}{dB} \leqslant \begin{array}{ll} 8{,}7 \cdot \dfrac{k_v}{v}, & (v = 3, 5, ...) \\[2ex] 4{,}34 \cdot k_v^2, & (v = 2, 4, ...). \end{array} \qquad (1.30b)$$

Bild 1.14 erlaubt einen Vergleich des Einflusses der verschiedenen Harmonischen bei den beiden Gleichrichterarten. Im allgemeinen schneidet der Effektivwertgleichrichter etwas günstiger ab.

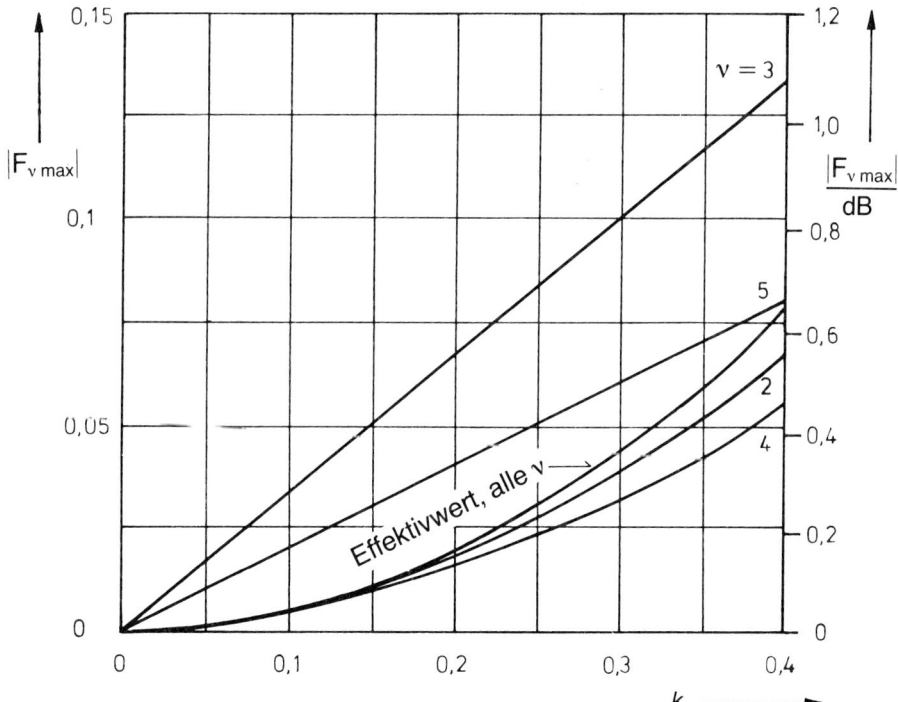

Bild 1.14: Maximaler Meßfehler bei Mittelwert- und Effektivwertgleichrichtung infolge von Oberwellen der zu messenden Sinusschwingung.

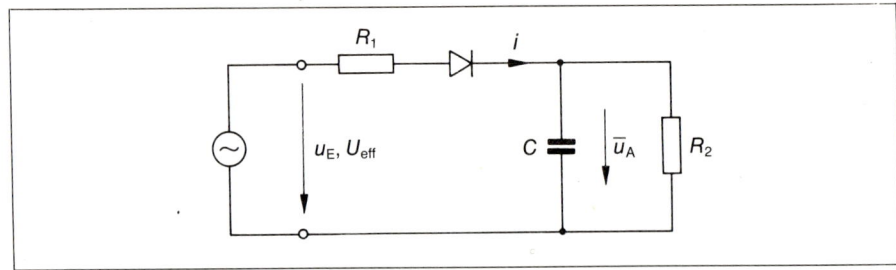

Bild 1.15: Grundschaltung eines Quasi-Effektivwertgleichrichters. Am Kondensator C bildet sich eine vom Effektivwert des Signales und dem Widerstandsverhältnis R_1/R_2 abhängige Vorspannung aus. Für die Glättung der Ausgangsspannung ist das Produkt RC maßgebend. Bei $R_1 : R_2 \approx 1 : 8$ erhält man eine Ausgangsspannung $\overline{u}_A \approx 0,85 \cdot U_{\text{eff}}$, die weitgehend unabhängig ist von der Kurvenform des Signales.

Viele nachrichtentechnische Meßgeräte enthalten einen sog. *Quasi-Effektivwertgleich-richter*, eine Schaltung, die die Vorzüge des Mittelwertgleichrichters (geringe Trägheit, einfacher Aufbau, Ausgangsspannung linear abhängig von der Signalspannung) mit denen des Effektivwertgleichrichters (keine Abhängigkeit von der Wahrscheinlichkeits-dichte, d.h. von der Kurvenform des Signales) weitgehend vereinigt [1.16]. Die Prin-zipschaltung zeigt Bild 1.15. Der Kondensator C wirkt nicht nur glättend auf die Aus-gangsspannung, seine Spannung $\overline{u}_A$ ist zugleich eine vom Signal abhängige Vorspan-nung für die Diode. Diese Vorspannung ist außerdem noch abhängig von R_1 (über den Ladestrom für C) und von R_2 (über die Entladung von C). Wählt man $R_1 : R_2 \approx 1 : 8$ dann zeigt sich, daß $\overline{u}_A/U_{\text{eff}}$ in sehr weiten Grenzen unabhängig von der Dichte $f(u_E)$ ist: Rauschen, Sprach- und Sinussignale, sowie pulsförmige Signale mit nicht zu kleinem Tastverhältnis werden beinahe gleich gut verarbeitet.

Das günstige Verhalten läßt sich mit der variablen Vorspannung erklären: Die Vor-spannung verschiebt den Knick in der Gleichrichterkennlinie in den Durchlaßbereich. Damit wird eine erste Annäherung an die Parabelkennlinie des quadratischen Gleichrichters erreicht. Da der Knick mit der Größe der Eingangsspannung wandert, gibt schon eine aus zwei Geraden bestehende Parabelapproximation gute Resultate.

Wie gut diese Effektivwertgleichrichtung ist, zeigt ein einfacher Versuch: Man speist den Gleichrichter mit zwei nichtharmonischen Sinussignalen gleicher Amplitude und beobachtet die Erhöhung der Anzeige gegenüber der Speisung mit nur einem Sinus-signal. Der Mittelwertgleichrichter zeigt die geringste Erhöhung mit 2,1 dB, der Effektiv-wertgleichrichter bringt voraussetzungsgemäß 3 dB und ein Quasi-Effektivwertgleich-richter mit einem angenommenen Widerstandsverhältnis $1 : 8$ zeigt etwa 3,2 dB mehr an.

1.6.3 Schwankung der Gleichrichteranzeige

Liegt am Eingang des Gleichrichters ein Signal, das aus zwei benachbarten Frequenzen f_1 und f_2 besteht, so enthält das Ausgangssignal außer der Gleichspannung $\overline{u}_A$ u. a. auch noch einen niederfrequenten Anteil der Differenzfrequenz $f_2 - f_1$, der eine periodische *Schwankung* des Ausgangssignales verursacht (Bild 1.16a). Ein geeigneter Tiefpaß, d. h. eine Integrierschaltung, ist in der Lage, diesen Anteil weitgehend zu unterdrücken. Ist das gleichzurichtende Signal ein Rauschen (etwa im ZF-Band eines Empfängers, Bild 1.16b), so ergibt sich am Ausgang neben $\overline{u}_A$ ein *Rauschspektrum*. Als Folge der

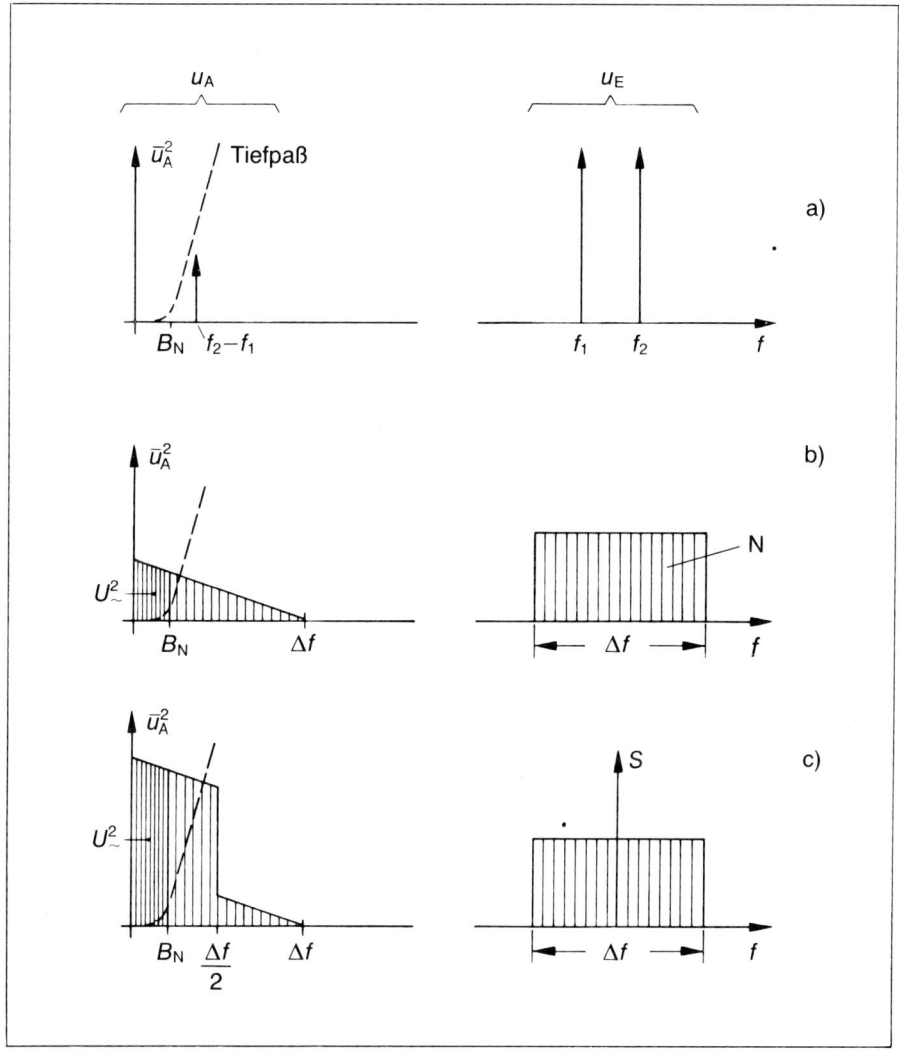

Bild 1.16: Typische Spektren der Ein- und Ausgangssignale einer Gleichrichterschaltung. Außer dem Mittelwert $\overline{u}_A$ der Ausgangsspannung bei $f = 0$ bilden sich niederfrequente Anteile aus, die eine Schwankung der Anzeige verursachen (höherfrequente Anteile sind nicht eingetragen, und es sind auch nur die für die Praxis wichtigen Produkte zweiter Ordnung berücksichtigt).

vielen möglichen Differenzkombinationen reicht es bis Δf und besitzt bei $f = 0$ die stärkste Intensität. Der von einem Tiefpaß nicht unterdrückte Anteil verursacht eine stochastische Schwankung mit dem Effektivwert $U_\sim$, der die Sicherheit der Ablesung oder die Zuverlässigkeit einer Ziffernanzeige beeinträchtigt. [1.14; 1.15].

Schließlich zeigt Bild 1.16c die Verhältnisse, wenn ein von Rauschen begleitetes Sinus-signal gleichgerichtet wird. Das NF-Spektrum ist bei $\Delta f/2$ abgestuft, da zwei verschie-dene Umsetzungsmechanismen im Spiel sind: Die Umsetzung nach Bild 1.16b wird zusätzlich überlagert von einem Mischvorgang der Rauschanteile mit der relativ starken Sinusspannung. Zur Berechnung der für die einwandfreie Ablesung wichtigen Schwan-kung benötigt man das vom störenden Rauschen herrührende NF-Spektrum. Die Gleich-richtung ist in diesem Fall einer Frequenzumsetzung („Null-Umsetzung") vergleichbar, d.h. das NF-Spektrum hat etwa Rechteckform, sofern man die kleinen dreieckigen Anteile vernachlässigt, die von den Differenzfrequenzen des Rauschsignales her-rühren. Aufgrund der Linearität des Mischvorganges kann man annehmen, daß das S/N-Verhältnis beim Durchgang durch den Gleichrichter nicht verändert wird und lediglich entsprechend dem Verhältnis der Bandbreite Δf *vor* dem Gleichrichter zur Rauschbandbreite B_N des Tiefpasses *nach* dem Gleichrichter reduziert wird. So erhält man für große S/N-Verhältnisse

$$\frac{U_\sim}{\overline{u}_A} = \frac{U_\sim}{U_{S+N}} \approx \frac{U_\sim}{U_S} = \sqrt{\frac{B_N}{\Delta f}} \cdot \sqrt{\frac{N}{S}} \ . \tag{1.31a}$$

Häufig verwendet man zur *Beruhigung der Anzeige* ein RC-Glied mit der Zeitkonstante $\tau = RC$ und der Rauschbandbreite $B_N = 1/(4RC)$ oder eine echte Integrationsschaltung, die den Mittelwert über die Zeit $T_{\text{meß}}$ bildet. Transformiert man diese zeitliche Mittelwert-bildung in den Frequenzbereich, so erhält man dort Tiefpaßverhalten mit der bekannten

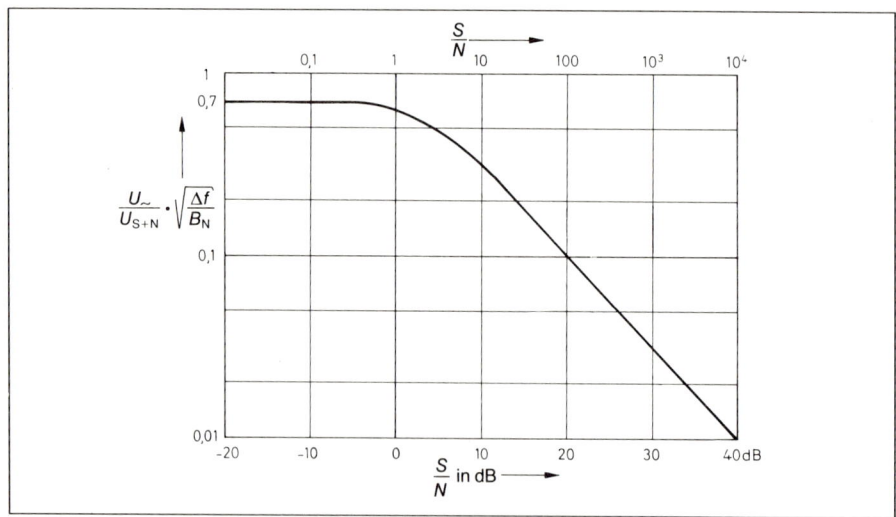

Bild 1.17: Schwankung der Ausgangsspannung an einem Mittelwertgleichrichter, wenn das zu messende Signal S von einem Rauschen N begleitet ist (Bezeichnungen wie in Bild 1.16). Die Kurve gilt auch mit sehr guter Näherung für die *Anzeige* eines Effektiv-wertgleichrichters.

$(\sin x)/x$-Funktion (vergleiche Abschnitt 1.7.5). Aus diesem Verlauf läßt sich eine Rauschbandbreite $B_N = 1/(2T_{\mathrm{meß}})$ errechnen. Dann folgt aus Gl. (1.31a) (mit $1/\sqrt{2} \approx 0,7$):

$$\frac{U_\sim}{U_S} = \sqrt{\frac{B_N}{\Delta f} \cdot \frac{N}{S}} = \frac{0,5}{\sqrt{\Delta f \cdot \tau}} \cdot \sqrt{\frac{N}{S}} = \frac{0,7}{\sqrt{\Delta f \cdot T_{\mathrm{meß}}}} \cdot \sqrt{\frac{N}{S}} . \quad (1.31\,\mathrm{b})$$

Die Gleichungen (1.31) gelten exakt für den Mittelwertgleichrichter und mit guter Näherung auch für den Effektivwertgleichrichter. Bild 1.17 zeigt die Abhängigkeit der Schwankung vom S/N-Verhältnis für die beiden Gleichrichtertypen. Aus ihm kann auch die Schwankung bei kleinen S/N-Verhältnissen entnommen werden, für die Gl. (1.31) nicht mehr gilt.

Für eine befriedigende Anzeige wird man versuchen, den Fehler F und die Schwankung $U_\sim/U_S$ etwa gleich groß zu halten. Ein kleiner Fehler wird wertlos, wenn eine zu große Schwankung das Ablesen unsicher macht und umgekehrt täuscht ein ruhiger Zeiger eher eine verläßliche Messung vor, obwohl ein beträchtlicher Meßfehler vorliegen kann.

1.6.4 Zusammenhang zwischen Meßzeit und Stabilität (Sicherheit) der Ergebnisse

Wie bereits erwähnt, enthält ein gleichgerichtetes Signal außer dem Gleichanteil zahlreiche weitere Frequenzanteile (vgl. Bild 1.16), die eine schwankende Anzeige verursachen. Diese Anteile werden deshalb so weit wie möglich durch einen Tiefpaß (d.h. im Zeitbereich durch ein Integrierglied) unterdrückt. Eine tiefe Grenzfrequenz bzw. eine lange Integrationszeit führt zwar zu einer stabilen und damit für die Weiterverarbeitung geeigneten Anzeige, benötigt aber dafür die entsprechende *Meßzeit*. Namentlich bei der Verarbeitung schmalbandiger Rauschsignale braucht man Meßzeiten bis zu einigen Sekunden, die den Ablesenden auf eine Geduldsprobe stellen oder den automatischen Ablauf einer Meßreihe in die Länge ziehen.

Aus Bild 1.17 entnimmt man z.B. allgemein für einen Gleichrichter, der ein reines *Rauschsignal* mit der Bandbreite Δf zu verarbeiten hat und dessen Ausgangsspannung durch einen Tiefpaß mit der Rauschbandbreite B_N geglättet wird, eine relative Schwankung von

$$\frac{U_\sim}{U_N} = 0,7 \ \sqrt{\frac{B_N}{\Delta f}} . \quad (1.32)$$

Bild 1.18 erläutert die Bedeutung von $U_\sim$; der Effektivwert entspricht der Standardabweichung der Normalverteilung. Der Mittelwert ist durch U_N bzw. im allgemeinen Fall durch $U_{S+N} > U_S$ festgelegt. Zur Glättung wird entweder ein RC-Glied mit $\tau = RC = 1/4B_N$ oder eine Schaltung zur echten Integration über die Meßzeit $T_{\mathrm{meß}}$ verwendet.

Mit einem Vertrauensbereich, der der Standardabweichung entspricht, wird man sich in der Regel nicht zufrieden geben, da rund 32% der *Momentananzeigen* noch außerhalb der Standardabweichung liegen. Verdoppelt man diesen Bereich, dann fallen nur noch 5% der Resultate darüber hinaus und man hat somit eine statistische Sicherheit von

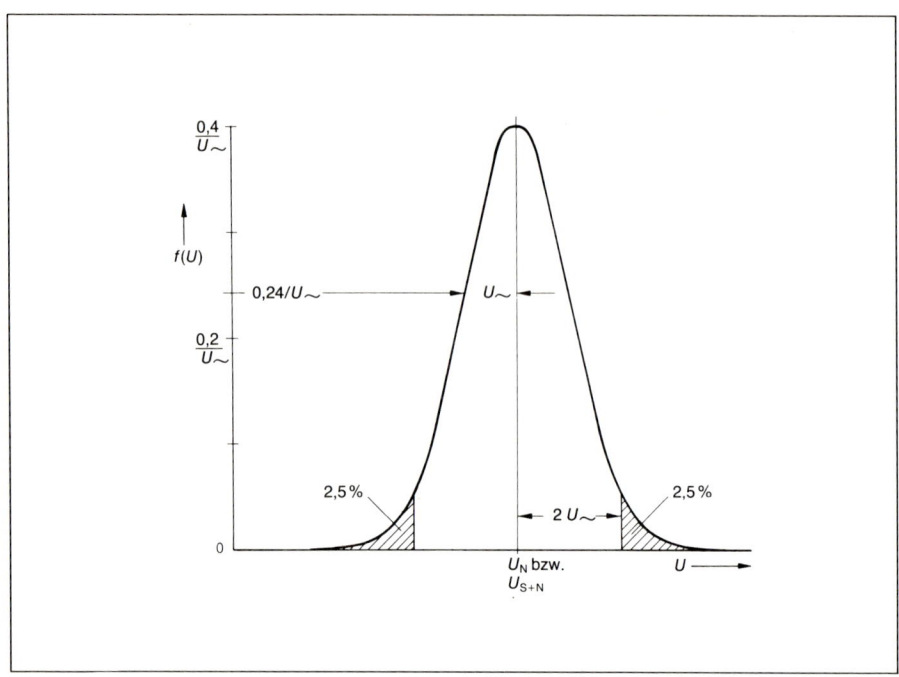

Bild 1.18 Wahrscheinlichkeitsdichte der Ausgangsspannung eines Gleichrichters mit nachfolgender Integrierstufe. Am Eingang liegt ein Rauschsignal (*N*) bzw. ein von Rauschen überlagertes Sinussignal (*S*). Dem Mittelwert U_N bzw. U_{S+N} ist eine Schwankung mit dem Effektivwert $U_\sim$ überlagert. $U_\sim$ wird durch die Eigenschaften des Signales und der Schaltung bestimmt und bedingt die Sicherheit der Ergebnisse. Im Bereich $\pm 2U_\sim$ liegen rund 95% aller Resultate. $F_\sim = 2U_\sim/U_N$ ist demnach der größte (mit einer Sicherheit von 95%) zu erwartende, relative Meßfehler.

$(100 - 5)\% = 95\%$ (vgl. Abschnitt 0.3.3). Aus Gl. (1.32) und (1.31) folgt damit der Zusammenhang zwischen zulässigem *Fehler F_~* und Meßzeit bzw. Zeitkonstante:

$$F_\sim = 2\frac{U_\sim}{U_N} = 2 \cdot 0{,}7 \cdot \sqrt{\frac{B_N}{\Delta f}} = \frac{1}{\sqrt{\Delta f \cdot T_{\text{meß}}}} = \frac{0{,}7}{\sqrt{\Delta f \cdot \tau}}. \qquad (1.33)$$

Gibt man den zulässigen Fehler vor, dann kann Gl. (1.33) nach der erforderlichen Meßzeit oder der entsprechenden Zeitkonstante aufgelöst werden. In Bild 1.19 sind die Zusammenhänge graphisch dargestellt.

Wird ein *Sinussignal mit überlagertem Rauschen* verarbeitet, so geht der Einfluß der stochastischen Signalkomponente naturgemäß zurück. Aus Gl. (1.31a) entnimmt man für große *S/N*-Verhältnisse:

$$\frac{U_\sim}{U_{S+N}} = \sqrt{\frac{B_N}{\Delta f}} \cdot \sqrt{\frac{N}{S}} = 0{,}7 \cdot \sqrt{\frac{B_N}{\Delta f}} \cdot \sqrt{\frac{2N}{S}} \cdot$$

Die beiden ersten Faktoren in der Schreibweise auf der rechten Seite entsprechen der Gl. (1.32). Erweitert man deshalb beide Seiten der Gleichung mit $\sqrt{S/2N}$, so kann Gl. (1.33) wieder verwendet werden (der zugelassene Fehler $F_\sim$ darf formal um $\sqrt{S/2N}$ größer sein; entsprechend verkürzt sich die Meßzeit):

$$F_\sim \cdot \sqrt{\frac{S}{2N}} = 2 \cdot \frac{U_\sim}{U_{S+N}} \sqrt{\frac{S}{2N}} = 1,4 \sqrt{\frac{B_N}{\Delta f}} = \frac{1}{\sqrt{\Delta f \cdot T_{meß}}} = \frac{0,7}{\sqrt{\Delta f \cdot \tau}}.$$

(1.34)

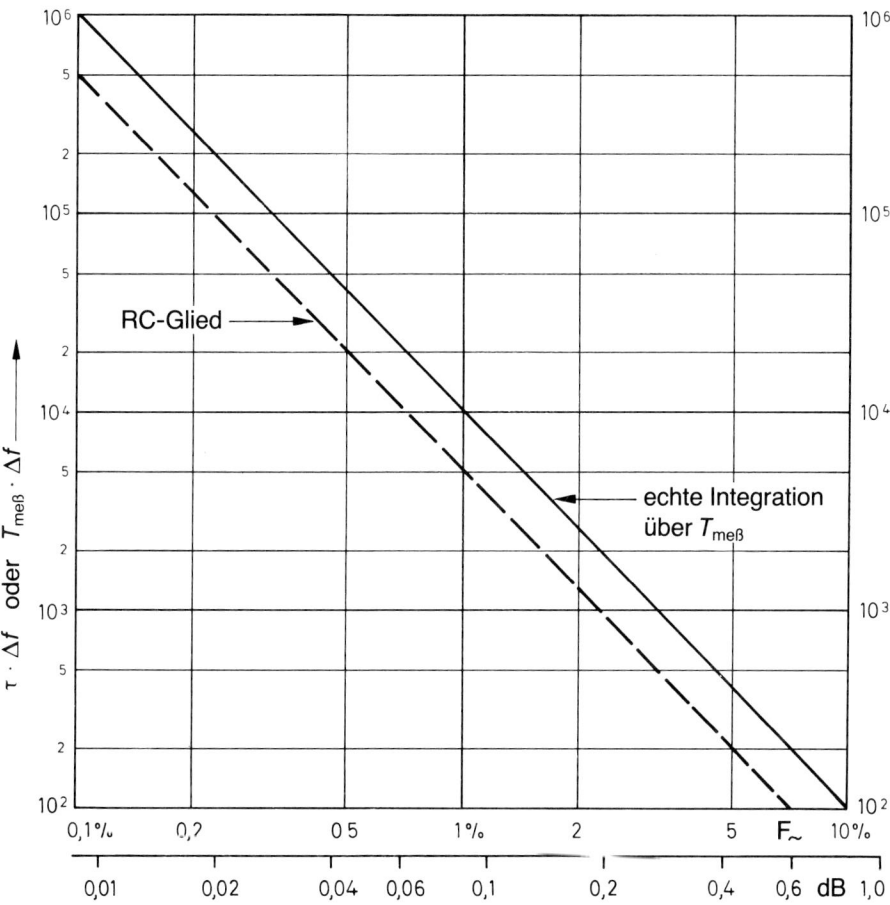

Bild 1.19: Zur Bestimmung der Meßzeit oder Zeitkonstante eines Integrier- bzw. Glättungsgliedes bei schwankenden Signalen (Mittelwert- und Effektivwertgleichrichter).

$T_{meß}$ = Meßzeit bei echter Integration
$RC = \tau$ = Zeitkonstante eines Glättungsgliedes
$F_\sim$ = Fehler in % oder dB, der mit 95% Sicherheit nicht überschritten wird. Bei einem durch Rauschen gestörten Sinussignal ist $F_\sim$ durch $F_\sim \cdot \sqrt{S/2N}$ zu ersetzen.
Δf = Breite des Rauschbandes oder des Empfängers.

Beispiel 1.8

Einem Mittelwertgleichrichter, der Rauschen im Band von 350 . . . 500 Hz verarbeitet, ist eine Stufe zur (echten) Integration nachgeschaltet, deren Meßzeit $T_{meß}$ bestimmt werden soll. Wie groß muß diese sein, wenn die Ergebnisse mit einem Fehler $F_\sim$ bis zu ± 0,2 dB bei einer Sicherheit von 95% behaftet sein dürfen? Wie ändert sich der Wert für $T_{meß}$, wenn im Rauschband ein Sinuston liegt, wobei $S/N \geq 10$ sein soll?

Der vorgegebenen zulässigen Schwankung von ± 0,2 dB entspricht ein Wert von etwa ± 2,3%. Damit läßt sich Gleichung (1.33), nach $T_{meß}$ aufgelöst, anwenden:

$$T_{meß} = \frac{1}{F_\sim^2 \cdot \Delta f} = \frac{1}{0{,}023^2 \cdot 150\,\text{Hz}} = 12{,}6\,\text{s} \ .$$

Die relativ große Meßzeit ist der Preis für eine (nicht übertriebene) Genauigkeit! Für den Fall des gemischten Signales tritt anstelle des Fehlers $F_\sim = $ ± 2,3% nun der fiktive Wert $2{,}3\% \cdot \sqrt{S/2N} = 2{,}3\% \cdot \sqrt{5} = 5{,}1\%$. Mit diesem lautet das Ergebnis:

$$T_{meß} = \frac{1}{0{,}051^2 \cdot 150\,\text{Hz}} = 2{,}6\,\text{s} \ . \qquad \bullet$$

1.7 Besondere Probleme in der Pegelmeßtechnik

In diesem Abschnitt werden einige weitergehende Fragen erörtert, die sich bei Betrieb und Anwendung von Pegelmeßgeräten ergeben. Es handelt sich dabei hauptsächlich um *Störungen* und *Ungenauigkeiten* unterschiedlicher Art, die − je nach Anwendungsfall − die Grenzen der Pegelmeßtechnik bestimmen.

1.7.1 Klirr- und rauscharmer Betrieb

Sowohl der breitbandige Pegelmesser nach Bild 1.5 als auch der selektive nach Bild 1.8 hat einen Teiler am Eingang. Große Eingangssignale werden damit auf den Grundmeßbereich des Pegelmessers heruntergeteilt, so daß dieser vom Eingang an nur so weit wie zulässig ausgesteuert wird. Dadurch bleiben auch die nichtlinearen Verzerrungen gering (vgl. Abschnitt 5.1). Man spricht vom sog. *klirrarmen* Betrieb. Vom Standpunkt des Rauschens dagegen ist es unvorteilhaft, ein großes Signal erst bis auf die Größenordnung des Rauschpegels zu teilen, um es dann wieder zu verstärken. Vor allem selektive Pegelmesser bieten wahlweise die Möglichkeit, das Signal umzusetzen und zu verstärken und erst dann durch einen zweiten Teiler zu teilen, wenn es weit über dem Rauschpegel liegt. Dadurch hat das Rauschen keinen Einfluß mehr auf die Messung (in Bild 1.20a sind die beiden Fälle gezeichnet). Im zweiten Fall spricht man von *rauscharmem* Betrieb, wobei man dafür stärkeres Klirren in Kauf nehmen muß. Je nach Anwendungszweck kann man die eine oder andere Betriebsart oder auch Kombinationen wählen. Für sehr kleine Signale sind natürlich beide Betriebsarten identisch, da dann beide Teiler außer Betrieb sind.

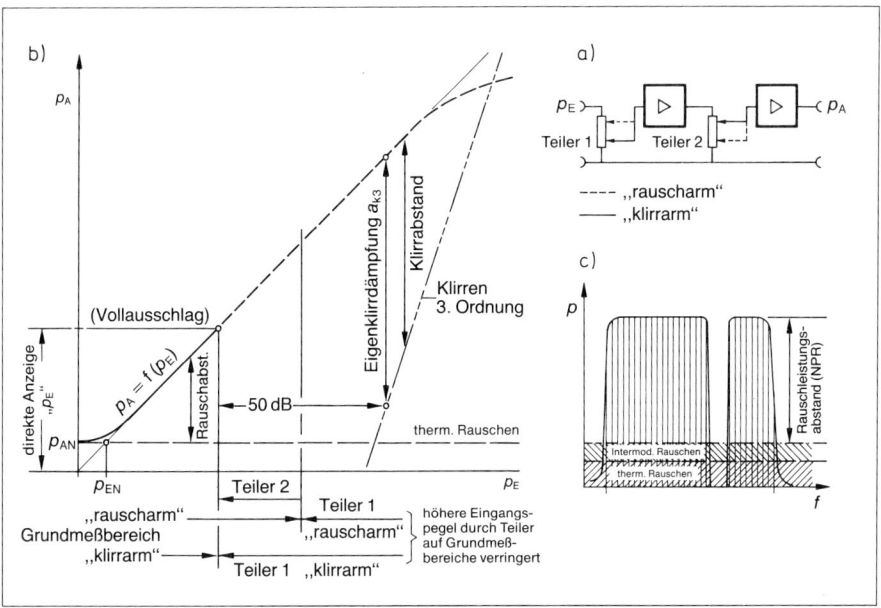

Bild 1.20: a) Aufteilung der Gesamtdämpfung bei einem selektiven Empfänger, b) Zusammenhang zwischen Ausgangs- und Eingangspegel, c) Rauschleistungsabstand.

Bild 1.20b zeigt die grundsätzlichen Verhältnisse in beiden Betriebsarten. Über dem Eingangspegel p_E ist der Ausgangspegel p_A aufgetragen, die Beschriftung entspricht jedoch dem Eingangspegel, den das Gerät messen soll. Wenn der Eingangspegel p_E immer weiter abnimmt, wird schließlich der Eigenrauschpegel p_{AN} angezeigt, jedoch als p_{EN} abgelesen. Da die Meßgenauigkeit vom „scheinbaren" Rauschabstand $p_E - p_{EN}$ (tatsächlich $p_A - p_{AN}$) abhängt, wird man mit möglichst hohem Eingangspegel arbeiten und erst bei unzulässigen Pegeln eine Teilung am Eingang vornehmen. Je stärker jedoch die Signale in den ersten Stufen des Empfängers sind, um so stärkere Klirr- und Intermodulationsprodukte entstehen (vgl. Kap. 5), die die Meßgenauigkeit des Ausgangssignales beeinflussen können. Dabei spielt der Typ des Empfängers und die Art der Gleichrichtung (z.B. Mittelwert- oder Effektivwertgleichrichtung) ebenso eine Rolle wie die Signalform (einzelne Sinustöne, breitbandiges Rauschen).

Die Klirr- und Intermodulationsprodukte zeigen eine typische Pegelabhängigkeit, aus der sich der Grad der sie verursachenden Nichtlinearität ablesen läßt (vgl. Beispiel 5.2). Klirrprodukte n-ter Ordnung haben die Steigung n. Der Klirrabstand hat somit die Steigung 1 − n. Trägt man die Pegel der Harmonischen eines Sinustones über p_E in das Bild 1.20b ein, so zeigt sich der typische Anstieg. Zur Kennzeichnung der Klirreigenschaften eines selektiven Empfängers gibt man die Eigenklirrdämpfung an. Man versteht darunter die Pegeldifferenz zwischen einer Sinusschwingung und ihrer im Gerät entstehenden zweiten bzw. dritten Harmonischen, auf die dann abgestimmt wird. Dazu muß bzw. soll der Teiler üblicherweise um 50 dB zurückgenommen werden, d.h. der Eingang wird mit einem um 50 dB zu hohen Pegel bei der Grundschwingung übersteuert. Eine typische Angabe kann lauten: „Eigenklirrdämpfung a_{k3} = 65 dB bei Vollausschlag und Veränderung des Eingangsteilers um 50 dB".

Ähnliche Verhältnisse ergeben sich, wenn an einen selektiven Empfänger ein breitbandiges Rauschsignal angelegt wird, das nur bei der Empfangsfrequenz eine vorbereitete Lücke aufweist (Bild 1.20c). In dieses Empfangsband fallen trotzdem zahlreiche im Empfänger entstehende Intermodulationsprodukte, die aus den verschiedensten Frequenzkomponenten des Rauschsignals resultieren und die Meßgenauigkeit beeinflussen. Das Verhältnis zwischen den Rauschleistungen im Empfangsband, einmal in und einmal neben der Lücke gemessen, bezeichnet man als Rauschleistungsverhältnis oder − logarithmiert − als Rauschleistungsabstand, engl. *Noise Power Ratio,* kurz NPR. Dieses „Eigen-NPR" läßt sich aus zwei Messungen bestimmen: Zuerst wird der Pegel des breitbandigen Rauschens ohne Sperrfilter selektiv gemessen. Dann wird in das Signal ein Sperrfilter für die Empfangsfrequenz eingefügt, so daß nur noch thermisches und Intermodulationsrauschen angezeigt wird. Die Differenz beider Messungen ist der Rauschleistungsabstand. Dieser zeigt ebenfalls eine typische *Pegelabhängigkeit* mit einem Maximalwert, der sich etwa dort ergibt, wo thermisches Rauschen und das (pegelabhängige) Intermodulationsrauschen gleich groß sind.

Obwohl die Angaben „Eigenklirrdämpfung" und „Rauschleistungsabstand" den gleichen physikalischen Hintergrund haben, lassen sie sich nicht leicht ineinander umrechnen. Man benötigt, je nach Anwendungsfall, beide Angaben. Auch muß die Bandbreite des belastenden Rauschens und die Lage der Lücke angegeben werden.

1.7.2 Grenzen bei der Messung hoher Dämpfungen

Müssen sehr hohe Dämpfungen gemessen werden (z.B. Nebensprechen, vgl. Tab. 1.3), so muß zunächst ein Sender mit ausreichender Leistung und ein Empfänger mit hoher Empfindlichkeit zur Verfügung stehen. Sofern die Sendeleistung nicht durch die thermische Belastbarkeit des Meßobjektes oder durch dessen mögliche Übersteuerung beschränkt ist, ergibt sich der *Meßumfang* durch die Differenz zwischen maximalem Sendepegel p_{max} und Eigenrauschpegel p_N des Empfängers. Ein Empfangspegel in der Größe des Eigenrauschpegels erhöht das Meßergebnis um ca. 3 dB (vergleiche Bild 1.13). Allerdings ist eine Messung in diesem Bereich ziemlich ungenau, so daß man den Meßbereich zugunsten einer bequemeren und sichereren Ablesung einschränkt. Aus Beispiel 1.7 folgt, daß ein Abstand zwischen Signal und Eigenrauschen von 14 dB nur noch einen Meßfehler von 1% verursacht. Es können damit insgesamt Dämpfungen von $p_{max} - (p_N + 14\ dB)$ mit ausreichender Sicherheit gemessen werden. Beispielsweise ergibt sich mit $p_{max} = 20\ dBm$, $p_N = -124\ dBm$ ein Meßbereich von 130 dB, (vgl. Gl. 1.17). Dieser Umfang kann aber nur dann voll ausgenutzt werden, wenn keine zusätzlichen Störsignale an den Empfängereingang gelangen.

Was jedoch bei Messung hoher Dämpfungen eintreten kann, zeigt die folgende Überschlagsrechnung. Dabei spielt der *Kopplungswiderstand* R_K der Verbindungsleitung zwischen Sender bzw. Empfänger und Meßobjekt eine Rolle (Bild 1.21). Dieser Widerstand kennzeichnet die Verkopplung der im Inneren des Schirms eines koaxialen Kabels transportierten Leistung mit der äußeren Umgebung. Er ergibt sich aus dem

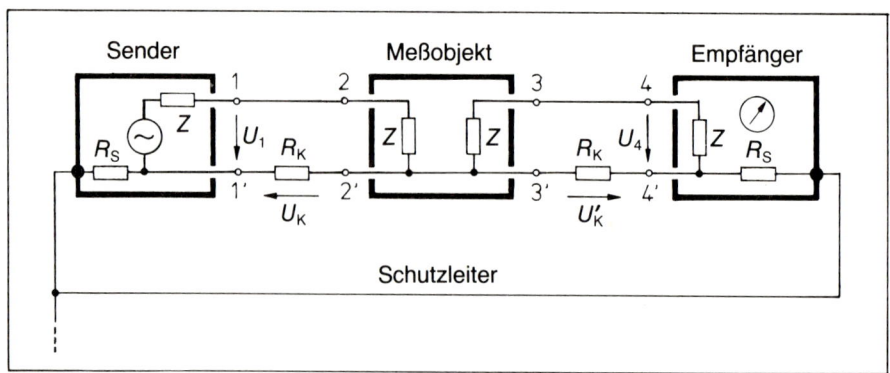

Bild 1.21: Zum Einfluß der Kopplungswiderstände auf die Meßgenauigkeit.

Strom auf der *Innenseite* des Außenleiters und dadurch hervorgerufenem Spannungs-abfall auf der *Außenseite* des Außenleiters. Er ist also i.a. nicht identisch mit dem direkt meßbaren Widerstand des Schirmes. Trotzdem ist er im Bild 1.21 der Übersicht-lichkeit wegen direkt in die Außenleiter 1' 2' und 3' 4' der Verbindungskabel einge-zeichnet. [1.17].

Dieser Widerstand bewirkt, daß ein Teil der Senderausgangsspannung U_1 unter Um-gehung des Meßobjektes als *Störspannung* U_4 am Empfängereingang auftreten kann. Diese Störspannung soll anhand des Bildes 1.21 abgeschätzt werden.

Die folgende Näherungsrechnung gilt für $R_K \ll Z$; R_S. Dabei ist Z die (als überall gleich angenommene) Impedanz im Meßkreis, R_S der sog. *Schließungswiderstand* zwischen Gerätemasse und Schutzleiter bei Sender und Empfänger. Unter diesen Bedingungen gilt:

$$\frac{U_K}{U_1} \approx \frac{R_K}{Z} \ ; \ \frac{U_K'}{U_K} \approx \frac{R_K}{2R_S} \ ; \ \frac{U_4}{U_K'} = \frac{1}{2} \ .$$

Daraus folgt die Störspannung U_4

$$\frac{U_4}{U_1} \approx \frac{R_K^2}{4R_S Z} \ , \qquad\qquad\qquad (1.35\,\text{a})$$

bzw. für eine daraus resultierende „*Grenzdämpfung*"

$$\frac{a_G}{dB} \approx 20 \cdot \lg \left(\frac{4R_S Z}{R_K^2} \right) \ . \qquad\qquad\qquad (1.35\,\text{b})$$

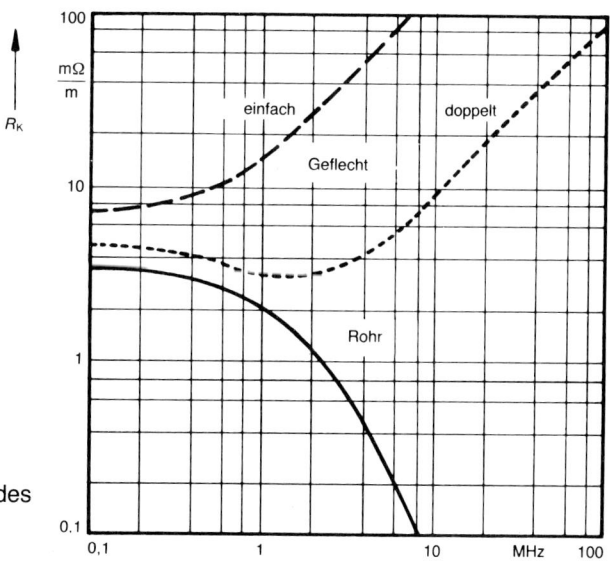

Bild 1.22: Typische Werte des Kopplungswiderstandes je Längeneinheit als Funktion der Frequenz nach [1.17].

71

Bild 1.22 zeigt *typische Werte* des Kopplungswiderstandes je Längeneinheit für Koaxialleitungen. Bei sehr tiefen Frequenzen ist für die Verkopplung zwischen dem inneren und einem äußeren System allein der Ohmwiderstand des Schirmes verantwortlich. Besteht er aus Vollmaterial (Rohr), so werden infolge der mit steigender Frequenz abnehmenden Leitschichtdicken beide Systeme mehr und mehr entkoppelt, d. h. der Kopplungswiderstand nimmt ab. Üblicherweise verwendet man jedoch Leitungen mit einfachem oder doppeltem Geflecht zur Schirmung. Hier macht sich die durch die Flechtart zwangsläufig hervorgerufene Verkopplung beider Systeme unangenehm bemerkbar. Das Geflecht stellt bei höheren Frequenzen einen induktiven Widerstand dar, so daß sich die abgebildeten typischen Verläufe ergeben. Der induktive Anteil des Kopplungswiderstandes beträgt etwa 1 nH/m, ist aber stark vom Geflechtaufbau abhängig. Kabelarmaturen (Stecker und Buchsen) bringen ebenfalls noch einen Anteil zum Kopplungswiderstand in der Größenordnung einiger Milliohm [1.18].

Beispiel 1.9

Rechnet man nach Bild 1.22 für R_K mit rund 100 mΩ/m, so ergibt sich bei einer Meß-anordnung nach Bild 1.21 mit zwei Leitungen von je 1 m Länge der Kopplungswiderstand zu $R_K = 0,1\ \Omega$. Nimmt man ferner Schließungswiderstände $R_S = 50\ \Omega$ und den Wellen-widerstand $Z = 75\ \Omega$ an, so folgt für die Grenzdämpfung nach Gl. (1.35b)

$$\frac{a_G}{dB} \approx 20 \cdot \lg \frac{4 \cdot 75 \cdot 50}{0,01} \approx 124 \cdot$$

Der vorher ermittelte Meßumfang von 130 dB wird also bereits durch die eben berechnete Grenzdämpfung eingeschränkt. Dazu kommt, daß die Störspannung U_4 in Bild 1.21 von *gleicher Frequenz* wie eine über das Meßobjekt übertragene Meßspannung ist. Nutz- und Störgröße dürfen also nicht in ihren Leistungen, sondern müssen im ungünstigsten Fall in ihren *Spannungen* addiert werden. Für den Meßfehler folgt daher mit der Ter-minologie aus Abschnitt 1.6.2:

$$F = \frac{U_{S+N} - U_S}{U_S} = \frac{(U_S + U_N) - U_S}{U_S} = \frac{U_N}{U_S} \cdot \tag{1.36}$$

Für einen Meßfehler von 1 % ist damit ein Störabstand von 40 dB erforderlich, wodurch sich gegenüber der Grenzdämpfung nach Beispiel 1.9 nur noch ein Meßbereich von 84 dB ergibt. Dieser erheblichen Einbuße kann man nur durch kleinere Kopplungs-widerstände (Schirm aus Wellrohr) und größere Schließungswiderstände (sog. *Mantelstromdrosseln* in der Koaxialleitung oder Drosseln im Schutzleiter) entgegen-wirken.

1.7.3 Fehlanpassung

Pegelmesser messen prinzipiell die an ihrem Eingang liegende Spannung und zeigen den absoluten Spannungs- oder Leistungspegel an. Der Leistungspegel wird dabei aus der Spannung und dem Nennwert Z des Eingangswiderstandes errechnet. Abwei-chungen des tatsächlichen Eingangswiderstandes von seinem Nennwert erzeugen *Meßfehler*. Zum Meßfehler tragen weiterhin die Eigenschaften eines eventuellen Ver-bindungskabels zwischen Quelle und Pegelmesser sowie Abweichungen des Quel-lenwiderstandes vom Nennwert Z bei. Ebenso ergeben sich *Anzeigefehler* beim Pegel-sender, wenn sein Quellenwiderstand vom Nennwert abweicht und wenn er durch ein

Verbindungskabel an das Meßobjekt angeschlossen wird. Anhand von Bild 1.23 sollen diese Einflüsse abgeschätzt werden.

Zunächst seien die Fehler des *Pegelmessers* erörtert (Bild 1.23b). Man betrachtet das Klemmenpaar 1 als den Eingang des über ein Verbindungskabel angeschlossenen Pegelmessers und möchte die dort herrschende *Sollspannung* U_{10} bei *idealem* Pegelmesser ($R_2 = Z$) und *idealem* Kabel ermitteln. In diesem Fall ist der Eingangswiderstand hier Z. Gesucht ist der Fehler der Anzeige U_A gegenüber dieser Spannung U_{10} infolge der in Wirklichkeit *stets vorhandenen Abweichungen* bei Meßobjekt, Kabel und Pegelmesser. Dabei ist die Eichung des Pegelmessers zu berücksichtigen. Sie erfolgt so, als werde er am Klemmenpaar 2 durch eine ideale Quelle mit Quellenwiderstand Z gespeist ($R_Q = Z$, ideales Kabel). Die *Anzeige* beträgt dann $U_A = U_Q/2$, trotz eventueller Fehler $R_2 \neq Z$, die also eingeeicht werden.

Abweichungen eines Widerstandes R von seinem Nennwert Z werden durch den Reflexionsfaktor angegeben (vergleiche Abschnitt 4.1):

$$r = \frac{R-Z}{R+Z} \; . \tag{1.37}$$

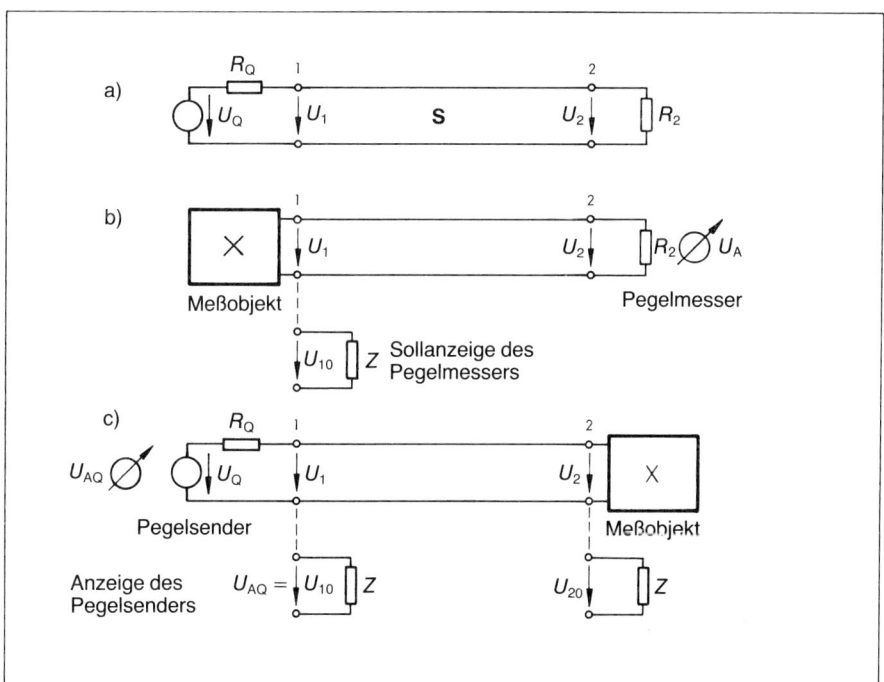

Bild 1.23: Zum Einfluß der Fehlanpassung auf die Meßgenauigkeit.
a) allgemeiner Fall: Verbindung einer Quelle mit einer Last über eine Leitung, deren Eigenschaften durch ihre Streumatrix **S** (S-Parameter) beschrieben werden. b) Pegelmesser über eine Leitung an das Meßobjekt angeschlossen. c) Meßobjekt über eine Leitung an den Pegelsender angeschlossen.

Das Verbindungskabel wird durch seine Streumatrix **S** (S-Parameter) beschrieben, die die ablaufenden Wellen b_1, b_2 als Funktion der zulaufenden Wellen a_1, a_2 angibt (vgl. Abschnitt 4.5.1; insbesondere Bild 4.12):

$$\begin{pmatrix} b_1 \\ b_2 \end{pmatrix} = \begin{pmatrix} S_{11} & S_{12} \\ S_{21} & S_{22} \end{pmatrix} \cdot \begin{pmatrix} a_1 \\ a_2 \end{pmatrix} . \tag{1.38}$$

Dabei wird das Kabel als symmetrisch, umkehrbar und verlustfrei angesehen, so daß gilt: $S_{11} = S_{22}$, $S_{12} = S_{21}$, $|S_{12}|^2 = 1 - |S_{11}|^2$. Ist das Verbindungskabel zudem wellen-widerstandsrichtig, gilt $S_{11} = 0$ und $S_{12} = e^{-j\beta l}$, wobei β die Phasenkonstante und l die Länge des Kabels ist. Ist kein Kabel vorhanden, bleibt $S_{11} = 0$ und mit $l = 0$ wird $S_{12} = 1$. In diesem Fall sind die Spannungen U_1 und U_2 identisch.

Nach einigen Berechnungen, die hier nicht wiedergegeben werden, ergeben sich ganz allgemein die Spannungen U_1 und U_2 im Bild 1.23 als Funktion der halben Quellenspannung $U_Q/2$ zu:

$$\frac{U_1}{U_Q/2} = \frac{[(1 + S_{11})(1 - r_2 S_{11}) + r_2 S_{12}^2](1 - r_Q)}{1 - (r_Q + r_2) S_{11} - r_Q r_2 (S_{12}^2 - S_{11}^2)} , \tag{1.39}$$

$$\frac{U_2}{U_Q/2} = \frac{(1 + r_2)(1 - r_Q) S_{12}}{1 - (r_Q + r_2) S_{11} - r_Q r_2 (S_{12}^2 - S_{11}^2)} . \tag{1.40}$$

Damit läßt sich der gesuchte Fehler nun leicht ermitteln. Aus Gl. (1.39) folgt für die Sollspannung U_{10} mit $r_2 = 0$ ($R_2 = Z$), $S_{11} = 0$ und $S_{12} = 1$:

$$\frac{U_{10}}{U_Q/2} = 1 - r_Q . \tag{1.41}$$

Aus Gl. (1.40) folgt für die Spannung U_2, die infolge der Eichung des Pegelmessers von der Anzeige $U_A = U_Q/2$ abweicht, mit $r_Q = 0$ ($R_Q = Z$), $S_{11} = 0$ und $S_{12} = 1$:

$$\frac{U_2}{U_A} = 1 + r_2 . \tag{1.42}$$

Durch Zusammenfassen der Gleichungen (1.40), (1.41) und (1.42) erhält man das gesuchte Ergebnis, nämlich das Verhältnis von Anzeige zu Sollspannung:

$$\frac{U_A}{U_{10}} = \frac{U_A}{U_2} \cdot \frac{U_2}{U_Q/2} \cdot \frac{U_Q/2}{U_{10}}$$

d.h.

$$\frac{U_A}{U_{10}} = \frac{S_{12}}{1 - (r_Q + r_2) S_{11} - r_Q r_2 (S_{12}^2 - S_{11}^2)} . \tag{1.43 a}$$

Den *Fehler F* in Dezibel findet man durch Logarithmieren des Betrages dieser Größe. Führt man dabei noch voraussetzungsgemäß $|S_{12}| = \sqrt{1 - |S_{11}|^2}$ ein, ergibt sich

$$\frac{F}{dB} = 10 \cdot \lg\left(1 - |S_{11}|^2\right) - 20 \cdot \lg\left|1 - (r_Q + r_2)\, S_{11} - r_Q r_2 \left(S_{12}^2 - S_{11}^2\right)\right|$$

$$\approx -4{,}3\,|S_{11}|^2 + 8{,}7 \cdot \mathrm{Re}\!\left[(r_Q + r_2)\, S_{11} + r_Q r_2 \left(S_{12}^2 - S_{11}^2\right)\right] \cdot \qquad (1.43\,\mathrm{b})$$

Für die Näherung wurde Gl. (1.2 a) benutzt, die für kleine S_{11} und r gilt. Bei der Betragsbildung im rechten Teil der Gleichung wurde nur der Realteil berücksichtigt. Wegen

$$\lg|1 + u + jv| \approx 0{,}43\left(u + \frac{1}{2}\, u^2 + \frac{1}{2}\, v^2\right) \approx 0{,}43\, u,$$

gültig für u, v ≪ 1, kann der Imaginärteil v vernachlässigt werden, da er gegenüber dem Realteil u quadratisch eingeht.

Ist das Meßobjekt in Bild 1.23 b *ohne* Kabel direkt mit dem Pegelmesser verbunden, so gilt $S_{11} = 0$ und $S_{12} = 1$ (s. oben). Die Gleichungen (1.39) und (1.40) gehen ineinander über, d.h. $U_1 \equiv U_2$ und die Gleichungen (1.43) vereinfachen sich zu

$$\frac{U_A}{U_{10}} = \frac{1}{1 - r_Q r_2} \quad ; \qquad (1.44\,\mathrm{a})$$

$$\frac{F}{dB} = -20 \cdot \lg|1 - r_Q r_2| \approx 8{,}7\,\mathrm{Re}(r_Q r_2). \qquad (1.44\,\mathrm{b})$$

Beispiel 1.10

a) Die verlustfreie Zuleitung zu einem Pegelmesser mit $Z = 75\,\Omega$ (Nennwert) hat den Wellenwiderstand $Z_K = 50\,\Omega$ und die Länge $l = \lambda/4$ (λ ist die Wellenlänge in der Zuleitung). Welcher Fehler entsteht durch den falschen Wellenwiderstand, wenn für r_Q und r_2 die Werte $\pm\,0{,}05$ garantiert werden.

$l = \lambda/4$ ist der ungünstigste Fall. Am Klemmenpaar 1 (Bild 1.23 b) erscheint der Eingangswiderstand $R_E = Z_K^2/Z = 33\,\Omega$ bzw. der Reflexionsfaktor

$$r_E = S_{11} = -0{,}385 \quad \cdot$$

Daraus folgt

$$|S_{12}|^2 = 1 - 0{,}385^2 = 0{,}852 \quad \cdot$$

Aus Gl. (1.43 b) ergibt sich dann für den ungünstigsten Fall

$$F = -4{,}3 \cdot 0{,}148 \overset{(+)}{\underset{-}{}}\, 8{,}7\,[0{,}1 \cdot 0{,}385 + 0{,}0025\,(0{,}852 - 0{,}148)] = -0{,}685\,\mathrm{dB} \quad \cdot$$

Es können also im ungünstigsten Fall beachtliche Fehler auftreten.

b) Das Meßobjekt in Bild 1.23 b sei direkt an den Pegelmesser geschaltet. R_2 bestehe aus der Parallelschaltung von $75\,\Omega$ und einer parasitären Kapazität $C = 30\,\mathrm{pF}$. Für $Z = 75\,\Omega$ und $\omega = 2\pi \cdot 20\,\mathrm{MHz}$ ergibt sich ein Reflexionsfaktor

$$r_2 \approx j\omega C Z/2 = -j\,0{,}141 \quad \cdot$$

Bei reellem Quellenwiderstand mit z. B. einem Reflexionsfaktor $r_Q = \pm 0,2$ wird das Produkt $r_Q r_2$ imaginär und der Fehler ist nach Gl. (1.44b) vernachlässigbar. Bei reellem Quellenwiderstand spielen also parasitäre kapazitive oder induktive Belastungen keine Rolle. Wäre jedoch $r_2 = 0,141$ reell oder hätte bei imaginärem r_2 die Quelle einen imaginären Anteil $r_Q = \pm j0,2$, würde das Produkt $r_Q r_2$ reell und nach Gl. (1.44b) ergäbe sich ein durchaus merklicher Fehler:

$$F \approx 8,7 \cdot 0,2 \cdot 0,141 = 0,245 \, dB \, .$$

Übrigens kann ein Verbindungskabel einen an sich wenig störenden *imaginären* Reflexionsfaktor r_2 in der Phase so drehen, daß das Produkt $r_Q r_2$ reell wird und sich damit voll auswirkt. ●

Durch Fehlanpassung entstehen auch beim *Pegelsender* Anzeigefehler. In Bild 1.23c möge die Quelle ein Pegelsender sein, der über ein Kabel ein Meßobjekt R_2 speist. Die Gln. (1.39) und (1.40) gelten unverändert. Die Eichung des Senders erfolgt bei idealem Abschluß am Klemmenpaar 1. Die dann dort auftretende Spannung wird vom Sender angezeigt. Es gilt also Gl. (1.41) mit $U_{10} = U_{AQ}$:

$$\frac{U_{AQ}}{U_Q/2} = 1 - r_Q \, . \tag{1.45}$$

Es interessiert nun die tatsächliche Spannung U_{20} am Klemmenpaar 2, die an einem idealen Verbraucher $R_2 = Z$ bei nicht wellenwiderstandsrichtigem Kabel auftritt. Diese folgt aus Gl. (1.40) mit $r_2 = 0$ zu

$$\frac{U_{20}}{U_Q/2} = \frac{(1 - r_Q) \, S_{12}}{1 - r_Q \, S_{11}} \, . \tag{1.46}$$

Durch Zusammenfassen der beiden letzten Gleichungen erhält man das Ergebnis:

$$\frac{U_{20}}{U_{AQ}} = \frac{S_{12}}{1 - r_Q \, S_{11}} \tag{1.47a}$$

$$\frac{F}{dB} = 20 \cdot \lg |S_{12}| - 20 \cdot \log |1 - r_Q \, S_{11}|$$

$$\approx -4,3 \, |S_{11}|^2 + 8,7 \, \mathrm{Re} \, (r_Q \, S_{11}) \, . \tag{1.47b}$$

Die Näherung ergibt sich bei verlustfreiem Kabel entsprechend Gl. (1.43b).

Die bei der praktischen Messung z. B. der Betriebsdämpfung eines Meßobjektes (Tab. 1.3) wichtigen Größen U_{10} als Meßgröße bzw. U_{20} als Bezugsgröße (in Tab 1.3 U_2 bzw. $U_Q/2$ genannt) weichen demnach von den angezeigten Größen U_A (Gl. (1.43)) bzw. U_{AQ} (Gl. (1.47)) ab. Der Meßfehler läßt sich in diesem Fall durch Addition der Teilfehler berücksichtigen. In allen anderen Fällen sind die Gleichungen sinngemäß anzuwenden. Dabei ist stets auf die ggf. unterschiedliche Bedeutung der Größen (z. B. R_Q in Bild 1.23b) und c) bzw. Gl. (1.43) und (1.47) zu achten.

Schließlich ist noch die *Rückwirkung* eines Pegelmessers auf eine in Betrieb befindliche Übertragungsstrecke zu betrachten. Bisher arbeitete der Pegelmesser als

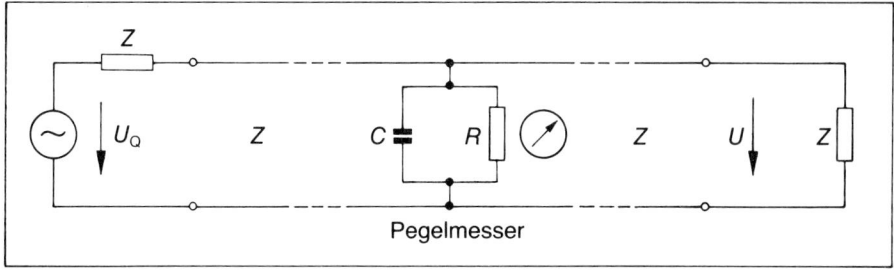

Bild 1.24: Rückwirkung des Pegelmessers auf eine Übertragungsstrecke.

Empfänger, weshalb man hierbei auch von „empfangen" spricht. Mißt man dagegen den Pegel auf einer in Betrieb befindlichen Strecke nach Bild 1.24, so spricht man von „pegeln". Die Eingangsschaltung besitzt hierfür eine Stellung „hochohmig" (vgl. Abschnitt 1.4), worunter man praktisch die Parallelschaltung von einigen 10 kΩ mit einigen 10 pF versteht. Die dadurch entstehende Belastung kann Meßfehler verursachen.

In Bild 1.24 kann man wegen der beidseitig wellenwiderstandsrichtigen Anpassung Quelle und Last als unmittelbar am Meßort angeschlossen betrachten. Ohne Belastung herrscht an der Meßstelle die Spannung $U_Q/2$. Die Spannung U mit Belastung durch den Pegelmesser findet man nach einer elementaren Berechnung zu

$$\frac{U}{U_Q/2} = \frac{1}{1 + \dfrac{Z}{2R} + j\dfrac{\omega CZ}{2}} \tag{1.48a}$$

bzw. den Fehler in dB zu

$$\frac{F}{dB} = -20 \cdot \lg \left| 1 + \frac{Z}{2R} + j\frac{\omega CZ}{2} \right| \approx -4,3 \left(\frac{Z}{R} + \left(\frac{\omega CZ}{2} \right)^2 \right). \tag{1.48b}$$

Dabei wurden die üblichen Näherungen für R, $1/\omega C \gg Z$ gemacht. Bemerkenswert ist, daß Wirk- und Blindanteil der Belastung mit verschiedenem Gewicht eingehen. Beide erzeugen eine Reflexion, der Wirkanteil verbraucht darüber hinaus noch eine gewisse Leistung.

Die Gl. (1.48b) lautet in *allgemeinerer Form* bei Belastung durch den Leitwert $G + jY$

$$\frac{F}{dB} = 20 \lg \left| 1 + \frac{ZG}{2} + j\frac{ZY}{2} \right| \approx -4,3 \left(ZG + \left(\frac{ZY}{2} \right)^2 \right). \tag{1.48c}$$

Beispiel 1.11

Ein Pegelmesser mit $R = 5\,k\Omega$ und $C_1 = 30\,pF$ wird über ein kurzes Kabel mit der Kapazität $C_2 = 70\,pF$ an einem Meßpunkt angeschlossen. Insgesamt belasten also $C = 100\,pF$ die Meßstelle. Der Wellenwiderstand sei $Z = 75\,\Omega$, die Frequenz $\omega = 2\pi \cdot 10\,MHz$.

Mit Gl. (1.48b) ergibt sich hierdurch ein Meßfehler

$$F \approx -4{,}3 \left(\frac{75}{5000} + \left(\frac{75 \cdot 2\pi \cdot 10^7 \cdot 10^{-10}}{2} \right)^2 \right) = -0{,}303 \text{ dB} \qquad \bullet$$

Der im Beispiel 1.11 ermittelte Wert dürfte in vielen Fällen zu hoch sein, da meist nur ein Wert von 0,1 dB toleriert wird. Abhilfe kann durch einen *Entkopplungsübertrager* geschaffen werden, der den Anschluß eines angepaßten Pegelmessers über beliebig lange Verbindungskabel erlaubt. Dies muß jedoch mit einem Pegelverlust von einigen 10 dB erkauft werden.

1.7.4 Störlinien im Sende- und Empfangsspektrum

Sowohl zur Erzeugung der Sendefrequenz, als auch beim selektiven Empfang eines Signales, werden Mischerschaltungen eingesetzt [1.19]. In Abschnitt 1.3 wurde bereits angedeutet, daß der Mischvorgang allgemein durch die Gleichung

$$|pf_0 \pm qf_1| = f_2 \; ; \; p,q = 0, 1, 2, \ldots \qquad (1.49)$$

beschrieben werden kann. f_0 und f_1 sind die den Mischer speisenden Frequenzen. f_2 ergibt sich dann am Ausgang. Je nach Verwendung haben die Frequenzen f_0, f_1 und f_2 eine andere Bedeutung bzw. Benennung (vgl. Bild 1.25; wegen der geschlossenen Darstellung weichen die Indizes der Frequenzen z.T. von den in Abschnitt 1.3 und 1.4.4. verwendeten ab).

Im *Sender* entstehen also außer der gewünschten Frequenz $f_A = |f_0 - f_1|$ eine Vielzahl weiterer Frequenzen, wenn auch mit meist kleiner oder vernachlässigbarer Ampli-

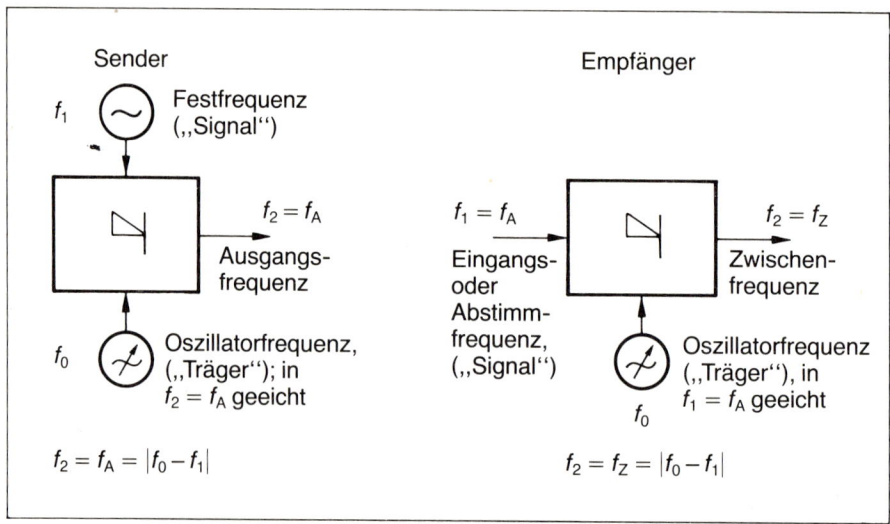

Bild 1.25: Zur Bezeichnung der Frequenzen beim Pegelsender und selektiven Empfänger.

tude. Soweit sie oberhalb der Grenzfrequenz des Tiefpasses im Ausgang des Pegel-senders liegen (Bild 1.2), werden sie unterdrückt. Dagegen können die in den Arbeits-frequenzbereich des Senders fallenden Linien Anlaß zu Störungen geben. Z.B. kön-nen sie in einen trägerfrequent übertragenen Sprachkanal fallen und werden nach Demodulation als Pfeifton hörbar.

Die Lage dieser möglichen Frequenzen erhält man aus Gl. (1.49), indem man die einstellbare Oszillatorfrequenz f_0 durch die gewünschte Ausgangs- oder Abstimm-frequenz $f_2 = f_A$ ausdrückt. Für den Fall der „hochliegenden" Oszillatorfrequenz ($f_0 > f_1$) erhält man mit $f_A = f_0 - f_1$:

$$\left| p(f_A + f_1) \pm q\, f_1 \right| = f_2$$

oder

$$\left| (p \pm q) + p\, \frac{f_A}{f_1} \right| = \frac{f_2}{f_1} = \begin{cases} \dfrac{f_A}{f_1} & \text{für } p = 1 \text{ und } (p \pm q) = 0 \\[2ex] \dfrac{f_{St}}{f_1} & \text{sonst.} \end{cases} \tag{1.50}$$

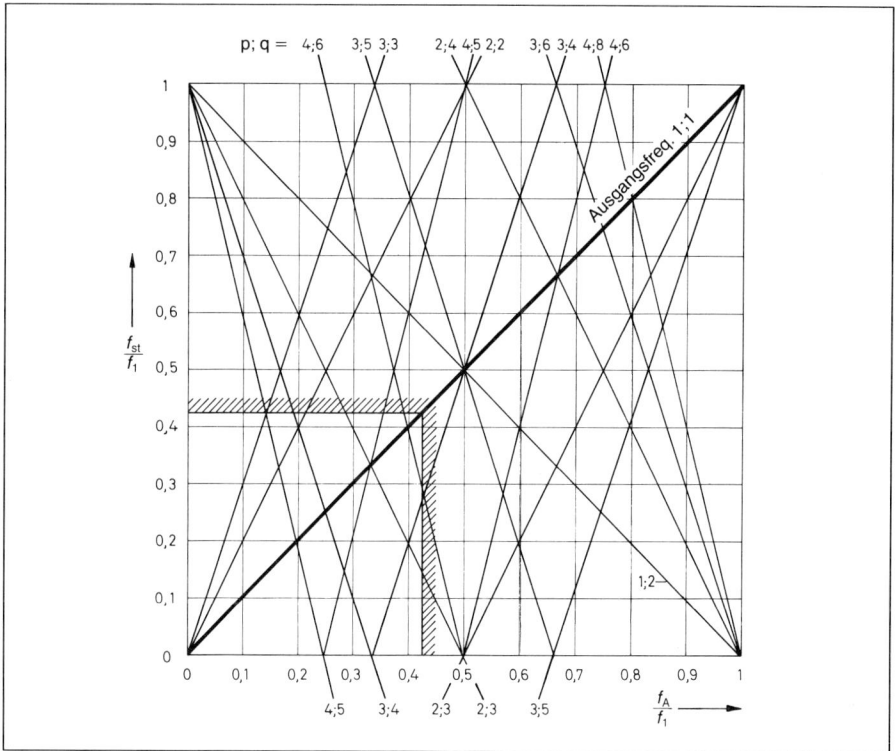

Bild 1.26: Störfrequenzen am Ausgang eines Pegelsenders als Folge des Mischvor-ganges. Abstimmfrequenz f_A und Störfrequenz f_{St} sind auf die Festfrequenz f_1 normiert. Die Ordnungszahlen p und q nach Gl. (1.49) sind als Parameter an die Geraden ange-schrieben. Das Diagramm gilt für $f_0 > f_1$. Das durch Schraffierung abgegrenzte Quadrat gibt die Verhältnisse des Beispiels in Abschnitt 1.3 wieder.

Dieser lineare Zusammenhang zwischen den auf die Festfrequenz normierten Stör-frequenzen f_{St}/f_1 und der Sendereinstellung f_A/f_1 ist in Bild 1.26 dargestellt. Die Schnitt-punkte dieser Geraden mit den Senkrechten f_A/f_1 = const. geben die möglichen Stör-frequenzen an. Der Arbeitsbereich des in Abschnitt 1.3 besprochenen Senders mit f_1 = 70 MHz und f_A = 0 . . . 30 MHz ist eingetragen. Man entnimmt dem Diagramm bei-spielsweise für eine Einstellung f_A = 0,1 · f_1 (7 MHz) die Lage von Störfrequenzen bei 0,2 · f_1 und 0,3 · f_1 (14 und 21 MHz); es sind dies die bereits im Mischer (!) entstehenden Oberwellen zur Ausgangsfrequenz, also das Klirren des Senders. Für f_A = 0,3 · f_1 (21 MHz) hat man mit Störungen bei 0,1; 0,2; 0,4 · f_1 zu rechnen. Die restlichen Stör-frequenzen liegen außerhalb des Sendebereiches. Im Gegensatz zu den Störfrequenzen bei 0,1 und 0,2 · f_1 wird die Linie bei 0,4 · f_1 stärker hervortreten, da sie mit niedrigeren Ordnungszahlen gebildet wird.

Fallende Geraden weisen auf eine zur Änderung der Abstimmfrequenz gegenläufige Bewegung dieser Frequenzen hin (vgl. Bild 1.3). Schnittpunkte mit der stark ausgezo-genen Geraden (Ausgangsfrequenz) sind besonders zu beachten: Das abgegebene Signal besteht dann aus zwei dicht benachbarten Frequenzen sehr unterschiedlicher Amplitude, die bei gemeinsamem Empfang eine Schwebung hervorrufen können.

Die Gl. (1.49) gilt auch für den *selektiven Empfang*. Die Oszillatorfrequenz f_0, die der gewünschten Empfangsfrequenz f_1 = f_A entsprechend eingestellt wird, und die Zwi-schenfrequenz f_Z sind bekannt. Unbekannt sind weitere mögliche Empfangsfrequenzen. Sobald nämlich ein Mischprodukt nach Gl. (1.49) auf die Zwischenfrequenz fällt, wird es im Empfänger weiter verarbeitet und täuscht ein Signal vor. Dabei lassen sich zwei Fälle unterscheiden:

a) Es liegt nur eine, d. h. die zu messende Signalfrequenz vor. Diese wird in der Mischer-schaltung durch die Trägerfrequenz auf die Zwischenfrequenz umgesetzt. Dafür gilt die einfache Beziehung

$$|f_0 - f_1| = f_2 = f_Z . \tag{1.51}$$

Allgemein gilt aber Gl. (1.49). Bei gewissen Signalfrequenzen läßt sich aber auch mit anderen Kombinationen von p und q als in Gl. (1.51) die Zwischenfrequenz erreichen; z. B. führen bei der Signalfrequenz f_1 = 1/3 · f_Z die Kombinationen p = 0, q = 3 sowie p = 2, q = 5 auch auf die Zwischenfrequenz. Bei einer Abstimmung auf *ungefähr* diese Frequenz f_1 fallen alle drei Frequenzen in den Empfangsbereich und können zu periodischen Schwankungen der Anzeige oder am Sichtschirm führen. Diese kriti-schen Einstellungen des Empfängers sind im weiter unten besprochenen Bild 1.27 als Schnittpunkte der verschiedenen Geraden mit der stark ausgezogenen Geraden „Signal" zu erkennen. Unangenehmer ist der folgende Fall:

b) Im zulässigen, d. h. möglichen Abstimmbereich liegt eine Störfrequenz f_{St}. Der Oszillator ist so abgestimmt, daß die gewünschte Signalfrequenz f_1 = f_A empfangen werden könnte[1]: f_0 = f_A + f_Z. Unerwartete Mischprodukte aus f_{St} und f_0 fallen jedoch in den Zwischenfrequenzbereich und täuschen ein Signal vor.

---

[1] Es wird hier nur der wichtigere Fall $f_0 > f_Z$ behandelt.

Dann muß mit $f_{St} = f_1$ in Gl. (1.49) gelten:

$$|p(f_A + f_Z) \pm q \cdot f_{St}| = f_Z$$

oder nach f_{St} aufgelöst

$$\frac{f_{St}}{f_Z} = \frac{1}{q} \cdot \left| 1 \pm p \left(\frac{f_A}{f_Z} + 1 \right) \right| \cdot \qquad (1.52)$$

Diese lineare Beziehung zwischen der Oszillatorfrequenz bzw. der eingestellten Abstimmfrequenz und der Störfrequenz ist in Bild 1.27 dargestellt.

Auch hier gilt wieder die Regel, daß die Intensität der Störlinien mit ihrer Ordnungszahl p + q abnimmt. Außerdem geht der Pegel eines Mischproduktes $|p \cdot f_0 \pm q \cdot f_{St}| = f_Z$ um q dB zurück, wenn der des Störers um 1 dB abgesenkt wird. Damit kann man sehr leicht prüfen, ob das Signal (q = 1) oder eine Störfrequenz (q ≠ 1) anliegt.

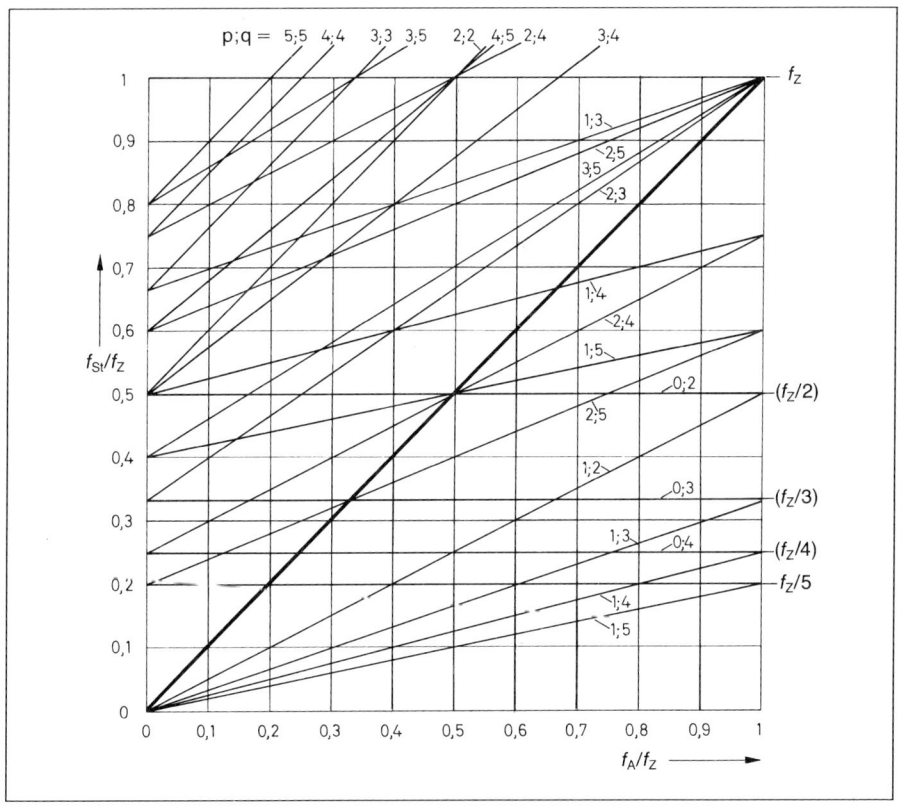

Bild 1.27: Diagramm zur Bestimmung möglicher Störfrequenzen f_{St} beim selektiven Empfang der Frequenz f_A. Beide Frequenzen sind auf die Zwischenfrequenz f_Z normiert. (Das Diagramm gilt für den wichtigeren Fall, daß die Oszillatorfrequenz über der Zwischenfrequenz liegt.)

Beispiel 1.12

Ein selektiver Empfänger, dessen Eingangstiefpaß eine Grenzfrequenz von $0,5 \cdot f_Z$ besitzt, ist auf $f_A = 0,3 \cdot f_Z$ abgestimmt. Bei welchen Frequenzen f_{St} können Störungen in den Empfänger eindringen?

Aus Bild 1.27 entnimmt man für die normierte Abstimmfrequenz $f_A/f_Z = 0,3$, daß bei folgenden Frequenzen Störungen empfangen werden können:

$$\left. \begin{array}{l} 0,06 \\ 0,075 \\ 0,1 \\ 0,15 \end{array} \right\{ \quad \begin{array}{l} \text{Harmonische des Störers } \left(f_{St} = \dfrac{f_A}{q} \right), \text{ die im Empfangsmischer} \\[2mm] \text{entstehen, fallen auf die Abstimmfrequenz, der Störer klirrt scheinbar:} \\[2mm] \left(1 \cdot f_0 - q \left(\dfrac{f_A}{q} \right) \right) = f_Z \, . \end{array}$$

$$\left. \begin{array}{l} 0,2 \\ 0,25 \\ 0,333 \\ 0,5 \end{array} \right\{ \quad \begin{array}{l} \text{Harmonische des Störers } \left(f_{St} = \dfrac{f_Z}{q} \right) \text{ aus dem Empfangsmischer} \\[2mm] \text{fallen direkt in die Zwischenfrequenz:} \\[2mm] \left(0 \cdot f_0 + q \left(\dfrac{f_Z}{q} \right) \right) = f_Z . \end{array}$$

$$\left. \begin{array}{l} 0,32 \\ 0,4 \\ 0,46 \end{array} \right\{ \quad \begin{array}{l} \text{Nichtharmonische Störfrequenzen:} \\[2mm] \left| p f_0 \pm q f_{St} \right| = f_Z \, . \end{array}$$

Höhere Störfrequenzen hält der Eingangstiefpaß ab. ●

1.7.5 Frequenzstabilität, Phasenjitter

An die Frequenzen, die ein Pegelsender abgibt, werden besonders hohe Forderungen hinsichtlich der Genauigkeit und der Stabilität gestellt. Entsprechendes gilt auch für die in einem selektiven Pegelmesser verwendeten internen Frequenzen, mit denen das empfangene Signal auf die Zwischenfrequenzen umgesetzt wird. Die Frequenz eines Oszillators wird u. a. von der Temperatur der Bauelemente und der Betriebsspannung beeinflußt. Diese Einflüsse lassen sich durch geeignete technische Maßnahmen beherrschen oder als systematische Fehler mit den vom Hersteller mitgeteilten Beiwerten weitgehend berücksichtigen. Aber auch die Schaltung des Oszillators, insbesondere die Güte des frequenzbestimmenden Teiles ist für die Stabilität entscheidend. Die Forderungen lassen sich überschlägig aus folgender Überlegung ableiten:

Ein Pegelsender muß beispielsweise in der Lage sein, mit seinem Meßton genau in eine Frequenzlücke zwischen zwei Nachrichtenbänder zu treffen, und ein selektiver Empfänger muß ein bestimmtes Sinussignal, etwa eine Pilotfrequenz, auch bei kleiner Empfangsbandbreite möglichst auf Anhieb treffen. Wenn z. B. eine absolute Unsicherheit von 100 Hz zugelassen ist, bedeutet das bei einer Sendefrequenz von 10 MHz eine relative Unsicherheit von 10^{-5}. Für die geräteinternen Frequenzen verschärfen sich diese Forderungen noch weiter, denn die Ausgangsfrequenz des Senders oder die Zwischenfrequenz des selektiven Empfängers wird aus der *Differenz zweier relativ hoher Frequenzen* gewonnen. Man ist deshalb sehr schnell gezwungen, quarzstabile Frequenzquellen einzusetzen, die aber bei der erforderlichen Frequenzvariation erheblichen technischen Aufwand erfordern: Z.B. bringt die bekannte Frequenzdekade („Frequenzsynthesizer") zwar jede einstellbare Frequenz mit der Genauigkeit des Steuerquarzes, läßt sich aber auch nur stufenweise auf die vorgesehenen Werte einstellen [1.34].

Häufig wird auch ein sog. *Rastoszillator* eingesetzt, der auf die Harmonischen des Steuerquarzes gerastet werden kann (üblich sind Rastpunkte im Abstand von 100 kHz oder 1 MHz). Das Intervall zwischen diesen Fixpunkten wird durch einen weiteren *Interpolationsoszillator* überstrichen, der bei tiefen Frequenzen arbeitet und an dessen Stabilität somit geringere Anforderungen gestellt werden. Die Interpolationsfrequenz wird der Frequenz des Rast- oder Hauptoszillators durch Mischung hinzugefügt. Auch durch eine Feinverstimmung des Signaloszillators in Bild 1.2 bzw. des Oszillators O3 in Bild 1.8 kann die Aufgabe gelöst werden. Die Ausgangsfrequenz ergibt sich dann aus der Summe der beiden Einstellungen. Für einen Wobbelbetrieb kann die Rastung des Hauptoszillators aufgehoben werden, um so gleichmäßig durchlaufende Frequenzen zu bekommen. Stabilitätsforderungen sind im Wobbelbetrieb zweitrangig.

Eine andere Technik benutzt zur Kontrolle der Ausgangsfrequenz einen Frequenzzähler. Man erhält damit zugleich eine sehr genaue, direkt ablesbare Frequenzanzeige, doch ist das Problem der Frequenzstabilität damit noch nicht gelöst, denn der Zähler registriert lediglich die erzeugte Frequenz. Erst wenn aus der Differenz zwischen einer vorgegebenen Sollfrequenz und der tatsächlich gemessenen eine Stellgröße abgeleitet wird, ist man in der Lage, die Genauigkeit des Zählerquarzes auf den eigentlichen Oszillator zu übertragen. Dabei handelt es sich um die sog. *Langzeitstabilität,* die als relative Frequenzabweichung bezogen auf einen Tag, Woche, Monat oder Jahr angegeben wird. Ein typischer Wert ist beispielsweise 10^{-8}/Tag. Die Langzeitstabilität ist im wesentlichen eine Folge der natürlichen Alterung eines Quarzes.

Ein weiteres Qualitätsmerkmal für einen Oszillator ist die *Kurzzeitstabilität* [1.21; 1.22]. Dabei betrachtet man Phasen- und somit auch Frequenzschwankungen, die sich im Zeitraum bis zu einigen Sekunden abspielen. Sie wirken sich nicht auf die Treffsicherheit bei der Frequenzeinstellung aus, machen sich aber bei verschiedenen Messungen störend bemerkbar. So wird etwa die Genauigkeit einer Jittermessung (vgl. Abschnitt 7.2.1) an einem übertragenen Sinussignal durch den Eigenjitter des Meßgerätes begrenzt. Pegelmessungen an einer steilen Filterflanke sind ebenfalls erschwert, da eine Phasend.h. Frequenzschwankung unmittelbar eine Amplitudenschwankung verursacht.

Die von einem Oszillator abgegebene Signalspannung ist immer von einer Rauschspannung überlagert. Diese entsteht teilweise in der eigentlichen Oszillatorschaltung, teils kommt sie in nachfolgenden Verstärkern hinzu. Im Spektrum (Bild 1.28) stellt sich das Rauschen in einem die Spektrallinie der Oszillatorfrequenz beiderseits begleitenden kontinuierlichen Band dar. Im allgemeinen nimmt die Rauschleistungsdichte $N'(f_M)$ mit zunehmendem Abstand von f_0 ab. Quantitativ gibt man die Leistung bezogen auf 1 Hz Bandbreite an oder bildet das Verhältnis von Oszillatorleistung zu Rauschleistungsdichte, das gewöhnlich in dB $\left(\text{exakt in dB} \left(\frac{W}{W/Hz}\right)\right)$ angegeben wird. Faßt man das Rauschen als Modulation der Oszillatorspannung auf, dann verursachen die weit von f_0 abliegenden Anteile rasche Schwankungen des Signales, während die nahe bei f_0 liegenden für die langsamen Änderungen verantwortlich sind. Obwohl die Rausch-

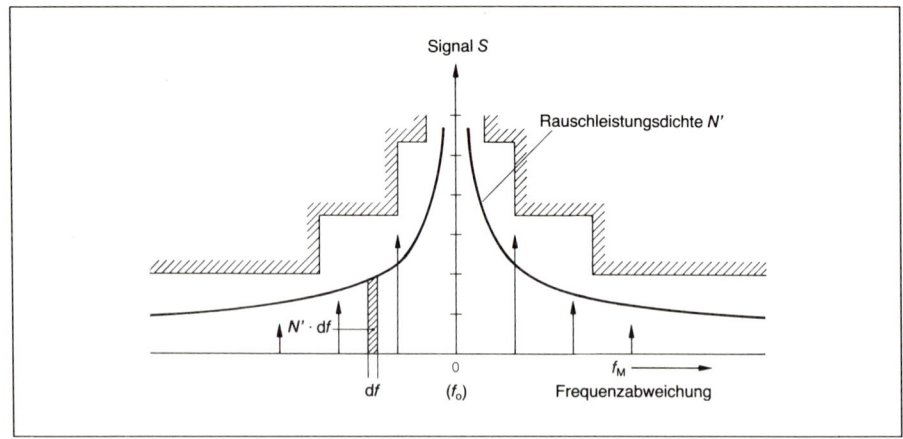

Bild 1.28: Spektrum der Ausgangsleistung eines Oszillators oder Pegelsenders. Die Ordinate ist häufig in dB geteilt und gibt dann den Abstand zwischen Signalleistung S zur Störleistung in 1 Hz Bandbreite an. Die das Signal begleitenden Störlinien und ein Toleranzschema sind als Beispiel ebenfalls eingetragen. Das Spektrum allein als Angabe der Beträge gibt noch keine Auskunft, ob es sich um Phasen- oder Amplitudenrauschen handelt. Die gesamte Störleistung errechnet sich aus einer Integration über die Störleistungsdichte N'.

spannung sowohl eine Amplituden- wie eine Phasenschwankung hervorruft, rechnet man häufig so, als ob die gesamte Rauschspannung die Ursache einer *Phasenmodulation* wäre. Man spricht in diesem Zusammenhang dann auch von *Phasenrauschen*.

Welcher Zusammenhang besteht nun zwischen Phasenrauschen und Kurzzeitstabilität? Unter der Annahme, daß das Spektrum $N'(f_M)$ einer reinen Phasenmodulation vorliegt, läßt sich der effektive (Stör-)Phasenhub η bzw. der daraus sich ergebende effektive Frequenzhub Δf_{St} berechnen. Die dazu erforderliche Integration hat über die *Leistungs*dichte zu erfolgen, da nur Leistungen algebraisch summiert werden dürfen. Das Quadrat des Phasenhubes ergibt sich näherungsweise aus dem Verhältnis der Störleistung zur Nutzleistung S, und der Frequenzhub folgt über die Beziehung $\Delta f_{St} = f_M \cdot \eta$. Man erhält

$$\eta^2 = \int\limits_{-\infty}^{+\infty} \frac{N'(f_N)}{S} \, df_M \qquad\qquad \Delta f_{St}^2 = \int\limits_{-\infty}^{+\infty} f_M^2 \, \frac{N'(f_M)}{S} \, df_M. \qquad (1.53)$$

Die Größe Δf_{St}^2 ist die Varianz (Quadrat des „Effektivwertes") der Frequenzabweichung vom Sollwert f_0 und läßt sich aus gemessenem $N'(f_M)$ berechnen. Die Integration erfolgt über das gesamte Frequenzgebiet, also auch über die weit von f_0 abliegenden Anteile, die die raschen Frequenzänderungen verursachen. Allerdings muß bei Angabe der Kurzzeitstabilität auch eine *Beobachtungs-* oder (fiktive) *Meßzeit* genannt werden, denn jede direkte Frequenzmessung wäre ihrer Natur nach immer eine Mittelwertbildung über die Meßzeit $T_{meß}$ (Torzeit des Zählers), die die raschen Schwankungen

84

ausgleicht. Längere Meßzeiten werden deshalb weniger streuende Ergebnisse liefern als kurze. Der Mittelwertbildung im Zeitbereich entspricht im Frequenzbereich die Spaltfunktion (sin x)/x[1], um die der Integrand in Gl. (1.53) erweitert werden muß, wenn die Abhängigkeit der Frequenzschwankung von der Mittelungs- oder Meßzeit berücksichtigt werden soll. Man erhält dann für die Kurzzeitstabilität $\Delta f(T_{\text{meß}})$ die Beziehung

$$\Delta f^2(T_{\text{meß}}) = \int_{-\infty}^{\infty} f_M^2 \cdot \frac{N'(f_M)}{S} \cdot \left(\frac{\sin \pi f_M T_{\text{meß}}}{\pi f_M T_{\text{meß}}} \right)^2 df_M \ . \tag{1.54}$$

Die Mittelung über die Zeit $T_{\text{meß}}$ wirkt im Frequenzbereich also wie ein Bandpaß. Beim selektiven Empfang eines Signales begrenzt der Empfänger das begleitende Rauschen. Diese Wirkung kann mit den Grenzen des Integrales berücksichtigt werden. Da die Leistungsdichte $N'(f_M)$ selten als Funktion vorliegt, muß das Integral numerisch ausgewertet werden.

Während man die Schwankung $\Delta f(T_{\text{meß}})$ für sehr kurze Meßzeiten *rechnerisch* ermittelt kann sie für Zeiten etwa ab 1 Sekunde direkt durch *Frequenzmessungen* bestimmt werden. Da die Meßgröße einem Zufallsprozeß unterliegt, muß eine größere Zahl von Frequenzmessungen durchgeführt werden, um den Mittelwert und vor allem die Standardabweichung Δf gesichert angeben zu können. Hier hat sich anstelle der klasssischen Varianz nach Gl. (0.4) die sogenannte *Allan-Varianz* [1.23] eingebürgert, die ein allmähliches Wegdriften der Nennfrequenz unberücksichtigt läßt, indem sie immer nur die Differenz zweier unmittelbar aufeinanderfolgender Messungen auswertet („Paarvarianz"). Danach ergibt sich Δf aus $n+1$ Frequenzmessungen f_i zu

$$\Delta f^2(2, T_{\text{meß}}) = \frac{1}{n} \sum_{i=1}^{n} \frac{(f_{i+1} - f_i)^2}{2} \ . \tag{1.55}$$

Die Schreibweise $\Delta f(2, T_{\text{meß}})$ erinnert an die Gewinnung der Standardabweichung aus zwei unmittelbar aufeinanderfolgenden Messungen im Abstand $T_{\text{meß}}$.

Im Gegensatz zur Langzeitstabilität, für die die relative Abweichung oder Unsicherheit $\Delta f/f_0$ einen mit der Zeit zunehmenden Verlauf zeigt, wird im Bereich der Kurzzeitstabilität die Größe $\Delta f/f_0$ um so kleiner, je länger die Meßzeit ist. Das Übergangsgebiet erstreckt sich von einigen Sekunden bis zu einigen tausend Sekunden. Typische Verläufe zeigt Bild 1.29.

Häufig tauchen im Spektrum einer Oszillatorspannung noch weitere diskrete Linien auf (Bild 1.28), die im Abstand von Vielfachen der Netzfrequenz auf eine Störmodulation der Signalspannung hinweisen. Diese kann sowohl über die Betriebsspannung als auch durch magnetische Verkopplungen oder auf mechanischem Weg in die Oszillatorschaltung eindringen.

---

[1] Für die Mittelwertbildung im Zeitbereich $y(t) = \frac{1}{T} \int_{t-T}^{t} x(t') \, dt' = \frac{1}{T} \left(\int_{-\infty}^{t} - \int_{-\infty}^{t-T} \right)$ findet man im Frequenzbereich

mit Hilfe des Integrationssatzes und des Verschiebungssatzes der Fouriertransformation

$$Y(\omega) = X(\omega) \cdot \left(\frac{1}{j\omega T} - \frac{e^{-j\omega T}}{j\omega T} \right) \quad \text{und daraus} \quad |Y(\omega)| = |X(\omega)| \left| \frac{\sin \omega T/2}{\omega T/2} \right| \ .$$

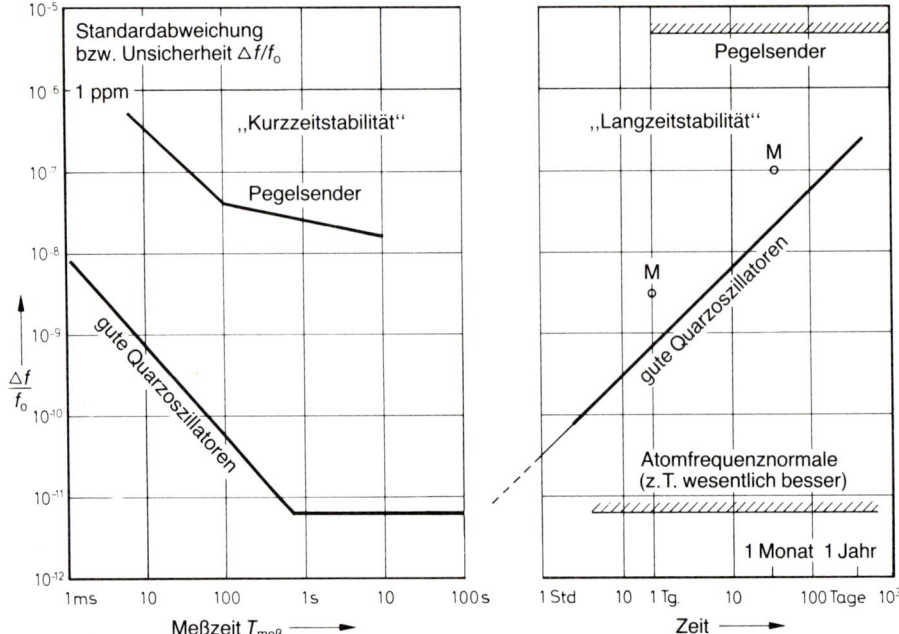

Bild 1.29: Relative Frequenzunsicherheit von Oszillatoren. Die *Kurzzeitstabilität* (Standardabweichung) $\Delta f/f_0$ ist eine Funktion der Meßzeit $T_{meß}$. Kurzzeitige Schwankungen fallen um so weniger ins Gewicht je länger die Mittelungs- d.h. Meßzeit dauert. Eine Alterung des Oszillators kommt in der *Langzeitstabilität* zum Ausdruck. $\Delta f/f_0$ ist dann die Abweichung von der Sollfrequenz. Typische Angaben für gute Meßgeräte sind zum Vergleich eingetragen (M).

Das Spektrum gibt unmittelbar Auskunft über die Störleistung, die in der Umgebung eines Sinussignales anzutreffen ist. Empfängt man selektiv ein solches Signal, so erhält man auch bei nicht genauer Abstimmung bereits eine Anzeige, die von dem ins Empfangsband fallenden Anteil im Spektrum herrührt. Entsprechendes gilt auch für die Trägerschwingung in einem Überlagerungsempfänger: Wenn der Empfänger nicht auf die zu empfangende Frequenz abgestimmt ist, kann sich dieser trotzdem mit einem Teil eines Störseitenbandes der *Trägerschwingung* mischen und ein schwaches Signal vortäuschen. Es sieht dann so aus, als ob das ZF-Filter des Empfängers die in der Nähe des Empfangsbereiches liegende Signalspannung nicht genügend unterdrücken würde. Eine hohe Selektion des ZF-Filters ist also nur sinnvoll, wenn auch die Trägerspannung eine ausreichend hohe spektrale Reinheit besitzt.

Beispiel 1.13

a) Die Referenzfrequenz eines Phasenmessers ist von Rauschen überlagert (Bild). Das Gerät wertet Phasenschwankungen zwischen 10 und 300 Hz aus. Mit welchem Störphasenhub (Eigenjitter) muß bei der Messung gerechnet werden?

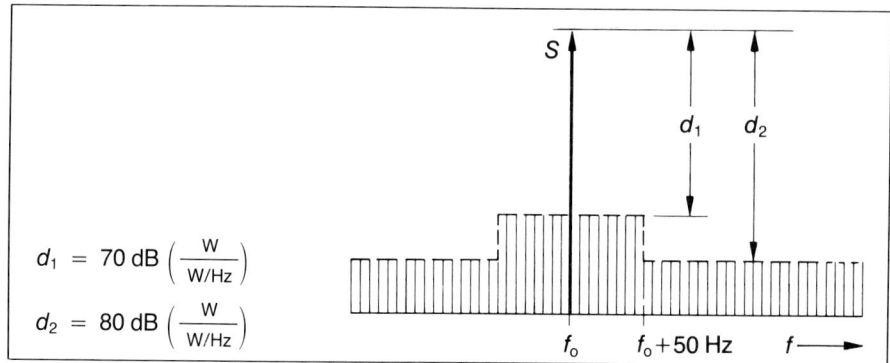

$$d_1 = 70 \text{ dB} \left(\frac{W}{W/Hz} \right)$$

$$d_2 = 80 \text{ dB} \left(\frac{W}{W/Hz} \right)$$

Der Störphasenhub berechnet sich unter Berücksichtigung des wirksamen Teiles und der Symmetrie der Rauschbänder nach Gl. (1.53) zu

$$\eta^2 = 2 \cdot \int_{10}^{50} \frac{10^{-\frac{d_1}{10}}}{Hz} \, df_M + 2 \cdot \int_{50}^{300} \frac{10^{-\frac{d_2}{10}}}{Hz} \, df_M$$

$$= 2 \cdot 10^{-7} \cdot 40 + 2 \cdot 10^{-8} \cdot 250 = 1{,}3 \cdot 10^{-5}$$

$$\eta = \sqrt{1{,}3 \cdot 10^{-5}} = 3{,}6 \cdot 10^{-3} \hat{=} 0{,}2° .$$

Aufgrund des stochastischen Charakters der Störung hat man mit rund dem Dreifachen, also 0,6° als Spitzenwert zu rechnen.

b) Der Dämpfungsverlauf eines Filters soll ausgemessen werden (siehe Bild). Dazu wird die am Ausgang des Filters auftretende Leistung in Abhängigkeit von der Frequenz des Sendesignals S breitbandig bestimmt. Die geforderte Mindestdämpfung des Filters ist $a = 70$ dB. Das Sinussignal ist von einem Rauschband begleitet, dessen Leistungsdichte um $d = 90$ dB $\left(\frac{W}{W/Hz} \right)$ unter dem Signalpegel liegt. Kann dadurch ein merklicher Meßfehler entstehen?

Die Gesamtleistung P am Ausgang setzt sich zusammen aus dem um a gedämpften Signal und dem direkt in den Durchlaßbereich fallenden Anteil des Rauschens:

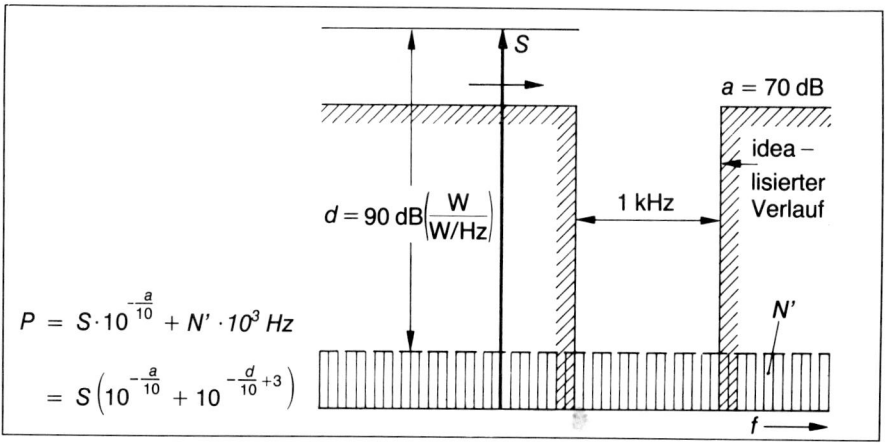

$$P = S \cdot 10^{-\frac{a}{10}} + N' \cdot 10^3 \, Hz$$

$$= S \left(10^{-\frac{a}{10}} + 10^{-\frac{d}{10}+3} \right)$$

Die *scheinbare* Dämpfung *a'* errechnet sich aus dem Verhältnis dieser Leistung zu der des Signales im Durchlaßbereich (dabei kann der Anteil des Rauschens vernachlässigt werden).

$$a' = 10 \lg \frac{S}{S(10^{-7} + 10^{-9+3})} = 10 \lg \frac{1}{(0,1+1)10^{-6}} = 59,6 \text{ dB}.$$

Eine Messung mit einem breitbandigen Empfänger ist also unbrauchbar. Dagegen kann mit einem entsprechend selektiven Meßgerät die Aufgabe gelöst werden.

●

1.8 Zusammenfassung

Pegelmessungen dienen der Bestimmung der absoluten Größe von Spannungen bzw. Leistungen, Dämpfungsmessungen der Bestimmung von Spannungs- bzw. Leistungsverhältnissen. Kennt man den Verlauf der Dämpfung eines Systems über der Frequenz, so liegt eine der beiden für die *Linearen Verzerrungen* maßgebenden Größen fest.

Für Pegel und Dämpfungen gibt es, je nach Anwendungszweck, eine Anzahl unterschiedlicher *Definitionen* (Tab. 1.1 bis 1.3). Sie beziehen sich stets auf Effektivwerte der Spannungen bzw. auf Scheinleistungen. Die „Einheiten" Dezibel und Neper werden nebeneinander verwendet und lassen sich ineinander umrechnen.

Die Pegelmeßtechnik ist vorwiegend für die *Nieder-* und *Trägerfrequenztechnik* von

Bedeutung, weswegen sie sich nach den Eigenschaften der betreffenden Übertragungssysteme (Tab. 1.4) zu richten hat. Dabei kommt dem relativen Pegel als einem ortsbezogenen Pegel besondere Bedeutung zu.

Für die Messung sind ein Pegelsender und ein Pegelmesser erforderlich (Bild 1.30), wobei grundsätzlich zwischen *breitbandigem* und *selektivem* Empfang zu unterscheiden ist. Man kann keiner der beiden Arten den Vorzug geben; die Wahl hat sich vielmehr nach dem Meßproblem zu richten. In vielen Fällen ist der zulässige *Rauschpegel* ausschlaggebend, der bei sonst gleichen Verhältnissen nur von der *Bandbreite* des Empfängers abhängt. Die Messung sehr kleiner Pegel (großer Dämpfungen) erzwingt daher oft die Verwendung eines selektiven Pegelmessers. Einen Sonderfall eines breitbandigen Pegelmessers stellt der *Geräuschpegelmesser* dar (Bild 1.31), bei dem eine gehörrichtige *Bewertung* des Meßergebnisses erfolgt.

In ihren Eigenschaften aufeinander abgestimmte Pegelsender und Pegelmesser werden zu *Pegelmeßplätzen* kombiniert, die meist für ein bestimmtes Übertragungssystem (z.B. ein Trägerfrequenzsystem) konzipiert werden. Dabei können verschiedene Bedienungsvereinfachungen vorgesehen werden, wie z.B. die gemeinsame Abstimmung eines Pegelsenders und eines selektiven Pegelmessers. Einen geschlossenen Überblick über einen Dämpfungsverlauf erhält man bei *Wobbelmessungen* durch einen auf einem Sichtgerät oder Schreiber dargestellten Kurvenzug (Bild 1.32). Die Wobbelgeschwindigkeit muß dabei auf die Eigenschaften des

Gesamtsystems Meßobjekt–Meßgerät abgestimmt sein, damit sich keine Fehlmessungen ergeben.

Wichtig für die richtige Deutung der Ergebnisse bei der Messung von nichtsinusförmigen Spannungen (z.B. Rauschen) oder Summen von Signalen unterschiedlicher Frequenz oder Kurvenform ist die Art der *Signalgleichrichtung*. Bei Kenntnis

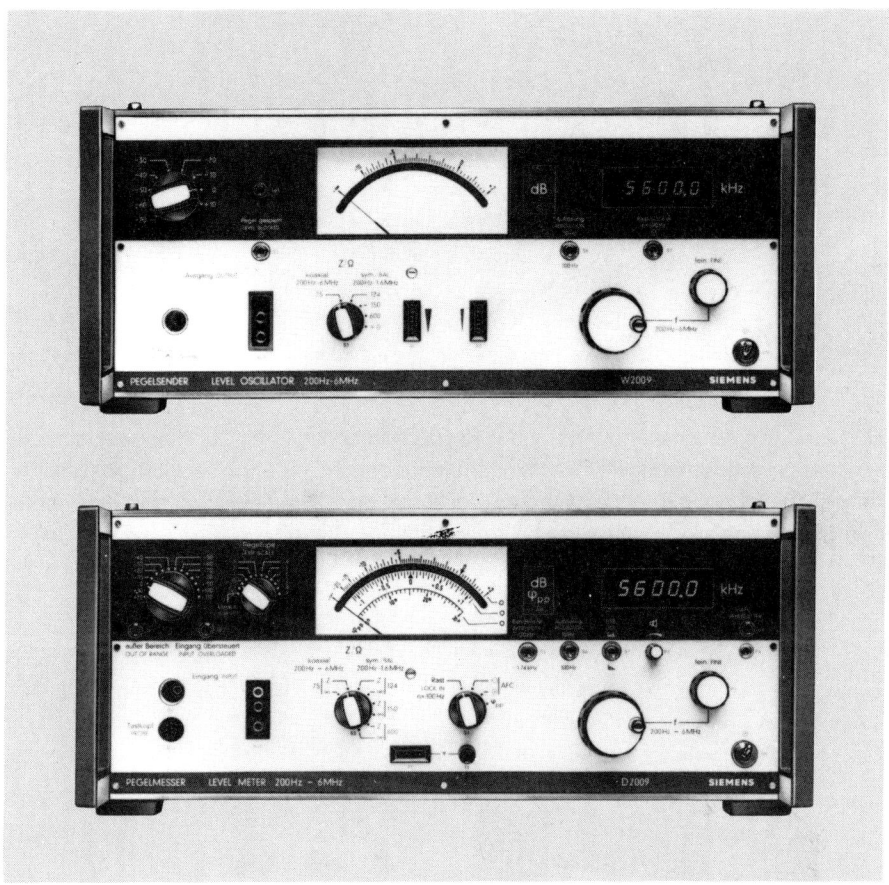

Bild 1.30: Pegelmeßplatz (200 Hz bis 6 MHz) für symmetrische TF-Systeme bis 120 Kanäle und koaxiale Systeme bis zu 1260 Kanäle. Er besteht aus dem Sender (oben) und dem selektiven Empfänger (unten). Beide Geräte haben eigene Abstimmoszillatoren mit Ziffernanzeige und einer Auflösung von 100 Hz oder 10 Hz, können jedoch auch gemeinsam vom Pegelmesser aus abgestimmt werden. Der vom Sender maximal abgebbare Pegel ist im Bereich von -80 dBm bis $+10$ dBm einstellbar und kann über Quellenwiderstände von 75, 124, 150, 600 Ω sowie ca. 0 Ω entnommen werden. Der Empfänger besitzt Bandbreiten von 20 Hz und 1,74 kHz. Messungen sind im Bereich von -110 dBm bis $+20$ dBm möglich, eine sog. Pegellupe (Skalenspreizung auf ±1 dB) gestattet besonders genaues Ablesen. Die Eingangswiderstände entsprechen denen des Senders (anstelle von 0 Ω tritt hier die Stellung ∞). Zusätzlich können Phasenjittermessungen an einem Testton ausgeführt werden (vgl. Abschnitt 7.2.1). Beide Geräte können von „dBm"- auf „dB"-Anzeige — wie hier im Bild — umgestellt werden.

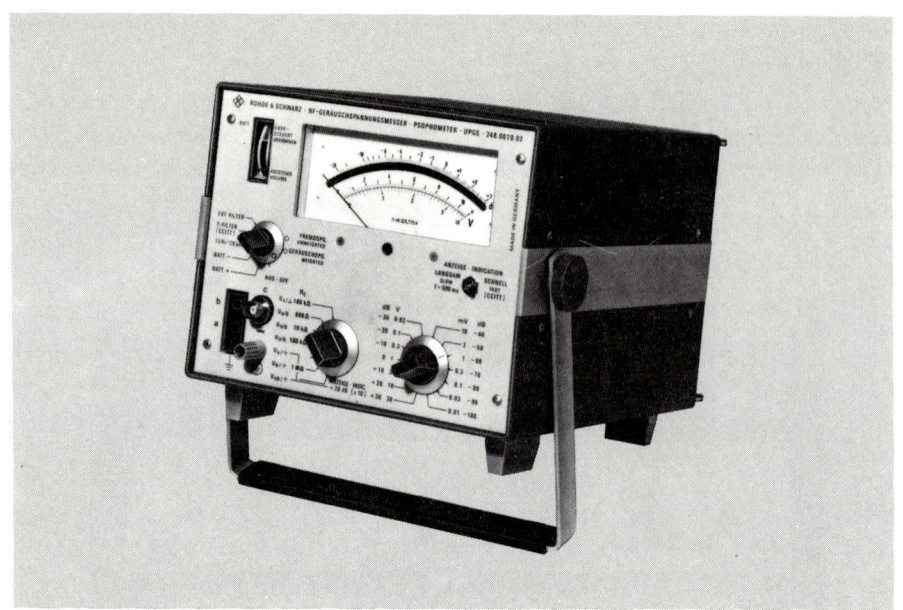

Bild 1.31: Geräuschspannungs- oder Geräuschpegelmesser für unbewertete und bewertete (psophometrische) Messungen. Meßbereich −100 dB bis +30 dB. Effektivwertgleichrichtung mit umschaltbarer Zeitkonstante, symmetrische und unsymmetrische Eingänge.

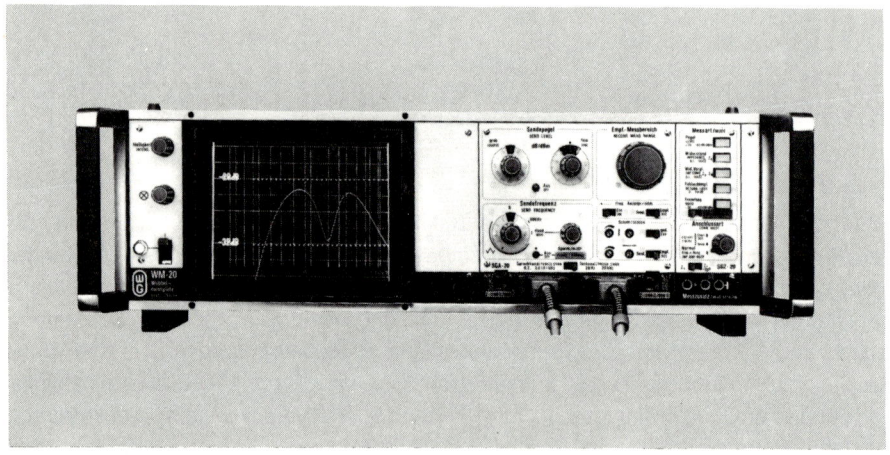

Bild 1.32: Wobbelmeßplatz (sog. Pegelbildgerät) für den Bereich von 200 Hz bis 4 kHz bzw. 20 kHz. Neben dem Bildschirm befindet sich der Sendeteil mit Einstellmöglichkeiten für den Pegel und die Wobbelgeschwindigkeit und der (Breitband-) Empfangsteil mit Bereichsumschaltung. Ganz rechts kann ein Meßzusatz eingeschoben werden, mit dem vor allem Scheinwiderstände und Reflexionsdämpfungen bestimmt werden können.

der Wirkungsweise der Gleichrichterschaltung sowie der Art der Skaleneichung lassen sich Ergebnisse ineinander umrechnen. Ferner kann man die durch überlagertes Rauschen entstehenden Fehler und Schwankungen abschätzen.

In der Pegelmeßtechnik sind eine Anzahl besonderer Probleme zu berücksichtigen, die Einfluß auf die Meßgenauigkeit haben und ggf. die Grenzen der Meßverfahren bestimmen. So kann man sich z. B. bei hinreichend großen Pegeln, je nach Meßproblem, für *klirr-* oder *rauscharmen* Betrieb entscheiden oder einen Kompromiß zwischen diesen beiden Grenzfällen wählen. Bei der Messung sehr großer Dämpfungen sind die *Kopplungswiderstände* der Zuleitungen zwischen Sender, Meßobjekt und Empfänger zu berücksichtigen. Weitere Fehler können durch *Fehlanpassung* zwischen Sender, Zuleitung und Empfänger entstehen. Beim Ankoppeln eines Pegelmessers an eine Übertragungsleitung ist die durch Belastung der Leitung entstehende *Rückwirkung* zu berücksichtigen. Da sowohl Pegelsender als auch selektive Pegelmesser nach dem Überlagerungsprinzip arbeiten, enthalten sie Mischerschaltungen, die außer den gewünschten Frequenzen noch zahlreiche *Störlinien* im Spektrum erzeugen, die das Meßergebnis verfälschen können. Ihr Einfluß läßt sich durch Näherungsbetrachtungen abschätzen. Schließlich hat noch die *Frequenzstabilität* der Oszillatoren im Sender und Empfänger entscheidenden Einfluß auf das Meßergebnis.

Mit Geräten der genannten Art lassen sich folgende *Daten* erzielen: Man kann im Frequenzbereich bis über 100 MHz Pegel im Bereich von ca. -80 bis $+20$ dBm senden und im Bereich von ca. -110 bis $+20$ dBm (selektiv) empfangen. Die Frequenzunsicherheit liegt bei quarzkontrollierten Geräten in der Größenordnung $\pm 10^{-6} \pm 50$ Hz, die Pegelunsicherheit sowohl der Sender als auch der Empfänger in der Größenordnung von einigen Zehnteln dB. Die Klirrdämpfungen liegen in der Gegend von 40 dB bei Sendern und 70 dB bei Empfängern. Wegen der Schwierigkeit, typische Fehler für ein Meßgerät anzugeben (vgl. Abschnitt 0.4.1), sind diese Angaben nur als Richtwerte zu betrachten.

Weiterhin wurden nur die grundsätzlichen Messungen und Funktionsweisen erörtert. Genauere Pegelmessungen können z. B. mit der *Pegeldifferenzmessung* erzielt werden, bei der der Empfänger selbsttätig zwischen dem Meßobjekt und einem Normal umschaltet. Das Gerät wertet dann nur noch die Pegeldifferenz aus. Je nach Güte des Normals kommt man dabei zu Pegelunsicherheiten, die um den Faktor 10 kleiner sind. [1.35]. Sinngemäß können bei Wobbelbetrieb die Kurven von Meßobjekt und Normal scheinbar gleichzeitig dargestellt und direkt verglichen werden.

Eine Erhöhung der Meßgenauigkeit und des Meßkomforts ergibt sich durch *automatische Eichung* und *mitlaufende Eichfrequenz*. [1.36]. Hierbei wird die in Bild 1.8 a dargestellte Eichung des Meßgerätes selbsttätig periodisch vorgenommen und zur Vermeidung von Frequenzgangfehlern die Frequenz des Normals stets der Meßfrequenz nachgeführt. Eine weitergehende Automatisierung erreicht man mit *digitalen Pegelmeßautomaten*. Hierbei können alle Funktionen programmgesteuert werden. Z.B. können innerhalb eines Meßprogrammes an einem Pegelsender verschiedene Frequenzen und Pegel nacheinander für eine vorgegebene Dauer eingeschaltet werden, wobei während des Frequenzwechsels der Sender zur Vermeidung von Schaltstörungen ,,weich`` aus- und eingetastet wird. Frequenz, Sende- und Empfangspegel werden digital angezeigt und ausgegeben und sind damit unmittelbar einer Meßwertverarbeitung zugänglich. Die Verwendung von Mikrorechnern schließlich führt vom bloß automatisierten zum „intelligenten" Meßgerät und ggf. zur Änderung des Meßprinzips.

Die Fortschritte in der Digitaltechnik haben es ermöglicht, umfangreiche Meßplätze für komplexe Meßaufgaben aus einzelnen Meßgeräten zusammenzustellen. Die Einzelgeräte sind durch einen *Datenbus,* d.h. durch eine Anzahl von Steuer- und Meldeleitungen untereinander verbunden und werden von einem Rechner gesteuert. Damit ist ein vollautomatischer Ablauf aller Meß-, Steuer- und Verarbeitungsvorgänge möglich.

2 Phasen- und Laufzeitmessungen

Neben den im Kapitel 1 behandelten Pegel- und Dämpfungsmessungen erfordert die vollständige Kenntnis der bei der Übertragung von Nachrichtensignalen auftretenden *linearen Verzerrungen* auch die Messung der *Phase* (des Winkels) bzw. der daraus abgeleiteten *Laufzeit*. Diese interessiert hauptsächlich im Hinblick auf die Verzerrungen; seltener fragt man auch nach ihrer absoluten Größe, die meist nur dann wichtig ist, wenn sie zulässige Höchstwerte überschreitet. Phasenmessungen sind schließlich noch bei der Bestimmung des sog. *Phasenjitters* (der Phasenschwankungen) digitaler Signale in der PCM- und Datenübertragungstechnik wichtig.

2.1 Definitionen

Schreibt man die Systemfunktion Gl.(0.1) in Betrag und Winkel an, so ergibt sich mit Gl.(0.2):

$$\frac{U_2}{U_1} = A(f) = |A(f)|\, e^{-jb(f)} \quad . \tag{2.1}$$

Die *Phase b(f)* ist also gleich dem negativen Winkel der Systemfunktion, d.h. der Winkel von dem Ausgangszeiger zu dem Eingangszeiger im Gegenuhrzeigersinn positiv gezählt (Bild 2.1.a). Positives *b* bedeutet also „Nacheilen", negatives *b* „Voreilen" des Ausgangs- gegenüber dem Eingangszeiger. Wie jeder Winkel ist die Phase in 2π *vieldeutig*. Kennt man die Phase als Funktion der Frequenz $\omega = 2\pi f$ innerhalb des für die Übertragung wichtigen Frequenzbereiches, so kann man das System bezüglich der Phasenverzerrungen vollständig beurteilen.

Neben der Phase definiert man noch die *Laufzeiten*:

$$\text{Phasenlaufzeit} \quad t_p = \frac{b}{\omega} = \frac{1}{2\pi}\frac{b}{f} \tag{2.2a}$$

$$\text{Gruppenlaufzeit} \quad t_g = \frac{db}{d\omega} = \frac{1}{2\pi}\frac{db}{df} \quad . \tag{2.2b}$$

Die *Phasenlaufzeit* ist also durch die Phasenkurve selbst, z.B. an der Stelle $\omega = \omega_0$ durch das Dreieck ABC in Bild 2.1.b) gegeben und ist daher mit der Vieldeutigkeit der Phase behaftet. Die *Gruppenlaufzeit* dagegen ist durch die Steigung der Phasenkurve, also durch das Dreieck CDE gegeben und von der Vieldeutigkeit der Phase unabhängig.

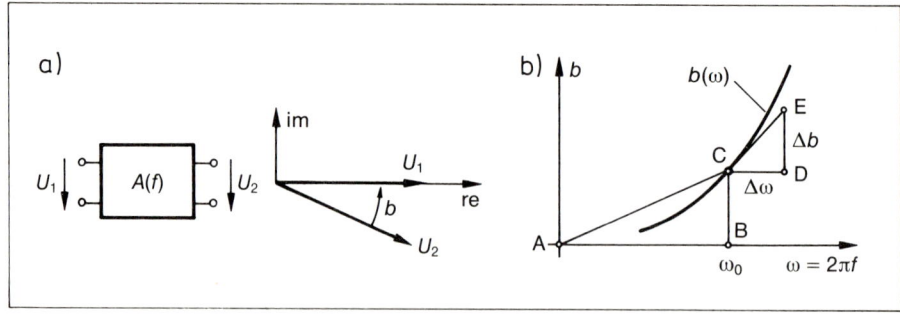

Bild 2.1: Zur Definition von Phase und Laufzeit.

Gl. (2.2) zeigt den engen Zusammenhang zwischen den drei Größen Phase, Frequenz und Zeit bzw. zwischen Intervallen dieser Größen. Man kann stets eine dieser Größen durch die beiden anderen ausdrücken. So läßt sich z. B. in Bild 2.1a) die Phase b ersetzen durch $b = \omega t$, d. h. die zu U_2 gehörende Schwingung wird um die Zeit $t = b/\omega$ später die Phasenlage der zu U_1 gehörenden Schwingung erreichen. Weiterhin kann man die Gruppenlaufzeit t_g auch aus der Differenz Δb zweier benachbarter Phasen berechnen, wenn die Frequenzdifferenz $\Delta\omega$ bekannt ist. Für $\Delta\omega \to 0$ ergibt sich exakt die Gruppenlaufzeit, die man deswegen auch *differentielle Laufzeit* nennt. Bei endlichem $\Delta\omega$ spricht man von *Differenzlaufzeit* t_d, die gelegentlich auch als Nyquistlaufzeit bezeichnet wird (vgl. Abschnitt 2.4.1).

2.2 Phasenverzerrungsfreie Systeme

Welche Rolle spielen nun Phase und Laufzeit bei der Signalübertragung und welche Forderungen müssen Systeme ohne Phasenverzerrungen erfüllen? Die Antwort folgt unmittelbar aus Gl. (2.1): Soll die Phase keinen Einfluß auf die Form des Signals haben, so darf der Faktor $e^{-jb(f)}$ bei der inversen Fourier-Transformation keinen Einfluß auf die Form der Zeitfunktion haben. Dies ist dann der Fall, wenn $b(f) = 2\pi t_0 f$ ist, da sich dann lediglich eine *Verschiebung im Zeitbereich,* jedoch keine Formänderung ergibt [0.2; Kap. 3]. Da wegen der Vieldeutigkeit der Phase zu Gl. (2.1) noch ein Faktor $\exp(\pm j2\pi n)$ (n ganz) hinzugefügt werden kann, lautet die Forderung für ein *System ohne Phasenverzerrungen:*

$$b(f) = 2\pi t_0 f \pm 2\pi n.^{1)} \tag{2.3}$$

Der Phasenverlauf muß also Bild 2.2 entsprechen (wobei zu beachten ist, daß die Phase stets eine ungerade Funktion der Frequenz ist), d. h. aus Geraden bestehen, die die Ordinatenachse in den Punkten $\pm 2\pi n$ treffen. Dabei sind die Kurven 1 bis 5 (und alle weiteren) wegen der Vieldeutigkeit der Phase völlig gleichwertig, entsprechende Systeme also durch nichts voneinander zu unterscheiden. Aus Gl. (2.3) folgt mit Gl. (2.2):

$$t_p = t_0 \pm \frac{n}{f} \ ; \ t_g = t_0 \ . \tag{2.4}$$

---

[1] Eine Umpolung des Signals bedeutet eine zusätzliche Phase von $\pm\pi$. Ist sie zulässig, so lautet der zweite Summand $\pm\pi n$.

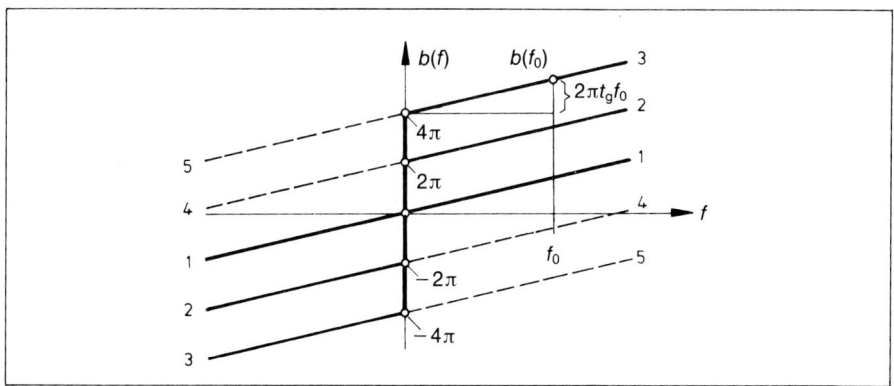

Bild 2.2: Systeme ohne Phasenverzerrungen.

Die Phasenlaufzeit t_p ist also wegen der Vieldeutigkeit der Phase kein geeignetes Maß, da sie je nach dem willkürlich wählbaren Wert n beliebig viele verschiedene Werte annehmen kann. Die Gruppenlaufzeit t_g dagegen ist eindeutig und in diesem Fall gleich der tatsächlichen Laufzeit des Signals, da sie der Verschiebung t_0 im Zeitbereich entspricht.

Daraus folgt [2.1]: Phasenverzerrungsfreie Systeme müssen a) im gesamten Übertragungsfrequenzbereich B konstante Gruppenlaufzeit t_g haben, d.h. die Phasenkurve muß innerhalb B eine Gerade sein, und b) muß diese Gerade bzw. ihre Verlängerung für $f = 0$ den Wert $b(0) = \pm 2\pi n$ liefern. Bezeichnet man mit $b(f_0)$ die Phase für irgendeine Frequenz f_0 innerhalb B, so müssen bei Phasenverzerrungsfreiheit folgende Bedingungen erfüllt sein:

$$t_g = \text{const. innerhalb } B, \tag{2.5a}$$

$$b(0) = b(f_0) - 2\pi t_g f_0 = \pm 2\pi n . \tag{2.5b}$$

Für die Beurteilung phasenverzerrungsfreier Systeme genügt die Kenntnis konstanter Gruppenlaufzeit also *nicht*; man muß vielmehr mindestens noch einen Wert $b(f_0)$ kennen. Anders ausgedrückt: Aus Gl.(2.2b) läßt sich die Phasenkurve nur bei Kenntnis der Integrationskonstante gewinnen (Bild 2.2).

Gewisse *Einschränkungen* der Bedingungen (2.5) ergeben sich für *Bandpaßsysteme*. Ein Bandpaßsystem überträgt nur bandbegrenzte Signale innerhalb eines Frequenzbereiches B in der Umgebung einer Frequenz $f_0 \geqq B$ (Bild 2.3). Bandpaßsysteme dienen vornehmlich der Übertragung *modulierter Sinusträger*. So wie ein Bandpaßsignal zweckmäßigerweise durch sein äquivalentes Tiefpaßsignal (die komplexe Hüllkurve) beschrieben wird, kann man auch Systeme in dieser Weise betrachten [0.2; Kap. 4]. Hierzu geht man vom gegebenen System $A(f) \bullet\!\!-\!\!\circ a(t)$ aus und erhält durch Hinzufügen der mit j multiplizierten Hilbert-Transformierten $\hat{a}(t)$ der Impulsantwort $a(t)$ eine analytische Impulsantwort[1] bzw. das *analytische Bandpaßsystem* $A^+(f) \bullet\!\!-\!\!\circ a^+(t)$.

---

[1] Ein analytisches Signal besitzt nur bei positiven Frequenzen ein Spektrum. Das ermöglicht die Anwendung des Verschiebungssatzes, der das Bandpaßspektrum zum Tiefpaßspektrum werden läßt.

Durch eine Frequenzumsetzung mit einem Träger der Frequenz f_0 und dem Null-phasenwinkel φ_0 folgt daraus das *äquivalente Tiefpaßsystem $A'(f)$* ●—○ $a'(t)$. Erregung und Antwort dieses Systems sind äquivalente Tiefpaßsignale, für deren Verzerrungen nun $A'(f)$ verantwortlich ist. Jetzt muß also $A'(f)$ bezüglich seiner Phasenverzerrungen beurteilt werden.

Setzt man in Bild 2.3 $A(f)$ in $A^+(f)$ und dieses in $A'(f)$ ein, so ergibt sich:

$$A'(f) = |A(f + f_0)| \cdot \frac{1}{2} [1 + \operatorname{sgn}(f + f_0)] \cdot e^{-jb(f+f_0)} \cdot e^{-j\varphi_0} . \tag{2.6}$$

Für verzerrungsfreie Übertragung muß die Phase $b'(f)$ des äquivalenten Tiefpaß-signales der Gl. (2.3) gehorchen. Mit Gl. (2.6) folgt hieraus:

$$b'(f) = b(f + f_0) - \varphi_0 = 2\pi t_0 f \pm 2\pi n . \tag{2.7}$$

Der Phasenverlauf $b(f + f_0)$, d. h. die um f_0 verschobene Phasenkurve $b(f)$ des ursprünglichen Systems, darf von der Forderung nach Gl. (2.3) um eine *beliebige Konstante φ_0* (den Nullphasenwinkel der Modulatorzeitfunktion bzw. des Trägers) abweichen. Damit kann also die Phasenkurve $b(f)$ beliebig parallel verschoben werden, da irgendwelche Bedingungen über ihre Werte auf der Ordinatenachse entfallen. Anstelle der Gl. (2.5) gilt für *äquivalente Tiefpaßsysteme* ohne Phasenverzerrung die mildere Bedingung:

$$t_g = \text{const. innerhalb } B. \tag{2.8}$$

Bei Bandpaßsystemen genügt also die konstante Gruppenlaufzeit, sofern nur das äquivalente Tiefpaßsignal interessiert. Selbstverständlich ist das Bandpaßsignal dabei i.a. nicht unverzerrt, denn das wäre ein Widerspruch zu Gl. (2.5), die ja für alle Systeme gilt. Die Verzerrungen bestehen jedoch lediglich in unterschiedlichen Trägerphasen

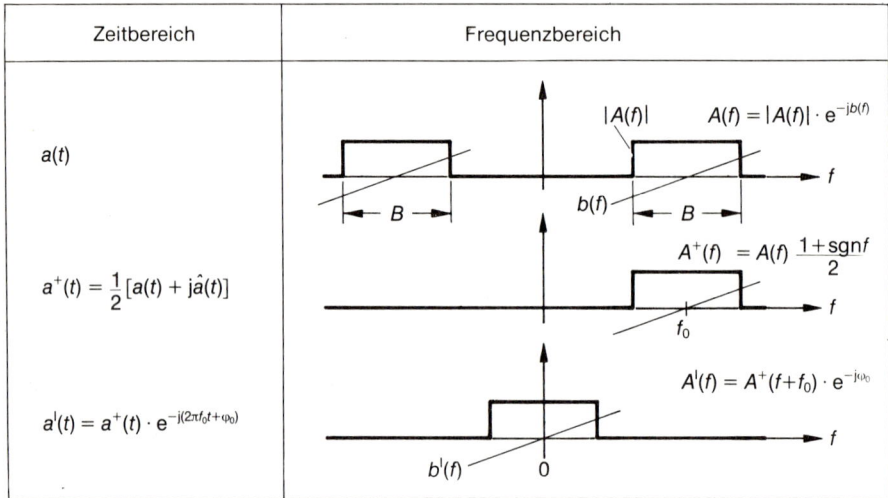

Bild 2.3: Bandpaßsystem, analytisches Bandpaß- und äquivalentes Tiefpaßsystem.

und wirken sich auf das äquivalente Tiefpaßsignal und damit etwa auf die in einer Modulation enthaltene Nachricht nicht aus. Anschaulich gesagt genügt es, wenn die Phase innerhalb der Bandbreite *B bezogen auf die Trägerschwingung* (deren Phase beliebig sein kann) und als Funktion der Frequenz*differenz* zu f_0 einen linearen Verlauf z. B. nach Kurve 1 in Bild 2.2 aufweist.

In der Praxis ist es allerdings nicht immer einfach, noch zulässige Toleranzen für eine Abweichung der Phase vom linearen Verlauf im Übertragungsbereich anzugeben. U.a. wird man auch die spektrale Leistungsdichte der zu übertragenden Nachricht berücksichtigen.

Versucht man diese Toleranzen auf entsprechende Werte für die Gruppenlaufzeit zu übertragen, dann zeigt sich eine weitere Schwierigkeit: Durch die Differentiation beim Übergang von der Phase auf die Gruppenlaufzeit wird nicht mehr die Phasen*abweichung*, sondern die Schnelligkeit mit der die Phase im zugelassenen Bereich schwankt, bewertet. Man muß deswegen eine Gruppenlaufzeitkurve hauptsächlich nach der *Fläche* zwischen dem idealen (waagrechten) und ihrem tatsächlichen Verlauf beurteilen. Diese Fläche entspricht dem Integral über der Gruppenlaufzeit und damit der Phasenabweichung. Eine geringe, aber über einen breiten Frequenzbereich anhaltende Laufzeitabweichung hat demnach hinsichtlich der Verzerrungen die gleiche Wirkung wie eine „kurze" aber starke Abweichung [2.2; 2.3].

Über die Bedeutung und Nützlichkeit der Phasen- und Gruppenlaufzeit für die Nachrichtenübertragung allgemein, für die Signalverzerrungen sowie für die Ermittlung der absoluten Laufzeit (besonders bei stark verzerrten Signalen) gab und gibt es eine Vielzahl, teilweise kontroverser Auffassungen. Vgl. hierzu die Ausführungen in der Zusammenfassung (Abschnitt 2.5) und die dort angeführte Literatur.

Beispiel 2.1

Eine Rechteckschwingung mit dem Tastverhältnis 0,5 und der Grundfrequenz ω_0 soll über ein *RC*-Glied (Bild a) übertragen werden. Welchen Einfluß haben die Phasenverzerrungen auf die Kurvenform?

Der Kehrwert der Systemfunktion lautet:

$$\frac{U_1}{U_2} = \frac{R + 1/j\omega C}{R} = 1 - j\,\frac{\omega_g}{\omega}\,,$$

mit $\omega_g = 1/RC$ als Grenzfrequenz. Die *Phase* folgt daraus zu

$$b = -\arctan\frac{\omega_g}{\omega}\,, \tag{x}$$

beträgt also bei der Grenzfrequenz gerade $-45°$ und strebt mit zunehmender Frequenz gegen Null. Die Phasenverzerrungen bestehen also in einem Voreilen der tiefen Frequenzen.

Bild b) sei ein Ausschnitt aus der zu U_2 gehörenden Ausgangszeitfunktion $u_2(t)$, deren positive Halbwelle auf den Wert 1 normiert sei. Dann gilt:

$$u_2(t) = e^{-t/RC} = e^{-\omega_g t} \approx 1 - \omega_g t\,. \tag{xx}$$

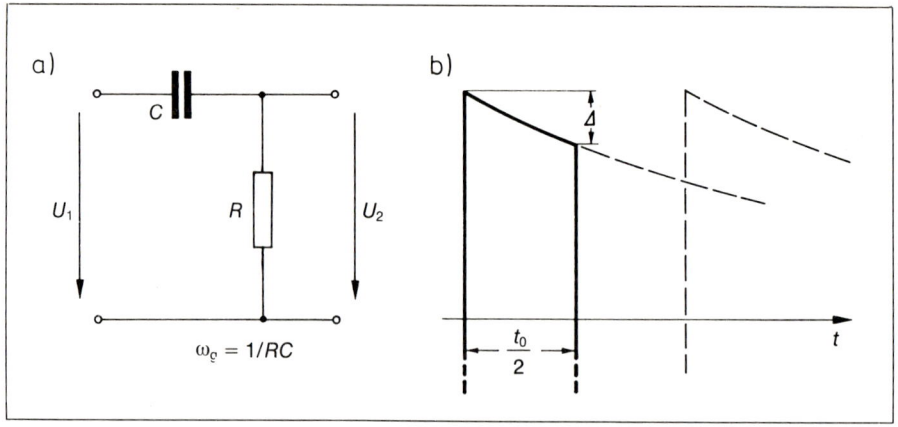

a) $\omega_g = 1/RC$

Die Näherung gilt dabei für $t \ll 1/\omega_g$. Die Rechteckschwingung mit der Grundfrequenz ω_0 hat eine Periodendauer $t_0 = 2\pi/\omega_0$, eine Halbwelle also die Dauer $t_0/2 = \pi/\omega_0$. Aus Gl. (xx) folgt damit näherungsweise ein als *Dachschräge* bezeichneter Abfall

$$\Delta \approx \frac{\omega_g t_0}{2} = \pi \frac{\omega_g}{\omega_0} \, ,$$

der eine Verzerrung der Kurvenform darstellt. Kombiniert man dieses Ergebnis mit Gl. (x), so folgt für die Phase b_0 bei der Grundfrequenz ω_0:

$$b_0 \approx -\arctan\frac{\Delta}{\pi} \quad \text{bzw.} \quad \Delta \approx \pi\tan(-b_0) \, .$$

Hieraus läßt sich nun der Einfluß der Phasenverzerrungen auf die Kurvenform abschätzen. Läßt man etwa auch nur $b_0 = -5°$ Phasenverschiebung der Grundwelle zu, so ergibt sich bereits eine Dachschräge $\Delta \approx 27\%$. Fordert man dagegen eine Dachschräge von 3%, so darf die Phasenverschiebung nur noch $b_0 \approx -0,55°$ betragen.
●

Dieses triviale Beispiel zeigt die große Empfindlichkeit solcher Kurvenformen gegen Phasenverzerrungen. Daß es sich praktisch um reine Phasenverzerrungen handelt, folgt daraus, daß die betrachtete Grundfrequenz ω_0 weit oberhalb der Grenzfrequenz liegt, so daß noch keine Amplitudenverzerrungen auftreten.

2.3 Phasenmessung

2.3.1 Prinzipien

Es gibt eine Vielzahl von Verfahren zur Messung des Phasenwinkels b zwischen zwei Spannungen [2.4]. Dazu gehört u.a. die oszilloskopische Messung des Zeit- bzw. Phasenunterschiedes zwischen zwei sinusförmigen Schwingungen gleicher

Frequenz. Elektronische Meßgeräte arbeiten meist nach dem Prinzip, die Nulldurchgänge der beiden Schwingungen als Kriterium für die Phase zu verwenden. Die gebräuchlichsten Verfahren sind in Tab. 2.1 zusammengestellt und werden im folgenden kurz besprochen.

Tab. 2.1: Wirkungsweise und Kennlinien verschiedener Phasenmeßschaltungen.

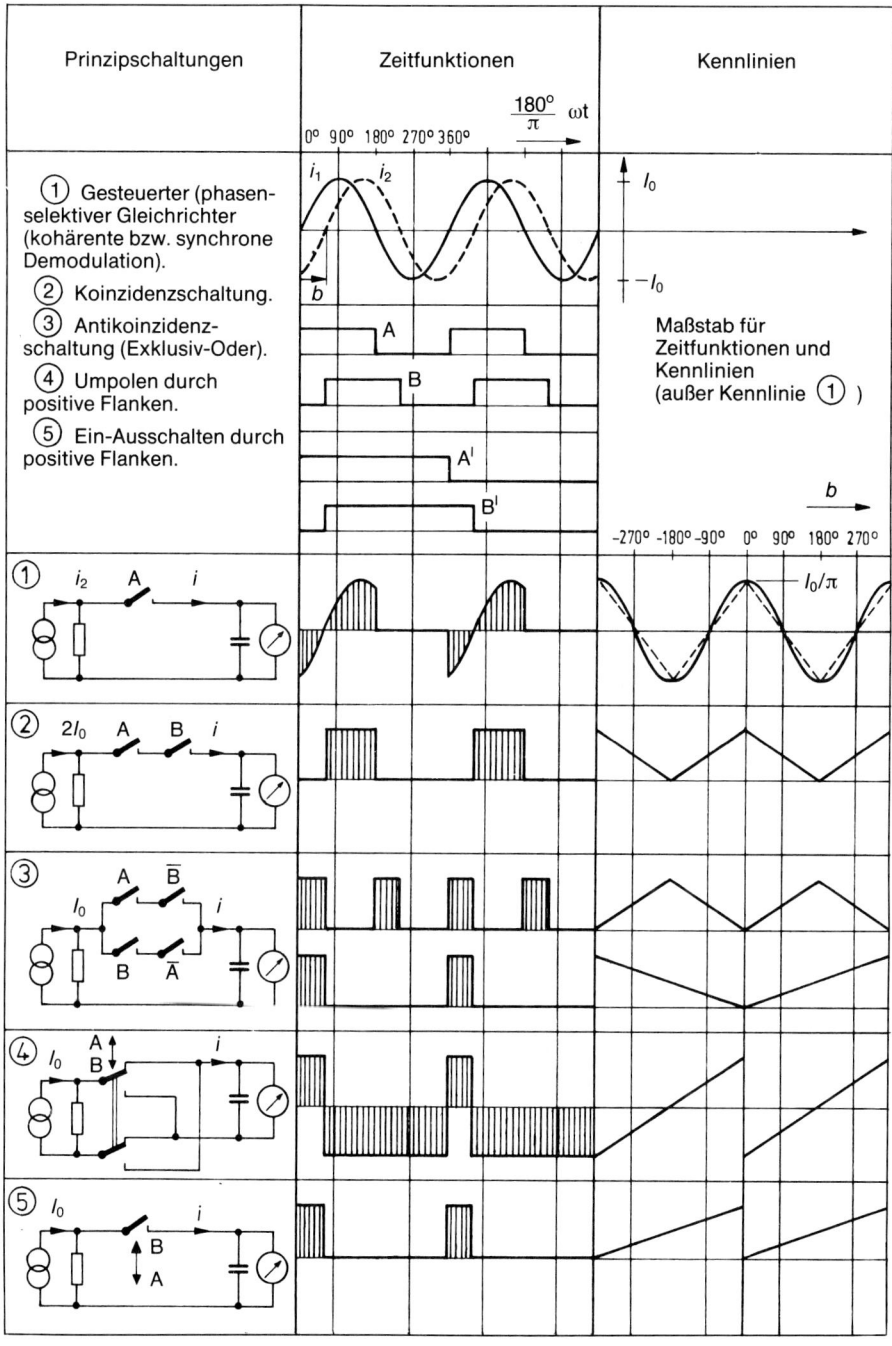

Als Zeitfunktionen sind zunächst die beiden Eingangssignale i_1 und i_2 angegeben, die hier als Ströme dargestellt sind und deren Phasendifferenz b gemessen werden soll. Darunter finden sich die Digitalsignale A und B, die sich durch Verstärken und Begrenzen der Eingangssignale ergeben und zum Steuern elektronischer Schalter verwendet werden. Durch eine Frequenzteilung um den Faktor 2 entstehen die Signale A' und B' darunter. Von den besprochenen Verfahren sind die Prinzipschaltungen, die Zeitfunktionen des zur Anzeige dienenden Stromes i sowie die Kennlinien, d.h. der Mittelwert des Stromes i als Funktion der Phase b angegeben. In den Prinzipschaltungen sind die elektronischen Schalter durch mechanische dargestellt, und es ist angegeben, durch welche Signale sie betätigt werden. Die überstrichenen Größen bedeuten dabei die negierten Digitalsignale. Schließlich sei noch angenommen, daß der Innenwiderstand der Quelle so groß ist, daß bei Durchschaltung der gesamte Quellenstrom durch den Meßkreis fließt.

Beim *gesteuerten Gleichrichter* (1) erfolgt die Durchschaltung mit Signal A, d.h. mit der positiven Halbwelle des Eingangssignales i_1. Durchgeschaltet wird direkt das analoge Eingangssignal i_2. Der Strom i im Meßkreis besteht daher in – je nach Phasenlage – unterschiedlichen Ausschnitten aus diesem Signal. Die entstehende Kennlinie verläuft cosinusförmig und ist vorwiegend in der Umgebung von $+90^\circ$ oder -90° zur Phasenmessung geeignet, da sie hier am steilsten und linearsten ist.

In dieser Form ist der auch „phasenselektiv" genannte gesteuerte Gleichrichter gleichzeitig ein kohärenter (synchroner) *Demodulator,* dessen Ausgangssignal nicht nur proportional der Amplitude des Eingangssignals ist, sondern auch von seiner Phase abhängt. Solche Demodulatoren werden u.a. bei *Quadraturmodulation* benötigt: Eine Kophasalkomponente ($b = 0$) wird voll, eine Quadraturkomponente ($b = 90^\circ$) gar nicht demoduliert. Für die Phasenmessung ist die Amplitudenabhängigkeit unnötig, sogar unerwünscht. Hierfür könnte man auch i_2 vor der Messung in ein Rechtecksignal umformen. Das hätte eine amplitudenunabhängige, aus Geraden bestehende Kennlinie zur Folge (gestrichelt). Die Schaltung verhielte sich dann prinzipiell wie die Koinzidenzschaltung [2.5].

Die nun folgenden Schaltungen werden von Konstantstromquellen gespeist und durch die Digitalsignale A und B gesteuert. Bei der *Koinzidenzschaltung* (2) ergibt sich ein Stromfluß nur während der Zeit, in der sich die positiven Halbwellen der Eingangssignale überlappen. Die Kennlinie, wie auch die aller folgenden Schaltungen, besteht aus Geraden. Bei der *Antikoinzidenzschaltung* (3) fließt nur Strom, solange die Eingangssignale unterschiedliche Polarität haben. Sie arbeitet daher wie ein Exklusiv-Oder-Gatter. Ihre Kennlinie (obere Bildhälfte) ist zu der der Koinzidenzschaltung komplementär. Eine interessante Erweiterung ergibt sich durch Frequenzteilung. Sie gilt auch für die übrigen Schaltungen, soll jedoch hier erörtert werden: Ersetzt man die Steuersignale A und B durch die Signale A' und B', so ergibt sich eine *Meßbereichserweiterung.* Der ansteigende Ast der Kennlinie (untere Bildhälfte) erstreckt sich jetzt von $0 \ldots 360^\circ$, hat sich also verdoppelt. Bei Frequenzteilung um den Faktor n erhält man den n-fachen Meßbereich.

Die bisherigen Schaltungen haben den Nachteil, daß ihre Kennlinien gerade Funktionen der Phase sind und man daher (ohne Zusatzmaßnahmen) positive und negative Winkel nicht unterscheiden kann. Diesen Nachteil vermeiden die Schaltungen (4) und (5). Hier werden die *Flanken* der Steuersignale mit einer (z.B. der positiven) Polarität zum *Umpolen* oder *Ein-Ausschalten* des Stromes i benutzt. Es entstehen dabei

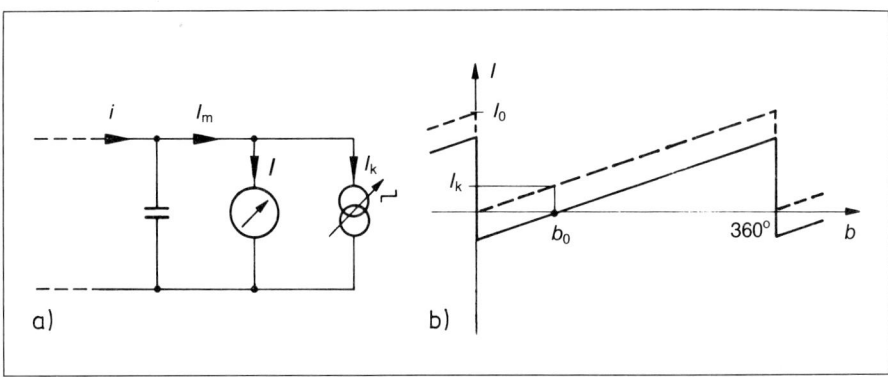

Bild 2.4: Meßkreis eines Phasenmessers mit Kompensationsstrom.

Kennlinien, die ungerade Funktionen der Phase sind und innerhalb eines Bereiches von 360° eindeutige Meßwerte liefern. Daher sind diese Schaltungen für Phasen-meßgeräte besonders gut geeignet.

Die *Ausführung* als Phasenmesser soll anhand der Schaltung Nr. (5) etwas näher betrachtet werden. Der Meßkreis ist in Bild 2.4a) nocheinmal dargestellt. Die zusätz-liche Stromquelle I_k bleibe zunächst außer Betracht. Das Instrument registriert (für $I_k = 0$) den Mittelwert $I = I_m$ des Stromes i, der sich nach Tab. 2.1 proportional zur Phase b ändert:

$$I_m = \frac{b}{360°} \, I_0 \; . \tag{2.9}$$

(In Tab. 2.1 ist der Fall $b = 60°$, d.h. $I_m = I_0/6$ dargestellt.) Gibt man dem Anzeige-instrument den Meßbereich (Vollausschlag) I_0, so zeigt es linear die Phase im Bereich 0…360° an.

Dieser *Meßbereich* wäre für viele Fälle zu groß und die Anzeige zu ungenau. Man kompensiert daher den Strom I_m aus Gl. (2.9) mit einem *Kompensationsstrom*

$$I_k = \frac{b_0}{360°} \, I_0 \tag{2.10}$$

und verwendet ein Anzeigeinstrument, dessen Nullpunkt in Skalenmitte liegt. Der Strom I durch das Instrument beträgt dann

$$I = I_m - I_k = (b - b_0) \, \frac{I_0}{360°} \; . \tag{2.11}$$

Die Kennlinie verschiebt sich aus ihrer ursprünglichen Lage (gestrichelt in Bild 2.4b) so, daß sich für b_0 der Strom $I = 0$ ergibt. Der Strom I_k, d.h. die Bezugsphase b_0, ist in geeichten Stufen umschaltbar. Das Instrument zeigt nach Gl.(2.11) nur noch die Abweichung des Meßwertes b vom Bezugswert b_0 an. Erhöht man die Empfindlichkeit

101

des Instrumentes (z. B. durch Abschalten von Parallelwiderständen), so kann man den Meßbereich beliebig *einengen* und entsprechend kleine Abweichungen von b_0 noch ausmessen. Der Meßwert b ergibt sich dann als Summe aus dem eingestellten Wert b_0 und der vom Instrument angezeigten (positiven oder negativen) Abweichung $b - b_0$. Dieses Verfahren versagt in der Umgebung der Unstetigkeitsstelle ($b_0 = 0$) der Kennlinie. Um auch hier Abweichungen nach beiden Seiten messen zu können, wird einem der beiden Signale A oder B eine zusätzliche Konstante (und in der Anzeige automatisch berücksichtigte) Phasenverschiebung erteilt. Hierdurch verschiebt sich die Kennlinie Bild 2.4 horizontal, so daß die Unstetigkeitsstelle außerhalb des Meßbereiches liegt.

Mit Phasenmessern dieser Art ergeben sich Meßunsicherheiten in der Größenordnung $\pm 0{,}1°$ bei fester und niedriger Frequenz der Meßspannung bzw. $\pm 1°$ bei einem Frequenzbereich bis zu einigen hundert Kilohertz. Dieser relativ begrenzte Frequenzbereich reicht für die meisten Anwendungen nicht aus. Außerdem können noch weitere Fehler entstehen, wenn die Eingangssignale in der Kurvenform verzerrt sind, also Oberwellen enthalten, da hierdurch die Nulldurchgänge verfälscht werden.

2.3.2 Frequenzumsetzung

Aus den genannten Gründen verwendet man zusätzlich eine *Frequenzumsetzung* (vgl. Abschn. 1.4.4), wie in Bild 2.5 gezeigt. Die beiden Meßspannungen $u_1'(t)$ und $u_2'(t)$ der veränderlichen Empfangsfrequenz f werden in zwei gleich aufgebauten Modulatoren, deren gleiche Modulatorzeitfunktion $m(t)$ aus einem gemeinsamen Generator geliefert wird, auf eine *konstante Zwischenfrequenz* f_z umgesetzt. Der Phasenmesser braucht dann nur bei dieser Frequenz zu arbeiten. Bedingung hierbei ist natürlich, daß die Phasenbeziehung der beiden Meßspannungen trotz der Frequenzumsetzung erhalten bleibt. Das ist bei der Frequenzumsetzung durch Mischung tatsächlich der Fall, erfordert allerdings die Wahl einer geeigneten Frequenzlage der Modulatorzeitfunktion $m(t)$. Zwei Fälle werden im folgenden erörtert.

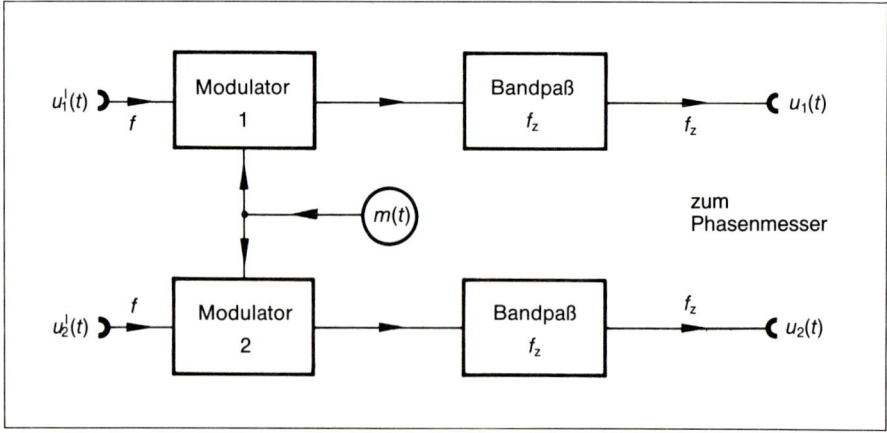

Bild 2.5: Frequenzumsetzer.

Betrachtet wird eine umzusetzende Meßspannung (ohne Rücksicht auf Dimensionen; $\nu = 1;2$):

$$u'_\nu(t) = 2\cos(2\pi f t + \varphi_\nu) = e^{j2\pi ft}\, e^{j\varphi_\nu} + e^{-j2\pi ft}\, e^{-j\varphi_\nu}. \qquad (2.12)$$

Ihre Frequenzfunktion (Bild 2.6.a, erste Zeile) besteht aus zwei Spektrallinien, d.h. Impulsen[1] bei den Frequenzen f und $-f$ mit den Gewichten $e^{j\varphi_\nu}$ und $e^{-j\varphi_\nu}$. Da diese Gewichte die Phaseninformation enthalten, müssen sie bei der Umsetzung erhalten bleiben.

Gewählt werde als *Fall 1* zunächst eine Modulatorzeitfunktion (Träger) mit *sinusförmigem Verlauf*:

$$m(t) = 2\cos 2\pi f_0 t = e^{j2\pi f_0 t} + e^{-j2\pi f_0 t}. \qquad (2.13)$$

Ihre Frequenzfunktion ist für $f_0 < f$ in Bild 2.6b) eingezeichnet. Durch die der Mischung entsprechende Faltung der beiden Frequenzfunktionen erhält man das Spektrum der Ausgangszeitfunktion $u_\nu(t)$ (Bild 2.6c. Es ist nur der niederfrequente Anteil eingezeichnet, da der Bandpaß in Bild 2.5 nur diesen durchläßt). $u_\nu(t)$ ist offensichtlich eine Schwingung bei der gewünschten Zwischenfrequenz $f_Z = f - f_0$, wobei die Phase φ_ν erhalten geblieben ist. Dieses jedoch nur deswegen, weil die Trägerfrequenz f_0 *unterhalb* der Empfangsfrequenz f gewählt wurde. Ein Mischprodukt bei f_Z würde sich auch für $f_0 = f + f_Z$ ergeben. Man erkennt jedoch aus Bild 2.6, daß die beiden

---

[1] Mit „Impuls" ist stets der Dirac-Impuls gemeint, sofern nichts anderes gesagt wird.

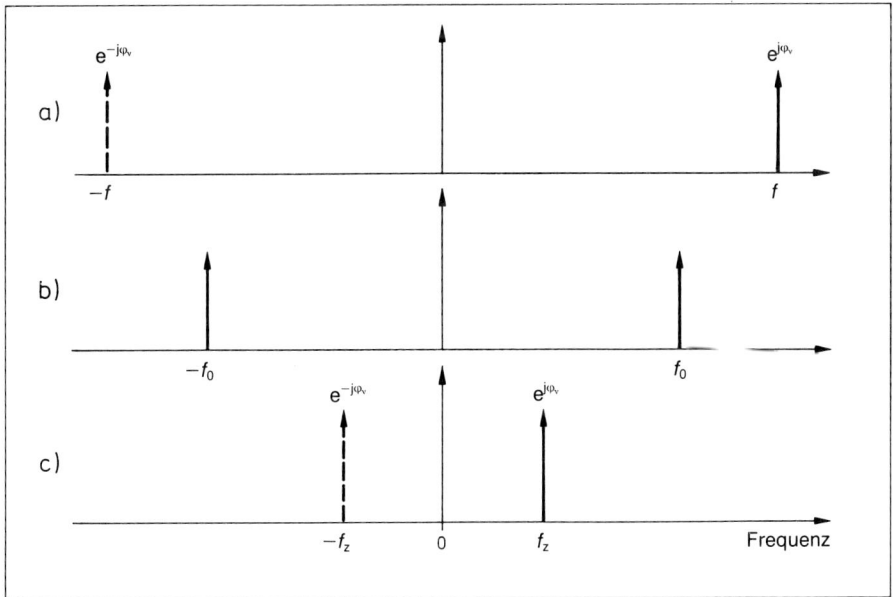

Bild 2.6: Frequenzumsetzung mit Sinusträger: Spektren des umzusetzenden Signales (a), der Modulatorzeitfunktion (b) und des umgesetzten Signales (c).

Impulse bei f_Z und $-f_Z$ dann ihre Plätze tauschen würden, d.h. die Ausgangsschwingung die Phase $-\varphi_v$ bekäme. Dies müßte ggf. in der Anzeige berücksichtigt werden.

Unter der Voraussetzung $f_0 < f$ bleibt also die Phase erhalten, damit aber auch die *Phasendifferenz* $b = \varphi_1 - \varphi_2$ der beiden gleichartig umgesetzten Meßspannungen in Bild 2.5. Auch eine eventuelle Nullphase des Trägers ändert wegen der Differenzbildung nichts an diesem Ergebnis. Die Phase $b = \varphi_1 - \varphi_2$ kann damit bei der konstanten und hinreichend niedrig wählbaren Zwischenfrequenz f_Z gemessen werden.

Allerdings muß die Trägerfrequenz $f_0 = f - f_Z$ der Empfangsfrequenz im gesamten Frequenzbereich nachgeführt werden. Dies erübrigt sich im *Fall 2*, nämlich bei Wahl einer Modulatorzeitfunktion

$$m(t) = t_0 \sum_{i=-\infty}^{\infty} \delta_0(t - it_0) \,, \tag{2.14}$$

d.h. einer periodischen Folge von Impulsen $\delta_0(t)$ im Abstand t_0. Diese Art der Umsetzung ist nichts anderes als eine Abtastung der Zeitfunktion $u_v'(t)$ [0.2; Kap. 3]. Das Spektrum der am Modulatorausgang auftretenden abgetasteten Zeitfunktion ergibt sich aus einer Faltung des Spektrums von Modulatorzeitfunktion Gl. (2.14) mit dem des umzusetzenden Signales (Bild 2.7). Es ist die im Frequenzbereich periodische Fortsetzung des Spektrums der ursprünglichen Zeitfunktion in Abständen

$$F_0 = 1/t_0 \,. \tag{2.15}$$

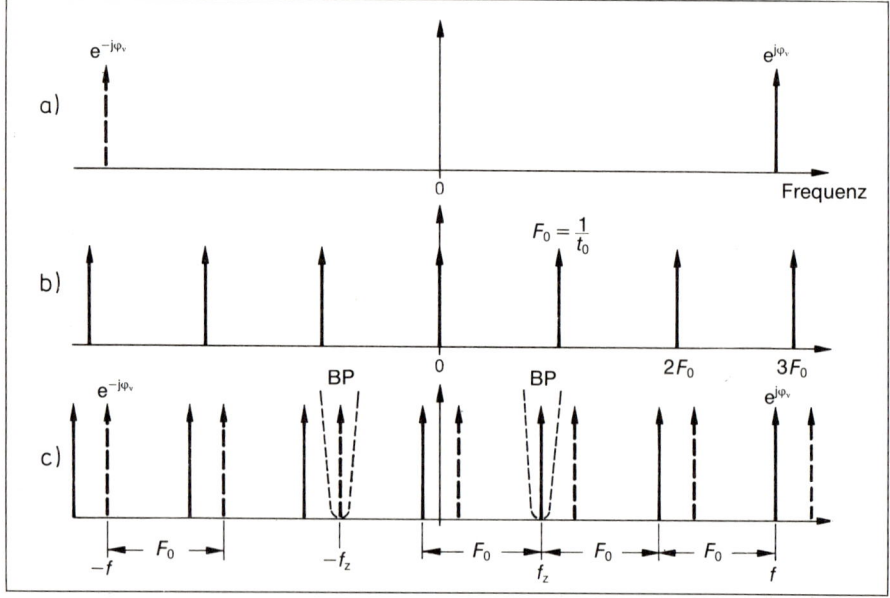

Bild 2.7: Frequenzumsetzung durch Abtasten: Spektren des umzusetzenden Signales (a), der Modulatorzeitfunktion (b) und der Zeitfunktion am Modulatorausgang (c). Der Bandpaß filtert die gewünschte Schwingung $u_v(t)$ aus.

Durch geeignete Wahl von F_0 läßt sich erreichen, daß bei den Frequenzen f_Z und damit auch bei $-f_Z$ genau die gleichen Impulse auftreten wie im Falle der Umsetzung mit sinusförmigem Träger. Durch Unterdrückung aller übrigen Anteile mit Hilfe des Bandpasses (BP) erhält man die gewünschte Schwingung $u_v(t)$.

Der Vorteil dieses Verfahrens liegt offensichtlich darin, daß selbst bei sehr großem Empfangsfrequenzbereich f die Abtastfrequenz F_0 nur in geringen Grenzen geändert werden muß, da durch die periodische Wiederholung des Spektrums immer wieder andere geeignete Spektrallinien in die Zwischenfrequenz fallen. Ist f_{min} die kleinste Empfangsfrequenz f, so genügt für F_0 der Bereich (siehe Beispiel 2.2)

$$(f_{min} - f_Z) \leq F_0 \leq 2(f_{min} - f_Z) ,\tag{2.16}$$

d.h. eine Änderung um den Faktor 2, während f sich um Zehnerpotenzen ändern kann.

Beispiel 2.2
a) Die Empfangsfrequenz (d.h. die Frequenz der Meßspannungen $u_v'(t)$ eines Umsetzers nach Bild 2.5 sei $f \geq 1$ MHz und soll mit dem Abtastverfahren auf eine konstante Zwischenfrequenz $f_Z = 20$ kHz umgesetzt werden. In welchem Bereich muß die Abtastfrequenz $F_0 = 1/t_0$ veränderbar sein?

Aus Bild 2.7b) liest man zunächst ab, daß für die gewünschte Zwischenfrequenz f_Z folgende Beziehung gelten muß (i ganz):

$$f - iF_0 = f_Z \quad \text{bzw.} \quad F_0 = \frac{f - f_Z}{i} .\tag{x}$$

Für $f = f_{min} = 1$ MHz wählt man zweckmäßigerweise $i = 1$, da man zwischen f_{min} und f_Z keine weiteren Spektrallinien benötigt. Es folgt dann aus Gl.(x).

$$F_{0min} = \frac{f_{min} - f_Z}{1} = \frac{1000\,\text{kHz} - 20\,\text{kHz}}{1} = 980\,\text{kHz} .$$

Wächst die Empfangsfrequenz f, so muß F_0 zunächst entsprechend Gl.(x) nachgeführt werden, jedoch höchstens bis $2\,F_{0min}$. Hier kann F_0 auf F_{0min} zurückgehen, da Gl.(x) nun mit $i = 2$ erfüllt wird. Daraus folgt:

$$F_{0max} = 2\,F_{0min} = 1960\,\text{kHz} .$$

Aus diesen Überlegungen ergibt sich unmittelbar Gl.(2.16).

b) In der Praxis lassen sich als Abtastimpulse keine idealen Impulse nach Gl.(2.14) herstellen. Das Spektrum in Bild 2.7b) wird daher keine periodische Wiederholung des ursprünglichen Spektrums sein, vielmehr wird die Intensität der Linien mit zunehmendem Abstand von der Empfangsfrequenz f abnehmen. Welche höchste Empfangsfrequenz f_{max} ergibt sich, wenn man die Linien im Abstand $500\,F_0$ gerade noch verwenden kann?

Die höchste Empfangsfrequenz ergibt sich aus Gl.(x) zu

$$f_{max} = i_{max} \cdot F_{0max} + f_Z \ .$$

Hieraus folgt mit $i_{max} = 500$ der ungefähre Wert $f_{max} \approx 1000$ MHz. Für einen Empfangsfrequenzbereich $1 \ldots 1000$ MHz (Faktor 10^3) benötigt man also lediglich Abtastfrequenzen im Bereich von ca. $1 \ldots 2$ MHz (Faktor 2). Bei der Umsetzung mit Sinusträger nach Bild 3.6a) müßte die Trägerfrequenz f_0 im ganzen Bereich von ca. $1 \ldots 1000$ MHz einstellbar sein. Allerdings mischt man oft auch mit absichtlich verzerrtem (oberwellenhaltigem) Träger, um den Nachführbereich zu verkleinern (sog. Oberwellenmischung). Der Abtastumsetzer ist nichts anderes als der Extremfall einer solchen Oberwellenmischung. ●

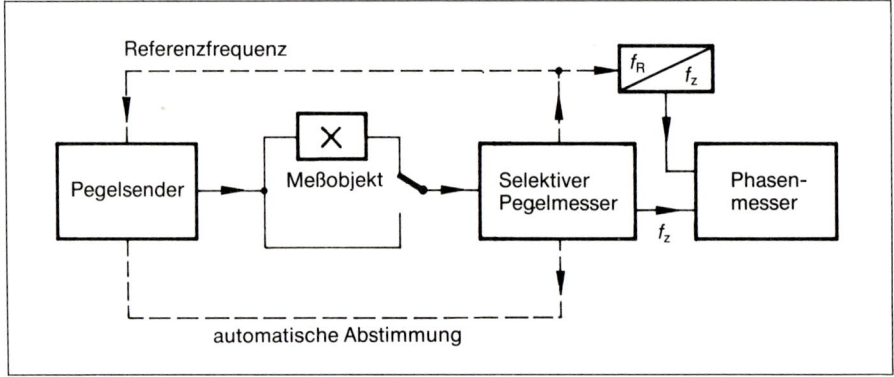

Bild 2.8: Phasenmessung mit einem selektiven Pegelmesser.

Zur Phasenmessung kann auch ein Pegelmeßplatz mit einem Pegelsender nach Bild 1.2 und einem selektiven, automatisch abstimmbaren Pegelmesser nach Bild 1.8 verwendet werden, sofern alle Festfrequenzen im Sender und Empfänger von einem einzigen Referenzsignal abgeleitet werden, das z.B. im Empfänger erzeugt wird (Bild 2.8). Am Ausgang für die Zwischenfrequenz f_z des Pegelmessers kann dann nicht nur die Dämpfung, sondern auch die Phase eines Meßobjekts gemessen werden, wenn man den Phasenmesser ebenfalls mit dem Referenzsignal steuert. Zur Elimination von Phasenverzerrungen des Meßplatzes schaltet man zweckmäßigerweise zwischen Ausgang und Eingang des Meßobjektes um und wertet nur die Phasendifferenz aus. Auf diese Weise erreicht man Auflösungen von 0,01° und Meßunsicherheiten von 0,05°. Daneben hat man noch den Vorteil, daß Störungen und Oberwellen des Meßsignals infolge der selektiven Messung unwirksam sind.

Neben der Frequenzumsetzung ist auch noch eine *Frequenzteilung* möglich, um zu tieferen Frequenzen zu kommen, und zwar ohne Abstimmung. Allerdings erzielt man damit keine konstante Zwischenfrequenz, und es tritt mit der Teilung gleichzeitig eine Meßbereichserweiterung ein (vgl. Abschnitt 2.3.1). Dies liegt daran, daß bei der Frequenzumsetzung die *Phasendifferenz,* bei Frequenzteilung aber die *Zeitdifferenz* zwischen zwei Schwingungen erhalten bleibt. Über den Zusammenhang zwischen Phase, Frequenz und Zeit nach Gl.(2.2) (vgl. auch die Bemerkungen am Schluß des Abschnittes 2.1) folgt aus $b = \omega t$, daß eine gegebene Zeitdifferenz bei einer tiefen Frequenz eine kleinere Phasendifferenz bedeutet als bei einer hohen. Das führt zu der genannten Meßbereichserweiterung, andererseits aber bei großem Teilverhältnis auch zu kaum meßbar kleinen Phasendifferenzen. Von Spezialfällen abgesehen ist also die Frequenzumsetzung der Frequenzteilung vorzuziehen.

Selbstverständlich läßt sich eine Frequenzumsetzung, insbesondere bei großem Empfangsfrequenzbereich, nicht frei von Phasenfehlern halten. Mit zunehmendem Frequenzbereich wächst die *Meßunsicherheit* in die Größenordnung einiger Grad. Phasenmessungen in einem großen Frequenzbereich sind also schwierig und nicht sehr genau. Ändert sich die Phase rasch mit der Frequenz, so müssen die Meßpunkte zudem so dicht gewählt werden, daß man sich nicht um $n \cdot 2\pi$ täuscht und dadurch einen völlig falschen Verlauf der Phasenkurve erhält. Schließlich ist eine Strecken- messung der Phase nicht möglich, da man stets die Ein- *und* Ausgangsgröße des Meß- objektes benötigt[1]. Aus diesen Gründen mißt man die Phase nur dann, wenn es unbe- dingt erforderlich ist. In allen anderen Fällen weicht man aus auf die Messung der Gruppenlaufzeit oder auch nur der Gruppenlaufzeitänderungen.

2.4 Messung der Gruppenlaufzeit

2.4.1 Prinzip

Aufgrund ihrer Definition kann man einen Näherungswert für die Gruppenlaufzeit grundsätzlich aus zwei hinreichend benachbarten Werten der Phase über Differenz- bildung und Division durch die Frequenzdifferenz errechnen. Dieses Verfahren wird z. B. bei rechnenden Meßgeräten angewendet und ist auch Grundlage einer direkten Messung.

Grundprinzip der direkten Gruppenlaufzeitmessung ist das schon lange bekannte *Nyquist-Verfahren* [2.6]: Die Gruppenlaufzeit des Prüflings wird aus der Phasen- verschiebung bestimmt, die die Hüllkurve eines amplitudenmodulierten Signals bei

---

[1] Die Messung von zeitlichen Phasenschwankungen (Jitter) ist dagegen sehr wohl über Strecke möglich (vgl. Abschnitt 7.3.3.2).

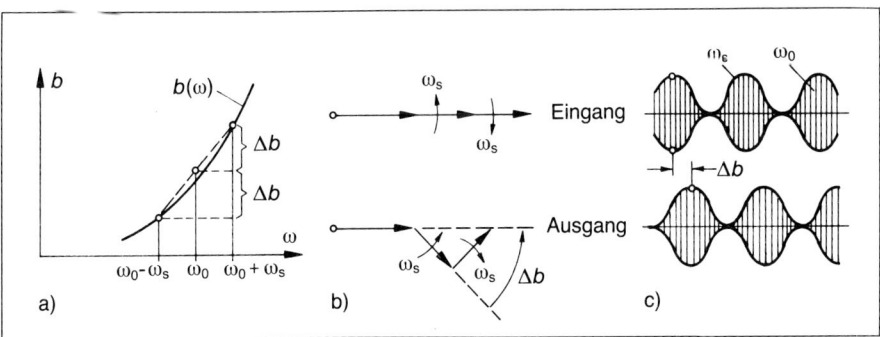

Bild 2.9: Zur Messung der Gruppenlaufzeit.

Durchlaufen des Prüflings erfährt. Der Prüfling habe eine Phasenkurve nach Bild 2.9a), und es soll die Gruppenlaufzeit für die Frequenz $\omega = \omega_0$ gemessen werden. Speist man ihn mit einer Schwingung der Frequenz ω_0, die mit einer Schwingung der Frequenz ω_s amplitudenmoduliert ist, so liegen an seinem Eingang die drei Schwingungen der Frequenzen ω_0, $\omega_0 + \omega_s$ und $\omega_0 - \omega_s$. Diese amplitudenmodulierte Schwingung läßt sich anschaulich mit Hilfe eines Zeigerdiagrammes darstellen (Bild 2.9b): Die den Seitenschwingungen $\omega_0 + \omega_s$ und $\omega_0 - \omega_s$ entsprechenden Zeiger rotieren mit der Differenzfrequenz ω_s gegenläufig um den Zeiger der Trägerschwingung ω_0. Die Summe der drei Zeiger liefert den Momentanwert der Hüllkurve (Bild 2.9c).

Greift man einen Zeitpunkt heraus, zu dem die Hüllkurve am Eingang ihr Maximum hat, so haben alle drei Zeiger die gleiche Richtung. Dann sind aber laut Phasenkurve zum gleichen Zeitpunkt die Zeiger der Seitenschwingungen am Ausgang um $\pm \Delta b$ gegenüber dem Zeiger der Trägerschwingung verdreht. Das Maximum der Hüllkurve am Ausgang wird offensichtlich um die Differenzlaufzeit $t_d = \Delta b / \omega_s$ später erreicht. Diese Größe entspricht nach Bild 2.9a) der Steigung der gestrichelten Sekante. Wählt man ω_s hinreichend klein, so ist die Steigung der Sekante näherungsweise gleich der Steigung der Tangente an die Phasenkurve im Punkt $\omega = \omega_0$, die Differenzlaufzeit t_d näherungsweise gleich der Gruppenlaufzeit t_g nach Gl. (2.2b) bzw. Bild 2.1b:

$$t_d = \frac{\Delta b}{\omega_s} \approx \frac{db}{d\omega} = t_g \; . \tag{2.17}$$

Mißt man also die Phasenverschiebung Δb der Hüllkurve in Bild 2.9c), so ist bei bekannter Frequenz ω_s auch t_g nach Gl. (2.17) bekannt.

Das Verfahren liefert also eine „mittlere" Gruppenlaufzeit, nämlich die Differenzlaufzeit t_d (vgl. Abschn. 2.1) innerhalb eines sog. „Frequenzspaltes" der Breite $\pm \omega_s$ um die Meßfrequenz ω_0, weswegen ω_s auch *Spaltfrequenz* genannt wird. Feinheiten der Phasenkurve innerhalb dieses Bereiches können nicht mehr erfaßt werden. Es liegt nahe, die Spaltfrequenz möglichst klein zu wählen, da für $\omega_s \to 0$ die tatsächliche Gruppenlaufzeit (differentielle Laufzeit) herauskäme. Dann geht aber in Gl. (2.17) auch $\Delta b \to 0$ trotz endlicher Laufzeiten, so daß einer Verkleinerung der Spaltfrequenz durch die Meßunsicherheit des Phasenmessers für Δb Grenzen gesetzt sind und ein Kompromiß gefunden werden muß.

Der Fehler bei Messung endlicher Spaltfrequenz, d.h. die Abweichung der Differenzlaufzeit t_d von der Gruppenlaufzeit t_g, soll anhand zweier Fälle betrachtet werden:

Entwickelt man die Phasenkurve $b(\omega)$ in eine Taylorreihe

$$b(\omega_0 \pm \omega_s) = b(\omega_0) \pm b'(\omega_0)\omega_s + \frac{1}{2} b''(\omega_0)\omega_s^2 \pm \frac{1}{6} b'''(\omega_0)\omega_s^3 + \ldots \, ,$$

so folgt für die Differenzlaufzeit:

$$t_d = \frac{b(\omega_0 + \omega_s) - b(\omega_0 - \omega_s)}{2\omega_s} = \underbrace{b'(\omega_0)}_{t_g} + \frac{1}{6} b'''(\omega_0)\omega_s^2 + \ldots \, .$$

Die dritte (und jede weitere ungerade) Ableitung der Phasenkurve führt also zu einem Meßfehler, der für $\omega_s \to 0$ verschwindet.

Sind im Verlauf der Phase über der Frequenz sinusförmige Komponenten $b(\omega) = \sin(2\pi\omega/\omega_p)$ der Periodizität ω_p enthalten, so ergibt sich nach einer elementaren Rechnung für das Verhältnis der Differenzlaufzeit t_d zur Gruppenlaufzeit t_g:

$$\frac{t_d}{t_g} = \frac{\sin(2\pi\omega_s/\omega_p)}{2\pi\omega_s/\omega_p}.$$

Aus dem bekannten Verlauf dieser (sinx)/x-Funktion ergibt sich: Ist $\omega_s \ll \omega_p$, so ist $t_d \approx t_g$. Bei größerem ω_s (oder kleinerem ω_p) wird $t_d < t_g$, die Messung also unempfindlicher. Für $\omega_s = \omega_{p/2}$ ist sogar $t_d/t_g = 0$, d.h. eine Komponente dieser Frequenz bleibt unentdeckt! Das gleiche gilt auch für die Verhältnisse $2\omega_s = 2\omega_p$, $2\omega_s = 3\omega_p$ usw. Hier zeigt sich besonders deutlich die Grenze des Auflösungsvermögens bei endlicher Spaltfrequenz. Dieses Problem hat Bedeutung bei der Messung zu entzerrender Kanäle: Eine möglicherweise zu hohe Welligkeit in der Gruppenlaufzeit kann übersehen werden.

Das Nyquist-Verfahren in dieser einfachen Form beruht also auf einer Phasenmessung. Damit ist nicht nur seine Genauigkeit begrenzt, sondern man muß das Eingangssignal (bzw. die Phasenlage seiner Hüllkurve) als Vergleichsphase stets zur Verfügung haben. Wie bei der Phasenmessung sind daher Streckenmessungen nicht möglich.

Lediglich die Gefahr, durch die Vieldeutigkeit der Phase Fehler zu machen, ist hier geringer. Bei hinreichend kleiner Spaltfrequenz treten nämlich auch nur kleine Winkel auf, die sich zudem bei nicht allzu großen Gruppenlaufzeitänderungen auch nur wenig ändern. Die Wahrscheinlichkeit, sich bei der Messung selbst und bei der Differenz zwischen zwei Meßpunkten um $n \cdot 2\pi$ zu irren, ist geringer als bei der Phasenmessung.

Für die Verzerrungsfreiheit von Systemen ist jedoch nach Abschnitt 2.2 nur die Konstanz, nicht jedoch der Absolutwert der Gruppenlaufzeit maßgebend. Verzichtet man auf deren Kenntnis und fragt nur nach Gruppenlaufzeit*änderungen* innerhalb eines Frequenzbereiches, so kann man durch Abwandlung des Nyquistverfahrens auch Streckenmessungen vornehmen.

2.4.2 Streckenmessungen

Bei Streckenmessungen verwendet man als Vergleichsphase nicht die Phase der Hüllkurve am Eingang des Prüflings, sondern an seinem Ausgang, und zwar bei einer frei wählbaren, konstanten *Vergleichsfrequenz* innerhalb des interessierenden Frequenzbereiches. Man kann daher für irgendeine *Meßfrequenz* auch nur die Änderung[1] der Gruppenlaufzeit zwischen Meß- und Vergleichsfrequenz ermitteln. Das Verfahren soll anhand eines entsprechenden Gerätes besprochen werden, dessen Blockschaltbild in Bild 2.10 gezeigt ist. [2.7]; CCITT 0.81, 0.82.

Der Sender arbeitet mit *Frequenzumtastung*. Ein elektronischer Schalter S schaltet die Trägerfrequenz periodisch zwischen Vergleichsfrequenz f_v und Meßfrequenz f_m um. Die Vergleichsfrequenz ist einstellbar, während der Messung jedoch fest. Die Meßfrequenz dagegen wird von Meßpunkt zu Meßpunkt verändert. Die Trägerfrequenzen werden mit der Spaltfrequenz f_s moduliert, so daß sich eine *durchlaufende* Hüllkurve ergibt. Hat das Meßobjekt bei Vergleichs- und Meßfrequenz unterschiedliche Gruppenlaufzeit, so führt dies an seinem Ausgang zu einem *Phasensprung* in der Hüllkurve

---

[1] Gruppenlaufzeit*änderungen*, d.h. Abweichungen vom konstanten Verlauf, werden sinngemäß auch als Gruppenlaufzeit*verzerrungen* bezeichnet.

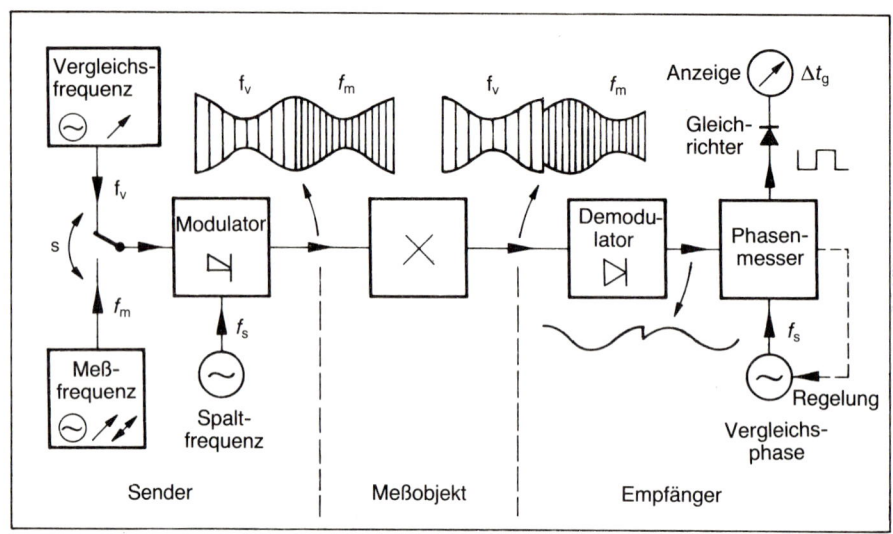

Bild 2.10: Messung von Gruppenlaufzeitänderungen.

an der Stelle des Wechsels der Trägerfrequenzen. Durch Demodulation gewinnt man diese Hüllkurve und führt sie einem Phasenmesser zu, dessen Vergleichsphase einem Oszillator der Frequenz f_s entnommen wird. Der Phasenmesser liefert an seinem Ausgang eine Rechteckspannung deren Periodizität der des Schalters S im Sender entspricht und deren Amplitude dem Phasensprung Δb in der Hüllkurve proportional ist. Durch Gleichrichtung dieser Rechteckspannung erhält man die Anzeige, die nach Gl. (2.17) bei bekannter Spaltfrequenz $f_s = 2\pi\omega_s$ die Gruppenlaufzeitänderung Δt_g zwischen Vergleichs- und Meßfrequenz liefert.

Der die Vergleichsfrequenz abgebende Oszillator wird dabei über eine Phasenregelschleife (PLL)[1] so geregelt, daß sich seine Phase auf eine mittlere Phase der Hüllkurve zwischen Vergleichs- und Meßfrequenz einstellt. Das Umtastverfahren gestattet es jedoch auch, das bei jedem neuen Meßpunkt erforderliche Einschwingen des Vergleichsoszillators zu vermeiden: Durch eine getastete Phasenregelschleife kann man nur auf die Phase bei der Vergleichsfrequenz (die vom Meßpunkt unabhängig ist) regeln. Durch die Umtastung wiederholt sich diese Regelung periodisch, und der Oszillator schwingt während der (kurzen) Meßzeit frei mit der Phase der Vergleichsfrequenz.

Bild 2.10 gibt nur eine vereinfachte Darstellung des Verfahrens. Danach wäre nur der Betrag, nicht aber auch das Vorzeichen der Gruppenlaufzeitänderung Δt_g meßbar. Bei ausgeführten Meßgeräten wird durch eine zusätzliche Modulation der Vergleichsfrequenz dem Empfänger signalisiert, wann Vergleichs- und wann Meßfrequenz gesendet wird. Mit Hilfe eines gesteuerten Gleichrichters[2] kann er dann auch das Vorzeichen von Δt_g bestimmen. Weiterhin legt man den Empfänger so aus, daß neben der Gruppenlaufzeitänderung auch die *Dämpfungsänderung* meßbar ist. Schließlich richtet man die Geräte so ein, daß auch *Wobbelmessungen* möglich sind, so daß Gruppenlaufzeit- und Dämpfungsänderungen als geschlossene Kurvenzüge auf einem Sichtgerät oder Schreiber dargestellt werden können.

---

[1] Abk. für engl.: "Phase Locked Loop".
[2] vgl. Abschnitt 2.3.1

Neben dem geschilderten gibt es noch ein vereinfachtes Meßverfahren für Gruppenlaufzeitänderungen (vgl. auch Bild 5.7). Unter Verzicht auf Frequenzumtastung wird die Meßfrequenz über den interessierenden Bereich periodisch gewobbelt. Da die Hüllkurve nun ebenfalls periodische Phasenschwankungen aufweist, stellt sich der Vergleichsoszillator auf die mittlere Phase im Gesamtbereich ein, und die Gruppenlaufzeitänderungen können auf einem Bildschirm dargestellt werden. Dieses (dynamische) Verfahren läßt keine Punkt-, sondern nur Wobbelmessungen zu. Damit der Vergleichsoszillator nicht der momentanen Phase folgen kann, muß die Regelung hinreichend träge oder die Wobbelgeschwindigkeit entsprechend groß sein.

Der *Vorteil* bei der Messung von Gruppenlaufzeit*änderungen* (gegenüber der Messung der Gruppenlaufzeit selbst oder der Phase) liegt nicht nur in der Möglichkeit von Streckenmessungen, sondern auch in der höheren Genauigkeit, mit der ein Phasenmesser Phasensprünge (gegenüber Absolutwerten der Phase) messen kann. Man kommt hierbei auf Meßunsicherheiten von einigen hundertstel Grad, woraus sich nach G.(2.17) je nach Spaltfrequenz ω_s auch die Meßunsicherheit für die Gruppenlaufzeit ergibt (vgl. Abschnitt 2.5). Ähnliches gilt für die Messung von Dämpfungsänderungen gegenüber der Absolutmessung von Dämpfungen.

Beispiel 2.3

a) Ein Gruppenlaufzeitmeßplatz arbeitet mit einer Spaltfrequenz $f_s = \omega_s/2\pi = 40$ Hz und besitzt einen Phasenmesser mit einem Meßbereich von $\Delta b = \pm 150°$. Welcher Meßbereich Δt_g für die Gruppenlaufzeitänderung ergibt sich?

Gl.(2.17) gilt sinngemäß für die Gruppenlaufzeitänderung Δt_g, wenn für Δb der Phasenunterschied zwischen Vergleichs- und Meßfrequenz eingesetzt wird:

$$\Delta t_g = \frac{\Delta b}{\omega_s} = \frac{\pi}{180°} \cdot \frac{\Delta b°}{2\pi f_s} = \frac{\Delta b°}{360° f_s} \ . \tag{x}$$

Mit den gegebenen Daten folgt:

$$\Delta t_g = \frac{\pm 150°}{360° \cdot 40 \text{ Hz}} \approx \pm 10 \text{ ms}.$$

b) Der Phasenmesser hat eine Unsicherheit von $\pm 0{,}1°$. Welche Meßunsicherheit folgt für die Gruppenlaufzeit?

Aus Gl.(x) ergibt sich

$$\Delta t_g = \frac{\pm 0{,}1°}{360° f_s} \approx \pm 7 \ \mu s \ .$$

c) Mit der am Schluß des Abschnittes 2.4.2 erwähnten vereinfachten Anordnung soll ein Filter der Bandbreite $F_m = 60$ Hz mit einem Hub von $\Delta f = 200$ Hz gewobbelt werden (vgl. Abschnitt 1.5).

Der Arbeitsbereich des Phasenmessers liegt bei Frequenzen oberhalb 20 Hz. Bei tieferen Frequenzen ist er nicht mehr brauchbar, da er die zu messenden Phasenunterschiede ausregelt. Läßt sich unter diesen Bedingungen eine Messung ausführen?

Der Arbeitsbereich des Phasenmessers bedingt eine Wobbelfrequenz $f = 1/\Delta t$ von mindestens 20 Hz, die Wobbeldauer darf also höchstens $\Delta t = 5 \cdot 10^{-2}$ s betragen. Daraus folgt eine Wobbelgeschwindigkeit

$$v = \frac{\Delta f}{\Delta t} \gtrsim \frac{200\ \text{Hz}}{5 \cdot 10^{-2}\text{s}} = 4 \cdot 10^3\ \frac{\text{Hz}}{\text{s}}\ .$$

Für v gilt aber nach Gl.(1.24a)

$$v \ll F_m^2 = 3{,}6 \cdot 10^3\ \frac{\text{Hz}}{\text{s}}\ .$$

Offensichtlich sind die Bedingungen unvereinbar; es würde sich mit diesem Gerät bei jeder Wobbelgeschwindigkeit eine Fehlmessung ergeben. ●

2.5 Zusammenfassung

Für die Beurteilung der *linearen Verzerrungen* eines Systems ist die Kenntnis des Verlaufes der Phase über der Frequenz i.a. ebenso wichtig wie die Kenntnis des Verlaufes der Dämpfung. Bei der Übertragung akustischer Signale, z.B. in der Fernsprech- und Tonrundfunktechnik, genügt die Kenntnis der Dämpfungsverzerrungen. Das Ohr ist gegen Phasenverzerrungen unempfindlich; es reagiert nicht auf Verzerrungen der Kurvenform sondern nur auf Verfälschungen des spektralen Gehaltes der Signale. Überall dort jedoch, wo es auf die Übertragung einer Kurvenform ankommt, also etwa in der Fernsehtechnik, der Datenübertragung, der PCM-Technik usw., spielen die Phasenverzerrungen eine ebensolche oder ggf. größere Rolle als die Dämpfungsverzerrungen.

Ausreichend für die Beurteilung der Phasenverzerrungen ist in jedem Falle die Kenntnis der *Phase* als Funktion der Frequenz im interessierenden Frequenzbereich. Wegen der Vieldeutigkeit der Phase sind die Messungen jedoch schwierig und mit Meßunsicherheiten von mehreren Grad nicht sehr genau. Außerdem ist bei größeren Frequenzbereichen eine Frequenzumsetzung erforderlich, sind Wobbelmessungen und eine Automatisierung des Meßablaufes schwierig und es können keine Streckenmessungen gemacht werden. Phasenmeßgeräte eignen sich daher eher für Laborarbeiten als für Betriebsmessungen an Übertragungssystemen (Bild 2.11). Ein Sonderfall ist die bereits erwähnte Messung des Phasenjitters digitaler Signale (vgl. Abschnitt 7.3.3.2).

Man weicht daher dort, wo konstante Steigung der Phasenkurve, d.h. konstante Gruppenlaufzeit genügt, auf die Messung von *Gruppenlaufzeitänderungen,* d.h. Abweichungen von einem konstanten (und meist nicht interessierenden) Wert aus, weil diese Änderungen genauer meßbar sind.

Während man die Phase über größere Frequenzbereiche nur auf einige Grad genau messen kann, richtet sich die Meßunsicherheit der Gruppenlaufzeitänderung nach

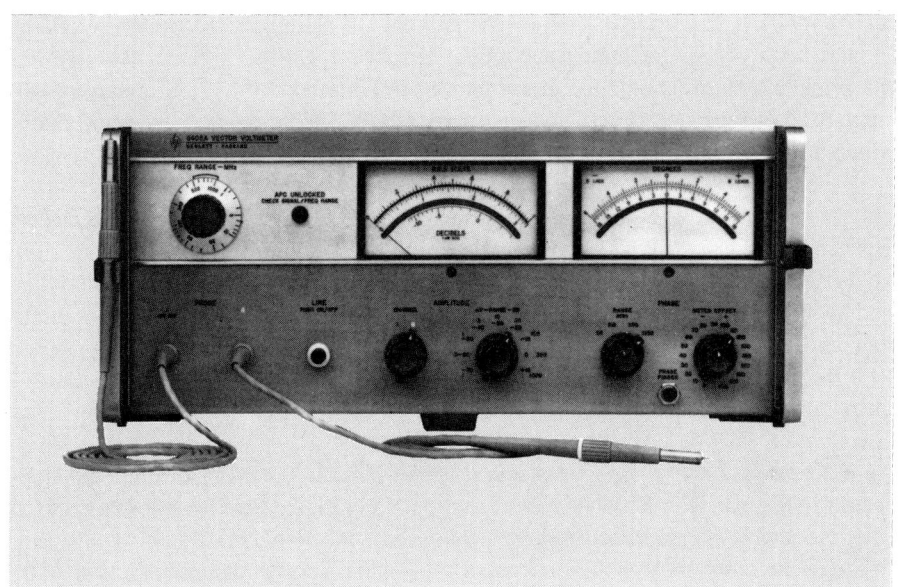

Bild 2.11: Phasenmeßgerät für den Frequenzbereich 1...1000 MHz mit Frequenzumsetzung nach dem Abtastprinzip (vgl. Beispiel 2.2). Für zwei an die beiden Tastköpfe angelegte Spannungen wird sowohl die Phasen- als auch die Pegeldifferenz gemessen.

Bild 2.12: Gruppenlaufzeit- und Dämpfungsmeßgerät (oben). Sender und Empfänger befinden sich in einem Gehäuse. Frequenzbereich 200 Hz bis 20 kHz. Die Spaltfrequenz beträgt ca. 40 Hz, der kleinste Meßbereich für die Gruppenlaufzeitänderung 50 μs. Die Ergebnisse können angezeigt oder – bei Wobbelbetrieb – über einen Schreiber (rechts) ausgegeben werden. Unter dem Meßgerät befindet sich ein Dämpfungs- und Laufzeitentzerrer als Meßobjekt.

der gewählten Spaltfrequenz. Bei Meßgeräten für niedrigere Frequenzen (einige hundert kHz) verwendet man Spaltfrequenzen in der Größenordnung 40...400 Hz und erreicht Meßunsicherheiten in der Größenordnung von 10 μs. Bei höheren Meßfrequenzen (bis einige 10 MHz und mehr) liegen die Spaltfrequenzen in der Größenordnung 10...100 kHz und die Meßunsicherheiten in der Größenordnung von 10 ns.

Meßgeräte für Gruppenlaufzeitänderungen (Bild 2.12) gestatten meist auch die gleichzeitige Messung der *Dämpfungsänderungen,* so daß sich – bis auf eine konstante Grunddämpfung – auch ein Bild des Dämpfungsverlaufs ergibt. Außerdem sind Wobbelmessungen möglich. Der Hauptvorteil jedoch ist die Eignung für Streckenmessungen. Bei Betriebsmessungen an Übertragungsstrecken wird man daher stets versuchen, anstelle von Phasenmessungen mit der Messung der Gruppenlaufzeitänderungen auszukommen.

Die wichtigsten *Anwendungsgebiete* sind daher: Messung und Entzerrung des Gruppenlaufzeitganges von Sprachkanälen und Primärgruppen zur Datenübertragung in Trägerfrequenzsystemen, Laufzeitentzerrung von Videokanälen, Messung und Entzerrung von breitbandigen Trägerfrequenzsystemen zur Fernsehübertragung [2.8]. Allerdings ist es nicht so einfach wie bei Dämpfungsänderungen, für Laufzeitänderungen zulässige Toleranzen festzulegen. Während bei der Dämpfung die Angabe der Größe einer Abweichung meist genügt, hängt die verzerrende Wirkung einer Laufzeitabweichung auch noch von deren Breite (im Frequenzbereich) ab, da sich die dazugehörige Phasenabweichung erst durch das Integral über die Laufzeitabweichung ergibt. Auch die Verwendung endlich großer Spaltfrequenzen ändert daran nichts; in jedem Fall ist die Fläche unter der Gruppenlaufzeitkurve ein Maß für die Phasenverzerrungen.

Die bisher besprochenen Laufzeitmessungen dienen der Bestimmung von Verzerrungen, wobei der Absolutwert der Laufzeit ohne Bedeutung ist. Ein ganz anderes Problem dagegen ist die Messung eben dieser *absoluten* Laufzeit für ein gegebenes Signal, also der *Signallaufzeit* im weitesten Sinn [2.9]. Mit heutigen Mitteln ist das nur als Schleifenmessung möglich[1], da sowohl das Eingangs- als auch das Ausgangssignal am Meßort benötigt werden, wenn man deren zeitliche Differenz z.B. mit einem Oszilloskop bestimmen will.

Sofern das Signal nur wenig verzerrt wird, stimmt die Signallaufzeit mit der absoluten Gruppenlaufzeit überein. Diese kann mit den genannten Verfahren gemessen werden, wenn man die Vergleichsphase für den Phasenmesser des Empfängers aus der Spaltfrequenz des Senders entnimmt (Bild 2.10). Bei stark verzerrten Signalen ergeben sich jedoch Schwierigkeiten, da die gemessene Gruppenlaufzeit im Übertragungsfrequenzbereich stark schwankt oder das Empfangssignal auf dem Bildschirm entsprechend verzerrt ist. Man weiß dann nicht, welchen Wert der Gruppenlaufzeit man als Signallaufzeit werten soll oder welche Punkte von Sende- und Empfangssignal einander zuzuordnen sind. In solchen Fällen kann es sinnvoll sein, eine Signal-

---

[1] Streckenmessungen wären nur mit ausreichend genauen Absolutzeitmessungen am Sende- und Empfangsort möglich.

laufzeit aus einer *Kreuzkorrelationsmessung* zwischen Ein- und Ausgangssignal als den Zeitpunkt zu bestimmen, zu dem die Kreuzkorrelationsfunktion ihren größten Wert annimmt, d.h. die beiden Signale die größte Ähnlichkeit besitzen (vgl. Abschnitt 6.3). Zum Gesamtproblem der Bedeutung und Deutung der Phasen-, Gruppen- und Signallaufzeit vgl. [2.2]; [2.10 bis 2.20].

3 Messung des Einschwingverhaltens

3.1 Definitionen

Die Eigenschaften linearer, zeitunabhängiger Systeme lassen sich sowohl im Frequenzbereich als auch im Zeitbereich beschreiben. Die bisher besprochenen Messungen
(Pegel bzw. Dämpfung und Phase bzw. Laufzeit) betreffen den Frequenzbereich
und dienen der Ermittlung der Systemfunktion bzw. ihrer Komponenten nach Gl.(0.1)
und (0.2). Sie verwenden definitionsgemäß sinusförmige Meßsignale.

Im *Zeitbereich* läßt sich ein System durch seine Antwort $a_i(t)$ auf eine sog. Elementar-
oder Singularitätsfunktion $\delta_i(t)$ beschreiben (vgl. z.B. [0.4; 3.1]). Vorzugsweise wäre
das die Impulsantwort $a_0(t)$, d.h. die inverse Fourier- bzw. Laplace-Transformierte
der Systemfunktion. Da sich jedoch Impulse $\delta_0(t)$ praktisch nur schwer annähern
lassen und jedes reale System übersteuern würden, verwendet man meist den
Sprung $\delta_{-1}(t)$ als Erregung. Unter „Messung des Einschwingverhaltens" versteht
man daher in der Regel die Messung der *Sprungantwort* $a_{-1}(t)$ eines Systems.
Kennt man die Sprungantwort, so läßt sich prinzipiell auch die Antwort auf eine
beliebige Erregung ermitteln. Die Messung des Einschwingverhaltens ist überall
dort angezeigt, wo es auf möglichst unverzerrte Übertragung der Kurvenform eines
Signals ankommt [3.2].

Eine typische Sprungantwort eines verzerrungsarmen Systems ist in Bild 3.1 dargestellt. Gegenüber dem Sprung am Eingang treten als Verzerrungen folgende

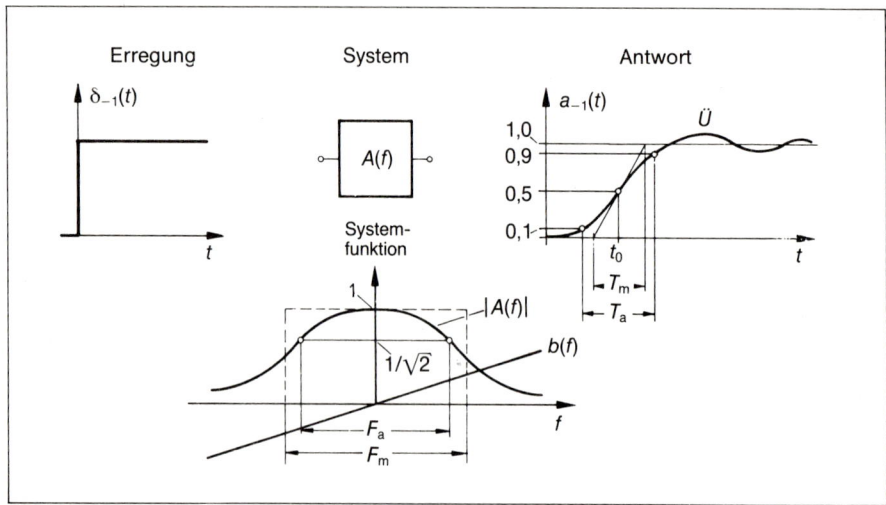

Bild 3.1: Typische Sprungantwort eines verzerrungsarmen Systems.

116

Unterschiede auf: *endliche Anstiegszeit* T_a und *Überschwingen* Ü. (Als Laufzeit des Signals definiert man üblicherweise die Größe t_0; sie stellt jedoch keine Verzerrung dar.) Die Anstiegszeit T_a wird zwischen den Punkten gemessen, an denen das Signal 10% und 90% des Endwertes erreicht hat. Sie stimmt näherungsweise mit der durch die Tangente an die Sprungantwort definierten *Einschwingzeit* T_m (auch mittlere Zeitdauer genannt) überein, so daß nach dem sog. Zeit-Bandbreite-Produkt (vgl. z. B. [0.2]) gilt

$$T_a \approx T_m = \frac{1}{F_m} , \qquad (3.1)$$

wobei $F_m = 2B_m$ die über ein flächengleiches Rechteck (gestrichelt in Bild 3.1) aus dem Betrag $|A(f)|$ der Systemfunktion definierte *mittlere Bandbreite* ist.

Setzt man für ein verzerrungsarmes System einen näherungsweise linearen Verlauf der Phase $b(f)$ voraus (Bild 3.1), so hängt das Überschwingen nur noch vom Verlauf des Betrages $|A(f)|$ der Systemfunktion ab. Für einen Verlauf gemäß der Gaußschen Fehlerfunktion

$$|A(f)| = \exp\left[-\pi\left(\frac{f}{F_m}\right)^2\right] \qquad (3.2a)$$

verschwindet das Überschwingen. Durch inverse Fourier-Transformation der Gl. (3.2a) findet man nämlich die Impulsantwort $a_0(t)$ und daraus durch Integration die Sprungantwort $a_{-1}(t)$ mit $T_m = 1/F_m$ zu:

$$a_0(t) = \frac{1}{T_m} \cdot \exp\left[-\pi\left(\frac{t}{T_m}\right)^2\right]; \quad a_{-1}(t) = \frac{1}{T_m} \cdot \int_{-\infty}^{t} \exp\left[-\pi\left(\frac{\tau}{T_m}\right)^2\right] d\tau. \quad (3.2b)$$

Die Impulsantwort verläuft also ebenfalls nach der Gaußschen Fehlerfunktion, die Sprungantwort nach dem Gaußschen Fehlerintegral. Ein solches System nennt man *Gauß-Tiefpaß*, für den gleichfalls Bild 3.1 gilt, wenn man sich das Überschwingen wegdenkt. Anstelle der schwer meßbaren mittleren Bandbreite F_m läßt sich besser die *3-dB-Bandbreite* $F_a = 2B_a$ verwenden, die man leicht zwischen den Punkten messen kann, an denen der Betrag $|A(f)|$ der Systemfunktion auf $1/\sqrt{2}$ abgefallen ist (Bild 3.1) Zwischen der (im Gegensatz zu T_m) ebenfalls leicht meßbaren Anstiegszeit T_a und dieser Bandbreite gilt dann für den Gauß-Tiefpaß (mit $T_a = 1{,}022\, T_m$ und $F_a = 0{,}665\, F_m$) das „technische Zeit-Bandbreite-Produkt" [0.2; 3.3]

$$T_a = \frac{0{,}68}{F_a} = \frac{0{,}34}{B_a} , \qquad (3.3)$$

wobei $B_a = F_a/2$ die häufig benutzte „einfache" 3-dB-Bandbreite ist. Die einzige bei einem Gauß-Tiefpaß noch vorhandene Verzerrung in der Sprungantwort, nämlich die endliche Anstiegszeit T_a, ist also nach Gl. (3.3) umgekehrt proportional zur Bandbreite F_a und allein von dieser abhängig.

Ein Gauß-Tiefpaß ließe sich nur mit unendlichem Aufwand (und dabei mit unendlich großer Laufzeit) exakt realisieren. Er läßt sich jedoch praktisch (mit endlicher und näherungsweise konstanter Laufzeit) so gut annähern, daß man seine Eigenschaften „stellvertretend" für viele praktische Systeme zugrundelegen, ihn also als „Modell" für solche Systeme verwenden kann.

Wichtig für die Praxis sind noch die Verhältnisse bei der Kettenschaltung von Gauß-Tiefpässen sowie die Übertragbarkeit kurzer Rechteckimpulse. Bei der *Kettenschaltung* von Gauß-Tiefpässen unterschiedlicher Anstiegszeiten T_{a1}, T_{a2} . . . usw. ergibt sich, wie man aus Gl.(3.2) und (3.3) berechnen kann, wieder ein Gauß-Tiefpaß mit einer *resultierenden Anstiegszeit*

$$T_a = \sqrt{T_{a1}^2 + T_{a2}^2 + \ldots} \; . \tag{3.4}$$

Diese Beziehung ist für Überschlagsrechnungen von großem praktischem Nutzen (vgl. Beispiel 3.1).

Speist man einen Gauß-Tiefpaß der Anstiegszeit T_a mit einem *Rechteckimpuls* der Dauer T_i, so überlagern sich die Einschwingvorgänge für die Vorder- und Rückflanke des Rechteckimpulses. Wegen der endlichen Anstiegszeit erreicht das Ausgangssignal nur bei genügend großer Impulsdauer T_i annähernd seinen Endwert, andernfalls bleibt seine Maximalamplitude darunter. Tab. 3.1 gibt einige Werte der Amplitude A in Prozent des Endwertes A_{max} als Funktion der auf die Anstiegszeit T_a bezogenen Impulsdauer T_i:

Tab. 3.1: Relative Ausgangsamplitude A/A_{max} eines Gauß-Tiefpasses als Funktion der relativen Impulsdauer T_i/T_a.

T_i/T_a	0,1	0,2	0,5	1,0	1,5	2,0
A/A_{max}	10%	20%	48%	80%	94%	99%

Ist die Impulsdauer T_i gleich der Anstiegszeit T_a, so werden noch 80% des Endwertes erreicht. Soll die Ausgangsamplitude annähernd den vollen Endwert (99%) erreichen, muß die Impulsdauer

$$T_{i\,min} \approx 2T_a \tag{3.5}$$

betragen. Der Einschwingvorgang eines Gauß-Tiefpasses ist also praktisch innerhalb seiner doppelten Anstiegszeit beendet.

Beispiel 3.1

a) Ein Oszilloskop mit der einfachen 3-dB-Bandbreite $B_a = 340$ MHz wird mit einem idealen Sprung gespeist. Wie groß ist die Anstiegszeit T_a auf dem Bildschirm?

Aus Gl.(3.3) folgt:

$$T_a = \frac{0,34}{B_a} = \frac{0,34}{340 \cdot 10^6 \text{ Hz}} = 10^{-9}\text{s} = 1 \text{ ns}.$$

b) Ein Gauß-Tiefpaß der Anstiegszeit T_{a2} wird mit einem nichtidealen Sprung der Anstiegszeit T_{a1} gespeist. Welche Anstiegszeit T_a hat die Ausgangszeitfunktion?

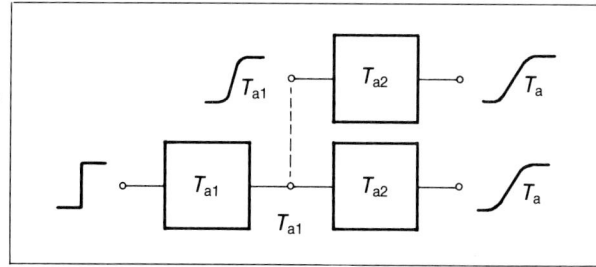

Den nichtidealen Sprung T_{a1} kann man sich aus einem idealen Sprung und einem Gauß-Tiefpaß der Anstiegszeit T_{a1} entstanden denken. Für die Anstiegszeit T_a der Ausgangszeitfunktion gilt demnach Gl. (3.4):

$$T_a = \sqrt{T_{a1}^2 + T_{a2}^2} \ . \tag{x}$$

Für $T_{a1} = T_{a2}$ wird $T_a = \sqrt{2}\, T_{a1}$.

c) Über einen Tiefpaß der Anstiegszeit T_{a2} (z. B. den Verstärker eines Oszilloskops) soll die Anstiegszeit T_{a1} der Erregung durch einen nichtidealen Sprung direkt gemessen werden. Wie muß T_{a2} gewählt werden?

Es soll $T_a \approx T_{a1}$ sein, d. h. nach Gl.(x) muß $T_{a2} \ll T_{a1}$ sein: Die Anstiegszeit T_{a2} des Tiefpasses muß klein gegen die Anstiegszeit T_{a1} der Erregung sein.

d) Mit einem nichtidealen Sprung der Anstiegszeit T_{a1} soll die Anstiegszeit T_{a2} eines Tiefpasses (z. B. eines Oszilloskops) gemessen werden. Wie muß T_{a1} gewählt werden?

Es soll $T_a \approx T_{a2}$ sein, d. h. nach Gl.(x) muß $T_{a2} \ll T_{a1}$ sein: Die Anstiegszeit T_{a1} der Erregung muß klein gegen die Anstiegszeit T_{a2} des Tiefpasses sein.

e) Der Fehler bei den Messungen nach Punkt c) und d) bleibt unter 2%, sofern sich die Anstiegszeiten um mehr als den Faktor 5 unterscheiden. Es sei z. B. für Punkt b) $T_{a2} = T_{a1}/5$. Dann folgt aus Gl.(x):

$$T_a = \sqrt{T_{a1}^2 + \frac{1}{25}\, T_{a1}^2} = T_{a1} \cdot \sqrt{1 + \frac{1}{25}} \ .$$

Mit der Näherung $\sqrt{1 + \Delta} \approx 1 + \dfrac{\Delta}{2}$ für $\Delta \ll 1$ ergibt sich

$$T_a \approx T_{a1} \cdot \left(1 + \frac{1}{50}\right) \approx 1{,}02\, T_{a1},$$

d. h. ein Fehler von rund 2%.

f) Ein nichtidealer Rechteckimpuls der Anstiegszeit T_{a1} und der Dauer $T_i = 3T_{a1}$ wird über einen Tiefpaß der Anstiegszeit $T_{a2} = \sqrt{3}\, T_{a1}$ übertragen. Wieviel Prozent des Endwertes werden am Ausgang erreicht?

Nach Gl.(x) beträgt die resultierende Anstiegszeit:

$$T_a = \sqrt{T_{a1}^2 + T_{a2}^2} = \sqrt{T_{a1}^2 + 3T_{a1}^2} = 2T_{a1} \ .$$

Mit $T_i = 3T_{a1}$ folgt $T_i/T_a = 1{,}5$. Das ergibt nach Tab. 3.1 eine maximale Ausgangs-amplitude von 94% des Endwertes. ●

Diese Beispiele verdeutlichen die Bedeutung der Gl.(3.4). Für Direktmessungen der Anstiegszeit einer Erregung oder eines Systems muß die jeweils andere Anstiegs-zeit möglichst klein sein. Liegen beide in der gleichen Größenordnung, so muß das Meßergebnis korrigiert werden. Ist die zu messende Anstiegszeit zu kurz gegen-über der anderen, ist eine Messung nicht mehr möglich.

3.2 Pulsgeneratoren

Zur Speisung des Meßobjektes bei der Messung des Einschwingverhaltens benö-tigt man – im Gegensatz zu den bisher betrachteten sinusförmigen Signalen – impuls-förmige Signale. Mit Impuls bezeichnet man in der Regel einen einmaligen Vorgang, der nur schlecht meßbar ist. Deswegen werden Impulse periodisch wiederholt, wo-durch ein sog. Puls entsteht. Sender, die solche Signale abgeben, nennt man *Puls-generatoren*. Nach Abschnitt 3.1 bevorzugt man den Sprung als Erregung; ein ent-sprechender Pulsgenerator erzeugt also einen *Rechteckpuls* (Rechteckschwingung, Rechteckimpulsfolge), der mit seinen wichtigsten Bestimmungsstücken in Bild 3.2 dargestellt ist.

Ausgehend vom *Bezugswert* (z.B. einem Bezugspotential) definiert man *Impulsdach* und *Impulsfuß* und damit auch *Impuls-* und *Pausendauer,* positive oder negative *Amplitude* sowie *Anstiegs-* und *Abfallzeit.* Aus diesen Größen folgen schließlich die *Periodendauer* oder die *Folgefrequenz,* das *Tastverhältnis* und die *Flankensteilheit.*

Die genannten Bestimmungsstücke müssen dem Meßproblem angepaßt sein. So muß z.B. die Anstiegszeit des Pulsgenerators nach Gl.(3.4) klein sein gegen die An-

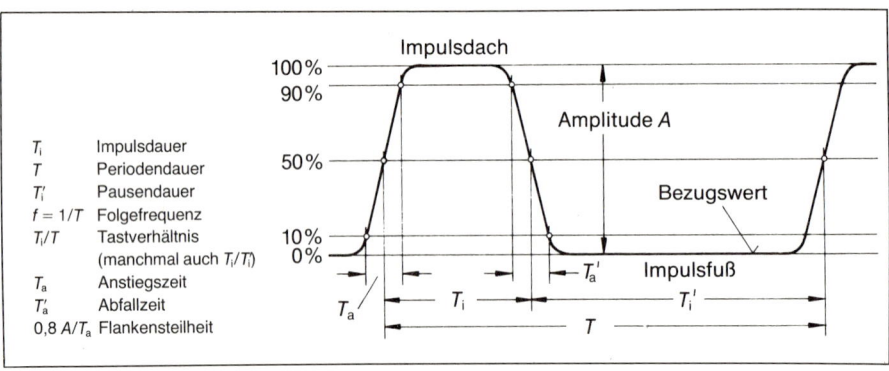

Bild 3.2: Rechteckpuls.

stiegszeit des Meßobjektes, wenn diese direkt gemessen werden soll (vgl. auch Beispiel 3.1d). Impuls- und Pausendauer müssen so groß sein, daß die Einschwingvorgänge des Meßobjektes abklingen können, also sich nicht über mehrere Perioden überlagern. Die Impulsform des Generators muß sauber, d.h. frei von Überschwingen sein, da man sonst das Einschwingverhalten des Meßobjektes nicht beurteilen kann. Amplitude und Folgefrequenz müssen hinreichend hoch sein, damit sich z.B. auf einem Sichtgerät noch ein genügend großes und helles Bild ergibt.

Bild 3.3 zeigt das Blockschaltbild a) und den Impulsplan b) eines Universal-Pulsgenerators. Die numerierten Zeilen des Impulsplanes geben die Vorgänge wieder, die an den entsprechend numerierten Stellen des Blockschaltbildes auftreten.

Ein Generator erzeugt Impulse mit in weiten Grenzen einstellbarer *Folgefrequenz* (Zeile 1). Die Impulse lassen sich über einen *Trigger-Ausgang* (engl.: to trigger, auslösen) anderen Systemen zuführen. Andererseits ist der Generator über einen *Trigger-Eingang* durch externe Signale steuerbar. In einer weiteren Stufe lassen sich die Impulse *verzögern* (Zeile 2), so daß ein Anzeigegerät (z.B. ein Oszilloskop) durch die Triggerimpulse rechtzeitig vor Abgabe des Meßimpulses ausgelöst werden kann (engl.: pretrigger). In der dritten Stufe wird ein Rechteckpuls mit in weiten Grenzen einstellbarer *Impulsdauer* erzeugt (Zeile 3), wodurch auch das *Tastverhältnis* gewählt werden kann. Die *Flankensteilheit* für Anstieg und Abfall ist in einer vierten Stufe nach Wunsch einstellbar (Zeile 4). Ein Verstärker sorgt für die notwendige Ausgangsleistung, für einstellbare Amplitude und Polaritätswahl. Jeder Parameter läßt sich unabhängig von den anderen einstellen.

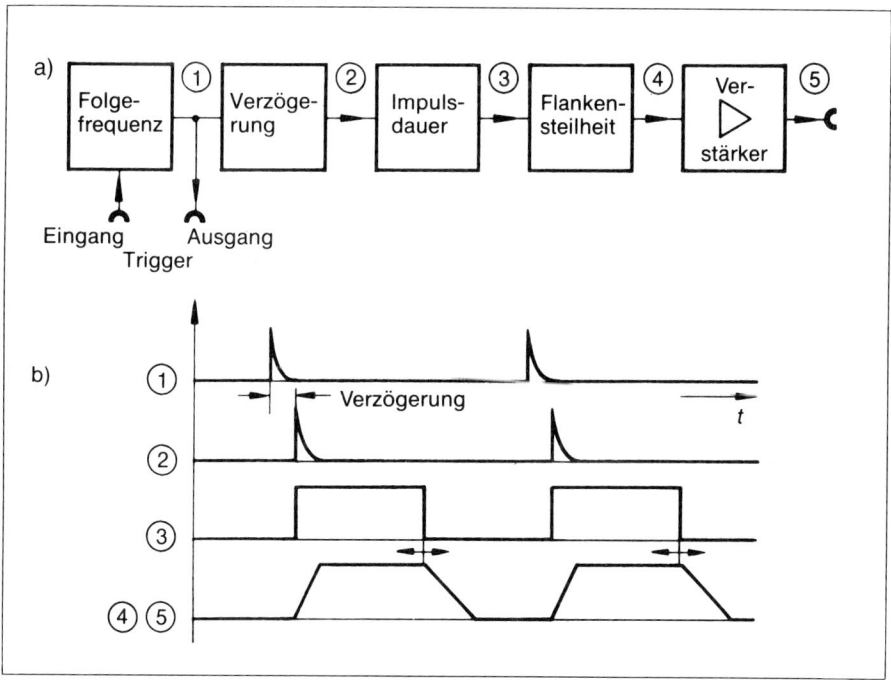

Bild 3.3: a) Blockschaltbild und b) Impulsplan eines Pulsgenerators.

Ein Überblick über die wichtigsten *Daten* moderner Pulsgeneratoren ist nur grob möglich. Typische Werte für höchste Folgefrequenz, größte Amplitude und kürzeste Anstiegszeit kann man sich durch die Größenordnungen 250 MHz, 5 V, 1 ns merken, die selbstverständlich nur als Anhaltspunkte dienen sollen. Der Innenwiderstand ist typisch 50 Ω. Überschwingen und sonstige Unsauberkeiten der Impulsform betragen einige Prozent.

Daneben gibt es auch Generatoren für besondere Anwendungen, deren Daten hiervon erheblich abweichen. Mit speziellen Halbleiterbauelementen erzeugt man Impulse von 1 V Amplitude und 0,2 ns Anstiegszeit. Durch Entladen homogener Leitungen über geeignete mechanische Schalter kann man Impulse von mehreren 100 V Amplitude und 0,5 ns Anstiegszeit erzeugen, allerdings bei sehr kleinem Tastverhältnis und einer Folgefrequenz von höchstens einigen hundert Hertz.

3.3 Standardoszilloskope

Das wichtigste Anzeigegerät für die Messung des Einschwingverhaltens (und ganz allgemein für die Messung beliebiger Kurvenformen) ist das Oszilloskop. Dabei ist hier und im folgenden stets das *Elektronenstrahloszilloskop* gemeint, das man treffend auch „das Voltmeter des Impulstechnikers" nennt. [3.4 bis 3.8].

Bild 3.4 zeigt Blockschaltbild und Impulsplan eines Oszilloskops. Als Beispiel wurde dabei ein sog. Standard- oder Universaloszilloskop gewählt, d.h. ein universell verwendbares und nicht an einen bestimmten Zweck gebundenes Gerät (DIN 43740, Teil 1 [3.9]; [3.10]). Zwei wichtige Zusatzeinrichtungen, nämlich die Möglichkeit der simultanen Darstellung zweier Signale sowie der verzögerten Zeitablenkung, werden einbezogen. Das Blockschaltbild besteht aus Sichtteil, Verstärkerteil und Zeitablenkteil.

Der *Sichtteil* enthält die Elektronenstrahlröhre und ihre Stromversorgung. Diese Röhre (auch Braunsche Röhre oder Katodenstrahlröhre genannt) hat einen Bildschirm, auf dem sich ein Leuchtfleck in zwei Koordinatenrichtungen, z.B. in X-Richtung (horizontal) und in Y-Richtung (vertikal) bewegen läßt. Diese „Ablenkung" genannte Bewegung erfolgt in der Regel durch Spannungen, die man an entsprechende Ablenkplatten anlegt (sog. elektrostatische Ablenkung, im Gegensatz zu der z.B. bei Fernseh- und Radarbildröhren benutzten magnetischen Ablenkung). Lenkt man den Elektronenstrahl in X-Richtung zeitproportional und in Y-Richtung mit dem darzustellenden Signal aus, so beschreibt der Leuchtfleck eine dem zeitlichen Verlauf des Signals entsprechende Spur auf dem Bildschirm. Durch genügend rasche periodische Wiederholung dieser Ablenkvorgänge entsteht infolge der Trägheit des Auges ein scheinbar „stehendes" Bild der Kurvenform des interessierenden Signals, sofern dieses ebenfalls periodisch ist. Allerdings ist dazu ein Gleichlauf (Synchronisation) zwischen Signal und Zeitablenkung nötig, der durch die noch zu erörternde Triggerung erreicht wird, so daß der Leuchtfleck periodisch stets die gleiche Spur auf dem Bildschirm durchläuft.

Wesentliche Eigenschaften einer Elektronenstrahlröhre sind große *Helligkeit* bei guter Punktschärfe, hohe *Linearität* der Ablenkung bei möglichst großem Bildschirm und

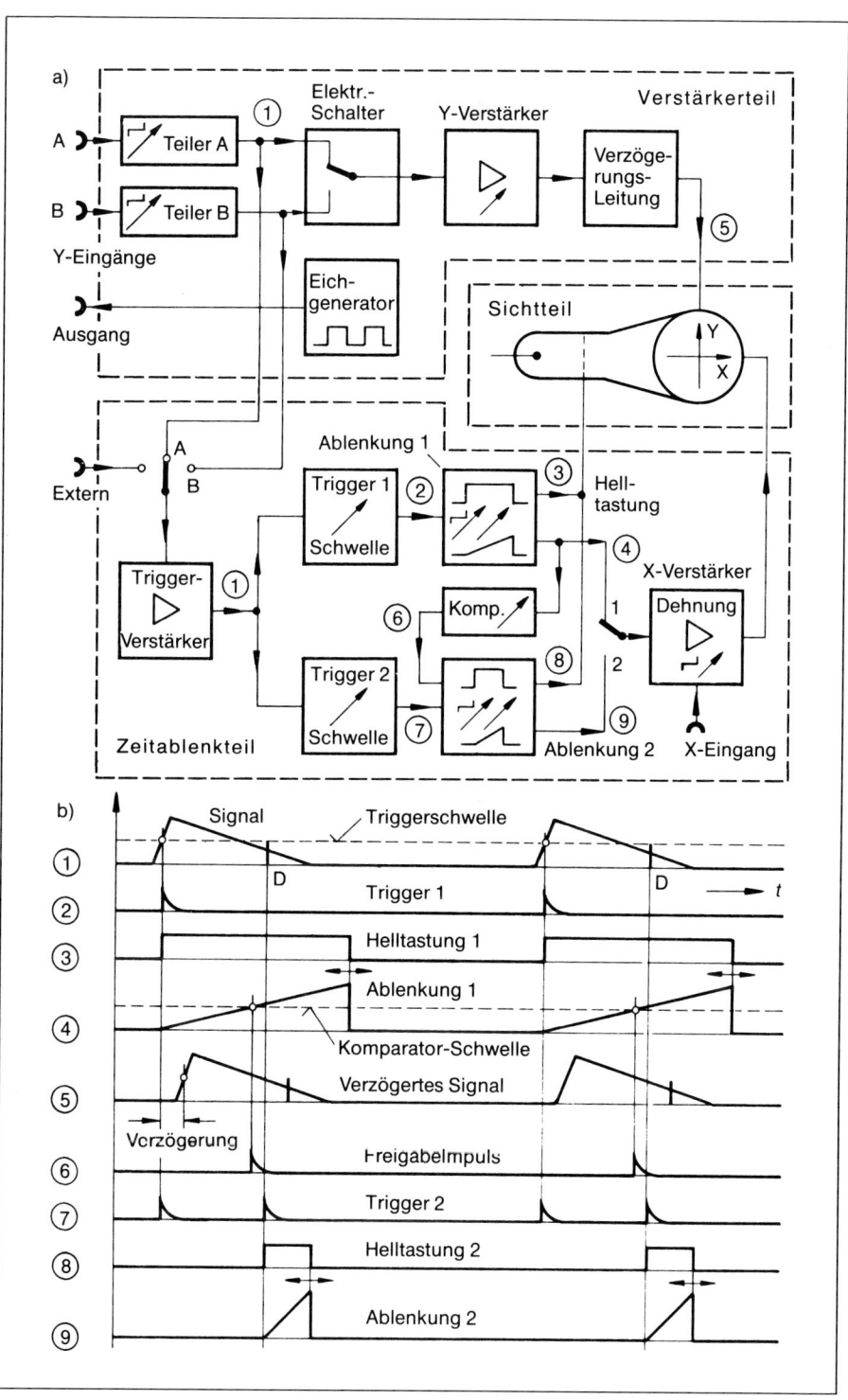

Bild 3.4: a) Blockschaltbild und b) Impulsplan eines Elektronenstrahloszilloskops.

geringer Spannungsbedarf für die Ablenkung in beiden Richtungen. Dieser Spannungsbedarf wird durch die sog. *Ablenkkoeffizienten* gekennzeichnet und liegt bei modernen Röhren in der Größenordnung 1 V/cm für die Y-Richtung und 10 V/cm für die X-Richtung (grobe Richtwerte). [3.11; 3.12].

Der *Verstärkerteil* dient der Verstärkung schwacher Signale bis zu den für die Y-Ablenkung der Elektronenstrahlröhre notwendigen Amplituden von einigen Volt. Daneben enthält er noch eine Verzögerungsleitung (deren Funktion später besprochen wird) und in diesem Beispiel noch einen elektronischen Schalter, mit dem sich zwei (oder auch mehrere) Signale scheinbar gleichzeitig darstellen lassen[1]. Die Signale werden an die Y-Eingänge A und B angelegt. Je ein stufenweise umschaltbarer Teiler gestattet ggf. ihre Abschwächung auf den Amplitudenbereich des Verstärkers, dessen Verstärkung zusätzlich noch innerhalb der Teilerstufen kontinuierlich einstellbar ist. Der elektronische Schalter ermöglicht die wahlweise Darstellung eines der beiden Signale oder speist den Verstärker abwechselnd mit beiden Signalen. Er schaltet im Takt der Zeitablenkung um, so daß die beiden Signale abwechselnd geschrieben werden und bei hinreichend schnellem Wechsel infolge der Trägheit des Auges gleichzeitig auf dem Bildschirm zu sehen sind (siehe auch Bild 3.9). Bei langsamem Wechsel stört dieser Umschaltvorgang. Hierfür gibt es eine Betriebsart, in der zwischen den beiden Signalen während eines Ablenkvorgangs so oft umgeschaltet wird, daß sie wieder scheinbar gleichzeitig zu sehen sind. Außerdem läßt sich meist auch die Summe bzw. die Differenz der beiden Signale bilden.

Wichtigste Eigenschaft eines Y-Verstärkers ist seine *Verzerrungsarmut,* d.h. eine möglichst gute Wiedergabe von Signalen beliebiger Kurvenform und Amplitude [3.13]. Der Oszilloskopverstärker ist ein typisches Beispiel für einen möglichst gut angenäherten *Gauß-Tiefpaß* nach Abschnitt 3.1. Der Betrag seiner Systemfunktion muß möglichst gut der Gl.(3.2a) gehorchen und die Phase muß im gesamten Frequenzbereich möglichst linear verlaufen. Die einzige (unvermeidliche) Verzerrung ist dann seine endliche *Anstiegszeit* T_a nach Gl. (3.3), die um so kleiner ist, je größer seine *Bandbreite* $F_a = 2B_a$ ist (vgl. auch Bild 3.8). Typische Anstiegszeiten moderner Breitbandoszilloskope liegen im Bereich von $T_a = 10 \ldots 1$ ns, was nach Gl.(3.3) Bandbreiten von $B_a = 34 \ldots 340$ MHz entspricht. Der Spannungsbedarf am Verstärkereingang, d.h. der Ablenkkoeffizient, liegt dabei in der Größenordnung 5 mV/cm. Spitzengeräte erreichen eine Bandbreite von 1 GHz, allerdings mit speziellen Elektronenstrahlröhren [3.27].

Der *Zeitablenkteil* bewirkt die zeitproportionale Ablenkung des Leuchtflecks in X-Richtung. Die Periodizität dieser Ablenkung muß mit der des Signals übereinstimmen, damit sich ein „stehendes" Bild ergibt. Die Zeitablenkung muß also durch das Signal getriggert werden. Der Ablauf der einzelnen Vorgänge geht aus Bild 3.4 hervor. Die numerierten Zeilen des Impulsplanes geben die Vorgänge wieder, die an den entsprechend numerierten Stellen des Blockschaltbildes auftreten.

---

[1] Neben diesen sog. Zweikanal-Oszilloskopen gibt es auch *Zweistrahl*-Oszilloskope. Deren Elektronenstrahlröhre besitzt zwei völlig voneinander unabhängige Strahl- und Ablenksysteme, die von ebenfalls unabhängigen Verstärker- und Ablenkteilen gesteuert werden. Dadurch ergeben sich praktisch zwei Oszilloskope in einem Gehäuse.

Es soll z.B. das periodische Signal in Zeile 1 abgebildet werden. Der elektronische Schalter im Verstärkerteil befinde sich dauernd in der gezeichneten Stellung. Zum Triggern ist zunächst die Triggerquelle zu wählen. Hierfür hat der Trigger-Verstärker, der das Signal auf eine genügend große Amplitude zu bringen hat, einen umschaltbaren Eingang. Neben der Möglichkeit, externe Triggerquellen zu verwenden, kann man den Trigger wahlweise vom Y-Eingang A oder B beziehen (im vorliegenden Beispiel also vom Eingang A). Das verstärkte Signal wird dem Trigger-Generator „Trigger 1" zugeführt. Dieser erzeugt bei Überschreiten einer einstellbaren Triggerschwelle (Zeile 1) einen kurzen Triggerimpuls (Zeile 2), der die Zeitablenkung „Ablenkung 1" auslöst. Die Zeitablenkung liefert zunächst eine zeitproportional ansteigende Ablenkspannung („Sägezahn", Zeile 4), die über den X-Verstärker den Ablenkplatten zugeführt wird. Weiterhin erzeugt sie einen gleich langen Rechteckimpuls (Zeile 3), der zur Helltastung des Elektronenstrahls verwendet wird, so daß der Leuchtfleck nur während der Ablenkdauer sichtbar, sonst aber abgedunkelt ist. Die Ablenkdauer, d.h. die Dauer des Sägezahnes (und Helltastimpulses), bestimmt den Zeitmaßstab, der als *Zeitkoeffizient* z.B. in s/cm angegeben wird. Er läßt sich, unabhängig von der Periodendauer des Signals, stufenweise und kontinuierlich in weiten Grenzen einstellen, so daß sich der „Bildausschnitt" nach Wunsch wählen läßt. Da die Triggerung stets durch das Signal (bei der voreingestellten Triggerschwelle) erfolgt, ergibt sich unabhängig vom Zeitkoeffizienten stets ein „stehendes" Bild. Damit schließlich auch noch die Signalflanke, die den Triggerimpuls bewirkt, auf dem Bildschirm sichtbar wird, muß das Signal *verzögert* werden. Es erscheint dann erst nach Auslösung der Zeitablenkung an den Ablenkplatten (Zeile 5) und kann vollständig abgebildet werden.

Damit ist die Wirkungsweise der einfachen Zeitablenkung beschrieben. Sie gestattet es, die auf den Triggerzeitpunkt folgenden Teile des Signals im gewünschten Zeitmaßstab abzubilden. Hat man jedoch ein feines Detail innerhalb eines Signals zu untersuchen, wie dies etwa durch den Strich an der Stelle D in Zeile 1 angedeutet ist, so läßt sich dies mit der bisher beschriebenen Zeitablenkung nur unbefriedigend lösen. Man müßte die Triggerschwelle so wählen, daß die Zeitablenkung auch an der Stelle D getriggert wird, was jedoch offensichtlich zu Mehrdeutigkeiten im Bild führen würde. Das eben beschriebene Problem, einen *Ausschnitt* aus dem Oszillogramm eindeutig in gewünschter zeitlicher Auflösung abzubilden, wird durch die *verzögerte Zeitablenkung* gelöst. Hierzu ist ein zweiter Zeitablenkteil vorhanden („Trigger 2" und „Ablenkung 2" in Bild 3.4a), der mit dem ersten prinzipiell identisch ist und ebenfalls über den Triggerverstärker gespeist wird. Die Triggerschwelle kann unabhängig von der des Triggers 1 so eingestellt werden, daß auch durch das zu betrachtende Detail ein Triggerimpuls erzeugt wird (Zeile 7). Die oben erwähnte Mehrdeutigkeit wird hier jedoch durch folgende Maßnahme vermieden: Die Zeitablenkung 2 ist gesperrt und reagiert nur dann auf einen Triggerimpuls, wenn sie vorher einen Freigabeimpuls (Zeile 6) erhält. Dann macht sie eine einmalige Ablenkung (Zeile 9) und bleibt bis zum nächsten Freigabeimpuls wieder gesperrt. Den Freigabeimpuls (Zeile 6) bezieht man aus einem Komparator mit einstellbarer Schwelle, dem der Sägezahn der Ablenkung 1 zugeführt wird (Zeile 4). Durch Wahl der Schwelle läßt er sich an die gewünschte Stelle schieben. Auf diese Weise läßt sich die Ablenkung 2 (Zeile 9) mit wählbarer Dauer an einer beliebigen Stelle innerhalb der Ablenkung 1 auslösen. Überlagert man die Helltastung 2 (Zeile 8) der Helltastung 1 (Zeile 3), so erscheint der von der Ablenkung 2 überstrichene Bereich im Oszillogramm aufgehellt, so daß er bequem gewählt werden kann. Schaltet man nun den X-Verstärker von der Ablenkung 1 auf Ablenkung 2 um, so wird mit Hilfe dieser verzögerten Ablenkung der gewünschte Ausschnitt abgebildet (vgl. Bild 3.11). Die Umschaltung kann von Hand vorgenommen werden, so daß die Abbildung insgesamt mit der Ablenkung 2 erfolgt (verzögerte Ablenkung, engl.: delayed sweep). Manche Geräte können jedoch auch intern automatisch in jeder Periode der Ablenkung 1 umgeschaltet werden, so daß die Abbildung vor dem Einsetzzeitpunkt der Ablenkung 2 mit der Ablenkung 1 und nachher mit der Ablenkung 2 erfolgt (gemischte Ablenkung, engl.: mixed sweep). Dadurch läßt sich z.B. die ganze „Vorgeschichte" des gewünschten Details überblicken, dieses sich jedoch trotzdem in gewünschter zeitlicher Auflösung betrachten.

Wesentliche Eigenschaften einer Zeitablenkung sind neben zuverlässiger Triggerung gute Linearität und ein in weiten Grenzen wählbarer *Zeitkoeffizient*. Dieser liegt bei modernen Geräten größenordnungsmäßig im Bereich 1 s/cm bis 10 ns/cm (bei Spitzengeräten bis 2 ns/cm). Durch eine sogenannte *Dehnung*, d.h. Erhöhung der X-Verstärkung, läßt sich weiterhin ein Ausschnitt aus der Bildmitte vergrößert darstellen, was einer weiteren Reduktion des Zeitkoeffizienten (um den Faktor 5 bis 10) bis in die Größenordnung 1 ns/cm (0,2 ns/cm) entspricht. Schließlich besitzen die meisten Geräte noch einen X-Eingang zur Horizontalablenkung mit einer beliebigen Fremdspannung.

Die *Meßgenauigkeit* eines Oszilloskops hängt von der Genauigkeit des Ablenkkoeffizienten in Y-Richtung und des Zeitkoeffizienten in X-Richtung ab. Diese Größen sind bei den meisten Geräten definiert einstellbar und lassen sich durch einen eingebauten *Eichgenerator* (Bild 3.4a) überprüfen. Der Eichgenerator liefert hierzu eine Rechteckspannung definierter Amplitude und Periodendauer, mit deren Hilfe sich die Y-Verstärkung und die Ablenkdauer in X-Richtung ggf. nachstellen lassen.

Wie bereits im Abschnitt 0.4.3 ausgeführt, bedeutet jede Messung einen Eingriff in das Meßobjekt. Beim Anschluß eines Oszilloskops besteht dieser Eingriff in der *Belastung* des Meßobjektes mit der Eingangsimpedanz des Oszilloskops. Diese beträgt typischerweise 20 pF parallel zu 1 MΩ (Bild 3.5), wobei die kapazitive Belastung in der Regel kritischer und für viele Zwecke bereits zu hoch ist. Zudem benötigt man noch eine meist abgeschirmte Zuleitung, deren Kapazität (gestrichelt in Bild 3.5) noch hinzukommt, so daß man z.B. mit 45 pF Lastkapazität rechnen muß. Diese Belastung läßt sich durch Verwendung eines sog. *Tastkopfes* verringern.

Ein Tastkopf ist eine Einheit aus einem *RC*-Glied, das direkt am Meßobjekt sitzt und einem kapazitätsarmen abgeschirmten Zuleitungskabel. Zusammen mit der Eingangsimpedanz des Oszilloskops stellt er einen Teiler dar. Im gewählten Beispiel wird ein am Tastkopf liegendes Signal um den Faktor 10 geteilt. Für die Teilung der tiefen Frequenzen sind praktisch nur die Widerstände, für die Teilung der hohen Frequenzen praktisch nur die

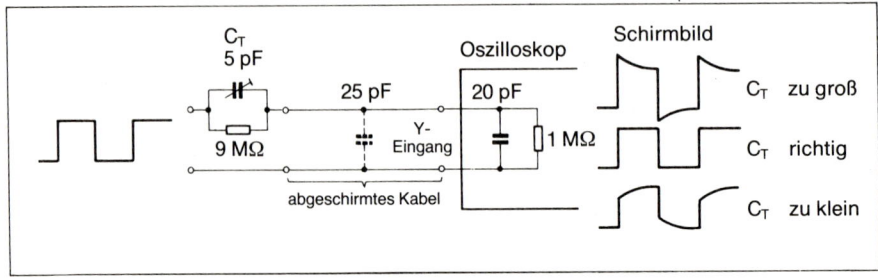

Bild 3.5: Aufbau und Abgleich eines Tastkopfes.

Kondensatoren maßgebend. Sollen keine Verzerrungen der Signalform auftreten, muß die Teilung frequenz-unabhängig erfolgen. Dies ist bei Gleichheit der Zeitkonstanten der Fall, wie dies durch die Zahlenwerte in Bild 3.5 gegeben ist: $5\,\mathrm{pF} \cdot 9\,\mathrm{M\Omega} = 45\,\mathrm{pF} \cdot 1\,\mathrm{M\Omega}$. Dieser Zustand muß durch Abgleich des Kondensators C_T hergestellt werden, was zweckmäßigerweise mit Hilfe der Rechteckspannung des Eichgenerators geschieht. Ein Fehlab-gleich zeigt sich in Form von Dachschrägen auf dem Bildschirm (Bild 3.5). Soll der Tastkopf möglichst klein sein, z.B. für Messungen an integrierten Schaltungen, wird C_T durch einen Miniatur-Festkondensator ersetzt und ein Abgleichkondensator am geräteseitigen Kabelende vorgesehen.

Durch Verwendung des Tastkopfes hat sich die Belastung eines Meßobjektes wesentlich verringert. Im be-sprochenen Beispiel liegt die Kapazität jetzt in der Größenordnung 5 pF; der Widerstand beträgt 10 MΩ. Der Preis dafür ist die Abschwächung des Signals um den Faktor 10. Ist eine solche Abschwächung unzulässig, so muß man anstelle dieser passiven Tastköpfe solche verwenden, die direkt am Meßobjekt ein verstärkendes Element besitzen und dadurch eine Abschwächung vermeiden. [3.14].

In diesem Abschnitt wurde nur *ein* Vertreter aus der Gruppe der Oszilloskope besprochen. Daneben gibt es zahlreiche Ausführungsformen für die unterschiedlichsten Anwendungen. Durch ein Konstruktionsprinzip, die sog. *Einschubtechnik,* kann die Flexibilität eines Oszilloskops erhöht werden. Dabei sind z.B. der Verstärkerteil und ggf. auch der Zeitablenkteil als Einschübe zu einem Grundgerät konstruiert und daher austauschbar. Auf diese Weise kann man etwa einen Breitbandverstärker durch einen Verstärker mit sehr hoher Verstärkung oder einen Differenzverstärker usw. ersetzen, ohne das ganze Gerät auswechseln zu müssen. Ein Zeitablenkteil läßt sich durch einen Verstärker ersetzen, wodurch ein sog. XY-Oszilloskop entsteht, das sich in beiden Rich-tungen unabhängig voneinander ablenken läßt.

Trotz seiner universellen Verwendbarkeit stößt das Standardoszilloskop bei bestimmten Anwendungen an *Grenzen,* ab denen es nur noch bedingt oder gar nicht mehr ver-wendbar ist. Dies betrifft die Darstellung sehr *langsamer* sich *selten wiederholender, einmaliger* und *stochastischer* Vorgänge einerseits und die Darstellung sehr *schneller repetitiver*[1] Vorgänge andererseits.

Unterhalb einer Bildfolgefrequenz von einigen 10 Hz ergibt sich ein stark flimmerndes Bild und schließlich, bei sehr langsamen Vorgängen, nur noch ein wandernder Leucht-fleck, der keinen zusammenhängenden Kurvenzug mehr erkennen läßt. Bei schnellen, jedoch sich nur selten wiederholenden Vorgängen, ist die Leuchtspur dem Auge auch nicht mehr erkennbar. Dieses gilt ebenso bei einmaligen oder bei Ausschnitten aus stochastischen Vorgängen. Bis zu einem gewissen Grade läßt sich hierbei durch Schirme mit langer *Nachleuchtdauer* oder − bei langsamen Vorgängen − durch *Schreiber* Abhilfe schaffen. Weitere Möglichkeiten, insbesondere bei einmaligen Vor-gängen, sind die *photographische Registrierung* (die allerdings umständlich ist) und die Verwendung von Speicheroszilloskopen.

Speicheroszilloskope entsprechen in ihrer Wirkungsweise dem Standardgerät, besitzen jedoch eine Elektronenstrahlröhre, die eine Speicherung der Leuchtspur auf dem Bildschirm ermöglicht. Man kann in der Regel zwischen mehreren Speicher-arten wählen, die bei unterschiedlichen Kontrasten und Helligkeiten eine Betrachtung über Sekunden, Minuten oder Stunden ermöglichen. Daneben ist auch Normalbetrieb ohne Speicherung und ggf. gemischter Betrieb möglich, bei dem z.B. nur eine Hälfte des Schirmes im Speicherbetrieb arbeitet. (DIN 43740, Teil 2 [3.9]; [3.15; 3.16]).

---

[1] sich wiederholend, aber nicht notwendigerweise periodisch.

Die Grenzen der Speicherung sind durch die maximale *Schreibgeschwindigkeit* des Leuchtflecks gegeben, die noch eine registrierbare Leuchtspur ergibt. Sie ist dort kritisch, wo die größten resultierenden Ablenkgeschwindigkeiten auftreten, also etwa bei der Darstellung von Sprüngen sehr kleiner Anstiegszeit oder von harmonischen Schwingungen sehr hoher Frequenz, bei jeweils großer Amplitude und kleinem Zeitkoeffizienten. Die Grenzen der photographischen Schreibgeschwindigkeiten liegen bei ca. 5 cm/ns, mit speziellen Elektronenstrahlröhren bei ca. 20 cm/ns [3.27]. Die Speicher-Schreibgeschwindigkeiten sind etwas kleiner und liegen, je nach Speicherart, in der Größenordnung 1 cm/ns.

Reicht die Speicher-Schreibgeschwindigkeit eines Oszilloskops nicht mehr aus, so ist keine direkte Registrierung möglich. Man kann dann auf ein komplizierteres Verfahren ausweichen: Das sehr schnelle einmalige Analogsignal wird in einer besonderen Elektronenstrahlröhre mit einem Schreibstrahl auf einen Zwischenspeicher geschrieben. Der Speicher besteht aus vielen Tausend matrixförmig angeordneten Halbleiterdioden, die ein Ladungsbild des Vorgangs speichern. Mit einem langsamen Lesestrahl kann dieses „digitalisierte" Ladungsbild abgefragt und digital gespeichert werden. Das Signal steht dann in digitaler Form zur Anzeige und Weiterverarbeitung zur Verfügung. Geräte, die nach diesem aufwendigen Prinzip arbeiten, sind unter dem Namen *Transienten-Digitalisierer* (engl. transient digitizer) bekannt [3.28].

Eine andere Möglichkeit der Darstellung langsamer Vorgänge ist die *direkte digitale Speicherung* durch sog. *Transientenrekorder* (engl.: transient recorders). Das Signal wird abgetastet, die Abtastwerte werden quantisiert und gespeichert und in gewünschter Häufigkeit periodisch abgerufen und auf einem Bildschirm dargestellt. Dabei ergibt sich eine punktierte Kurve. Zur Erkennung eines zusammenhängenden Kurvenzuges muß die Anzahl der Speicherplätze ausreichend sein (typischerweise 2^8 = 256 bis 2^{11} = 2084). Zu einem bestimmten Triggerzeitpunkt kann der Speicherinhalt „eingefroren" werden. Da die Speicherplätze laufend überschrieben wurden, steht dann auch die „Vorgeschichte" des triggernden Ereignisses zur Verfügung. Das ist dann besonders vorteilhaft, wenn die auslösenden Umstände untersucht werden müssen. Dieses Verfahren eignet sich auch für extrem langsame Wobbelvorgänge, deren Ergebnis andernfalls über einen mechanischen Schreiber ausgegeben werden müßte. [3.17; 3.18]. Auch die im Abschnitt 3.5 erwähnten Logik-Analysatoren, die eine Vielzahl binärer Signale simultan auf einem Bildschirm darstellen, arbeiten speichertechnisch nach diesem Prinzip.

Bei der anderen genannten Grenze, nämlich bei der Darstellung schneller repetitiver Vorgänge, versagen Standardoszilloskope infolge zu geringer Verstärkerbandbreite. Hier verwendet man die im folgenden Abschnitt besprochenen *Abtastoszilloskope*, die diese Grenze scheinbar weit hinauszuschieben gestatten.

3.4   Abtastoszilloskope

Bei der Darstellung extrem schneller Vorgänge versagen die Standardoszilloskope infolge ihrer begrenzten Bandbreite und Ablenkgeschwindigkeit, d.h. ihrer zu großen Anstiegszeit und ihres zu großen Zeitkoeffizienten. In solchen Fällen bedient man sich einer grundsätzlich anderen Technik, die im sog. *Abtastoszilloskop* (engl.: sampling oscilloscope) realisiert ist. [3.19; 3.20]. Das Prinzip der Abtastung eines Signals wurde bereits im Abschnitt 2.3.2 besprochen. Dort wurde gezeigt, daß sich durch Abtastung eine hochfrequente Schwingung unter Beibehaltung ihres Nullphasenwinkels in eine tiefe Frequenzlage umsetzen läßt. Was dort für eine Schwingung dargelegt wurde, gilt auch für ein ganzes Spektrum. Durch geeignete Wahl der Abtastfrequenz läßt sich

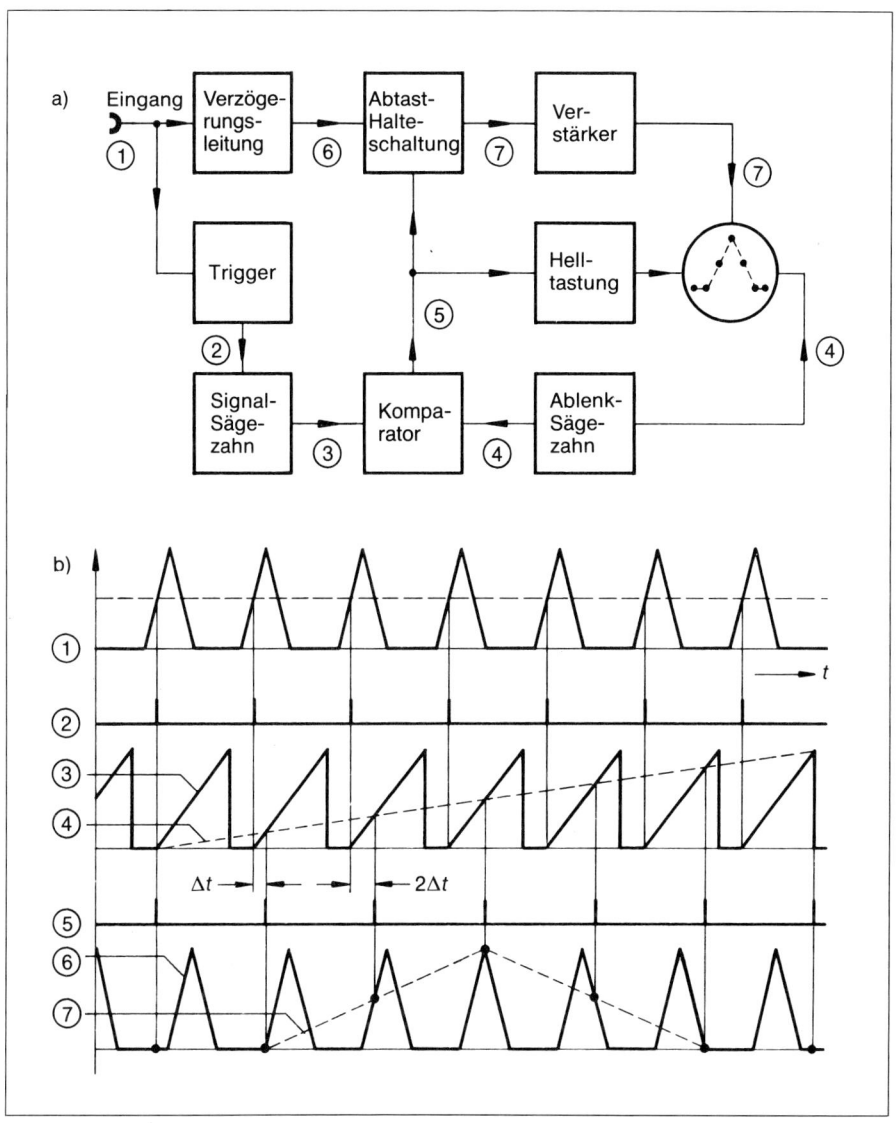

Bild 3.6: a) Blockschaltbild und b) Impulsplan eines Abtastoszilloskops mit sequentieller Abtastung.

ein periodisches Signal so umsetzen, daß es unter Beibehaltung seiner Kurvenform wesentlich langsamer abläuft und bequem weiterverarbeitet werden kann. Man kann sich dies anhand einer periodischen Fortsetzung des ursprünglichen Spektrums nach Art des Bildes 2.7 vorstellen oder anschaulich nach Bild 3.6 überlegen. Es zeigt das Blockschaltbild und den Impulsplan eines Abtastoszilloskops.

Es soll z.B. das am Eingang liegende dreieckförmige Signal (Zeile 1 des Impulsplanes) abgebildet werden. Es wird sowohl einer Verzögerungsleitung zugeführt als auch einem

Trigger-Generator, der bei einer wählbaren Triggerschwelle (gestrichelt in Zeile 1) Triggerimpulse erzeugt (Zeile 2) und damit den Signal-Sägezahn (Zeile 3) auslöst. Seine Ablenkdauer bestimmt den später darzustellenden Ausschnitt aus dem Signalverlauf. Der Signal-Sägezahn wird mit einem wesentlich langsamer ablaufenden Ablenk-Sägezahn (Zeile 4, gestrichelt) in einem Komparator verglichen. Bei Amplitudengleichheit löst dieser durch Triggerimpulse (Zeile 5) eine Abtasthalteschaltung aus, die das verzögerte Signal (Zeile 6) in aufeinanderfolgenden Perioden jeweils um eine Zeitdifferenz Δt später abtastet. Mit Hilfe dieser Abtastwerte wird der zeitliche Verlauf des Signals entsprechend der gestrichelten Linie in Zeile 7 nachgebildet. Dieser wesentlich langsamer ablaufende Vorgang kann dann mit geringem Aufwand verstärkt und der Y-Ablenkung der Elektronenstrahlröhre zugeführt werden. Diese wird kurzzeitig hellgetastet und schreibt für jeden Abtastwert einen Punkt. Die X-Ablenkung erfolgt dabei mit dem ebenfalls langsamen Ablenk-Sägezahn. Das Problem, einen sehr schnellen Vorgang (Zeile 6) durch einen sehr schnellen Sägezahn (Zeile 3) abbilden zu müssen, ist damit zurückgeführt auf die Darstellung eines langsamen Vorganges (Zeile 7) durch einen langsamen Sägezahn (Zeile 4). Die schnellen Vorgänge im Gerät beschränken sich dabei auf den Trigger, den Signal-Sägezahn und den Abtaster.

Bild 3.6 ist selbstverständlich nicht maßstäblich gezeichnet; die Zeitunterschiede können in der Praxis Größenordnungen betragen. Auch ist es keineswegs notwendig, in jeder Periode des Eingangssignals abzutasten. Man kann die Proben auch nur jeder n-ten Periode entnehmen, ohne das Ergebnis zu verfälschen. Die Folgefrequenz des Abtastvorgangs kann also geringer sein als die des Signals.

Auf die Verzögerungsleitung kann man verzichten, falls der das Meßobjekt speisende Pulsgenerator einen sog. Vortrigger (engl.: pretrigger) besitzt, der das Abtastoszilloskop vor dem Eintreffen des Meßsignals auslöst. Damit wird die bandbegrenzende Wirkung und die niedrige Eingangsimpedanz der Verzögerungsleitung vermieden, so daß man bei voller Bandbreite auch „hochohmig" messen kann.

Das beschriebene Verfahren heißt *sequentielle Abtastung* (engl.: sequential sampling), weil die Abtastimpulse eine an den Signalverlauf gebundene Folge bilden. Man zieht hierfür gerne einen Vergleich zu einem Stroboskop, mit dem eine mechanische Bewegung kurzer Periodendauer, durch Beleuchtung mit aufeinanderfolgenden Lichtimpulsen mit etwas längerer Periodendauer, ebenfalls in eine scheinbar langsame Bewegung umgesetzt werden kann.

Eine Alternative zu der sequentiellen ist die *zufällige Abtastung* (engl.: random sampling). Hierbei ist die Abtastrate unabhängig von der Frequenz des Signals. Bild 3.7 zeigt das Blockschaltbild und den Impulsplan eines Abtastoszilloskops nach diesem Prinzip. Die Vorgänge 1, 2 und 3 stimmen mit denen in Bild 3.6 überein: Das Signal löst bei einer wählbaren Triggerschwelle den Signal-Sägezahn aus. Damit besteht auch hier ein Synchronismus zwischen Signal und Sägezahn. Im Gegensatz zum sequentiellen Verfahren wird hier jedoch nicht nur das Signal, sondern auch der Sägezahn abgetastet, und diese Abtastung erfolgt mit einer beliebigen und vom Signal unabhängigen „zufälligen" Frequenz. Ein freilaufender Generator für die „Abtast-Rate" löst durch entsprechende Impulse (Zeile 4) eine Abtasthalteschaltung für das Signal aus. Mit einer um die Zeitdifferenz τ verzögerten Impulsfolge (Zeile 5) wird die Abtasthalteschaltung für den Signal-Sägezahn ausgelöst. Nach Verstärkung werden die Abtastwerte für Signal und Sägezahn der Elektronenstrahlröhre zugeführt und durch kurze Helltastimpulse sichtbar gemacht.

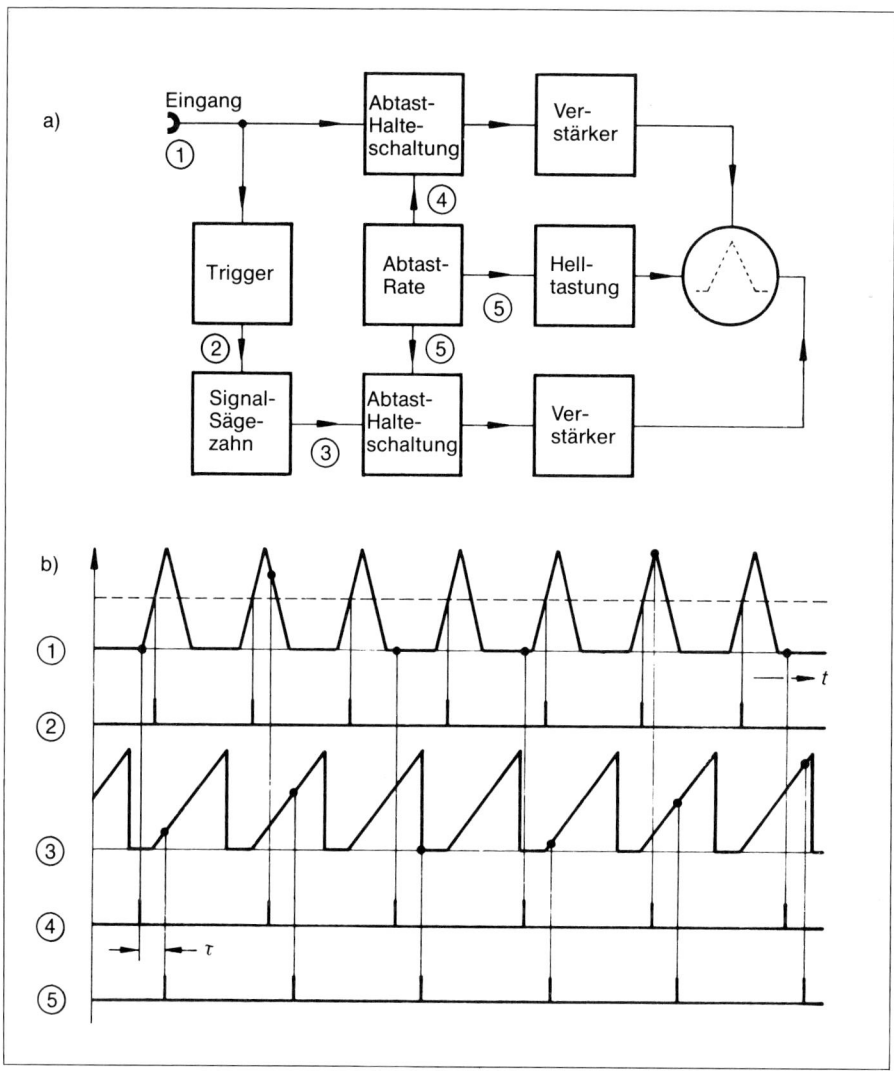

Bild 3.7: a) Blockschaltbild und b) Impulsplan eines Abtastoszilloskops mit zufälliger Abtastung.

Wie man aus den Zeilen 1 und 3 erkennt, sind aufeinanderfolgende Abtastwerte zufällig über Signal und Sägezahn verteilt. Bei genügend häufiger Abtastung wird aber diese Verteilung etwa gleichmäßig sein, und infolge der Trägheit des Auges erscheint das Signal als geschlossener Kurvenzug auf dem Bildschirm. Da die Abtastwerte des Signals mit denen des Sägezahns in einer festen zeitlichen Beziehung stehen, ergibt sich ein „stehendes" Bild. Die Zeitverzögerung τ zwischen den Abtastimpulsen für Signal und Sägezahn erlaubt es, das Signal auf dem Bildschirm gegenüber dem Sägezahn scheinbar zu verschieben und damit insbesondere die triggernde Flanke voll sichtbar zu machen. Dies ist der *Hauptvorteil* der zufälligen gegenüber der sequentiellen Abtastung, da man weder einen Vortrigger noch eine Verzögerungsleitung benötigt. Man kann daher auch stets „hochohmig" messen. Bei externer Triggerung (in Bild 3.7 nicht dargestellt) können die Triggerimpulse vor- oder nacheilen; man kann stets den interessierenden Teil des Signals sichtbar machen. Diesen Vorteilen steht der Nachteil gegenüber, daß bei Signalen niedriger Folgefrequenz nur unbefriedigende Ergebnisse zu erzielen sind und daher das sequentielle Verfahren vorzuziehen ist.

Abtastoszilloskope werden realisiert durch spezielle Einschübe zu einem universell verwendbaren Grundgerät, wobei man meist zwischen sequentieller und zufälliger Abtastung wählen kann. Dabei sind oft auch Zweikanalbetrieb und verzögerte Zeitablenkung möglich.

Eine wesentliche Eigenschaft der Standardoszilloskope war deren *Anstiegszeit* T_a bzw. *Bandbreite* $F_a = 2B_a$ nach Gl. (3.3). Es erhebt sich die Frage, welche gleichwertigen Größen bei Abtastoszilloskopen zu definieren sind und wovon diese abhängen. Diese Frage läßt sich anhand einer näherungsweisen Abschätzung nach Bild 3.8 beantworten, die sich auf das sequentielle Verfahren nach Bild 3.6 bezieht.

Das abzutastende Signal sei ein idealer Sprung nach Bild 3.7a). Die Abtastimpulse in Bild 3.5, Zeile 5, müßten ebenfalls ideale Dirac-Impulse sein, wenn der ideale Sprung exakt wiedergegeben werden soll. Da solche Impulse nicht realisierbar sind, wird ein Abtastimpuls angenommen, der aus einem idealen Impuls nach Durchgang durch einen Gauß-Tiefpaß mit der Einschwingzeit T_m entstanden sein könnte. Er hat dann einen Verlauf entsprechend $a_0(t)$ in Gl. (3.2b), dessen mittlere Zeitdauer T_m etwa in halber Höhe meßbar ist.

Stellt man sich vor, daß der Strom in den Speicherkondensator der Abtasthalteschaltung proportional dem Produkt der Augenblickswerte des Signals und des Abtastimpulses ist, so entspricht die schraffierte Fläche der Ladung des Kondensators und damit der Spannung an dessen Klemmen. Denkt man sich nun den Abtastimpuls von Abtastung zu Abtastung um Δt nach rechts bewegt, so ergibt sich ein Verlauf der Abtastwerte entsprechend der punktierten Kurve in Bild 3.8b). Da die schraffierte Fläche das Integral über den Abtastimpuls darstellt, entspricht dieser Verlauf der Größe $a_{-1}(t)$ mit der Einschwingzeit T_m nach Gl.(3.2b). Die Einschwingzeit T_m ist aber nach Gl.(3.1) näherungsweise gleich der Anstiegszeit T_a.

Die *scheinbare Anstiegszeit* T_a eines Abtastoszilloskops ist also näherungsweise durch die Halbwertsbreite T_m des Abtastimpulses gegeben. Die *scheinbare Bandbreite* folgt daher nach Gl.(3.3) zu $F_a = 2B_a = 0{,}68/T_a$. Mit diesen Werten lassen sich alle übrigen Betrachtungen wie beim Standardoszilloskop anstellen.

Mit Hilfe der geschilderten Abtastverfahren erreicht man scheinbare Anstiegszeiten von 20 ps (entsprechend einer scheinbaren Bandbreite von 17 GHz) und scheinbare

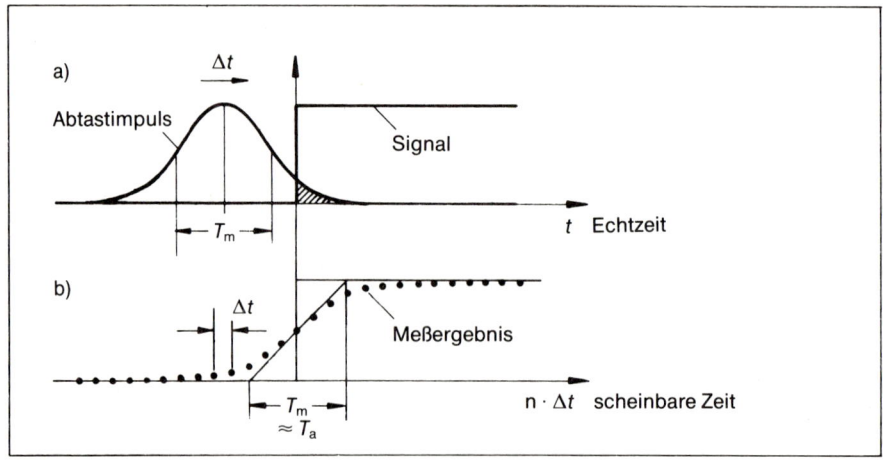

Bild 3.8: Zur scheinbaren Anstiegszeit eines Abtastoszilloskops.

Zeitkoeffizienten von 20 ps/cm bei Ablenkkoeffizienten von einigen mV/cm. Bedingung für die Anwendbarkeit ist allerdings ein sich beliebig oder periodisch wiederholendes Signal, während Universaloszilloskope prinzipiell auch einmalige Vorgänge registrieren können.

3.5 Anwendungsbeispiele

Nachrichtensysteme, bei denen es in erster Linie auf das Einschwingverhalten ankommt, sind u.a. Systeme zur Übertragung *digitaler* Signale, die binär oder mehrstufig sein können. Dazu gehören z.B. PCM-Systeme (Pulscodemodulation) und Datenübertragungssysteme. Das Sendesignal ist dabei z.B. eine Zufallsfolge von Rechteckimpulsen nach Bild 3.9. Wegen der endlichen Bandbreite der Übertragungskanäle werden die Rechteckimpulse verzerrt. Das Signal darf höchstens soweit verzerrt werden, daß die Impulse in der Zeit T_i gerade noch einschwingen können (dicke Kurve in Bild 3.9). Es kommt nur darauf an, am Empfangsort die Entscheidungsschwelle zwischen „ja" und „nein", d.h. zwischen „plus" und „minus" möglichst eindeutig zu überschreiten, was jeweils in den Maxima und Minima des Empfangssignals am ehesten möglich ist.

Zur Kontrolle bildet man in periodischer Abfolge jeweils einige Takte T_i des Empfangssignals auf dem Bildschirm eines Oszilloskops ab. Dann ergibt sich ein sog. *Augenmuster,* bei dem die Öffnung des Auges gerade noch der vollen Amplitude entspricht (dicke Kurve). Schwingt nun das Empfangssignal nicht mehr voll ein (gestrichelte Kurve)

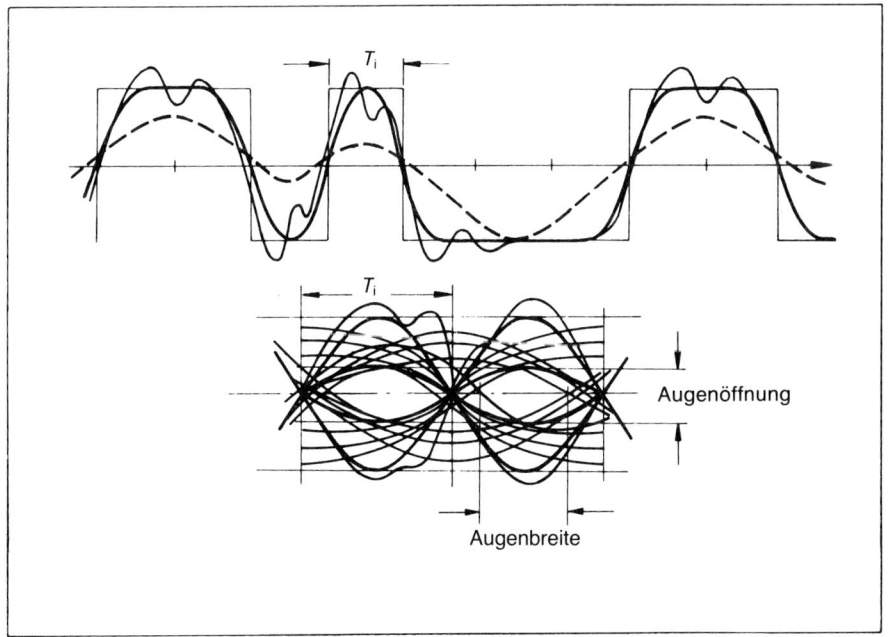

Bild 3.9: Binäres Signal und Augenmuster (vgl. auch Bild 3.12).

oder zeigt es Überschwingungen und sonstige Verzerrungen (dünne Kurve), so wird die Augenöffnung kleiner. Wegen des Rauschens und anderer Störungen erhöht sich die Fehlerwahrscheinlichkeit bei der Detektion am Empfangsort um so mehr, je kleiner die Augenöffnung ist. Das Augenmuster ist also ein Maß für die Verzerrungen des Kanals. Es lassen sich damit auch fehlerhafte Nulldurchgänge erkennen, da hierbei das Auge auch in der *Breite* kleiner wird. Mit dem Augenmuster kann man insbesondere auch einstellbare Einrichtungen zur Entzerrung des Kanals abgleichen.

Ein weiteres Beispiel für die direkte Messung des Einschwingverhaltens sind die *Fernsehkanäle.* Hier wird u.a. direkt die Sprungantwort gemessen. Anhand eines vorgegebenen Toleranzschemas kann beurteilt werden, ob Amplitude, Anstiegszeit und Überschwingen innerhalb der zulässigen .Grenzen liegen. Diese Messung kann während des Betriebs gemacht werden, wenn man – für den Zuschauer unsichtbar – während der Dauer des Bildwechsels (Vertikalaustastung) sog. *Prüfzeilen* überträgt und diese am Empfangsort auf dem Schirm eines Oszilloskops sichtbar macht [3.21].

Dieses sind nur zwei Beispiele aus der Vielzahl von Fällen, in denen das Einschwingverhalten von Meßobjekten direkt gemessen wird. Selbstverständlich ist die Verwendung des Oszilloskops nicht auf die Messung des Einschwingverhaltens beschränkt. So verwendet man Oszilloskope als Sichtgeräte beim Wobbeln, als Kennlinienschreiber für elektronische Bauelemente, bei Reflexionsmessungen im Zeitbereich (TDR, Abschnitt 4.6), bei der Spektrumsanalyse (Abschnitt 1.5), bei Geräten zur Analyse der logischen Funktionen digitaler Schaltungen (Logik-Analysatoren, engl.: logic analyzers) [3.22; 3.23] usw. Daneben gibt es zahlreiche Anwendungsgebiete außerhalb der Nachrichten-Meßtechnik. Spezialgeräte, sog. *Digitaloszilloskope,* besorgen zusätzlich eine Digitalisierung und Speicherung der Signale, die damit zu beliebiger Wiederholung und insbesondere auch zur Signalverarbeitung zur Verfügung stehen.

3.6 Zusammenfassung

Unter Messung des Einschwingverhaltens versteht man Messungen im *Zeitbereich* zur Ermittlung der Systemeigenschaften. Aus technischen Gründen mißt man in der Regel die *Sprungantwort* eines Systems. Die hierzu benötigten Meßgeräte sind *Impulsgenerator* und *Elektronenstrahloszilloskop.* Beide müssen bestimmte Eigenschaften haben, deren wichtigste hinreichend kurze Anstiegszeit und Freiheit von Überschwingen sowie von anderen Verzerrungen und Störungen sind. Vom Oszilloskop verlangt man weiterhin große Helligkeit und Schärfe, genügende Auflösung in Amplituden- und Zeitrichtung und hohe Meßgenauigkeit in allen Meßbereichen, gepaart mit Meß- und Bedienungskomfort [3.24; 3.25]. Hierzu gehören z.B. die Möglichkeit, zwei oder auch mehrere Vorgänge scheinbar gleichzeitig abbilden zu können, sowie die Ausstattung des Gerätes mit einer verzögerten Zeitablenkung. Beleuchtbare Innenraster ermöglichen eine parallaxenfreie Ablesung der Meßergebnisse. Wichtige Parameter, wie z.B. der jeweils eingestellte Ablenk- und Zeitkoeffizient werden alphanumerisch auf dem Bildschirm dargestellt [3.26]. Amplituden- und Zeitmessungen können ggf. mit Hilfe zweier verschiebbarer Leuchtpunkte gemacht werden, deren Amplituden- und Zeitdifferenz digital angezeigt werden. Zur Messung langsamer und einmaliger

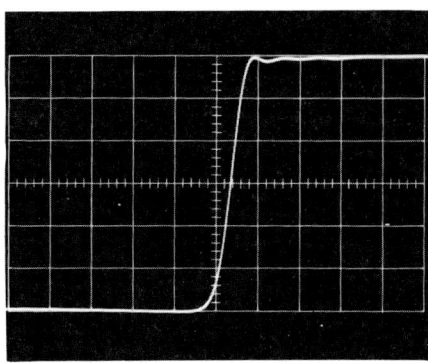

Bild 3.10: Antwort eines Oszilloskops auf die Erregung durch einen Sprung der Anstiegszeit 1 ns. Zeitkoeffizient 20 ns/cm (Rasterteilung in cm).

Vorgänge verwendet man Oszilloskope mit speichernden Elektronenstrahlröhren oder mit digitalen Speichern.

Bild 3.10 zeigt die Messung des Einschwingverhaltens eines Oszilloskops. Man erkennt geringfügiges Überschwingen (ca. 1%) und liest eine Anstiegszeit (vgl. Bild 3.1) von ca. 12 ns ab. Da diese groß gegen die Anstiegszeit 1 ns der Erregung ist, kann man sie als die Anstiegszeit des Oszilloskops betrachten (vgl. Beispiele 3.1d und e), das daher nach Gl. (3.3) eine Bandbreite $B_a \approx 28$ MHz hat.

Bild 3.11 veranschaulicht die Wirkungsweise der verzögerten Zeitablenkung: Durch Einstellen der Komparatorschwelle und der Ablenkdauer 2 (vgl. Bild 3.4a) wird mit Hilfe der zusätzlichen Aufhellung der gewünschte Bildausschnitt gewählt und nach Umschalten auf Zeitablenkung 2 in gewünschter zeitlicher Auflösung abgebildet.

Die Grenzen eines Standardoszilloskops bei der Messung kurzzeitiger Vorgänge sind durch seine Anstiegszeit bzw. Bandbreite gegeben. Wo diese Eigenschaften nicht ausreichen, verwendet man *Abtastoszilloskope*. Das Abtastverfahren ermöglicht die Umsetzung eines Signals in einen niedrigen und bequem beherrschbaren Frequenzbereich und gestattet dadurch die Darstellung von Vorgängen mit extrem kurzer Anstiegszeit bzw. großer Bandbreite.

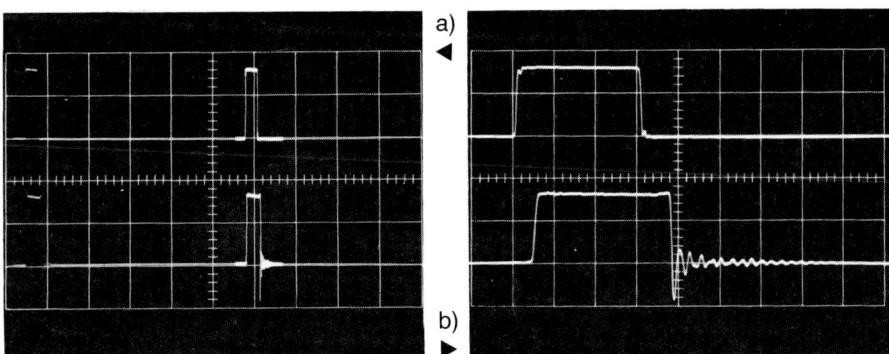

Bild 3.11: Zur Wirkungsweise der verzögerten Zeitablenkung. a) Erregung (oben) und Antwort (unten) eines digitalen Schaltnetzes. Zeitkoeffizient 2 μs/cm. Der Bereich der verzögerten Zeitablenkung ist zusätzlich aufgehellt. b) Darstellung mit verzögerter Zeitablenkung. Zeitkoeffizient 200 ns/cm (Rasterteilung in cm).

Als Beispiel für weitere Anwendungen eines Standardoszilloskopes zeigt Bild 3.12 ein Augenmuster nach Abschnitt 3.5 bzw. Bild 3.9.

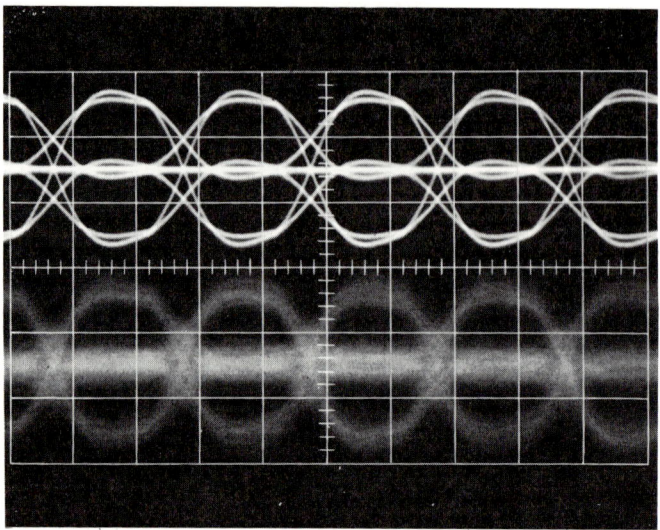

Bild 3.12: Augenmuster eines pseudoternären Rechtecksignals der Taktfrequenz 96 kHz (Zeitkoeffizient 5 μs/cm, Rasterteilung in cm). Oben: mit linearen Verzerrungen nach Durchlaufen eines Tiefpasses, unten: mit zusätzlich überlagertem Rauschen).

4 Impedanzmessungen

4.1 Definitionen

In der Übertragungsmeßtechnik, bei Betrieb und Wartung von Systemen, hat die absolute Messung von Widerständen nicht die Bedeutung wie z. B. in der Schaltungsentwicklung. Auf die Widerstandsmessungen wird deshalb im folgenden nur im Rahmen der konkreten Anwendungen eingegangen. Einer der Gründe dafür liegt in der begrenzten Zahl der vorkommenden Widerstände (etwa der gängigen Wellenwiderstände) und deren Eigenschaft, sich kaum nennenswert zu verändern. Man beschränkt sich deswegen auf Kontrollmessungen und begnügt sich häufig mit der Bestimmung des *Betrages* von komplexen Widerständen, d. h. *Scheinwiderstandsmessungen.* [0.22].

Wesentlich wichtiger als die Absolutmessung ist dagegen die Bestimmung der *Abweichungen* eines Widerstandes vom Sollwert, also etwa des relativen Fehlers $\Delta R/R$. Hierfür eignet sich besonders der *Reflexionsfaktor,* der zugleich ein Maß für die von einem Verbraucher reflektierte, zurücklaufende Welle ist somit auch ein Maß für die nicht aufgenommene Leistung liefert.

In normierter Schreibweise sei 1 die zulaufende Welle und r die rücklaufende, $|r^2|$ somit die nicht aufgenommene *Wirkleistung* und $1 - |r^2|$ die tatsächlich an den Verbraucher gelieferte. Stellt man das Verhältnis von verfügbarer Leistung zu tatsächlich aufgenommener Leistung in logarithmischem Maße dar, so erhält man

$$\frac{a}{dB} = -10 \lg (1 - |r^2|).$$

Die im Beispiel 1.2 angeführte *Stoßdämpfung* a_{St} setzt die an den Verbraucher gelieferte *Scheinleistung* in Bezug zur verfügbaren Leistung. In der Schreibweise mit Reflexionsfaktoren ergibt sich

$$\frac{a_{St}}{dB} = -10 \lg |1 - r^2| = 20 \lg \left| \frac{R + Z}{2 \sqrt{R \cdot Z}} \right| .$$

Aus der Abweichung $R - Z = \Delta R$ eines Widerstandes R von seinem Sollwert Z definiert man den Zusammenhang zwischen dem Reflexionsfaktor r und dem Widerstand R zu:

$$r = \frac{R - Z}{R + Z} \quad \text{bzw.} \quad \frac{R}{Z} = \frac{1 + r}{1 - r} \quad ; \tag{4.1a}$$

und für kleine Abweichungen vom Sollwert zu

$$r = \frac{\Delta R}{R + Z} \approx \frac{\Delta R}{2 Z} . \tag{4.1b}$$

Das *Reflexionsdämpfungsmaß* (kurz Reflexionsdämpfung, auch Rückflußdämpfung, Fehlerdämpfung, engl.: return loss) ist dann das logarithmierte Verhältnis von zulaufender Welle zu reflektierter Welle, also von zwei *Feldgrößen*. Man schreibt deswegen für die Reflexionsdämpfung:

$$\frac{a_r}{dB} = 20 \lg \frac{1}{|r|} = 20 \lg \frac{|R + Z|}{|R - Z|} \ . \tag{4.1c}$$

Bei der Messung des Reflexionsfaktors wird − sicher mit größerer Berechtigung als beim Scheinwiderstand − nur der Betrag angegeben, da nur die Größe des Unterschiedes zwischen Soll- und Istwert interessiert und nicht dessen Winkel. Bild 4.1 zeigt anschaulich den Vorteil der Reflexionsfaktormessung (Betrag) gegenüber einer Bestimmung des Scheinwiderstandes, wenn es nur um die Abweichung vom Sollwert geht.

4.2   Scheinwiderstandsmessungen

Das klassische Verfahren einer Zweipolmessung ist die *Brückenmessung*. Zur Speisung der Brücke wird ein Pegelsender und in der Brückendiagonale ein (selektiver) Pegelmesser verwendet. Da sowohl der Sender wie auch der Empfänger und das Meßobjekt oft unsymmetrisch aufgebaut sind, ist man gezwungen, eine Anordnung

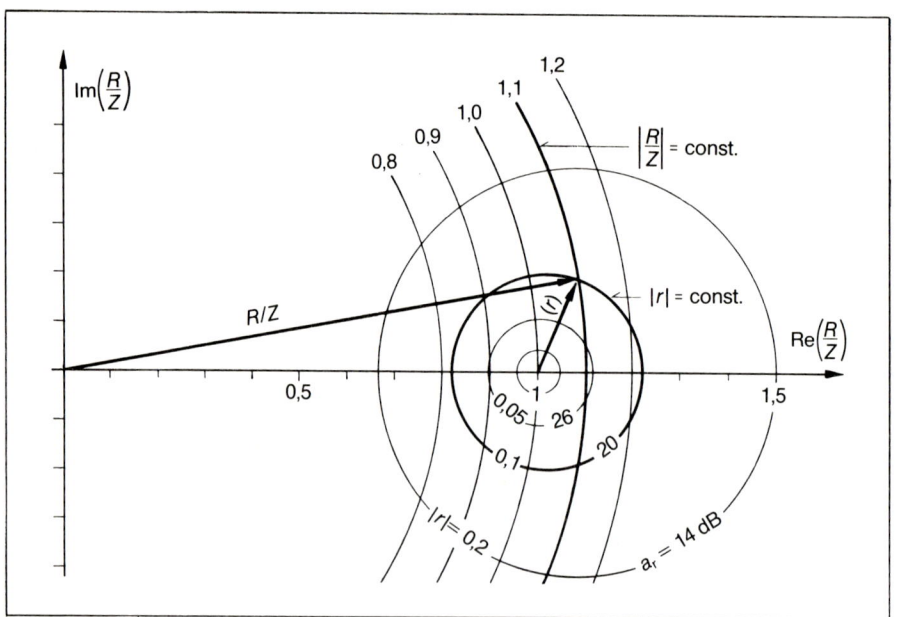

Bild 4.1: Wenn es um die Abweichung vom Sollwert eines Widerstandes geht, ist der Betrag des Reflexionsfaktors aussagekräftiger als der Scheinwiderstand.

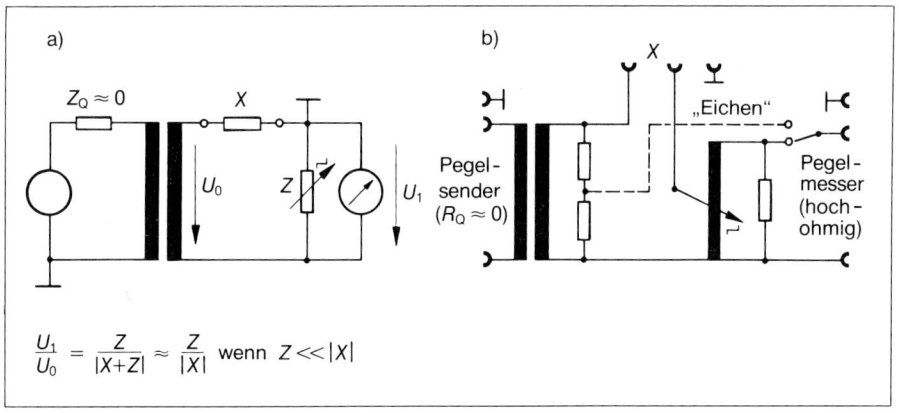

$$\frac{U_1}{U_0} = \frac{Z}{|X+Z|} \approx \frac{Z}{|X|} \quad \text{wenn} \quad Z \ll |X|$$

Bild 4.2: Prinzip (a) und Ausführungsbeispiel (b) eines Scheinwiderstandsmeßzusatzes.

mit einem Übertrager zu verwenden, wie sie vergleichsweise in Bild 4.3 skizziert ist. Der Übertrager sorgt zugleich für eine Aufteilung der Senderspannung in zwei gleich große Teile. Würde man anstelle von Z in Bild 4.3 einen einstellbaren komplexen Widerstand, das „Normal" einfügen, dann wäre die Meßanordnung in der bekannten Form vollständig.

In der Praxis wird jedoch ein Scheinwiderstand anders gemessen; man verwendet den in Bild 4.2 gezeigten „Scheinwiderstands-Meßzusatz". Nach der im Bild aufgeführten Herleitung ist die Spannung am Pegelmesser umgekehrt proportional zum gesuchten Scheinwiderstand. Da Pegelmesser in erster Linie eine Pegelskala tragen, muß diese für die Scheinwiderstandsmessung durch eine weitere *reziproke Widerstandsskala* ergänzt werden (sinnvoll, aber nicht üblich wäre eine lineare

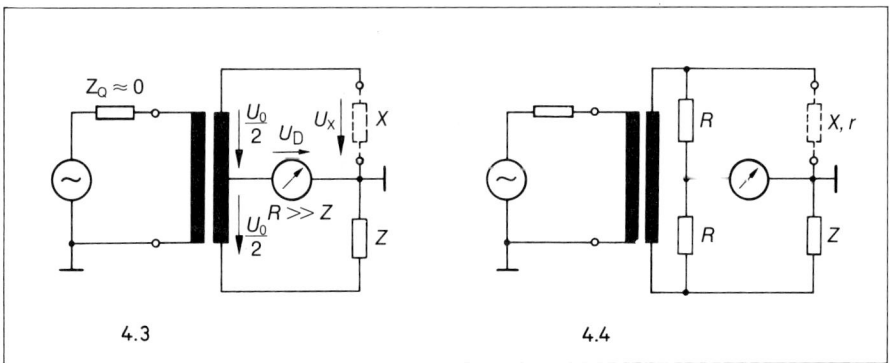

Bild 4.3: Brückenschaltung zur Messung des Reflexionsfaktors r bzw. der Reflexions-dämpfung $a_r = 20 \lg \frac{1}{|r|}$.

Bild 4.4: Prinzipschaltbild einer Reflexionsfaktor-Meßbrücke für höhere Frequenzen.

Skala für den Scheinleitwert). Der Widerstand Z ist umschaltbar und erlaubt damit eine Meßbereichsanpassung.

Eine technische Ausführung bei der die Bereichsumschaltung mit einem transformatorischen Teiler gelöst wird, ist ebenfalls in Bild 4.2 gezeigt. Dort ist auch die Leitungsführung zur Eichung über eine von U_0 abgezweigte Spannung dargestellt; die Senderspannung wird so verändert, daß der Empfänger einen geforderten Sollwert anzeigt. Die üblichen Anwendungsbereiche solcher Anordnungen liegen bei 10 Ω bis 5 kΩ für den Widerstand und etwa 300 Hz bis einige MHz für die Frequenz.

Die *Meßgenauigkeit* ist mit einigen Prozent nicht allzu hoch, wird aber den Erwartungen an einen solchen Meßzusatz, der eine schnelle und unkomplizierte Messung erlaubt, gerecht. Wobbelt man Sender und Empfänger, so läßt sich die Frequenzabhängigkeit des Scheinwiderstandes darstellen.

4.3 Messung des Reflexionsfaktors

Im Gegensatz zur Widerstandsmessung, die als Ergebnis eine absolute Größe liefert, interessiert häufig nur die *relative Abweichung vom Sollwert.* Dafür ist der in Gl.(4.1a) eingeführte Reflexionsfaktor ein geeignetes Maß.

Bild 4.3 zeigt eine Anordnung zur Messung des Reflexionsfaktors. Meßtechnisch besteht die Aufgabe darin, den *Istwert* U_x einer Spannung am Widerstand X mit dem *Sollwert* $U_0/2$ zu vergleichen, der sich einstellt, wenn $X = Z$ ist. Die Differenz dieser beiden Spannungen tritt als Diagonalspannung U_D in der Brücke auf:

$$U_D = U_{ist} - U_{soll} = U_x - \frac{U_0}{2}$$

$$\frac{U_D}{U_0/2} = 2\frac{U_x}{U_0} - 1 = 2\frac{X}{X+Z} - 1 = \frac{X-Z}{X+Z} = r. \qquad (4.2)$$

Demnach entspricht die Diagonalspannung nach Betrag und Phase dem Reflexionsfaktor. Im Gegensatz zur üblichen Anwendung einer Brücke wird bei der Messung des Reflexionsfaktors nichts abgeglichen. Ein Pegelmesser zeigt deshalb direkt die negative Reflexionsdämpfung $-a_r$ an. Eine Eichung der Brücke wird mit Hilfe eines „Reflexionsnormales" (z.B. $r = 10\%$, d.h. $a_r = 20$ dB) durchgeführt; dazu wird die Senderspannung solange verändert, bis am Empfänger die Eichmarke -20 dB erreicht wird.

Anordnungen nach diesem Prinzip sind von tiefsten Frequenzen bis zu einigen Megahertz verfügen. Bei höheren Frequenzen verzichtet man auf die Erzeugung der halben Bezugsspannung durch eine Anzapfung, da die Windungszahlen zu klein werden. Mit gut abgeglichenen *Widerständen* erreicht man ebenfalls brauchbare Eigenschaften. Bild 4.4 zeigt die abgewandelte Anordnung, mit der bis zu einigen hundert Megahertz und darüber gemessen werden kann. Der Übertrager dient jetzt nur noch zur Potentialtrennung. Da die Brücke eine breitbandige Meßeinrichtung ist, kann in Verbindung mit einem Wobbelmeßplatz direkt die Frequenzabhängigkeit der Reflexionsdämpfung dargestellt werden.

Der Meßbereich für die Reflexionsdämpfung ist durch den *Eigenfehler* der Brücke begrenzt. Dieser könnte als Ausschlag am Pegelmesser gemessen werden, wenn der Widerstand *X* durch einen idealen Abschluß *Z* ersetzt würde. Dieser Eigenfehler ist in der unvermeidlichen Unsymmetrie des Übertragers, dem Eigenfehler des Bezugswiderstandes und des ganzen Aufbaues begründet.

Eine Unsymmetrie z. B. in der Mittelanzapfung des Übertragers in Bild 4.3 verändere die Spannungen an den beiden Wicklungshälften um $+ \Delta U$ bzw. $- \Delta U$, so daß für die Diagonalspannung U_D gilt:

$$U_D = U_X - \frac{U_0}{2} + \Delta U$$

$$\frac{U_D}{U_0/2} = \frac{U_X}{U_0/2} - 1 + \frac{\Delta U}{U_0/2} = r + \Delta r.$$

Dieser Eigenfehler tritt additiv zum wahren Wert des Reflexionsfaktors hinzu; er wird für $r = 0$ voll wirksam. Von den Richtkopplern, die in ihrer Wirkung mit den Brücken vergleichbar sind, hat man hierfür die Ausdrücke *Richtdämpfung* oder auch engl.: *directivity* übernommen:

$$\frac{D}{dB} = 20 \lg \frac{1}{|\Delta r|} = 20 \lg \left| \frac{U_0}{2 \, \Delta U} \right| .$$

Der von endlicher Richtdämpfung herrührende ungünstigste Meßfehler *F* ergibt sich mit Gl. (4.1c) zu

$$\frac{F}{dB} = 20 \lg \left| \frac{r + \Delta r}{r} \right| = 20 \lg \left(1 \pm \frac{10^{-\frac{D}{20}}}{|r|} \right) = 20 \lg \left(1 \pm 10^{\frac{a_r - D}{20}} \right). \qquad (4.3)$$

Er ist in Bild 4.5 durch die ausgezogenen Geraden dargestellt und zeigt den typischen Verlauf eines Fehlers, der durch einen konstanten Einfluß hervorgerufen wird und um so stärker ins Gewicht fällt, je kleiner die zu messende Größe *r* ist. Man entnimmt dem Bild die *Faustregel,* daß ein um 20 dB gegenüber dem Meßwert a_r geringerer Eigenfehler einen Meßfehler von maximal 1 dB verursacht. Übliche Brücken weisen je nach Frequenzbereich Eigenfehler von 50 bis 70 dB auf, sind also durchaus geeignet, Reflexionsfaktoren von $r = 1\%$ ($a_r = 40$ dB) mit einer Meßunsicherheit von ± 3 dB (bei $D = 50$ dB) bzw. $\pm 0{,}3$ dB (bei $D = 70$ dB) zu messen.

Für einwandfreie Messungen muß weiter vorausgesetzt werden, daß der Quellenwiderstand an den Klemmen für das Meßobjekt *X* mit dem Sollwert *Z* übereinstimmt. Dies ist bei einer idealen Brücke stets der Fall. Weicht dieser Widerstand vom vorgeschriebenen Wert ab, so wird ein Teil der vom Meßobjekt zurücklaufenden Welle erneut dorthin reflektiert. Es ist somit einleuchtend, daß der dadurch hervorgerufene Fehler proportional zur Größe der zurücklaufenden Welle ist, also für Reflexionsfaktoren $r \approx 1$ am stärksten spürbar wird. Die von den Ausgangsklemmen der Brücke auf das Meßobjekt *X* zulaufende Welle sei b_2. Sie setzt sich aus einem

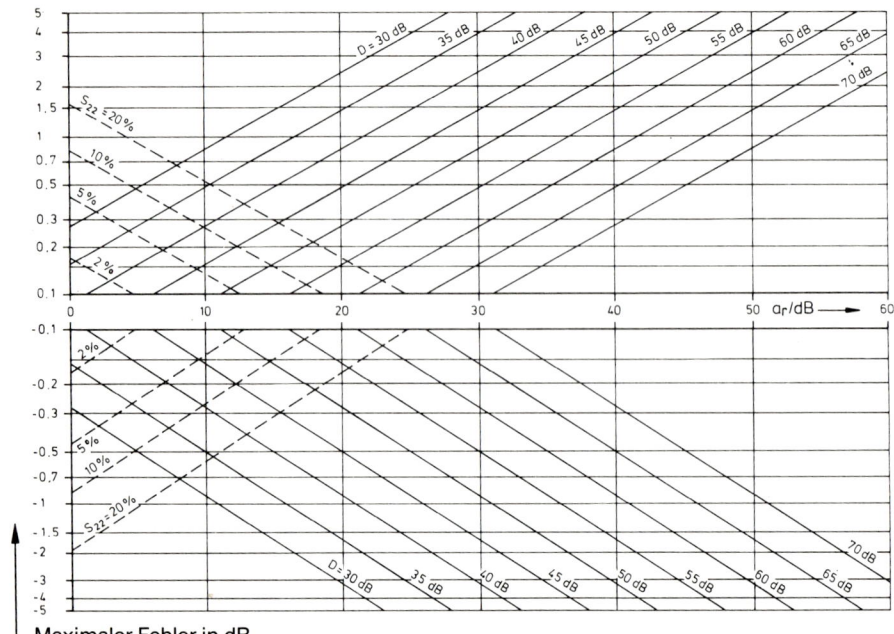

Maximaler Fehler in dB

Bild 4.5: Größtmöglicher Fehler bei der Messung des Reflexionsfaktors infolge einer endlichen Richtdämpfung D bzw. eines Eigenreflexionsfaktors S_{22}.

originalen Anteil b_{20} und einem zusätzlichen Anteil $S_{22}\,a_2$ zusammen, der vom Meßobjekt stammt und am Brückenausgang reflektiert wird.[1] Mit $a_2 = b_2\,r$ erhält man

$$b_2 = b_{20} + S_{22}\,a_2 \quad \text{oder} \quad b_2 = \frac{b_{20}}{1 - S_{22}\,r}\,.$$

Die Eichung der Brücke wird mit einem bekannten, kleinen Reflexionsfaktor r_0 (z. B. 10% $\triangleq$ 20 dB) vorgenommen. Die Speisespannung für die Anordnung wird dann so eingestellt, daß die dem Normal r_0 entsprechende Reflexionsdämpfung am Empfänger angezeigt wird; tatsächlich wird dabei die ablaufende Welle $b_2 \approx b_{20}$ (wegen $r_0 \ll 1$) auf den Sollwert gebracht. Bei der Messung größerer Reflexionsfaktoren kommt aber zu b_{20} der Anteil $S_{22}\,a_2$ hinzu. Der Fehler ist also abhängig von r! Aus dem Verhältnis

$$\frac{b_2}{b_{20}} = \frac{1}{1 - S_{22}\,r}$$

folgt der größte zu erwartende Fehler im logarithmischen Maß zu

$$\frac{F}{\text{dB}} = 20\,\lg\,(1 \pm |\,S_{22}\cdot r\,|) = 20\,\lg\left(1 \pm |\,S_{22}\,| \cdot 10^{-\frac{a_r}{20}}\right)\,. \qquad (4.4)$$

Dieser durch unzureichende Anpassung an den Meßklemmen entstehende Fehler kann in der Regel klein gehalten werden und spielt zudem nur bei der Bestimmung großer Reflexionsfaktoren eine merkliche Rolle. Für $|\,S_{22}\,| = 5,\,10$ und 20% sind die Grenzkurven in Bild 4.5 zur Orientierung gestrichelt eingetragen.

---

[1] zu den Bezeichnungen siehe Abschnitt 4.5.1 und Bild 4.12.

Beispiel 4.1

An den Meßklemmen einer Reflexionsfaktormeßbrücke für $Z = 75\ \Omega$ muß ein behelfsmäßiger Übergang auf ein anderes Steckersystem angeschlossen werden. Dieser bringt eine zusätzliche Kapazität $C = 0,5$ pF. Mit welchem Meßfehler muß bei Messungen bis 500 MHz gerechnet werden?

Die kleine Kapazität C liegt parallel zum Ausgangswiderstand Z der Brücke und bewirkt damit einen von Null verschiedenen Eigenreflexionsfaktor S_{22} der Brücke (Abschnitt 4.5.1). Aus Gl.(4.1a) folgt:

$$|S_{22}| = \left|\frac{(j\omega C + 1/Z) - 1/Z}{(j\omega C + 1/Z) + 1/Z}\right| \approx \left|\frac{j\omega CZ}{2}\right| = 2\pi \cdot 5 \cdot 10^8 \cdot 0,5 \cdot 10^{-12} \cdot \frac{75}{2} \approx 6\%$$

und der Fehler F aus Bild 4.5 bzw. Gl. (4.4) und der Näherung nach Gl. (1.2a) zu

$$F = 20 \lg\left(1 \pm 0,06 \cdot 10^{-\frac{a_r}{20}}\right) \approx \pm 8,6 \cdot 0,06 \cdot 10^{-\frac{a_r}{20}} = \pm 0,52 \cdot 10^{-\frac{a_r}{20}}\ \text{dB}.$$

Der maximale Fehler infolge des Eigenreflexionsfaktors ist also etwa 0,5 dB; (der bei Messung kleiner Reflexionsfaktoren merkliche Einfluß von C auf die Richtdämpfung soll hier nicht weiter verfolgt werden). ●

4.4 Messung der Unsymmetriedämpfung

Die bisher besprochenen Anordnungen gestatten auch die Messung der *Unsymmetriedämpfung* von Eintoren, Zweitoren, Generatoren und Empfängern. Zum besseren Verständnis der Meßverfahren soll der Grund für Unsymmetriemessungen kurz erläutert werden. [4.1].

Für die drahtgebundene Nachrichtenübertragung stehen hauptsächlich zwei Kabelarten zur Verfügung. Die *symmetrischen* Kabel oder Leitungen sind *erdsymmetrisch* aufgebaut, d.h. beide Adern haben gegenüber Erde entgegengesetztes Potential. Man sagt, sie führen eine „Gegentaktwelle". Dagegen sind die *Koaxialkabel erdunsymmetrisch,* der Außenleiter oder der Mantel liegt auf Erdpotential. Die Art des Kabels – ob symmetrisch oder unsymmetrisch – spielt für die Übertragung keine Rolle. Erst die unterschiedlichen *Nebensprecheigenschaften* der Kabelarten führen auf bevorzugte Frequenzbereiche für den einen oder den anderen Typ.

So nimmt bei einem symmetrischen Kabel das Nebensprechen auf ein parallel liegendes Adernpaar mit zunehmender Frequenz *zu,* d.h. die Dämpfung *ab.* Anlagen mit symmetrischem Aufbau sind deswegen bevorzugt im Frequenzbereich bis etwa 1 MHz eingeführt. Systeme mit 12, 24, 60 und 120 Kanälen sind typische Vertreter der symmetrischen Bauweise (vgl. Tabelle 1.4).

Die Koaxialkabel, deren Nebensprechdämpfung mit zunehmender Frequenz infolge besser werdender Schirmwirkung des Außenleiters *zunimmt,* ergänzen die symmetrischen Kabel. Systeme ab etwa 300 Kanälen und bis zu den höchsten Kanalzahlen sind koaxial ausgeführt.

Im Prinzip sind die symmetrischen Systeme Dreileiter-Anordnungen, wobei der räumliche Abstand der „metallischen" Leiter zum dritten, der Erde, u.U. groß ist (symmetrische Freileitung). Dadurch sind diese Anordnungen empfindlich gegen Fremd- und Störfelder, die den Raum zwischen der eigentlichen Leitung und Erde durchsetzen. Diese Felder erzeugen auf dem symmetrischen Adernpaar eine *Gleichtaktwelle,* deren Amplitude ein Vielfaches der *Signal-Gegentaktwelle* sein kann, namentlich an Punkten, an denen das Signal infolge hoher Leitungsdämpfung sehr schwach ist. Besitzt die Leitung einen Schirm, dann kann sich auf diesem als Folge von Störfeldern eine Längsspannung ausbilden, die bezüglich der symmetrischen Adern ebenfalls eine Gleichtaktwelle darstellt.

Sofern die Komponenten des Systemes gegenüber einer Gleichtaktwelle unempfindlich sind, wäre diese belanglos. Das ist aber nur bei exakter Symmetrie der Fall. Jede Unsymmetrie überführt einen Teil der Gleichtaktwelle in eine Gegentaktwelle und täuscht ein Signal vor. Man mißt deswegen die Unsymmetrie und gibt eine „Unsymmetriedämpfung" an als logarithmiertes Verhältnis der unsymmetrischen Welle zu der von ihr verursachten symmetrischen Welle.

Bild 4.6 zeigt den Eingangswiderstand einer symmetrischen Komponente, z.B. eines Verstärkers. $R_{12} = Z$ ist der Abschlußwiderstand der Leitung, die die *beiden* Wellen-

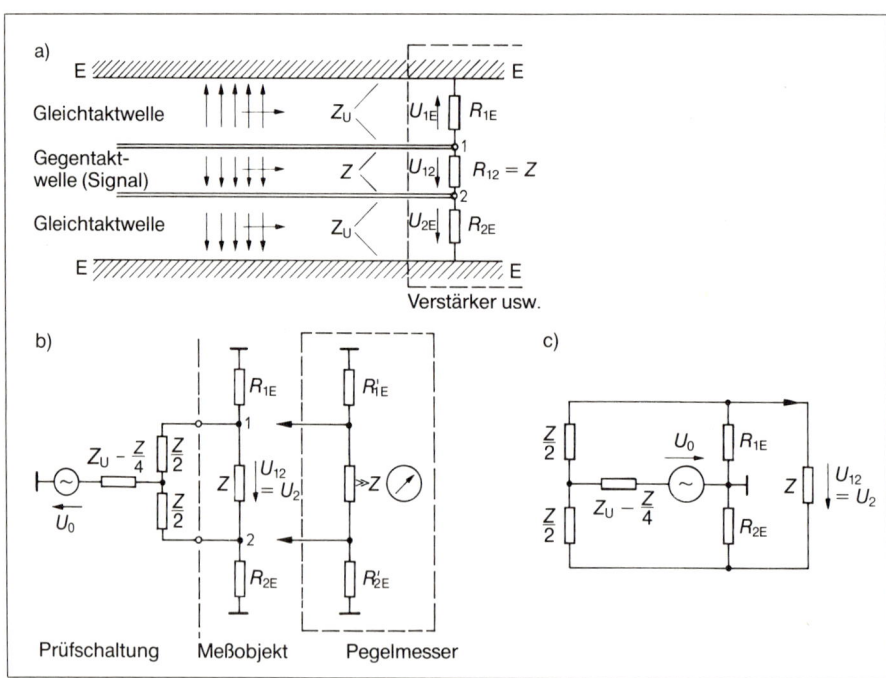

Bild 4.6: Zur Messung der Unsymmetrie von symmetrischen Anordnungen; a) Zustandekommen einer symmetrischen Komponente aus der Gleichtaktwelle bei unterschiedlichen Widerständen R_{1E} und R_{2E}, b) Meßanordnung und c) zugehöriges Ersatzschaltbild.

144

typen führt. Außer R_{12} bestehen noch die Widerstände R_{1E} und R_{2E}, die zusammen die Gleichtaktwelle auf dem Leitersystem abschließen. Es liege nun lediglich die störende Gleichtaktwelle vor. Sofern die beiden Spannungen U_{1E} und U_{2E} gleich groß sind, haben die beiden Punkte 1 und 2 gleiches Potential und es tritt keine Störspannung U_{12} auf. Unterschiedliche Werte $U_{1E} \neq U_{2E}$ führen dagegen zu *Ausgleichströmen* über R_{12} und täuschen ein Signal vor. Um den Einfluß dieser Störspannung abschätzen zu können, muß die Symmetrie gemessen werden. (CCITT O.121; [1.5, Blatt 2]; [4.2]; DIN 45404 [4.3]).

Zur *Messung* der Symmetrie des Eingangswiderstandes wird die Leitung durch zwei Widerstände $Z/2$ ersetzt, die nach Bild 4.6b über den Widerstand $Z_U - Z/4$ und eine Spannungsquelle an Erde liegen. Z_U ist der Wellenwiderstand des Leitersystemes für die unsymmetrische, d.h. die Gleichtaktwelle (Bild 4.6a). Gemessen wird die resultierende Spannung U_{12}. Wenn man die Anordnung b) in die Anordnung c) umzeichnet, erkennt man sofort die Brückenschaltung und die Bedingung für unendlich hohe Brückendämpfung: $R_{1E} = R_{2E}$.

Eine Analyse der Schaltung zeigt folgendes: Im Bild 4.6c bildet die Quellenspannung U_0 die induzierte unsymmetrische Welle nach. Ihr Quellenwiderstand Z_U sei gleich $Z/4$[1]. Gesucht ist der Strom durch den Verbraucher Z bzw. die durch ihn hervorgerufene Spannung $U_{12} = U_2 = I \cdot Z$. Man sieht, daß es sich um die bekannte Brückenschaltung handelt, für die sich I/U_0 angeben läßt [4.4]:

$$\frac{I}{U_0} = \frac{\frac{Z}{2} \cdot (R_{1E} - R_{2E})}{\left(\frac{Z}{2} + R_{1E}\right)\left[\frac{Z}{2} \cdot R_{2E} + Z\left(\frac{Z}{2} + R_{2E}\right)\right] + \frac{Z}{2} \cdot R_{1E}\left(\frac{Z}{2} + R_{2E}\right)} \cdot$$

Unter der Annahme $Z \ll R_{1E}, R_{2E}$ vereinfacht sich diese Gleichung zu[2]

$$\frac{I}{U_0} = \frac{R_{1E} - R_{2E}}{R_{1E}(R_{2E} + 2R_{2E}) + R_{1E} \cdot R_{2E}} = \frac{R_{1E} - R_{2E}}{4 R_{1E} R_{2E}}$$

und mit $U_2 = I \cdot Z$ sowie $R = 1/Y$

$$\frac{U_2}{U_0} = Z \cdot \frac{R_{1E} - R_{2E}}{4 R_{1E} \cdot R_{2E}} = \frac{Z}{4}(Y_{2E} - Y_{1E}) \ . \tag{4.5}$$

Definiert man nun die Unsymmetriedämpfung als logarithmiertes Verhältnis der verursachenden Spannung U_0 zur Störspannung U_2, dann lautet die Beziehung mit Gl. (4.5):

$$\frac{a_U}{dB} = 20 \lg \left|\frac{U_0}{U_2}\right| = -20 \lg \frac{Z}{4}\left|Y_{2E} - Y_{1E}\right| \ . \tag{4.6}$$

Die Unsymmetriedämpfung wird demnach durch die Differenz der beiden Leitwerte bestimmt; sie wird unendlich für $Y_{1E} = Y_{2E}$. Im andern Grenzfall – die Anordnung ist einseitig geerdet, Y_{1E} oder Y_{2E} ist unendlich – versagt

---

[1] Geschirmte symmetrische Leitungen erfüllen diese Bedingung annähernd. CCITT O.121 legt für eine Messung $Z_U = Z/4$ fest.

[2] Es handelt sich also um einen *erdfreien Eingang*.

die Näherung Gl.(4.6). Aber auch die exakte Formel führt nicht auf das erwartete Ergebnis $a_U = 0$ dB, denn die Gl.(4.6) ist eine willkürliche, aber sinnvolle Definition der Unsymmetriedämpfung, sofern die Bedingung R_{1E} und $R_{2E} \gg Z$ erfüllt ist. Ebenso willkürlich ist die Vorschrift, die Unsymmetrie aus dem Verhältnis zweier *Spannungen* zu ermitteln. Man könnte sie z.B. auch als Betriebsdämpfung (Generator mit Z_U, Verbraucher mit Z) auffassen.

Um eine hohe Unsymmetriedämpfung messen zu können, muß der *Eigenfehler* der Meßanordnung genügend klein sein. Ein solcher Fehler entsteht gewöhnlich durch die Unsymmetrie des Pegelmessers, mit dem U_2 gemessen wird (Bild 4.6b). Die beiden seine Unsymmetrie kennzeichnenden Leitwerte Y'_{1E} und Y'_{2E} legen sich parallel zu denen des Meßobjektes. Wenn dieses ideal symmetrisch ist ($Y_{1E} = Y_{2E}$) zeigt sich der Eigenfehler in der endlichen Spannung U'_2 entsprechend Gl.(4.5):

$$\frac{U'_2}{U_0} = \frac{4}{Z} \left[(Y_{2E} + Y'_{2E}) - (Y_{1E} + Y'_{1E}) \right]$$

$$= \frac{4}{Z} \left[\underbrace{(Y_{2E} - Y_{1E})}_{= \, 0} + (Y'_{2E} - Y'_{1E}) \right] = \frac{4}{Z} (Y'_{2E} - Y'_{1E}) \; .$$

Bei der Messung endlicher Unsymmetriedämpfungen addiert (subtrahiert) sich diese Spannung im ungünstigsten Fall zu einem Ergebnis U_2. Das Verhältnis des gemessenen Wertes ($U_2 \pm U'_2$) zum wahren Wert U_2 führt auf den Fehler in der Unsymmetriedämpfung:

$$\frac{F}{dB} = 20 \lg \left| \frac{U_2 \pm U'_2}{U_2} \right| = 20 \lg \left| 1 \pm \frac{U'_2 \, U_0}{U_0 \, U_2} \right| = 20 \lg \left| 1 \pm \frac{Y'_{2E} - Y'_{1E}}{Y_{2E} - Y_{1E}} \right| \; . \quad (4.7)$$

In Analogie zum Fehler einer Reflexionsfaktor-Meßbrücke Gl.(4.2) kann man eine den Eigenfehler kennzeichnende Richtdämpfung D definieren:

$$\frac{D}{dB} = -20 \lg \left| \frac{U'_2}{U_0} \right| = 20 \lg \left| \frac{Z}{4} (Y'_{2E} - Y'_{1E}) \right| \; .$$

D ist hier entsprechend Gl.(4.6) identisch mit der Unsymmetriedämpfung des verwendeten Pegelmessers. Man erhält dann mit den Gl.(4.6) und (4.7) die der Gl.(4.3) entsprechende Form, für die das Diagramm Bild 4.5 ebenso verwendbar ist:

$$\frac{F}{dB} = 20 \lg \left(1 \pm 10^{\frac{a_U - D}{20}} \right) \; . \quad (4.8)$$

Eine weitere mögliche Fehlerquelle sind die Ungenauigkeiten der $Z/2$-Widerstände. Auch dieser Fehler kann in einer endlichen Richtwirkung berücksichtigt werden. Um diesen Eigenfehler so klein wie möglich zu halten, ersetzt man die beiden Widerstände durch eine Übertragerschaltung nach Bild 4.7. Die erforderliche Symmetrie wird allein durch den Übertrager erreicht, die Widerstände haben darauf keinen Einfluß mehr, sie sind nur noch für die Ausbildung des richtigen Z-Wertes erforderlich und damit wesentlich unkritischer. Eine Umschaltung auf andere Z-Werte ist damit ebenfalls leichter.

Bild 4.8 zeigt, wie die Unsymmetriedämpfung an einem *Generator* und einem *Verbraucher* gemessen wird. Stets wird dabei die die Störung verursachende Spannung

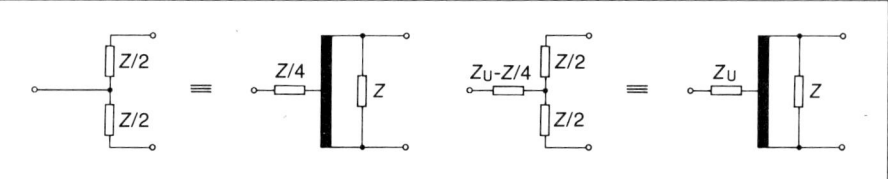

Bild 4.7: Schaltungen zur Erzeugung von Gleichtaktwellen auf symmetrischen Leitungen bzw. an symmetrischen Widerständen. Mit ihnen kann auch aus einer scheinbar symmetrischen Gegentaktwelle der unsymmetrische Anteil über die Mittelanzapfung abgezweigt werden.

ins Verhältnis gesetzt zu der daraus resultierenden Störung. Die Unsymmetrie einer Quelle, also eines Senders oder eines Verstärkerausganges wird nach Bild 4.8a ermittelt. Die Differenz der *Spannungspegel* $p_{U1} - p_{U2}$ ergibt die gesuchte Unsymmetriedämpfung. Ein Empfänger oder Verstärkereingang wird mit der Schaltung Bild 4.8b untersucht.

Dabei ist die Ursache für eine Spannung U_2 sowohl im Falle des Senders wie des Empfängers nicht nur eine Unsymmetrie des *Quellen bzw. Eingangswiderstandes.* Die Quellenspannung des Senders kann selbst schon erdunsymmetrisch sein oder auch die am Empfängereingang anliegende Gleichtaktspannung kann infolge geräteinterner Kopplungen einen Ausschlag verursachen (vgl. Bild 4.8b). Da die beschriebene Messung beide Ursachen erfaßt und den Betriebsfall am besten nachbildet, läuft sie unter dem Namen *Messung der Betriebsunsymmetriedämpfung.*

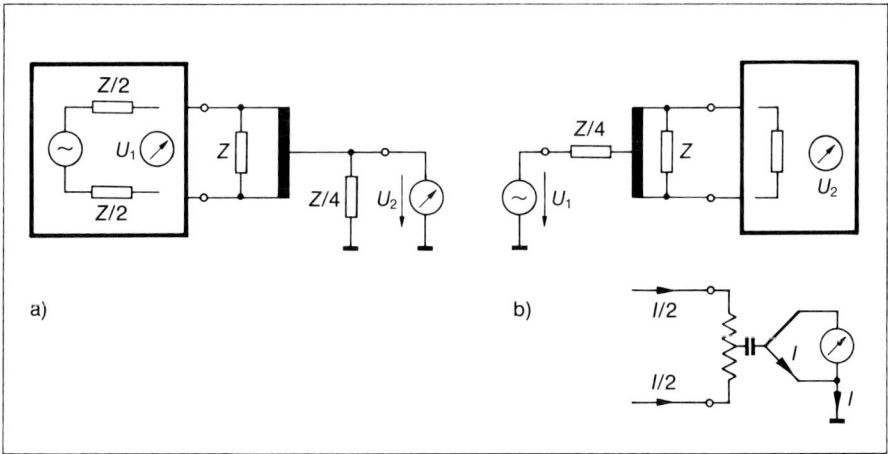

Bild 4.8: Messung der Betriebsunsymmetriedämpfung an einem Generator a) und einem Empfänger oder Verstärker b). An einem einfachen Beispiel (Thermoelement) ist gezeigt, wie trotz idealer Symmetrie des Eingangswiderstandes eine Anzeige U_2 zustande kommen kann: Die der Gleichtaktwelle entsprechenden Ströme $I/2$ fließen über die Kapazität zwischen Heizer und Element ab und erwärmen dabei den Heizer, was eine Anzeige zur Folge hat.

Bild 4.9:
Messung der Gleichtaktunterdrückung

$$a = 20 \lg \left| \frac{U_1}{U_2} \right| .$$

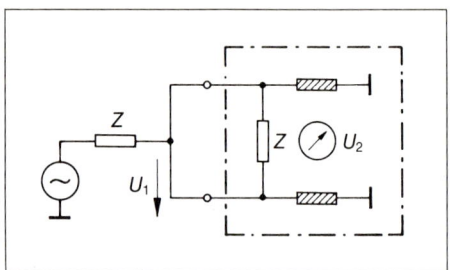

Einen Hinweis, wie sehr die genannten Kopplungen zur Unsymmetrie beitragen, gibt die Messung der *Gleichtaktunterdrückung.* Man versteht darunter eine Anordnung nach Bild 4.9. Beide Klemmen des Verbrauchers liegen zwangsweise auf gleichem Potential, das durch den unsymmetrischen Generator bestimmt ist. Der kurzgeschlossene Eingangswiderstand läßt keine symmetrische Spannung aufkommen. Wenn nun trotzdem eine Spannung U_2 angezeigt wird, so hat diese in den erwähnten Kopplungen ihre Ursache.

Eine oft geübte Praxis, den Grad der Symmetrie einer Anordnung zu kontrollieren, besteht darin, sie „auf Umschlag" zu betreiben, also den *Umpolfehler* zu ermitteln: Bringt ein Vertauschen der Klemmen der „symmetrischen" Anordnung unterschiedliche Ergebnisse U_2' und U_2'', so hat man einen Hinweis auf vorhandene Fehler (Bild 4.10). Um diese möglichst deutlich werden zu lassen, wählt man bei der Messung eines Verbrauchers einen total unsymmetrischen Generator und bei der Messung eines Senders einen total unsymmetrischen Verbraucher. Die Methode scheint verblüffend einfach zu sein, hat aber einen *Nachteil:* In den meisten Fällen sind die für die Symmetrie verantwortlichen Leitwerte Y_{1E} und Y_{2E} kapazitiv, also imaginär. Gemessen wird aber eine *Betragsänderung* der Spannung. Solche „imaginären" Unsymmetrien verursachen aber in erster Linie Phasenfehler, d. h. die damit gewonnenen Ergebnisse sind nicht unbedingt aussagekräftig.

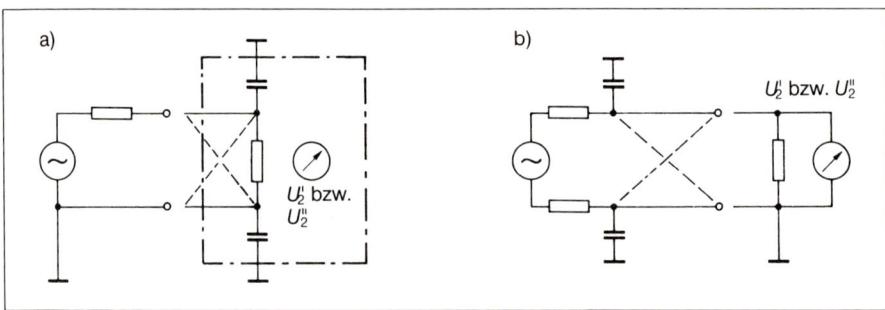

Bild 4.10: Messung des Umpolfehlers bei einem Empfänger a) und einem Generator b).

Symmetriemessungen lassen sich schließlich nicht nur an Generatoren und Verbrauchern, sondern auch an Zweitoren durchführen (Bild 4.11). Die Meßschaltung nach Bild 4.7 trennt Gleich- und Gegentaktwellen voneinander und gestattet so die Erfassung der gesuchten Verhältnisse von Störspannung zu störender Spannung. (Verbindliche Vorschriften für Messungen an Zweitoren existieren derzeit noch nicht.)

Alle bisher besprochenen Meßverfahren sind für Messungen mit sinusförmigen Strömen und Spannungen gedacht. Man erhält also frequenzabhängige Resultate,

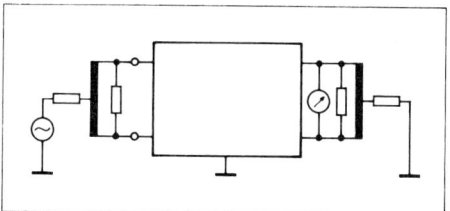

Bild 4.11: Beispiel einer Unsymmetriemessung an einem Zweitor. Eine Gleichtaktwelle am Eingang ruft am Ausgang eine Spannung hervor, die als Signal gedeutet werden könnte.

wobei häufig der ungünstigste Wert im interessierenden Frequenzbereich angegeben wird. Besondere Schwierigkeiten ergeben sich jedoch, wenn die Meßobjekte für impulsförmigen Betrieb ausgelegt sind (Impulsgeneratoren, Empfänger für impulsartige Signale, Impulszähler usw.). Auch für diese Fälle gibt es heute noch keine einheitlichen, verbindlichen Meßvorschriften.

4.5 Messung der S-Parameter von Zweitoren

4.5.1 Definitionen

Die elektrischen Vorgänge auf Leitungen lassen sich bekanntlich durch Angabe von Spannungen und Strömen in Abhängigkeit von Ort und Zeit beschreiben. Dabei sind Spannung und Strom die einer Messung im Bereich tiefer Frequenzen unmittelbar zugänglichen Vertreter der elektrischen und magnetischen Feldstärken. Diese sind wiederum Komponenten einer elektromagnetischen Welle, die sich längs der Leitung ausbreitet bzw. von ihr geführt wird. Das Kennzeichen dieser Welle ist – außer Richtung und Geschwindigkeit – ihre Intensität, d. h. die von ihr transportierte Leistung. Es liegt deshalb einerseits nahe, eine unmittelbar an diese Vorstellung anknüpfende Kenngröße einzuführen. Diese wäre dann eine sogenannte *Energiegröße*. Dem physikalischen Sachverhalt, nämlich der Wechselwirkung zwischen elektrischem und magnetischem Feld, wird andererseits eher eine *Feldgröße*, also eine lineare Größe gerecht. Man wählt deshalb zur Beschreibung der Vorgänge auf Leitungen Größen, die der *Wurzel* aus der transportierten Leistung entsprechen und die dann als Feldgrößen einen unmittelbaren Zusammenhang mit der Spannung oder dem Strom längs der Leitung haben müssen.

Eine solche „Welle" wird mit a (oder b) bezeichnet und steht mit der Spannung oder dem Strom und dem Wellenwiderstand in folgendem Zusammenhang:

$$a = \frac{U}{\sqrt{Z}} = I \cdot \sqrt{Z} \ . \tag{4.9}$$

Der Betrag der transportierten *Leistung* ergibt sich durch Multiplizieren mit der konjugiert komplexen Welle a^* zu

$$a \cdot a^* = |a|^2 = \frac{U \cdot U^*}{Z} = I \cdot I^* \cdot Z = U \cdot I^* = P. \tag{4.10}$$

149

Üblicherweise wird Z als *reell* angenommen, so daß P nach Gl. (4.10) ebenfalls reell und damit eine Wirkleistung ist. [4.5].

Da die Leitungsgleichungen Differentialgleichungen 2. Ordnung sind, existieren auch zwei voneinander unabhängige Lösungen, die jede einer Welle entsprechen. Beide Wellen breiten sich in entgegengesetzter Richtung aus. Man ordnet diesen Wellen die Größen a und b zu und spricht nun von (auf ein Bezugsklemmenpaar) *zu-* oder *ablaufenden Wellen.* Aus a bzw. b läßt sich dann auch eine zu- oder ablaufende Spannung bzw. ein Strom ableiten:

$$a = \frac{U^{zu}}{\sqrt{Z}} = I^{zu} \cdot \sqrt{Z} \quad \text{bzw.} \quad b = \frac{U^{ab}}{\sqrt{Z}} = I^{ab} \cdot \sqrt{Z}, \tag{4.11}$$

und ebenso läßt sich eine zu- und ablaufende Leistung unterscheiden:

$$P^{zu} = a \cdot a^* \quad \text{und} \quad P^{ab} = b \cdot b^*. \tag{4.12}$$

Wird nun ein Leitungszug von einem (linearen) Zwei- oder Mehrtor unterbrochen, so stehen die von dieser Einheit ablaufenden Wellen in einem *linearen Zusammenhang* mit sämtlichen zulaufenden Wellen. Man gibt die Abhängigkeit in einem Koeffizientenschema (Matrix) an, das die Verteilung der zulaufenden Wellen auf die ablaufenden beschreibt. Diese Matrix heißt deswegen *Verteilungsmatrix,* sie ist jedoch unter dem Namen *Streumatrix* (eine allzu wörtliche Übersetzung von engl.: scattering-matrix) geläufiger. Ihre Elemente heißen *Streuparameter* oder kurz S-Parameter (Bild 4.12). Hier wird die sog. symmetrische Schreibweise benutzt, bei der die Wellen stets auf das betrachtete Zweitor zulaufen *(a)* bzw. ablaufen *(b)*. Man folgt also nicht etwa einer durch den Nachrichtenfluß vorgegebenen Richtung. [4.6 bis 4.9].

Die von einem Klemmenpaar eines Zweitores ablaufende Welle hängt nicht nur von den zulaufenden Wellen am *anderen* Klemmenpaar ab, sondern enthält auch einen Teil der am betrachteten Klemmenpaar zulaufenden Welle. Dieser Anteil erreicht also gar nicht das Innere des Zweitores, sondern wird unmittelbar reflektiert. Die *Koeffizienten* in der Streumatrix **S** setzen sich aus solchen zusammen, die eine *Reflexion* ($S_{\mu\mu}$) und solchen, die eine *Transmission* beschreiben ($S_{\mu\nu}$). Zum Beispiel gibt S_{11} den Reflexionsfaktor am Klemmenpaar 1,1′ an, wenn am Ausgang (2,2′) keine Welle zuläuft, also $a_2 = 0$ ist: Das Zweitor ist dort also bezüglich eines beliewählbaren Bezugswellenwiderstandes Z *reflexionsfrei abgeschlossen.* „Refle-

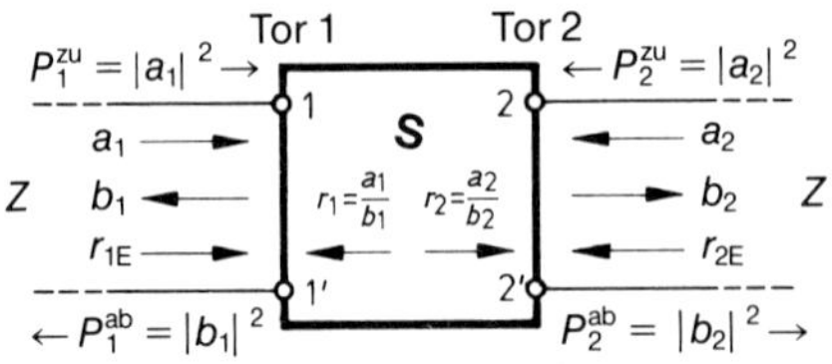

$$\begin{pmatrix} b_1 \\ b_2 \end{pmatrix} = \underbrace{\begin{pmatrix} S_{11} & S_{12} \\ S_{21} & S_{22} \end{pmatrix}}_{\mathbf{S}} \cdot \begin{pmatrix} a_1 \\ a_2 \end{pmatrix} \quad \text{oder}$$

$$\begin{aligned} b_1 &= S_{11}\, a_1 + S_{12}\, a_2 \\ b_2 &= S_{21}\, a_1 + S_{22}\, a_2 \end{aligned} \tag{4.13}$$

Bild 4.12: Zur Beschreibung eines Zweitors mit Hilfe der Streuparameter.

xionsfrei" bedeutet hier aber keineswegs „wellenwiderstandsrichtig" hinsichtlich des Wellenwiderstandes des Zweitores, vielmehr wird damit ausgesagt, daß eine ablaufende Welle b_2 auf der Leitung „verschwindet" und kein Anteil a_2 zurückkehrt. Hier zeigt sich ein wichtiger Unterschied zu anderen Systemen, mit denen ein Zweitor beschrieben werden kann: Die Kettenmatrix, Leitwerts- oder Widerstandsmatrix kann für ein schaltungsmäßig vorliegendes Zweitor unmittelbar angegeben werden, die Streumatrix dagegen erst, wenn die *Bezugswellenwiderstände Z* der anschließenden Leitungen genannt werden. Zu ein und demselben Zweitor gehört also, je nach dem *Z*-Wert der angeschlossenen Leitungen, eine andere Streumatrix. Hier wird die Verallgemeinerung des vom Eintor her geläufigen Begriffes des Reflexionsfaktors sichtbar.

Die Bedeutung der einzelnen Elemente der Streumatrix ergibt sich aus der Definitionsgleichung (4.13) in Bild 4.12. Die *Eigenreflexionsfaktoren* S_{11} und S_{22} lassen sich direkt angeben. Dabei muß das jeweils gegenüberliegende Tor reflexionsfrei abgeschlossen sein (a_2 bzw. $a_1 = 0$):

$$S_{11} = \left.\frac{b_1}{a_1}\right|_{a_2 = 0} \qquad S_{22} = \left.\frac{b_2}{a_2}\right|_{a_1 = 0} \quad . \tag{4.14a}$$

Die *Transmissionsfaktoren* S_{12} bzw. S_{21} folgen in gleicher Weise zu

$$S_{12} = \left.\frac{b_1}{a_2}\right|_{a_1 = 0} \qquad S_{21} = \left.\frac{b_2}{a_1}\right|_{a_2 = 0} \quad . \tag{4.14b}$$

Im Gegensatz zu den Eigenreflexionsfaktoren muß der im Betrieb sich einstellende Reflexionsfaktor (z.B. am Tor 1 bei beliebigem Abschluß des Tores 2) aus den Gleichungen (4.14) sowie der Bedingung

$$r_2 = \frac{a_2}{b_2}$$

errechnet werden (siehe Bild 4.12). Er ergibt sich zu

$$r_{1E} = \frac{b_1}{a_1} = S_{11} + S_{12}\,S_{21}\,\frac{r_2}{1 - S_{22}\,r_2} \quad . \tag{4.15}$$

Diese Gleichung zeigt sehr anschaulich die Rückwirkung des abschließenden Reflexionsfaktors r_2 auf den Eingang, die hauptsächlich von den Transmissionsfaktoren bestimmt ist. Der Nenner ($1 - S_{22}r_2$) gibt die Auswirkung von Mehrfachreflexionen am Tor 2 wieder; je nach Phasenlage von $S_{22}r_2$ ist die Rückwirkung stärker oder schwächer.

Obwohl das Konzept zur Beschreibung einer Schaltung durch Wellen schon lange bekannt war [4.7], hat es erst mit der Erschließung der Gebiete kürzester Wellen Bedeutung bekommen. Spannungs- und Strommessungen sind in diesem Frequenzbereich nahezu unmöglich und wertlos, da beide Größen längs einer Leitung im allgemeinen ständig ihren Betrag wechseln. Eine mittels eines *Richtkopplers* (vgl. Abschnitt 4.5.2) abgezweigte Welle *a* oder *b* bleibt dagegen im Betrag unabhängig vom Auskoppelort, falls die Leitung selbst verlustfrei ist. Von der Höchstfrequenztechnik aus fanden die S-Parameter dann Eingang in die Beschreibung von Transistorschaltungen und haben für HF-Transistoren heute die gleiche Bedeutung wie die h-Parameter bei NF-Transistoren.

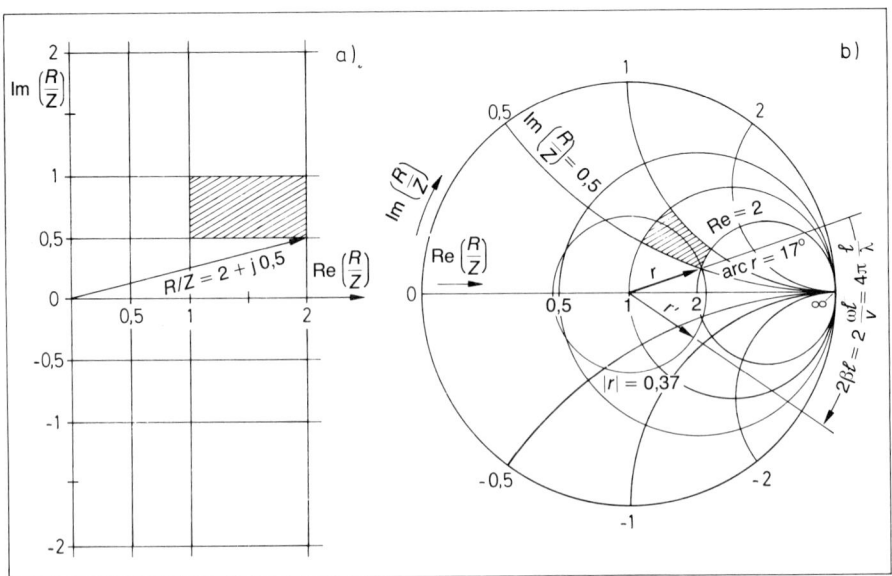

Bild 4.13: a) Darstellung eines komplexen Widerstandes in der Widerstandsebene, b) äquivalente Darstellung als Reflexionsfaktor im Leitungsdiagramm.

Zur graphischen Darstellung eines Reflexionsfaktors oder der Elemente der Streumatrix benutzt man die sogenannten *Leitungsdiagramme*. Das bekannteste ist die „Smith-Chart" (nach Philip H. Smith in „Electronics", Januar 1939), das auch unter dem Namen Leitungsdiagramm zweiter Art bekannt ist (Bild 4.13b):

In der vom Einheitskreis umschlossenen Fläche lassen sich sämtliche Reflexionsfaktoren $|r| \leq 1$, also von passiven Schaltungen, in Polarkoordinaten darstellen. Üblicherweise sind die nach Gl.(4.1a) transformierten Widerstandskoordinaten $\text{Re}\left(\frac{R}{Z}\right) = $ const. und $\text{Im}\left(\frac{R}{Z}\right) = $ const. eingetragen (Bild 4.13a), so daß zu jedem nach Betrag und Winkel gegebenen Reflexionsfaktor der zugehörige, normierte Widerstandswert abgelesen werden kann.

Die Verwendung dieses Leitungsdiagrammes ist in verschiedener Hinsicht vorteilhaft:

a) Die gesamte, unendlich ausgedehnte rechte Widerstands- oder Leitwertshalbebene wird in den überschaubaren Einheitskreis abgebildet. In ihm sind sowohl der Nullpunkt wie auch der unendlich ferne Punkt zu sehen. Die Reflexionsfaktoren und S-Parameter liegen für passive Schaltungen innerhalb des Kreises.

b) Der mit den transformierten Koordinaten der Widerstandsebene ausgefüllte Einheitskreis ermöglicht es, Widerstandswerte im gesamten Gebiet fast mit gleicher relativer Genauigkeit abzulesen oder einzutragen. Ähnlich einer logarithmischen Darstellung werden die kleinen Werte gedehnt und die großen gedrängt dargestellt. Dieser für die praktische Arbeit wichtige Umstand wird oft zu wenig beachtet.

c) Der Einfluß einer dem Meßobjekt vor- bzw. nachgeschalteten Leitung, d.h. die Transformation des Reflexionsfaktors oder der S-Parameter über die Leitungslänge ist leicht zu übersehen. Beispielsweise wird ein Reflexionsfaktor r durch eine Leitung der Länge l, der Dämpfungskonstante α und der Phasenkonstante $\beta = \omega/v = 2\pi/\lambda$ in den Reflexionsfaktor r' transformiert (v = Ausbreitungsgeschwindigkeit, λ = Wellenlänge auf der Leitung):

$$r' = r \cdot e^{-2(\alpha + j\beta)l} = r \cdot e^{-2\alpha l} \cdot e^{-j2\omega l/v} = r \cdot e^{-2\alpha l} \cdot e^{-j4\pi l/\lambda}$$

Die Dämpfung bewirkt also eine Kontraktion, die Phase eine gleichmäßige Drehung im Uhrzeigersinn entsprechend der Leitungslänge l. Bei verlustfreier Leitung ($\alpha = 0$) findet nur die Drehung statt (Bild 4.13b).

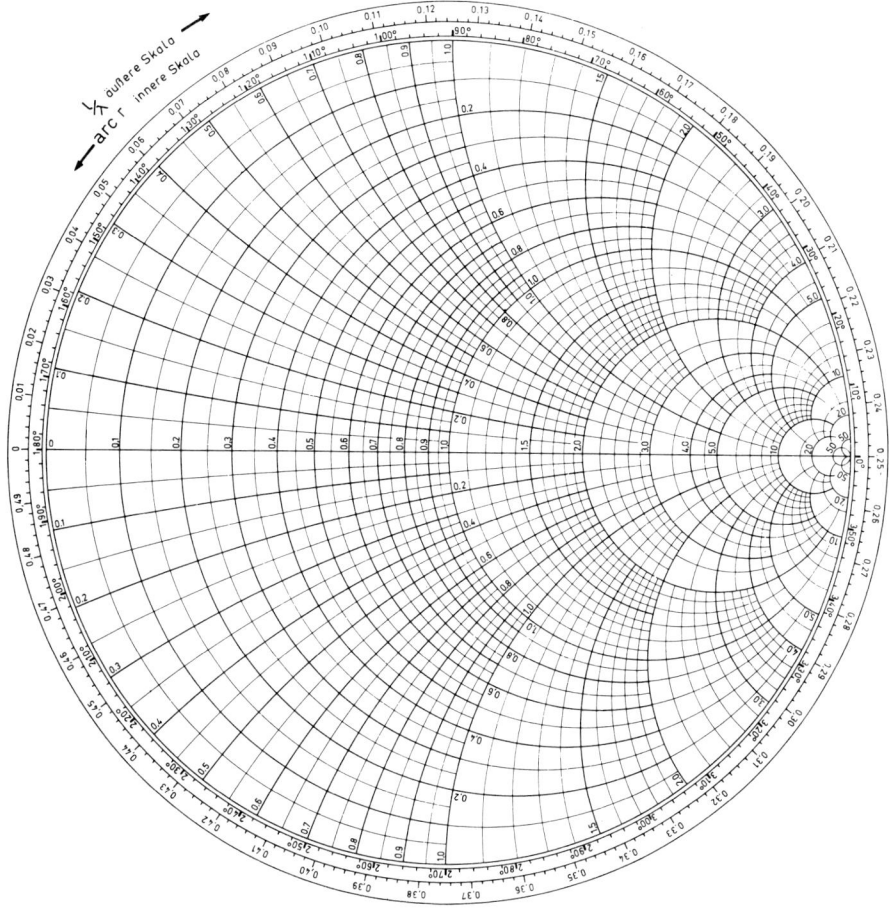

Bild 4.14: Vollständiges Leitungsdiagramm (,,Smith-Chart").

d) Die *relative Leistungseinbuße* infolge einer Fehlanpassung entspricht dem Verhältnis der Leistungen von ablaufender und zulaufender Welle: $|ra|^2/|a|^2 = |r|^2$. Die Linien gleicher Fehlanpassung sind demnach im Leitungsdiagramm konzentrische Kreise.

e) Die Umrechnung von Widerstandswerten in Leitwerte erhält man durch den Übergang von r auf $-r$, also Spiegelung am Mittelpunkt. Nach Gl.(4.1a) ist

$$\frac{R}{Z} = \frac{1}{GZ} = \frac{1+r}{1-r} \quad .$$

Einem Austausch von r durch $-r$ entspricht demnach der Übergang von Widerstands- in Leitwertskoordinaten.

In Bild 4.14 ist ein vollständiges Leitungsdiagramm dargestellt, wie es in der Praxis verwendet wird.

153

4.5.2 Messung der S-Parameter

Die S-Parameter als Quotient zweier Wellen waren lange Zeit einer direkten Messung nicht zugänglich. Mit Hilfe der klassischen *Meßleitung* konnten nur die Reflexionskoeffizienten S_{11} und S_{22} direkt gemessen werden, die Transmissionskoeffizienten S_{12} und S_{21} waren dagegen nur indirekt zu bestimmen.

Mit der Meßleitung wird die Verteilung der Spannung (oder des Stromes) längs einer Leitung ermittelt. Die der Messung zugängliche Spannung setzt sich aus der Summe $(a + b)$ der zu- und ablaufenden Wellen zusammen. Da sich die Phasen der Wellen längs der Leitung ständig ändern, ergeben sich in der Summe $(a + b)$ Maxima und Minima, aus denen sich die Beträge $|a|$ und $|b|$ berechnen lassen. Die zugehörigen Phasen ergeben sich aus der Entfernung vom Maximum (oder vom genauer zu bestimmenden Minimum) zum Leitungsende, also zum Anschlußpunkt des Meßobjektes. Während die Reflexionskoeffizienten S_{11} und S_{22} (letzterer bei umgekehrtem Meßobjekt) leicht bestimmt werden können, ist eine unmittelbare Messung der Transmissionskoeffizienten $S_{12} = b_1/a_2$ und $S_{21} = b_2/a_1$ nicht möglich, da der Quotient zweier Wellen an *verschiedenen* Orten zu bilden ist, was eine getrennte Erfassung erfordern würde. Die Meßleitung ist aber nur in der Lage, die Überlagerung zweier Wellen am *gleichen* Ort zu messen. Doch lassen sich aus einer Kurzschluß- und Leerlaufmessung am Eingang, also bei ausgangsseitigem Abschluß des Zweitores mit definierten, leicht herstellbaren Reflexionsfaktoren, weitere Gleichungen zur Bestimmung der Transmissionskoeffizienten aufstellen. Die meist graphische Auswertung ist jedoch mühsam und zeitraubend. [4.9; 4.10].

Die Elemente der Streumatrix sind durchweg Verhältnisse zweier Wellen. Es besteht also die Aufgabe, diese Wellen zu erfassen, zu messen und ihren Quotienten anzuzeigen. Hierzu dienen sog. S-Parameter-Meßplätze (Bild 4.15 und 4.16). Als Aufnehmer für die Wellen hat sich der aus der Höchstfrequenztechnik bekannte *Richtkoppler* auch bis zu relativ niederen Frequenzen von einigen Megahertz besonders bewährt. Die ihm grundsätzlich anhaftende Frequenzabhängigkeit der Koppeldämpfung, die üblicherweise seinen Anwendungsbereich einschränkt, wirkt sich hier nicht aus, da bei Verwendung gleicher Richtkoppler der Frequenzgang durch die Verhältnisbildung eliminiert wird. Aber auch Brückenschaltungen zur Trennung der beiden Wellen sind üblich.

Ein Richtkoppler (z.B. Richtkoppler II in Bild 4.15) besteht aus zwei Leitungen, die über eine bestimmte Strecke miteinander elektromagnetisch verkoppelt sind [4.11

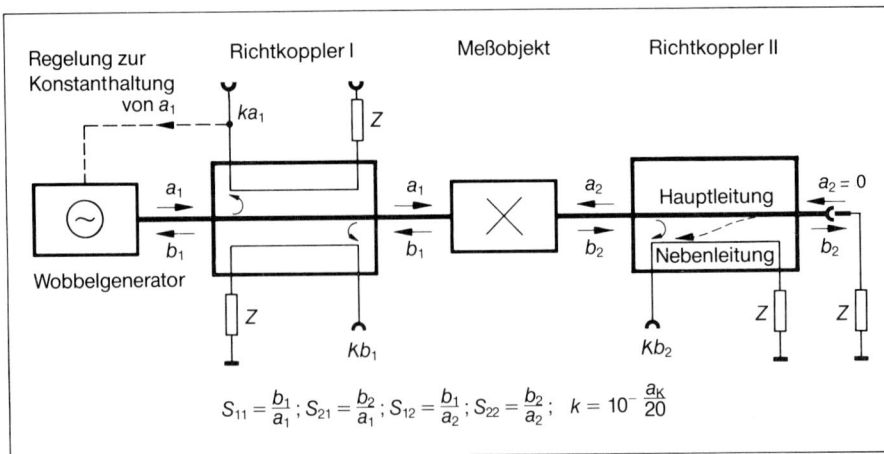

Bild 4.15: Prinzip eines S-Parameter-Meßplatzes.

bis 4.13]. Das in der Übertragungstechnik unerwünschte Übersprechen wird hier bewußt ausgenutzt. Die Nebenleitung ist am einen Ende reflexionsfrei abgeschlossen, am andern Ende tritt eine um die Koppeldämpfung a_K gedämpfte Welle $kb_2 = 10^{-a_K/20} \cdot b_2$ aus. Dort kann allerdings noch ein weiterer Anteil auftreten, der durch die ungenügende *Richtdämpfung* des Richtkopplers verursacht wird. Er ist proportional zur Welle a_2 und addiert sich zeigermäßig zum gesuchten Anteil. Der dadurch mögliche Fehler wurde in Abschnitt 4.3 bereits eingehend besprochen.

Mit solchen Richtkopplern werden nach Bild 4.15 die Wellen a_1, b_1 und b_2 gemessen. Die an den Klemmen der Richtkoppler auftretenden Signale werden in einem *Auswertegerät* (Bild 4.16) weiterverarbeitet, das die gesuchten Verhältnisse anzeigt. Zur Bestimmung von S_{12} und S_{22} wird das Zweitor umgekehrt, (S_{12} wird wie S_{21} gemessen, S_{22} wie S_{11}) oder der Meßplatz bietet bereits die erforderlichen Schalter. Die Auswertung muß sowohl nach *Betrag* wie nach der *Phase* erfolgen. Eine unmittelbare Signalgleichrichtung kommt deshalb nicht in Betracht, da sie die Phasenbeziehungen unberücksichtigt ließe. Dagegen bleiben bei der Signalumsetzung auf eine feste Zwischenfrequenz die Betrags- und Phasenverhältnisse unverändert (vgl. Abschnitt 2.3.2). Man mischt deshalb beide Signale in gleichartig aufgebauten Mischern, die aus ein und demselben Oszillator gespeist werden. Die dem Bezugssignal entsprechende ZF-Spannung wird in zwei um 90° versetzte Signale aufgeteilt, die je eine weitere Mischerschaltung ansteuern. Diese setzen die dem Signal zugeordnete ZF-Spannung in zwei *Gleich*spannungen um, da „Signal" und „Träger" von gleicher Frequenz sind. Diese Gleichspannungen entsprechen dem Cosinus bzw. dem Sinus des Winkels zwischen Signal und Bezugssignal; damit ist z.B. eine Darstellung in Polarkoordinaten möglich. Die Quotientenbildung erfolgt gewöhnlich durch Regelung des Bezugssignales auf einen konstanten Wert, wie das in Bild 4.15 im Prinzip angedeutet ist. In einer weiteren Schaltung erfolgt die Anpassung der interessierenden Größe auf den gewünschten Maßstab am Bildschirm oder xy-Schreiber.

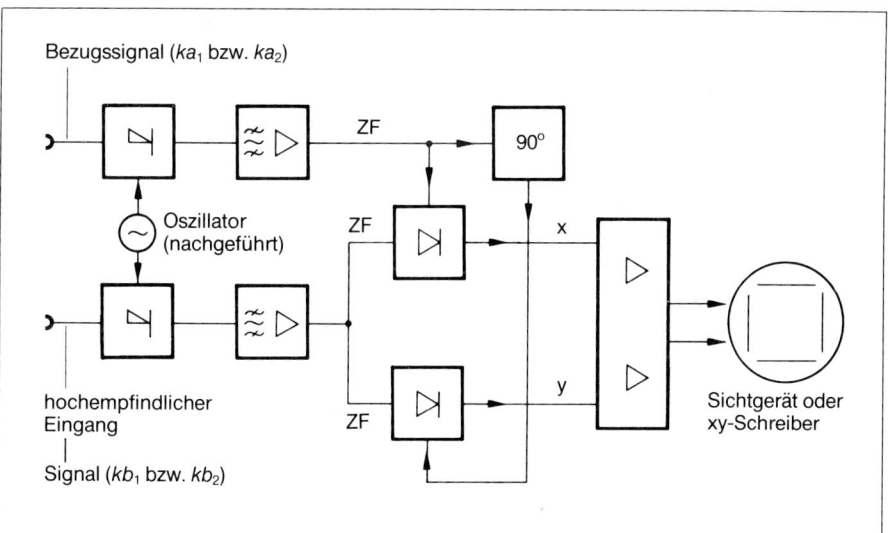

Bild 4.16: Blockschaltbild eines Empfängers zur Auswertung der Meßwerte nach Bild 4.15.

Wenn der speisende Generator gewobbelt und der Trägeroszillator des Empfängers entsprechend mitgeführt wird, läßt sich die gesuchte Größe in Abhängigkeit von der Frequenz darstellen. Man sieht also direkt den Verlauf des betreffenden S-Parameters in der Ebene des Reflexionsfaktors (Bild 4.13b) [4.9].

Das hier angewandte Prinzip des Überlagerungsempfanges ergibt eine *hohe Empfindlichkeit.* Sie wird hauptsächlich von der im Gerät vorgesehenen ZF-Bandbreite bestimmt, die nach Abschnitt 1.5 ihrerseits von der Wobbelgeschwindigkeit abhängt. Mit kleinsten Bandbreiten von wenigen Kilohertz lassen sich Signale von ca. −100 dBm verarbeiten. Damit kann auch die Sendespannung in einer Größe gehalten werden, die Halbleiterschaltungen noch nicht übersteuert. Der selektive Empfang bietet zudem noch den Vorteil, Störeinflüsse durch Oberwellen oder nichtharmonische Frequenzen des Senders bzw. des Meßobjektes weitgehend zu unterdrücken.

4.6 Reflexionsmessungen im Zeitbereich

Die bisherigen Überlegungen zum Reflexionsfaktor bezogen sich ausschließlich auf den *Frequenzbereich:* Danach ist $S_{\mu\mu}$ der Quotient aus zwei gleichfrequenten Wellenzügen, der zu- und ablaufenden Welle. Reflexionen lassen sich aber ebensogut im *Zeitbereich* betrachten. Die großen Fortschritte auf dem Gebiet der Impulstechnik und der schnellen Halbleiter haben wesentlich zur Verwirklichung dieser Möglichkeit beigetragen. Reflexionsmessungen im Zeitbereich (Zeitbereich-Reflektometrie, engl.: Time-Domain-Reflectometry, abgekürzt TDR) sind im Prinzip *Echomessungen* [4.14 bis 4.16]. Ein sehr kurzer Sendeimpuls wird an der reflektierenden Stelle ganz oder teilweise zurückgeworfen und trifft nach einer der doppelten Entfernung entsprechenden Laufzeit und u. U. gedämpft am Ausgangspunkt ein. Aus der Laufzeit und der Form des Echos kann auf den Ort und die Art der reflektierenden Stelle geschlossen werden. Das Arbeiten im Zeitbereich bringt also auch wichtige Angaben über die *Entfernung* einer Störung vom Meßort. Deshalb wird diese Technik immer dort vorteilhaft eingesetzt, wo der Ort der reflektierenden Stelle eine besondere Rolle spielt. Das ist sowohl bei der Fehlersuche an verlegten Kabeln [4.17 bis 4.20] und Lichtleitern (vgl. Abschnitt 7.4.3) der Fall, als auch bei der Entwicklung von Leitungselementen im Gebiet der Dezimeter- und Zentimeterwellen, deren Abmessungen nicht mehr klein im Vergleich zur Wellenlänge sind. [4.9; 4.21].

Als Sendesignal wird sowohl der kurze aber leistungsstarke *Impuls* (Stoß) verwendet wie auch der *Sprung*, der als Integral des Impulses aufgefaßt werden kann. Dementsprechend können die Resultate durch Differentiation bzw. Integration ineinander übergeführt werden. Das Meßobjekt wird aus einem geeigneten Pulsgenerator über ein Ankopplungsnetzwerk, das als Brücke ausgebildet sein kann, gespeist (Bild 4.17). Diese Brücke dient ggf. zur sendeseitigen Entkopplung des Meßempfängers, der ebenfalls am Eingang des Prüflings das Eintreffen des Echos beobachtet und dessen Ausgangsspannung durch ein Sichtgerät oder einen Schreiber angezeigt wird.

Für Messungen an Fertigungslängen oder bereits verlegten Kabeln verwendet man bevorzugt kurze, glockenförmige Impulse mit einer Breite von etwa 10 bis 100 ns und erhält damit bereits eine Entfernungsauflösung von wenigen Metern[1]. Die größte meßbare Entfernung ist durch die Dämpfung des Kabels, die Sendeleistung und die

---

[1] 1 ns ist z.B. die doppelte Laufzeit für eine Leitungslänge von 10 bis 15 cm.

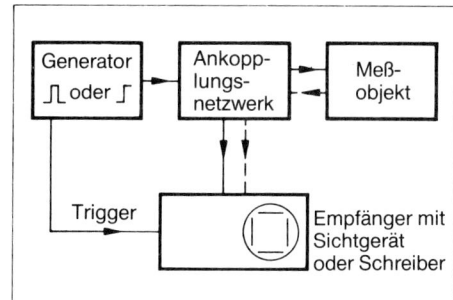

Bild 4.17: Blockschaltbild einer Anordnung
zur Reflexionsmessung im Zeitbereich.

Empfindlichkeit des Empfängers begrenzt und liegt, geringe Dämpfung vorausgesetzt, bei einigen Kilometern. Um auch aus einem schwachen Echo, das einen weiten Weg zurückgelegt hat und damit einer stärkeren Dämpfung unterlag, richtige Schlüsse zu ziehen, wird am Empfänger eine der Kabeldämpfung entsprechende, *zeitabhängige Entzerrung* vorgenommen: Je länger die Laufzeit der Impulse ist, um so größer wird die Verstärkung. Das Eigenrauschen des Empfängers setzt diesem Verfahren dann eine natürliche Grenze.

Solange im Prüfling nur eine einzige merkliche Reflexion vorhanden ist, läßt sich das Bild am Empfänger einwandfrei deuten. Sind aber mehrere reflektierende Stellen im Prüfling, so ergeben sich Mehrfachechos im Abstand der *doppelten* Laufzeit zwischen den Störstellen. Diese klingen um so schneller ab, d.h. verschwinden am Registriergerät, je kleiner die Störungen betragsmäßig sind (vgl. Beispiel 4.2).

Das gleiche hier geschilderte Prinzip wird auch zur Ortung von Fehlern an *Energiekabeln* gebraucht. Der Pulsgenerator besteht aus einem Hochspannungskondensator, der kontinuierlich aufgeladen wird und sich über eine Funkenstrecke periodisch entlädt. Auch dabei wird die Laufzeit bis zum Eintreffen eines Echos zur Ortung des Fehlers benützt. Eine zusätzliche Hilfe zur Feinortung hat man, wenn die an der Störung hörbar werdenden Überschläge mit einem Körperschallmikrofon am Erdboden abgehört werden. Mit der Verwendung sehr hoher Spannungen wird u.a. beabsichtigt, einen hochohmigen Schluß oder einen zeitweilig auftretenden Fehler zu ,,brennen'', d.h. niederohmig zu machen und zu fixieren. Allerdings darf die Kabeldämpfung bis zum Fehlerort nicht so groß sein, daß der Hochspannungsimpuls nicht mehr genügend Energie zum Brennen hat. Andernfalls kann das Kabel direkt als Hochspannungskondensator verwendet werden: Längs des Kabels liegt jetzt überall die gleiche Spannung. Sobald der Durchschlag am Fehlerort erfolgt ist, breitet sich eine Wanderwelle auf dem Kabel aus, deren Mehrfachreflexionen zwischen hochohmigem Generator und niederohmigem Lichtbogen zur Entfernungsbestimmung herangezogen wird.

Im Gegensatz zu den Geräten für die Fehlerortung erfordert das Ausmessen kleiner Bauelemente wie Übergänge und Steckverbindungen zwischen verschiedenen Leitungen, Schaltungen in Ätztechnik usw. erheblich kürzere Impulse bzw. Anstiegszeiten der Sprünge, um eine ausreichende Auflösung zu erreichen. Mit einer Impulsdauer (Anstiegszeit) von ca. 100 ps entsprechend einer Entfernungsauflösung von ca. 1,5 cm lassen sich Bauteile bis zu einer Betriebswellenlänge von etwa dem Zehnfachen, also 15 cm $\triangleq$ 2 GHz untersuchen. Der Empfang von Signalen mit so kurzen Anstiegszeiten erfordert einen entsprechend breitbandigen Empfänger oder besondere Verfahren. Da das Pulssignal beliebig oft wiederholt werden kann, ist die Verwendung der Abtasttechnik (vgl. Abschnitt 3.4) möglich. Damit läßt sich trotz der erforderlichen hohen Bandbreite, besonders bei Verwendung eines Schreibers ein nahezu rauschfreies Ausgangssignal gewinnen.

157

Bild 4.18: Zeitlicher Verlauf des Signals am *Eingang* des Meßobjektes. Er kann als Abbildung der Reflexionsfaktoren längs der Leitung gedeutet werden. Bezugswert ist die Sprungamplitude: Reelle Reflexionsfaktoren ergeben positive ($r > 0$) bzw. negative ($r < 0$) Stufen im Sprung. Bei komplexen (imaginären) Reflexionsfaktoren kommt ein zeitlich begrenzter Einschwingvorgang hinzu (vgl. Tabelle 4.1).

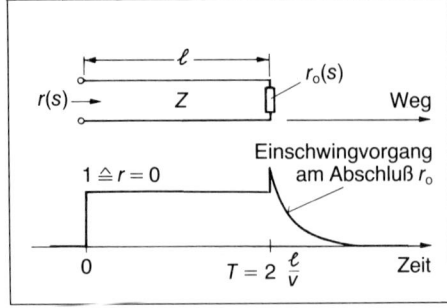

Der allgemeine Zusammenhang zwischen Lage bzw. Größe der Störung und dem Ergebnis am Bildschirm ist in Bild 4.18 dargestellt. Eine Verlustfreie Leitung sei am Ende mit dem frequenzabhängigen Reflexionsfaktor $r_0(s)$ abgeschlossen[1]. Am Leitungsanfang ergibt sich dann der Reflexionsfaktor (vgl. Abschnitt 4.5.1) in der Schreibweise der Laplace-Transformation zu:

$$r(s) = r_0(s) \cdot e^{-s \frac{2l}{v}} = r_0(s) \cdot e^{-sT}. \tag{4.16}$$

(v = Ausbreitungsgeschwindigkeit auf der Leitung der Länge l, $2l/v = T$ daraus resultierende Laufzeit des Echos.)

Das Sendesignal (die zulaufende Welle) sei der Sprung $x_S(t) = \delta_{-1}(t)$, dem im Frequenzbereich die Funktion $X(s) = 1/s$ entspricht. Das sich daraus ergebende Empfangssignal, die ablaufende Welle $x_E(t)$, folgt unmittelbar zu:

$$x_E(t) \circ\!\!-\!\!\bullet X_E(s) = X_S(s) \cdot r(s) = \frac{r_0(s)}{s} \cdot e^{-sT} . \tag{4.17}$$

Das gesamte, am Eingang zu beobachtende Signal $x(t)$ ist die Überlagerung der beiden Wellen $x_S(t)$ und $x_E(t)$:

$$x(t) = \left(x_S(t) + x_E(t)\right) \circ\!\!-\!\!\bullet \frac{1}{s} + \frac{r(s)}{s} = \frac{1}{s} + \frac{r_0(s)}{s} \cdot e^{-sT}. \tag{4.18}$$

Der Verschiebungssatz der Laplace-Transformation (e^{-sT}) führt auf eine abschnittsweise Lösung im Zeitbereich:

$$\frac{1}{s} \bullet\!\!-\!\!\circ 1, \text{für } 0 \leqq t \leqq T$$

$$\frac{1}{s} + \frac{r_0(s)}{s} \cdot e^{-sT} \bullet\!\!-\!\!\circ 1 + \mathbf{L}^{-1}\left(\frac{r_0(s)}{s}\right), \text{für } t > T.$$

Das erste Echo vom Reflexionsfaktor r_0 trifft nach der Laufzeit $T = 2l/v$ am Leitungsanfang ein. Daran schließt sich unmittelbar das Bild des *Einschwingvorganges* am Reflexionsfaktor r_0 an. Sofern man ihn bei der Betrachtung zunächst übergeht,

---

[1] $s = \sigma + j\omega$, Variable im Frequenzbereich der Laplace-Transformation.

hat man am Bildschirm eine exakte Abbildung des örtlichen Verlaufes des (hier allerdings konstanten) Wellenwiderstandes oder Reflexionsfaktors längs der Leitung. Diese einprägsame Deutung des zeitlichen Ablaufes ergibt sich insbesondere bei der Verwendung des *Sprunges* als Sendesignal. (Bei Verwendung des Impulses wird jede reflektierende Stelle nur durch einen Impuls markiert. Aus diesem Grund bevorzugt man den Impuls als Sendesignal in Fehlerortungsgeräten.)

Schaltet man vor den zu untersuchenden Leitungszug ein kurzes Leitungsstück mit bekanntem Wellenwiderstand, dann wird dieses gleichfalls „abgebildet" und dient als Vergleich bzw. Bezugswert für die Reflexionsfaktoren des eigentlichen Meßobjektes.

In Tabelle 4.1 sind für verschiedene einfache Leitungsanordnungen die zugehörigen zeitlichen Verläufe zusammengestellt. Dabei handelt es sich um Idealfälle, die nur dann der Wirklichkeit entsprechen, wenn die Blindelemente C und L groß sind, d.h. die Zeitkonstanten $\tau = CZ_W/2$ bzw. $\tau = 2L/Z_W$ groß sind im Vergleich zu den Einschwingzeiten des verwendeten Signales und Empfängers. In der Praxis liegen die Verhältnisse oft umgekehrt, da man auch „kleine" Störungen, also Reflexionen mit kleinen Zeitkonstanten messen will. Dann ist die endliche *Einschwingzeit* T_m des Gesamtsystems Sender-Empfänger nicht mehr vernachlässigbar klein, sondern vielfach sogar größer als die Zeitkonstante τ der Reflexion, und das Meßergebnis weicht stark vom Idealfall ab (Bild 4.19).

Tabelle 4.1: Zusammenhang zwischen den Reflexionen im Leitungszug und dem zeitlichen Signalverlauf am Leitungseingang. Sendesignal ist der Sprung.
Komplexe bzw. rein imaginäre Reflexionsfaktoren ergeben zeitlich begrenzte Einschwingvorgänge, deren Zeitkonstante (in einfachen Fällen) aus dem Blindelement und den reellen Widerständen *einschließlich* des Wellenwiderstandes Z_W zu errechnen ist.

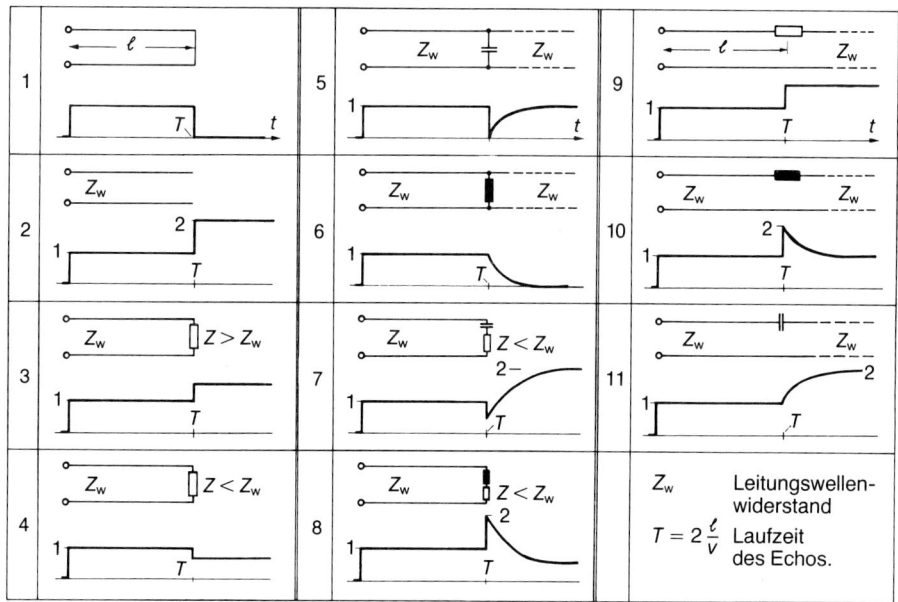

Bild 4.19: Zur Bestimmung eines Reflexionsfaktors im Zuge der Leitung. a) Idealer Verlauf; die Fläche F ist ein Maß für die Störung C.
b) Die endliche Einschwingzeit T_m des Gesamtsystems bewirkt eine Verrundung. Die gesuchte Fläche läßt sich aus der Höhe h und der Einschwingzeit errechnen.

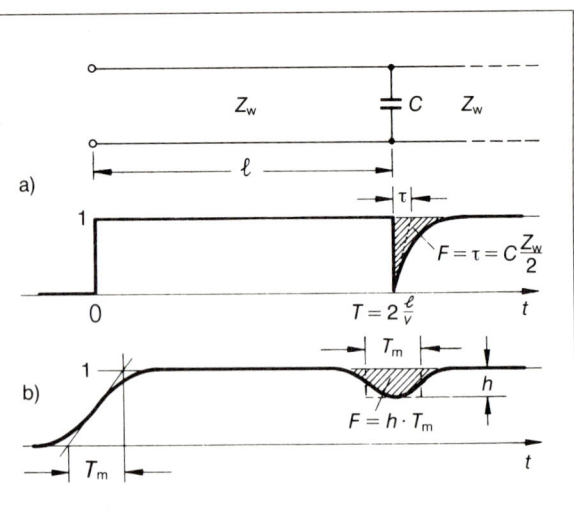

Dieses Meßergebnis kann man sich dadurch entstanden denken, daß das ideale Meßergebnis nach Bild 4.19a) einen Gauß-Tiefpaß der Einschwingzeit T_m (oder auch der Anstiegszeit $T_a \approx T_m$, vgl. Abschnitt 3.1) durchlaufen hat. Faltet man nämlich den idealen Verlauf mit der Impulsantwort dieses Tiefpasses, also einem Gauß-Impuls der mittleren Dauer T_m, so entsteht *näherungsweise* der Verlauf nach Bild 4.19b). Die Vorderflanke entspricht dem typischen Einschwingvorgang (Integral über die Impulsantwort) eines Gauß-Tiefpasses und die Reflexion hat näherungsweise die Gestalt der Impulsantwort. Diese Näherung stimmt um so besser, je größer die Einschwingzeit T_m gegenüber der Zeitkonstante τ ist (im Bild ist $T_m = 3\tau$ angenommen).

Ein Maß für die Störung ist die schraffierte *Fläche F*, aus der sich z.B. die reflektierende Kapazität C berechnen läßt. Diese Fläche (das Integral über den Impuls) entspricht dem Gleichstromanteil der Reflexion und ändert sich daher beim Durchgang durch den Tiefpaß nicht. Man kann sie demnach auch aus Bild 4.19b) durch Messung der Impulshöhe h zu

$$F = h \cdot T_m \qquad\qquad (4.19)$$

bestimmen, da ja T_m gerade als die Breite eines flächengleichen Rechteckes definiert ist. Die Fläche hat die Dimension einer Zeit, wenn man die Amplitude als dimensionslos ansieht.

Das Meßobjekt weist im allgemeinen eine Reihe verschiedener, räumlich gestaffelter Reflexionsstellen auf, an denen Mehrfachreflexionen stattfinden, die das Bild unübersichtlich machen können. Wenn auch unter diesen Umständen eine exakte Lokalisierung einer Störstelle (r) nicht mehr einwandfrei gelingt, so kann trotzdem der *Gesamtreflexionsfaktor* r_{ges} als Funktion der Frequenz z.B. am Eingang des Meßobjektes berechnet werden, wie er sich bei einer Brückenmessung nach Abschnitt 4.3 ergeben würde. Dazu muß die Antwort $x_E(t)$ des Prüflings auf das Sendesignal $x_S(t)$ mittels der Laplacetransformation analysiert werden. Zwischen dem gemessenen Verlauf $x_E(t)$ und $r_{ges}(s)$ besteht der Zusammenhang

$$x_E(t) \; \circ\!\!-\!\!\bullet \; X_E(s) = X_S(s) \cdot r_{ges}(s),$$

daraus folgt

$$r_{ges}(s) = \frac{1}{X_S(s)} \int_0^\infty x_E(t) \cdot e^{-st} dt \quad . \tag{4.20}$$

Mit heutigen Kleinrechnern bereitet die numerische Auswertung der Transformation keine Schwierigkeiten. Für den Fall des Impulses ($X_S = 1$) oder Sprungs ($X_S = 1/s$) wird die Auswertung besonders einfach. Ggf. ist die Laplacetransformierte des wirklichen Sendesignales einzusetzen. [3.1].

Beispiel 4.2

a) In einem Leitungszug befindet sich eine störende Kapazität C. An diesem Ort ergibt sich ein Reflexionsfaktor r_0 aus der Parallelschaltung der Leitwerte sC und $Y = 1/Z_W$:

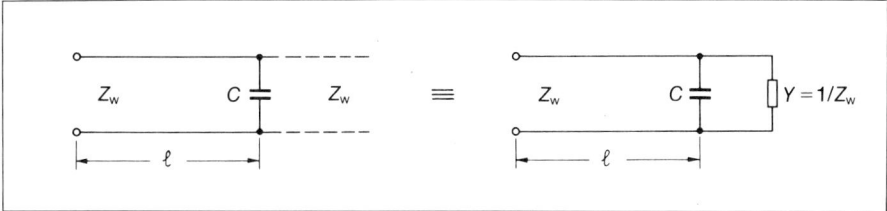

Der Reflexionsfaktor r_0 für die Parallelschaltung lautet mit Gl. (4.1a)

$$r_0(s) = \frac{Y-(Y+sC)}{Y+(Y+sC)} = \frac{-s}{s+2Y/C} \quad .$$

Nach Gl. (4.17) ergibt sich die Sprungantwort $x_E(t)$ am Anfang der Leitung mit $T = 2l/v$ zu:

$$x_E(t) \; \circ\!\!-\!\!\bullet \; \frac{1}{s} \cdot \frac{-s}{s+2Y/C} \cdot e^{-sT} = \frac{-e^{-sT}}{s+2Y/C} \; ,$$

$$x_E(t) = -e^{-2\frac{Y}{C}(t-T)} = -e^{-\frac{t-T}{CZ_W/2}} \; ; \; (t \geqq T).$$

Der zeitliche Verlauf unter Berücksichtigung des auslösenden Sprunges entspricht der Nummer 5 der Tabelle 4.1.

b) Ein kurzes Stück Leitung mit dem (relativen) Wellenwiderstand $Z_W = 2$ liegt zwischen dem Quellenwiderstand $Z_Q = 1$ und dem gleich großen Abschlußwiderstand

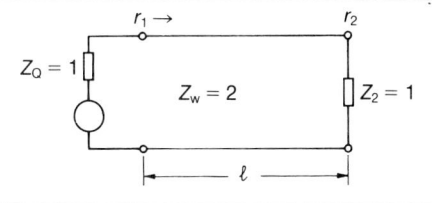

$Z_2 = 1$. Welchen zeitlichen Verlauf sieht man auf dem Bildschirm eines Zeitbereichreflektometers (Erregung mit einem Sprung)?

Am Leitungsende ergibt sich ein Reflexionsfaktor $r_2 = -1/3$, der, an den Anfang transformiert und dort nach wie vor auf $Z_W = 2$ bezogen, mit $r_2 \cdot e^{-s \cdot 2l/v} = r_2 \cdot e^{-sT}$ angegeben werden kann. Aus diesem Reflektionsfaktor errechnet sich der Eingangswiderstand, der seinerseits als Reflexionsfaktor – jedoch auf $Z_Q = 1$ bezogen – lautet (Zwischenrechnung) übergangen):

$$r_1 = \frac{(Z_W + Z_Q) \cdot r_2 \, e^{-sT} + (Z_W - Z_Q)}{(Z_W - Z_Q) \cdot r_2 \cdot e^{-sT} + (Z_W + Z_Q)} = \frac{-3 \cdot \dfrac{1}{3} \cdot e^{-sT} + 1}{-\dfrac{1}{3} \, e^{-sT} + 3}$$

$$= \frac{1}{3} \cdot \frac{1 - e^{-sT}}{1 - \dfrac{1}{9} \, e^{-sT}} = \frac{1}{3} \, (1 - e^{-sT}) \cdot \sum_{v=0}^{\infty} \left(\frac{1}{9} \, e^{-sT} \right)^v .$$

(Die letzte Umformung macht Gebrauch von der Summenformel für eine unendliche geometrische Reihe.)

Die Sendefunktion ist der Sprung ($\delta_{-1}(t)$ O—● $1/s$), der an r_1 reflektiert wird. Im Frequenzbereich erhält man deshalb mit $X(s) = X_S(s) + X_E(s)$ die nachstehende Überlagerung:

$$X(s) = \frac{1}{s} + \frac{1}{3s} \, (1 - e^{-sT}) \cdot \sum_{v=0}^{\infty} \left(\frac{1}{9} \cdot e^{-sT} \right)^v .$$

Bei der Rücktransformation in den Zeitbereich ist zu berücksichtigen, daß jedes Glied mit e^{-sT} bzw. e^{-vsT} erst ab $t = T$ bzw. vT vorhanden ist. e^{-sT} wirkt also als Schalter mit den beiden Werten 0 und 1.

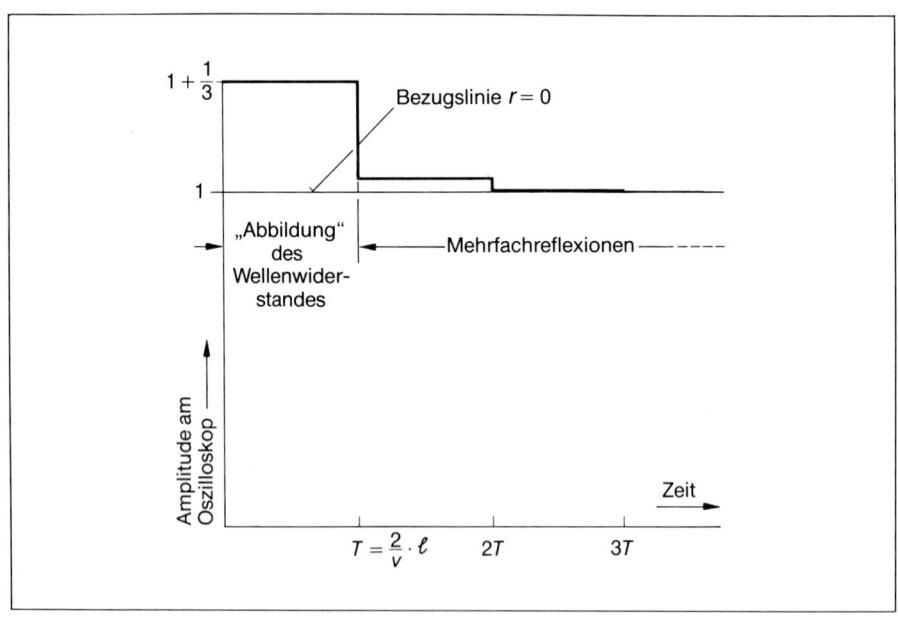

Für $\nu = 0$ erhält man die Zeitfunktion:

$$1 + \frac{1}{3}\,(1 - 0) = \frac{4}{3} \qquad \text{für } 0 \leqq t \leqq T$$

$$1 + \frac{1}{3}\,(1 - 1) = 1 \qquad \text{für } t > T$$

$$\Big\} \quad \nu = 0.$$

Für $\nu = 1$ *addiert* sich dazu:

$$\frac{1}{3}\,(1 - 0) \cdot \frac{1}{9} = \frac{1}{27} \qquad \text{für } T \leqq t \leqq 2T$$

$$\frac{1}{3}\,(1 - 1) \cdot \frac{1}{9} = 0 \qquad \text{für } t > 2T$$

$$\Big\} \quad \nu = 1.$$

Bereits für $\nu = 2$, d.h. in der Zeit $2 \cdot T \leqq t \leqq 3 \cdot T$ ist die Zeitfunktion auf $1 + 1/243$ zurückgegangen. Der erste Teil des zeitlichen Verlaufes, d.h. bis $t = T$, kann als Verlauf des Wellenwiderstandes (Reflexionsfaktor) längs der Leitung gedeutet werden. ●

4.7   Zusammenfassung

Widerstandsmessungen werden in der Übertragungstechnik hauptsächlich als Scheinwiderstands- d.h. *Betragsmessungen* ausgeführt. Mit einem Pegelmesser wird die Spannung an einem bekannten Widerstand gemessen, wobei der Strom durch diesen Widerstand im wesentlichen durch die Größe des Meßobjektes bestimmt wird. Die bekannten Pegelmeßplätze werden durch sog. *Scheinwiderstandsmeßzusätze* ergänzt, die je nach Ausführung von wenigen hundert Hertz bis zu einigen Megahertz verwendet werden. Ihr Meßbereich erstreckt sich von etwa 10 Ω bis zu etwa 5 kΩ. Aufgrund des Meßprinzips ergibt sich ein *reziproker* Zusammenhang zwischen der Anzeige und dem gesuchten Widerstand; viele Pegelmesser tragen deswegen zusätzlich eine reziproke Widerstandsskala. Aufgrund des angewandten Prinzips ist die Meßgenauigkeit nicht allzu hoch, sie liegt bei 5% vom Meßwert.

Größere Bedeutung besitzt die *Messung des Reflexionsfaktors* als Maß für die Abweichung eines Widerstandes von seinem Sollwert. Auch dazu wird ein Pegelmeßplatz verwendet, ergänzt durch eine Brückenschaltung, in der der unbekannte Widerstand mit dem Sollwiderstand verglichen wird. Dadurch erhält man eine relativ hohe Genauigkeit (namentlich bei geringen Abweichungen vom Idealwert), die schließlich nur noch durch den *Eigenfehler* der Brücke bestimmt ist. Gängige Werte für Eigenfehler liegen im Prozent- bis Promillebereich, d.h. man kann Reflexionsfaktoren von wenigen Prozent noch recht genau angeben. (Der relative Fehler einer entsprechenden Widerstandsabweichung liegt damit in der gleichen Größe.) Zweckmäßigerweise rechnet man mit der *Reflexionsdämpfung* und knüpft damit an die Vorstellung einer gegenüber der vorlaufenden Welle gedämpften, ablaufenden Welle an. Hinsichtlich des Frequenzbereiches gibt es kaum Einschränkungen, doch wirkt sich der jeweilige Frequenzbereich auf die technische Gestaltung der Meßbrücke aus (Bild 4.20).

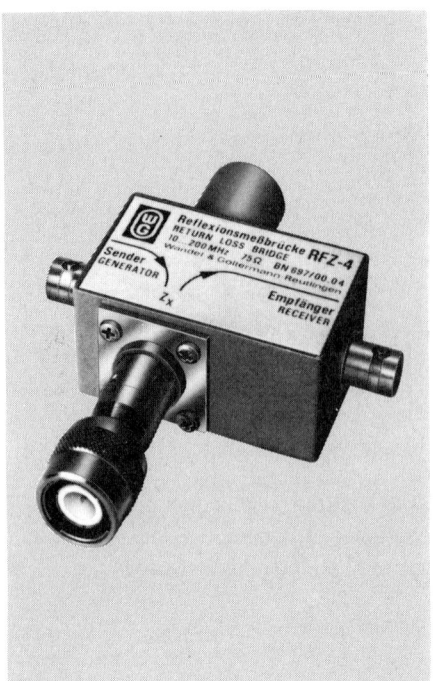 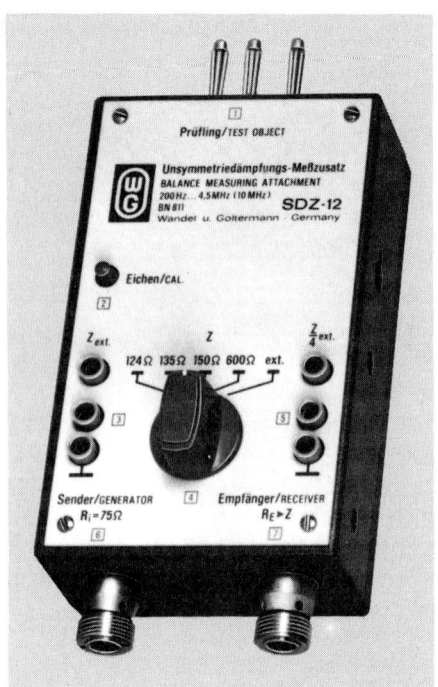

Bild 4.20: Reflexionsfaktormeßbrücke für Frequenzen von 10 MHz bis zu einigen hundert Megahertz. Gegenüber dem Anschluß für das Meßobjekt befindet sich das fest eingebaute Normal.

Bild 4.21: Zur Messung der Unsymmetriedämpfung bis zu einigen Megahertz wird eine entsprechend ausgebildete Brücke verwendet, die auf die gebräuchlichsten Wellenwiderstände eingestellt werden kann. Ggf. kann Z und $Z/4$ von außen zugeschaltet werden.

Eng verwandt mit der Bestimmung des Reflexionsfaktors ist die *Messung der Unsymmetriedämpfung* an (erd-)symmetrischen Meßobjekten. Dabei sind Dämpfungen von 60 bis 80 dB im Frequenzbereich der symmetrischen Anlagen und auch der zugehörigen Meßgeräte zu messen (Bild 4.21).

An die Vorstellung des Echos, d.h. der Reflexionen einer Welle, knüpft die Beschreibung von Zwei- und Mehrtoren mit Hilfe von zu- und ablaufenden Wellen an. Die *Streumatrix* beschreibt mit ihren *Transmissions- und Reflexionskoeffizienten* die Eigenschaften des Zweitores. Meßtechnisch lassen sich diese Koeffizienten z.B. mit Hilfe von *Richtkopplern* erfassen, die vor und hinter dem Prüfling angeordnet sind und die die zu- bzw. ablaufenden Wellen messen. Die Auswertung (Quotientenbildung) findet in einem nachgeschalteten Gerät statt. Wobbelt man die Frequenz, so läßt sich die *Frequenzabhängigkeit* der gesuchten Größen darstellen.

Reflexionsmessungen im Zeitbereich benutzen dagegen sprung- bzw. impulsförmige zulaufende Wellen. Bei Meßobjekten mit einer räumlichen Ausdehnung in der Größe

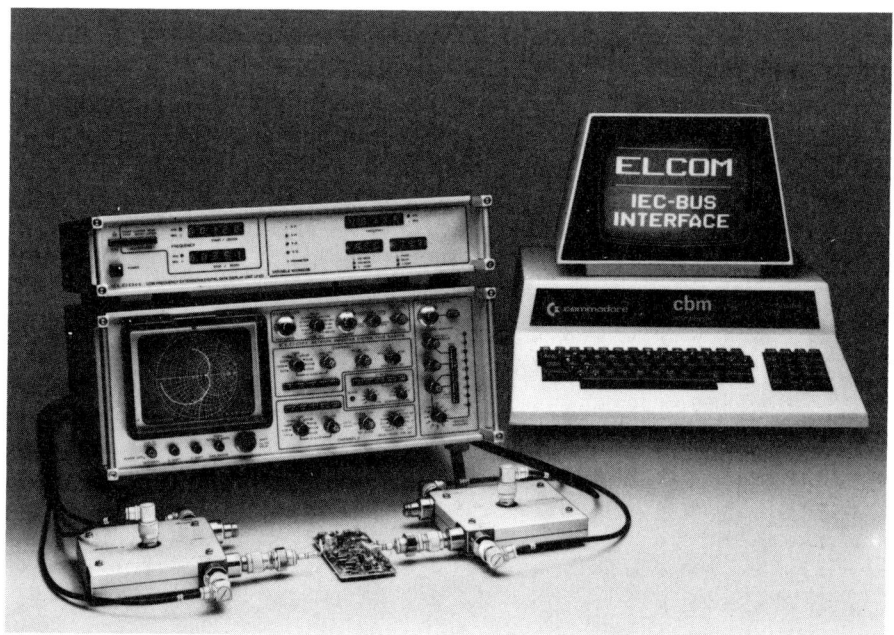

Bild 4.22: Netzwerk-Analysator als S-Parameter-Meßplatz geschaltet. Links und rechts vom Meßobjekt sind die beiden Richtkopplereinheiten zu erkennen, deren gleichartige Ausführung die Messung aller vier S-Parameter ohne Umkehrung des Meßobjektes erlaubt. Die auch für andere Messungen geeignete Anordnung ist gleichzeitig ein Beispiel für einen rechnergesteuerten Meßplatz mit IEC-Bus.

der Betriebswellenlänge ist der *zeitliche Verlauf* der vom Meßobjekt *reflektierten Welle* besonders aufschlußreich. Es lassen sich damit die einzelnen reflektierenden Stellen nach Ort und Größe ermitteln. Besondere Bedeutung hat dieses Verfahren bei der *Fehlerortung* auf Leitungen und wird gleichermaßen für Energiekabel, Nachrichtenkabel und bei Lichtleitern eingesetzt. Bei hohen Forderungen an die zeitliche Auflösung benutzt man anstelle eines breitbandigen Empfängers Abtastverfahren.

Meßgeräte wie etwa der S-Parameter-Meßplatz sind nicht nur Impedanzmeßgeräte im engeren Sinne, da sie auch Übertragungsgrößen messen. Man kann mit ihnen das Übertragungsverhalten eines Systems oder Netzwerkes vollständig bestimmen, d.h. direkt oder indirekt die Systemfunktion ermitteln. Meßgeräte dieser oder vergleichbarer Art zählt man zu der etwas unscharf umrissenen Gruppe der sog. *Netzwerk-Analysatoren* (engl.: network analyzers).

5 Messung nichtlinearer Verzerrungen

Im Zuge einer Übertragung verschlechtern Störgeräusche der verschiedensten Herkunft die Qualität einer Nachricht. Teils dringen diese von außen in den Kanal ein (Nebensprechen aus benachbarten Kanälen, Beeinflussung durch Starkstromleitungen, kosmisches Hintergrundrauschen beim Empfang von Richtfunk- und Satellitensignalen), teils ist das thermische Rauschen vor allem in den aktiven Schaltungen der Übertragungseinrichtungen (Verstärker, Modulatoren) Ursache für diese Störungen. Während die Intensität dieser Störungen weitgehend unabhängig von der Belastung der Übertragungseinrichtung ist, gilt das für eine weitere Gruppe von Störungen nicht: Die sog. *nichtlinearen Verzerrungen* eines Signales sind in hohem Maße abhängig von der *Aussteuerung* der Übertragungsglieder. Diese Verzerrungen werden mit den bisher besprochenen Meßverfahren nicht direkt erfaßt, die in erster Linie der Ermittlung der linearen Verzerrungen dienen. Die meisten Übertragungsglieder enthalten jedoch nichtlineare Elemente wie Transistoren, Dioden usw. An deren gekrümmten Kennlinien entstehen *neue Frequenzen,* die im Eingangssignal nicht vorhanden sind. Diese Wirkung einer Nichtlinearität kann beabsichtigt oder unerwünscht sein. Beabsichtigt ist sie z.B. bei Modulatoren, Demodulatoren und Frequenzvervielfachern. Meistens sind sie jedoch unerwünscht, da sie nicht nur das Signal selbst beeinträchtigen, sondern auch Schwingungen im Frequenzbereich anderer Signale hervorrufen und diese stören können. In diesem Falle müssen sie durch besondere Maßnahmen hinreichend klein gehalten werden.

In den folgenden Abschnitten werden die nichtlinearen Verzerrungen als unerwünschte Erscheinungen betrachtet. Ihre theoretische Behandlung ist relativ schwierig, es sei denn, man nimmt Vereinfachungen vor, deren Zulässigkeit aber stets geprüft werden muß. Die Meßtechnik verfährt dagegen immer so, daß sie geeignete, definierte Eingangssignale dem Meßobjekt zuführt und die Ausgangssignale analysiert. Wenn auch die daraus abgeleiteten Kenngrößen nicht immer ein direktes Maß für die Übertragungsqualität sind, so erhält man doch Vergleichs- oder Kontrollwerte für die vorgeschriebenen Forderungen.

5.1 Definitionen

Zwischen dem Signal $x(t)$ am Eingang und dem Signal $y(t)$ am Ausgang eines Übertragungssystems soll im Idealfall ein linearer Zusammenhang bestehen. Damit ist dann auch der Überlagerungssatz (Superpositionsgesetz, [0.4]) gültig, wonach ein aus verschiedenen Komponenten bestehendes Eingangssignal $x = \Sigma\, x_i$ eine entsprechende Summe als Ausgangssignal zur Folge hat: $y = \Sigma\, y_i = \Sigma\, k_i \cdot x_i$. Es entstehen also *keine* Produkte der verschiedenen x_i.

Im Gegensatz zu den linearen Schaltungen gilt für die nichtlinearen der Überlagerungssatz nicht mehr: Der nichtlineare Zusammenhang zwischen Eingangs- und Ausgangssignal wird häufig durch eine Potenzreihe $y = \Sigma\, c_v \cdot x^v$ dargestellt. Besteht das Eingangssignal wieder aus einer Summe $x = \Sigma\, x_i$, so treten infolge der Potenzen jetzt Produkte der verschiedenen Komponenten x_i auf, der Überlagerungssatz gilt also nicht mehr.

Die Potenzreihendarstellung gilt strenggenommen nur für nichtlineare Zweitore ohne „Gedächtnis", d.h. für nichtdynamische Systeme. Das sind Zweitore, die keine Energiespeicher (Induktivitäten und Kapazitäten) enthalten. Sind solche vorhanden („gedächtnisbehaftete" oder dynamische Systeme), so fallen die Nulldurchgänge der Ausgangsspannung mit denen der Eingangsspannung zeitlich nicht mehr zusammen, da die Blindelemente entsprechend ihrer Vorgeschichte (geladen – nicht geladen) wirksam werden. Dies bedeutet, daß die Koeffizienten einer Potenzreihenentwicklung nicht mehr konstant sind, sondern vom Signalverlauf abhängen (Volterra-Reihen [5.1 bis 5.3]). In diesem Fall kann die Beschreibung der Übertragungseigenschaften im Frequenzbereich oder mit der Methode der „fastlinearen Netzwerke" [5.4] besser geeignet sein.

Meistens versucht man aber, die Übertragungseigenschaften des nichtlinearen Zweitores – ob mit oder ohne Gedächtnis – durch folgende Potenzreihe darzustellen:

$$y(t) = c_1 x(t) + c_2 x(t)^2 + c_3 x(t)^3 + \cdots c_n x(t)^n. \tag{5.1}$$

$x(t)$ ist die beliebige Zeitfunktion des Eingangssignales, am Ausgang ergibt sich daraus $y(t)$. Im einfachsten Fall ist $x(t)$ eine Sinusfunktion. Am Ausgang treten dann außer dieser noch ihre Oberschwingungen auf. Das Amplitudenverhältnis eben dieser *Oberschwingungen* zur Grundschwingung führt auf den sog. *Klirrfaktor*.

Besteht das anregende Signal bereits aus verschiedenen Frequenzen, so ergeben sich am Ausgang außer diesen und ihren Oberschwingungen noch Kombinationsfrequenzen, die meßtechnisch durch die sog. *Differenztonfaktoren* erfaßt werden.

Das Eingangssignal sei nun eine Summe aus drei Sinusschwingungen mit den Amplituden A, B, C und den Frequenzen α, β und γ:

$$x(t) = A\cos\alpha t + B\cos\beta t + C\cos\gamma t. \tag{5.2a}$$

Das Ausgangssignal enthält dann allgemein Frequenzen der Form:

$$|p\alpha \pm q\beta \pm r\gamma|; \quad p, q, r = 0, 1, 2 \ldots \text{ mit } p + q + r \le n. \tag{5.2b}$$

n ist dabei der Grad der Reihenentwicklung nach Gl. (5.1). Tabelle 5.1 gibt einen Überblick über die entstehenden Frequenzen und die zugehörigen Pegel für den praktisch wichtigen Fall $n \le 3$; [5.5]. Die Pegel lassen sich aus den einzelnen Amplituden und den Koeffizienten der Reihenentwicklung herleiten. Für die Meßtechnik ist wichtig – und das gilt allgemein – daß bei gleichen Eingangsleistungen die Pegel der Kombinationsschwingungen stets höher oder gleich sind wie die der Oberschwingungen gleicher Ordnung. Weiterhin entnimmt man der Tabelle, daß die Pegel der Klirrprodukte ν-ter Ordnung mit dem ν-fachen des Pegels der Grundschwingung zunehmen.

Tabelle 5.1: Pegel der Grund- und Oberschwingungen sowie der Kombinations-schwingungen am Ausgang eines nichtlinearen Zweitores.

Grundschwingungen		Produkte 2. Ordnung		Produkte 3. Ordnung	
Frequenz	Pegel in dB	Frequenz	Pegel in dB	Frequenz	Pegel in dB
α	$p_\alpha = p_1 + p_{\alpha 0}$ $= 20 \lg \left(c_1 \dfrac{A}{\sqrt{2}\,U_0} \right)$	2α 2β 2γ	$p_{2\alpha} = p_2 + 2p_\alpha - 6$ $\left.\vphantom{\begin{array}{c}a\\b\end{array}}\right\}$ (entsprechend)	3α 3β 3γ	$p_{3\alpha} = p_3 + 3p_\alpha - 15{,}6$ $\left.\vphantom{\begin{array}{c}a\\b\end{array}}\right\}$ (entsprechend)
β	$p_\beta = p_1 + p_{\beta 0}$ $= 20 \lg \left(c_1 \dfrac{B}{\sqrt{2}\,U_0} \right)$	$|\alpha \pm \beta|$ $|\alpha \pm \gamma|$	$p_{\alpha\beta} = p_2 + p_\alpha + p_\beta$	$|2\alpha \pm \beta|$ $|2\alpha \pm \gamma|$	$p_{2\alpha\beta} = p_3 + 2p_\alpha + p_\beta - 6$
γ	$p_\gamma = p_1 + p_{\gamma 0}$ $= 20 \lg \left(c_1 \dfrac{C}{\sqrt{2}\,U_0} \right)$	$|\beta \pm \gamma|$ $\left.\vphantom{\begin{array}{c}a\\b\end{array}}\right\}$ (entsprechend)		$|2\beta \pm \alpha|$ $|2\beta \pm \gamma|$ $|2\gamma \pm \alpha|$ $|2\gamma \pm \beta|$ $\left.\vphantom{\begin{array}{c}a\\b\\c\\d\end{array}}\right\}$ (entsprechend)	
				$|\alpha \pm \beta \pm \gamma|$	$p_{\alpha\beta\gamma} = p_3 + p_\alpha + p_\beta + p_\gamma$

$$p_1 = 20 \lg c_1; \quad p_2 = 20 \lg \frac{\sqrt{2}\cdot|c_2|\cdot U_0}{c_1^2}; \quad p_3 = 20 \lg \frac{3\cdot|c_3|\,U_0^2}{c_1^3}; \quad p_{\alpha 0} = 20 \lg \frac{A/\sqrt{2}}{U_0}, \quad p_{\beta 0} \text{ usw.}$$

sind die Pegel am Eingang. Alle Pegel sind Spannungspegel, $U_0 = 0{,}775$ V; A, B, C sind die Amplituden der Grundschwingungen. (Ein Einfluß von c_3 auf p_α usw. blieb unberücksichtigt.)

Im Zuge einer (analogen) Übertragungsstrecke finden sich häufig viele gleiche, schwach nichtlineare Zweitore. Das ist z.B. bei einer Breitbandkabelverbindung der Fall, bei der in regelmäßigen, relativ kurzen Abständen Verstärker eingebaut sind. Hier ist von Interesse, in wie weit die in jedem Verstärker infolge der Nichtlinearitäten entstehenden Kombinationsfrequenzen *gleichphasig* sind mit denen, die in zuvor durch-laufenen Verstärkern entstanden sind. Wenn das der Fall ist, sind die *Beträge* der einzelnen Anteile zu addieren (spannungsmäßige Addition), andernfalls ergibt sich wenigstens für den Fall sehr vieler Anteile eine Addition der *Teilleistungen* [5.6; 5.7]. In Bild 5.1 ist ein einfaches Modell mit zwei wichtigen Fällen dar-gestellt. Die beiden Zweitore I und II (Verstärker) sind nichtlinear. Zwischen ihnen liegt das Übertragungs-medium (Kabel), dessen Phase im interessierenden Frequenzbereich durch eine Gerade $b(\omega) = b_0 + b_1\omega$ wiedergegeben werden kann.

Aus den Frequenzen α und β am Eingang des Zweitores I entstehen am Ausgang u.a. die Frequenzen $\alpha \pm \beta$. Nach Durchlaufen des Kabels lauten die zugehörigen Argumente am Eingang wie am Ausgang des Zweitores II:

$$(\alpha + \beta)\,t + b_0 + b_1 \cdot (\alpha + \beta) \quad \text{bzw.} \quad (\alpha - \beta)\,t + b_0 + b_1 \cdot (\alpha - \beta).$$

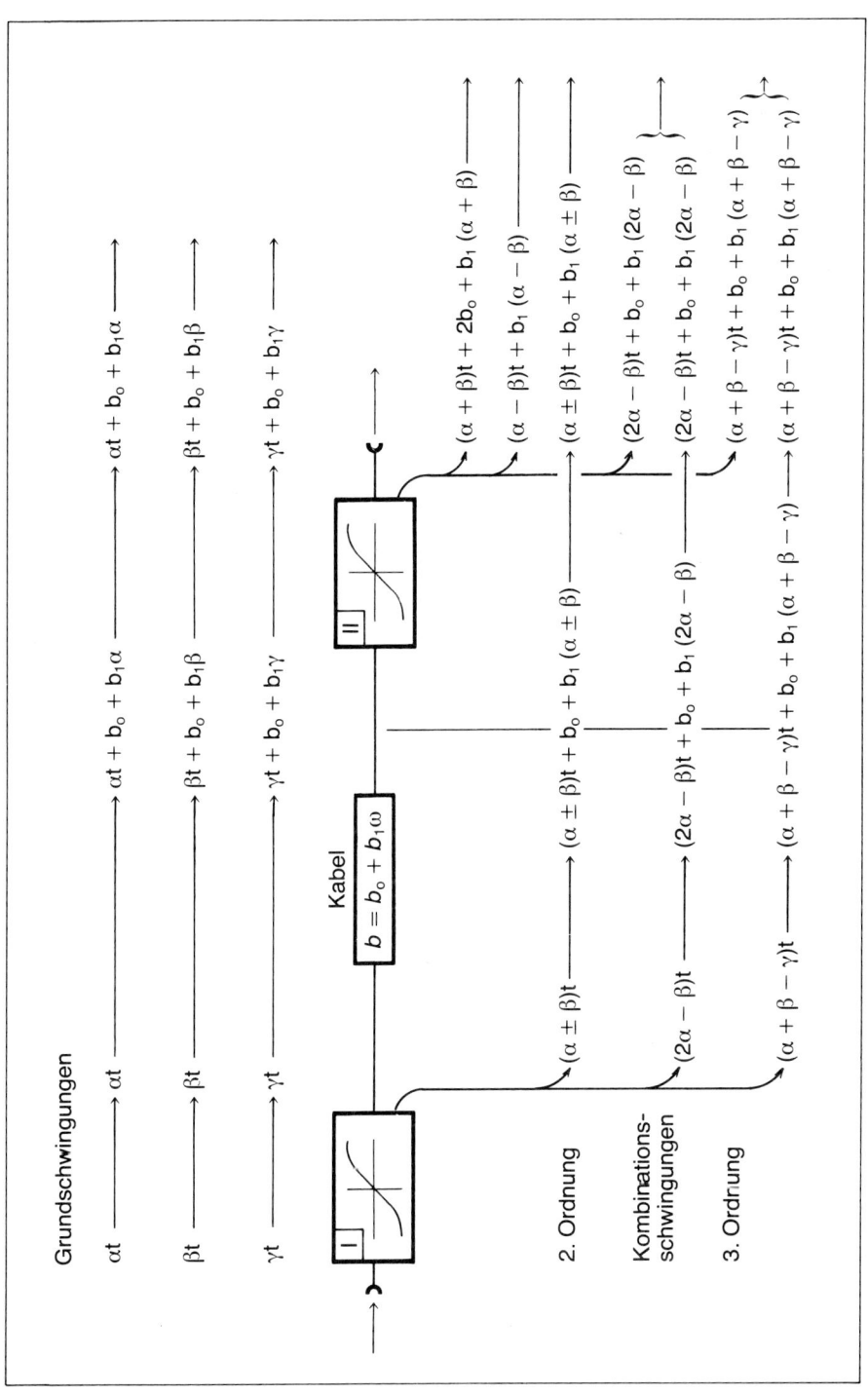

Bild 5.1: Zur Summation von Kombinationsschwingungen verschiedenen Ursprungs. (Es sind nur die Argumente der Winkelfunktionen, anstelle cosαt also nur αt, eingetragen.)

Dagegen sind die Argumente der im Zweitor II *neu entstehenden* Schwingungen:

$$(\alpha + \beta)\, t + 2b_0 + b_1 \cdot (\alpha + \beta) \quad \text{bzw.} \quad (\alpha - \beta)\, t + b_1 \cdot (\alpha - \beta)\,.$$

In beiden Fällen sind die *Frequenzen* jeweils exakt gleich, die *Argumente* unterscheiden sich dagegen in der Phase um $\pm\, b_0$. Dementsprechend sind die Anteile als Zeiger zu addieren. Sind nicht nur 2 sondern sehr viele Verstärker in Kette geschaltet, so ergeben sich am Ende ebensoviele Anteile *gleicher* Frequenz $(\alpha + \beta)$ bzw. $(\alpha - \beta)$, jedoch unterschiedlicher, gleichverteilter Phase (es wird angenommen, die „Konstante" b_0 unterscheide sich von Verstärkerabschnitt zu Verstärkerabschnitt). Das führt auf eine „leistungsmäßige" Addition der einzelnen Anteile.

Dieser Mechanismus gilt auch für sämtliche Kombinationsfrequenzen aus *drei* Anteilen α, β und γ von der nicht eingetragenen Form $(2\alpha + \beta)$ bzw. $(\alpha + \beta + \gamma)$ usw., *nicht jedoch* für die der Form $(2\alpha - \beta)$ oder $(\alpha + \beta - \gamma)$. Diese Typen besitzen unabhängig vom Entstehungsort I oder II (und den folgenden) an einem bestimmten Punkt stets gleiche Phasen und zwar auch nach Durchlaufen vieler Verstärkerfelder mit unterschiedlichen „Konstanten" b_0, (vgl. Bild 5.1). Diese Anteile summieren sich daher betragsmäßig (spannungsmäßige Addition).

Beispiel 5.1

Ein Verstärker hat folgende Kennwerte nach Gl.(5.1): $c_1 = 10$ (entsprechend einer Verstärkung von 20 dB), $c_2 = 0{,}02\ \dfrac{1}{V}$ und $c_3 = -0{,}1\ \dfrac{1}{V^2}$. Am Eingang liegen zwei Sinusschwingungen der Frequenz α und β mit einem Spannungspegel von je -20 dB. Wie groß sind die Pegel am Ausgang des Verstärkers bei den Frequenzen α, β, $\alpha \pm \beta$ und $2\alpha - \beta$?

Anhand von Tabelle 5.1 findet man zunächst die Kennwerte

$$p_2 = 20 \lg \frac{\sqrt{2} \cdot 0{,}02\,\dfrac{1}{V} \cdot 0{,}775\,\text{V}}{10^2} = -73{,}2\ \text{dB} \quad \text{und}$$

$$p_3 = 20 \lg \frac{3 \cdot 0{,}1\,\dfrac{1}{V^2} \cdot (0{,}775\,\text{V})^2}{10^3} = -74{,}9\ \text{dB}.$$

Ferner ist bei einer Verstärkung von 20 dB ($c_1 = 10$) laut Vorgabe

$$p_\alpha\, (= p_\beta) = p_1 + p_{\alpha 0} = (20 - 20)\ \text{dB} = 0\ \text{dB}.$$

Damit lassen sich die Pegel der Kombinationsschwingungen angeben zu

$$p_{\alpha\beta} = p_2 + p_\alpha + p_\beta = (-73{,}2 + 0 + 0)\ \text{dB} = -73{,}2\ \text{dB}$$

$$p_{2\alpha\beta} = p_3 + 2p_\alpha + p_\beta - 6 = (-74{,}9 + 2 \cdot 0 + 0 - 6)\ \text{dB} = -80{,}9\ \text{dB}.$$

Wie verändern sich diese Pegel, wenn 10 bzw. 100 Verstärker in Kette geschaltet werden, wobei sich zwischen je zwei Verstärkern eine (hier frequenzunabhängige) Dämpfung von 20 dB befindet (Kabel)?

Durch die Kabeldämpfung ergeben sich am Ausgang sämtlicher Verstärker die gleichen Pegel p_α und p_β. Die Pegel der Produkte mit der Frequenz $(\alpha \pm \beta)$ bzw. $(2\alpha - \beta)$ summieren sich „leistungsmäßig" bzw. „spannungsmäßig". So erhält man:

Verstärker	$p_{\alpha\beta}$ bei $(\alpha \pm \beta)$	$p_{2\alpha\beta}$ bei $(2\alpha - \beta)$
1	$-73{,}2$ dB	$-80{,}9$ dB
10	$-63{,}2$ dB	$-60{,}9$ dB
100	$-53{,}2$ dB	$-40{,}9$ dB

Benutzt man zur Beschreibung des nichtlinearen Verhaltens eines Zweitores eine Potenzreihe nach Gl.(5.1), so stellt sich das Zweitor um so linearer dar, je kleiner die Amplitude der aussteuernden Spannung ist. Das entspricht vielfach den tatsächlichen Verhältnissen (z.B. bei einfachen Verstärkerschaltungen). Sofern man nur geringfügige Abweichungen von der Linearität beschreiben möchte, genügen bereits wenige Glieder der Reihe (meistens c_1 und c_3). Schwierigkeiten ergeben sich jedoch, wenn die Kennlinie des Zweitores Bereiche starker Krümmung aufweist. Das ist z.B. bei stark gegengekoppelten Verstärkern in der Nähe der Aussteuerungsgrenze der Fall oder bei sog. B-Verstärkern im Nullpunkt, wo die Kennlinien der beiden Systeme u.U. nicht exakt zusammentreffen. Einen besonderen Fall stellen die Codierer und Decodierer der PCM-Technik dar: Wenn die Kompressorkennlinie des Codierers nicht exakt komplementär zur Expanderkennlinie des Decodierers ist (vgl. Abschnitt 7.3.1), ergibt sich insgesamt eine Übertragungskennlinie mit einer Feinstruktur, die nicht mehr durch einen einfachen Ansatz wie Gl.(5.1) zu erfassen ist. Stellt man die Kennlinie mit Hilfe einer *Fourierreihe* dar, so erhält man in allen Gebieten etwa gleich gute Approximation. Nachteilig ist aber der größere mathematische Aufwand.

Unabhängig von diesen Problemen bei der Beschreibung des nichtlinearen Verhaltens lassen sich meßtechnisch leicht erfaßbare Kenngrößen definieren, die eine Beurteilung des Meßobjektes ermöglichen. Je nach der Struktur des Eingangssignales unterscheidet man *Klirrfaktor, Differenzton-* und *Intermodulationsfaktor* (bei Speisung mit Sinussignalen) bzw. *Intermodulationsgeräusch* oder *Geräuschabstand*, wenn der Prüfling mit weißem Rauschen belastet wird.

5.2 Klirrfaktor- und Differenztonmessung

5.2.1 Klirrfaktormessung

Die einfachste Prüfung der Linearität eines Meßobjektes erfolgt mit einem Sinussignal, das dem Eingang des Prüflings zugeführt wird. Sind Nichtlinearitäten vorhanden, so ergeben sich am Ausgang außer der Grundschwingung Oberschwingungen, die einzeln oder auch in der Summe gemessen werden. Besonders die *selektive* Messung der einzelnen Harmonischen gibt Aufschluß über die Ordnung (Grad) der Nichtlinearität.

Das (gedächtnislose) System wird häufig nach Gl.(5.1) durch eine Potenzreihe mit konstanten Koeffizienten beschrieben. Für die Eingangsgröße $x(t)$ darf jede beliebige Zeitfunktion eingesetzt werden. Eine Sinusfunktion $x(t) = \hat{x} \cdot \cos \omega t$ erzeugt am Ausgang

$$y(t) = \hat{y}_0 + \hat{y}_1 \cos \omega t + \hat{y}_2 \cos 2\omega t + \hat{y}_3 \cos 3\omega t + \cdots \tag{5.3}$$

Dabei sind die „Koeffizienten" $\hat{y}_\mu$ Funktionen der verschiedenen Koeffizienten c_ν nach Gl.(5.1) sowie der Aussteuerung $\hat{x}$. Tab. 5.2 zeigt den Zusammenhang mit den Koeffizienten bis einschließlich c_8. Man entnimmt ihr, daß zu jeder der neu entstehenden Schwingungen $(2\omega, 3\omega, \ldots)$ *alle* geradzahligen oder ungeradzahligen, höheren Koeffizienten c_ν beitragen und zwar erfahren sie eine zusätzliche Gewichtung durch die Aussteuerung $\hat{x}$ in der ν-ten-Potenz. Zudem bewirken die zugehörigen Zahlenfaktoren, daß der Einfluß der höheren Koeffizienten um so stärker wird, je niedriger die beeinflußte Frequenz ist (man verfolge etwa das Glied $c_5 \cdot x^5$ mit den Faktoren 1/16, 5/16 und 10/16 bei den Frequenzen 5ω, 3ω und ω). Daraus folgt, daß man nicht ohne weiteres die Reihenentwicklung nur deshalb nach c_3 abbrechen darf, weil etwa bei 5ω keine nennenswerten Anteile mehr gemessen werden. [5.8].

Tabelle 5.2: Amplituden $\hat{y}_\mu$ am Ausgang eines nichtlinearen Zweitores nach Gl.(5.3) und Gl.(5.1).

Freq. $\mu\omega$	Amplitude $\hat{y}_\mu$
0	$\hat{y}_0 = \dfrac{1}{2} c_2 \hat{x}^2 + \dfrac{3}{8} c_4 \hat{x}^4 + \dfrac{10}{32} c_6 \hat{x}^6 + \dfrac{35}{128} c_8 \hat{x}^8 + \cdots$
ω	$\hat{y}_1 = c_1 \hat{x} + \dfrac{3}{4} c_3 \hat{x}^3 + \dfrac{10}{16} c_5 \hat{x}^5 + \dfrac{35}{64} c_7 \hat{x}^7 + \cdots$
2ω	$\hat{y}_2 = \dfrac{1}{2} c_2 \hat{x}^2 + \dfrac{4}{8} c_4 \hat{x}^4 + \dfrac{15}{32} c_6 \hat{x}^6 + \dfrac{56}{128} c_8 \hat{x}^8 + \cdots$
3ω	$\hat{y}_3 = \dfrac{1}{4} c_3 \hat{x}^3 + \dfrac{5}{16} c_5 \hat{x}^5 + \dfrac{21}{64} c_7 \hat{x}^7 + \cdots$
4ω	$\hat{y}_4 = \dfrac{1}{8} c_4 \hat{x}^4 + \dfrac{6}{32} c_6 \hat{x}^6 + \dfrac{28}{128} c_8 \hat{x}^8 + \cdots$
5ω	$\hat{y}_5 = \dfrac{1}{16} c_5 \hat{x}^5 + \dfrac{7}{64} c_7 \hat{x}^7 + \cdots$
6ω	$\hat{y}_6 = \dfrac{1}{32} c_6 \hat{x}^6 + \dfrac{8}{128} c_8 \hat{x}^8 + \cdots$
7ω	$\hat{y}_7 = \dfrac{1}{64} c_7 \hat{x}^7 + \cdots$
8ω	$\hat{y}_8 = \dfrac{1}{128} c_8 \hat{x}^8 + \cdots$

Zur Kennzeichnung der Nichtlinearität eines relativ breitbandigen Prüflings führt man den *Klirrfaktor* k_μ (oft auch Klirrgrad) und die *Klirrdämpfung* $a_{k\mu}$ ein. Man versteht darunter die Verhältnisse (DIN 45403, Blatt 2 [5.9]):

$$k_\mu = \frac{\hat{y}_\mu/\sqrt{2}}{y_{ges}} = \frac{y_\mu}{y_{ges}} \quad \text{bzw.} \quad a_{k\mu} = -20 \lg k_\mu$$

$$\text{mit} \quad y_{ges} = \sqrt{y_1^2 + y_2^2 + y_3^2 + \cdots} \quad .$$

(5.4)

y_{ges} ist der Effektivwert der Grund- *und* Oberschwingungen. Allerdings sind in der Praxis die Beiträge der Oberschwingungen meist so gering, daß $y_{ges} \approx y_1$ gesetzt werden darf. Zur Messung genügt dann ein *selektiver* Pegelmesser, mit dem auch die einzelnen Oberschwingungen ausgemessen werden können. Breitbandpegelmesser, in Verbindung mit einem Hochpaß oder einer Bandsperre für die Grundschwingung, sind dagegen dann vorteilhaft, wenn nur der *Gesamtklirrfaktor* bestimmt werden soll. Dieser ergibt sich aus dem Effektivwert der Oberschwingungen bezogen auf den gesamten Effektivwert zu:

$$k_{ges} = \frac{\sqrt{y_2^2 + y_3^2 + y_4^2 + \cdots}}{y_{ges}} = \sqrt{k_2^2 + k_3^2 + k_4^2 + \cdots} \quad .$$

(5.5)

Die *Messung des Klirrfaktors* erfordert einen Pegelsender und einen selektiven Empfänger (Bild 5.2). Da mögliche Oberschwingungen des Senders mit denen aus dem Prüfling zusammenfallen und sich deswegen als Zeiger addieren, muß ein besonders oberwellenarmer Sender verwendet werden oder man beseitigt vorhandene Oberwellen durch einen Tiefpaß vor dem Meßobjekt. Ebenso können Oberwellen auch im Empfänger infolge zu geringer Eigenklirrdämpfung entstehen, die sich zu denen des

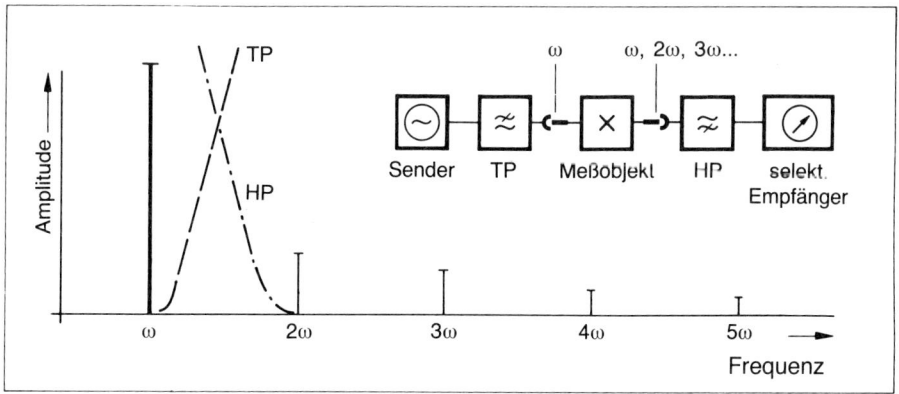

Bild 5.2: Prinzip einer Klirrfaktormessung und Spektrum am Ausgang des Prüflings. Der Tiefpaß unterdrückt evtl. vorhandene Oberwellen des Senders, der Hochpaß verhindert eine Übersteuerung des Empfängers.

Meßobjektes addieren. Sie werden unterbunden, sobald die Grundwelle vom Eingang des Empfängers abgehalten wird, was durch einen geeigneten Hochpaß geschehen kann. Beim Fehlen eines Hochpasses kann man durch Einschalten einer kleinen Dämpfung Δa von wenigen dB vor dem Empfänger prüfen, inwieweit dieser einen Meßfehler verursacht: Geht das Ergebnis um mehr als Δa zurück, so ist auch der Empfänger am Resultat beteiligt.

Selektive Empfänger, die besonders für die Analyse von Klirrspektren entwickelt wurden, werden als *Klirranalysatoren* bezeichnet. Sie besitzen neben einer schmalen Bandbreite (oft nur wenige Hertz) hohe Selektivität und günstige Werte für die Eigenklirrdämpfung (z.B. 80 dB, vgl. Abschnitt 1.7.1), so daß Klirrdämpfungen bis 60 dB ($\hat{=} 0{,}1\%$) noch ohne nennenswerten Fehler gemessen werden können.

Die Messung des Gesamtklirrfaktors nach Gl.(5.5) mit einem Klirranalysator erfordert eine Anzahl von Einzelmessungen und zusätzlich die Berechnung der Quadratsummen. Für häufige Messungen (Betriebs- und Überwachungsmessungen) scheidet dieses Verfahren aus. Hier verwendet man Geräte, die den Klirrfaktor direkt anzeigen.

Das Blockschaltbild eines solchen Klirrfaktormessers ist in Bild 5.3 dargestellt. Die Eingangsspannung wird durch einen Teiler auf den Arbeitsbereich des Gerätes eingestellt und vorverstärkt. Das Signal teilt sich dann in einen Summen- und einen Oberwellenkanal. Im Summenkanal wird das gesamte Frequenzgemisch verstärkt und einem Effektivwertgleichrichter zugeführt, dessen Ausgangsspannung U_{ges} demnach der Spannung y_{ges} aus Gl.(5.5) proportional ist. Die gezeichnete Regelschaltung hält U_{ges} auf einem konstanten Wert. Im Oberwellenkanal wird die Grundwelle y_1 durch eine abstimmbare Bandsperre unterdrückt, damit wird also nur der Oberwellengehalt *breitbandig* gemessen. Das Ergebnis U entspricht bereits dem gesuchten Klirrfaktor, denn y_{ges} ist durch die auf den *gemeinsamen* Teil der beiden Kanäle wirkende Regelung zu einer Konstante geworden. Ein Teiler im Oberwellenkanal gestattet die Wahl

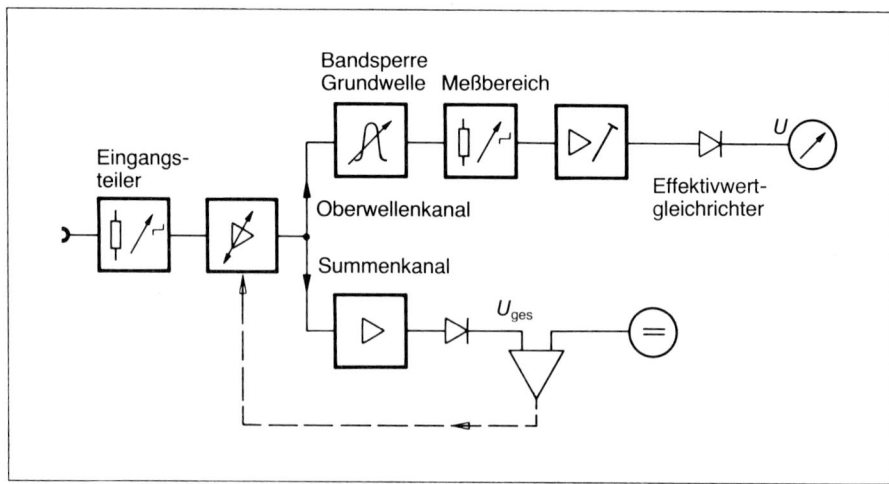

Bild 5.3: Blockschaltbild eines Klirrfaktormessers.

des Klirrfaktormeßbereiches. Zur Eichung des Gerätes kann die Bandsperre überbrückt werden und der Verstärker im Oberwellenkanal auf 0 dB Klirrdämpfung (100%)
eingestellt werden. Eine weitere, im Bild nicht gezeichnete Arbeitserleichterung erzielt man mit einem in das Gerät eingebauten Sinusgenerator, der die klirrarme Speisespannung für den Prüfling abgibt. Die Frequenzeinstellung des Oszillators und der
Bandsperre sind dann miteinander gekoppelt.

Mit solchen Geräten erreicht man etwa die gleichen Grenzen wie mit Klirranalysatoren,
d. h. es können noch Klirrdämpfungen von 60 dB und mehr im Frequenzbereich von
ca. 5 Hz bis 500 kHz gemessen werden.

Den Zusammenhang zwischen den Koeffizienten c_v der Potenzreihe Gl. (5.1) und den
Klirrfaktoren k_μ kann man mit Hilfe der Tabelle 5.2 angeben. Die Verwendung von
Meßgeräten, die *Pegel* messen, legt nahe, den Klirrfaktor als *Klirrdämpfung* $a_{k\mu} =
p_\alpha - p_{\mu\alpha}$ anzugeben. Diese läßt sich anhand von Tabelle 5.1 auf die Kenngröße (p_2
oder p_3) des nichtlinearen Zweitores und den Pegel an dessen Ausgang zurück-
führen. (Dabei ist ebenfalls die Rückwirkung von Gliedern höherer Ordnung vernachlässigt und $y_{ges} = y_1$ gesetzt.)

$$\frac{a_{k2}}{dB} = p_\alpha - p_{2\alpha} = p_\alpha - p_2 - 2p_\alpha + 6 = -p_2 - p_\alpha + 6,$$

$$\frac{a_{k3}}{dB} = p_\alpha - p_{3\alpha} = p_\alpha - p_3 - 3p_\alpha + 15,6 = -p_3 - 2p_\alpha + 15,6.$$

$$(5.6)$$

Wichtig ist die *lineare Abhängigkeit* der Klirrdämpfung vom Pegel der Grundschwingung, die sich bei der Benutzung der logarithmischen Maße ergibt. Sie gilt allerdings
nur so lange, wie die Glieder höherer Ordnung in den Summen der Tabelle 5.2 vernachlässigt werden können. Umgekehrt sind Abweichungen vom linearen Verlauf ein
Hinweis auf die Unzulässigkeit dieser Voraussetzung.

Oft liegt die Aufgabe vor, aus den gemessenen Anteilen $\hat{y}_\mu$ auf die Koeffizienten c_v der Reihenentwicklung
zu schließen. In Tabelle 5.3 finden sich die Auflösungen nach den gesuchten c_v. Da die Koeffizienten c_2, c_3 . . .
sowohl positiv als auch negativ sein können, können die Amplituden $\hat{y}_\mu$ (formal) auch negatives Vorzeichen
besitzen, was einer Phasenumkehr gleichkommt. Mit einem Pegelmesser kann man aber nur den Betrag bestimmen und muß deshalb bei Anwendung der Tabelle 5.3 vorsichtig sein. Wenn man die Berechnung für verschiedene Aussteuerungen $\hat{x}$ durchführt, müssen sich bei richtig gewählten Vorzeichen aussteuerungsunab-
hängige c_v-Werte ergeben.

Mit den Koeffizienten c_v ist prinzipiell das nichtlineare Zweitor vollständig beschrieben
und sämtliche dadurch verursachten Verzerrungen eines beliebigen Signales können
berechnet werden. Leider trifft aber die Voraussetzung eines gedächtnislosen Zweitores nicht immer zu. Zwar besitzen viele der eigentlichen nichtlinearen Elemente,
z. B. Transistoren, keine oder doch weitgehend vernachlässigbare Blindelemente
und damit keine Frequenzabhängigkeit, doch bilden sie zusammen mit den Blind-
elementen der umgebenden Schaltung ein gedächtnisbehaftetes System, auf das die
Beschreibung durch eine Reihenentwicklung mit konstanten, frequenzunabhängigen
Koeffizienten nur bedingt zutrifft.

Das bedeutet für die Praxis, daß man ein relativ breitbandiges Meßobjekt mit Hilfe des
Klirrfaktors u. U. nicht vollständig erfassen kann. Die Darstellung hat deshalb nur

Tab. 5.3: Zur Berechnung der Koeffizienten c_ν aus den Amplituden $\hat{y}_\mu$ und $\hat{x}$.

c_ν	$c_\nu \cdot \hat{x}^\nu = f(\hat{y}_\nu, \hat{y}_{\nu+2}, \hat{y}_{\nu+4} \cdots)$
c_0	$c_0 \quad = \hat{y}_0 \quad - \hat{y}_2 \quad + \hat{y}_4 \quad - \hat{y}_6 \quad + \dots$
c_1	$c_1\hat{x} \quad = \hat{y}_1 \quad - 3\hat{y}_3 \quad + 5\hat{y}_5 \quad - 7\hat{y}_7 \quad + \dots$
c_2	$c_2\hat{x}^2 = 2\hat{y}_2 \quad - 8\hat{y}_4 \quad + 18\hat{y}_6 \quad - \dots$
c_3	$c_3\hat{x}^3 = 4\hat{y}_3 \quad - 20\hat{y}_5 + 56\hat{y}_7 \quad - \dots$
c_4	$c_4\hat{x}^4 = 8\hat{y}_4 \quad - 48\hat{y}_6 \quad + \dots$
c_5	$c_5\hat{x}^5 = 16\hat{y}_5 - 112\hat{y}_7 \quad + \dots$
c_6	$c_6\hat{x}^6 = 32\hat{y}_6 \quad - \dots$

in seinem *unteren* Frequenzbereich Gültigkeit, in den die Grundschwingung gelegt wurde, um möglichst viele harmonische Frequenzen im Arbeitsbereich des Meß-objektes zu haben. Verzerrungen, die bei höheren Frequenzen entstehen, müssen also anders erfaßt werden. Tatsächlich spielt auch im oberen Frequenzbereich des Prüflings der Klirrfaktor eine untergeordnete Rolle, da die Oberschwingungen aus seinem Arbeitsfrequenzbereich herausfallen. Ein schmalbandiger Prüfling − etwa ein ZF-Verstärker − erlaubt überhaupt keine Klirrfaktormessung.

5.2.2 Differenztonmessung

Verwendet man anstelle der einfachen Sinusschwingung ein Prüfsignal aus zwei benachbarten Frequenzen α und β, so ergeben sich außer den Harmonischen $p\alpha$ und $q\beta$ noch die *Kombinationsschwingungen* mit den Frequenzen $(p\alpha \pm q\beta)$. Unter diesen ist die Differenzfrequenz $(\alpha - \beta)$ besonders interessant, da sie ihre Lage im Spektrum nicht ändert, sofern nur die Frequenzdifferenz des frei veränderbaren Linien-paares konstant gehalten wird. Nach diesem Prinzip arbeitet die Zweiton- oder *Differenztonmessung*, für die das Spektrum in Bild 5.4 gezeichnet ist; dabei sind die beiden anregenden Spannungen *gleich groß*. An einem auf die Frequenz $(\alpha - \beta)$ fest abgestimmten Pegelmesser kann der Grad der Nichtlinearität zweiter Ordnung in der Umgebung der beiden anregenden Frequenzen abgelesen werden. Entspre-chend dem Klirrfaktor definiert man einen *Differenztonfaktor* d_2 als Verhältnis des Differenztones zum $\sqrt{2}$-fachen des Effektivwertes des gesamten Signalgemisches am Ausgang [5.9, Blatt 3]. Bei kleinen Verzerrungen ist die für die Belastung ver-antwortliche äquivalente Spitzenaussteuerung ungefähr $\sqrt{2} \cdot y_{ges} \approx \sqrt{2} \cdot \sqrt{2} \cdot y_\alpha = 2y_\alpha$. Damit lautet die Definition des Differenztonfaktors zweiter Ordnung:

$$d_2 = \frac{y_{\alpha-\beta}}{\sqrt{2}\, y_{ges}} \approx \frac{y_{\alpha-\beta}}{2y_\alpha} \; . \tag{5.7}$$

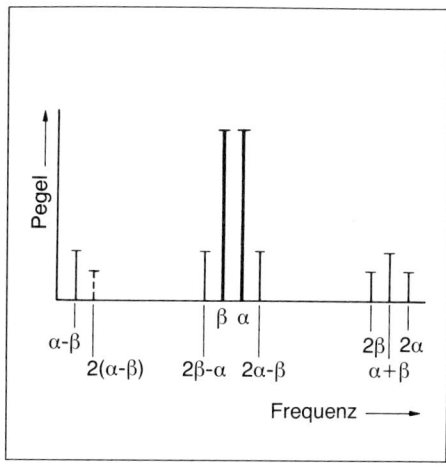

Bild 5.4: Spektrum am Ausgang eines Prüflings bei der Differenztonmessung. Sofern der Abstand der beiden Linien α und β konstant bleibt, kann ein Empfänger fest auf die Differenzfrequenz 2. Ordnung $(\alpha - \beta)$ abgestimmt werden. Nach Umsetzung an einer exakt quadratischen Kennlinie entsteht aus den Differenztönen 3. Ordnung $(2\alpha - \beta)$ und $(2\beta - \alpha)$ und den Grundschwingungen α und β die Spektrallinie $2 \cdot (\alpha - \beta)$.

Ebenso definiert man einen Differenztonfaktor d_3 zur Kennzeichnung der Verzerrungen dritter Ordnung. Unter den gleichen vereinfachenden Annahmen gilt:

$$d_3 = \frac{y_{2\alpha-\beta} + y_{2\beta-\alpha}}{\sqrt{2}\,y_{ges}} \approx \frac{y_{2\alpha-\beta} + y_{2\beta-\alpha}}{2y_\alpha} \ . \tag{5.8}$$

Die Gl. (5.7) und (5.8) lassen sich auch in Pegelmaßen angeben. Die *Differenztondämpfungsmaße* sind $a_{d2} = -20 \cdot \lg d_2$ bzw. $a_{d3} = -20 \cdot \lg d_3$. Mit Hilfe der Tabelle 5.1 findet man die Zusammenhänge (in dB):

$$a_{d2} = -p_{\alpha\beta} + p_\alpha + 6 = -p_2 - 2p_\alpha + p_\alpha + 6 = -p_2 - p_\alpha + 6 \tag{5.9}$$

$$a_{d3} = -(p_{2\alpha\beta} + 6) + p_\alpha + 6 = -(p_3 + 3p_\alpha - 6 + 6) + p_\alpha + 6$$

$$= -p_3 - 2p_\alpha + 6.$$

Ein Vergleich von Gl. (5.9) mit den Klirrdämpfungen in Gl. (5.6) zeigt die Übereinstimmung von a_{d2} mit a_{k2} (d.h. $d_2 = k_2$) und eine um etwa 10 dB geringere Differenztondämpfung a_{d3} als die entsprechende Klirrdämpfung a_{k3} (d.h. $d_3 = 3k_3$). Allerdings ist bei diesem Vergleich zu berücksichtigen, daß die Belastung des Prüflings bei der Differenztonmessung um $\sqrt{2} \mathrel{\widehat{=}} 3$ dB höher ist und die Spitzenaussteuerung sogar doppelt so hoch ist. Leider ist in der Praxis die Übereinstimmung nicht immer befriedigend, u. a. weil die Koeffizienten c_ν eine gewisse Frequenzabhängigkeit besitzen können.

Neben der direkten Messung der einzelnen Spektrallinien mit einem selektiven Pegelmesser gibt es noch die Möglichkeit, die Linien dritter Ordnung $(2\alpha - \beta)$ und $(2\beta - \alpha)$ mit denen der Grundschwingungen an einem quadratisch arbeitenden

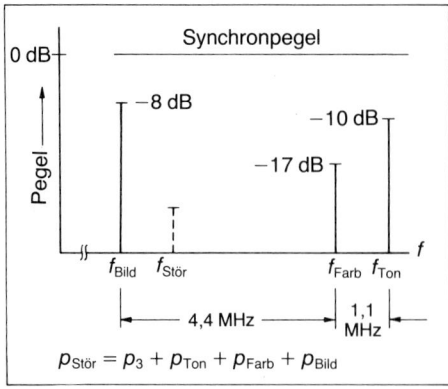

Bild 5.5: Linearitätsmessung an einer Baugruppe für Fernsehübertragung. Eine Störfrequenz wird bei f_{Bild} + 1,1 MHz ausgewertet; ihr Pegel ergibt sich nach Tabelle 5.1.

Gleichrichter zu mischen.[1] Dann entsteht (neben den hier uninteressanten Anteilen bei f $= 0$, $\alpha - \beta$ und $3(\alpha - \beta)$) eine Linie bei der festen Frequenz $2(\alpha - \beta)$, die direkt proportional den Verzerrungen *dritter* Ordnung ist. [5.9, Blatt 3].

Neuerdings prüft man die Linearität in einem Sprachkanal mit einer verfeinerten Differenztonmessung: Zwei Frequenzen bei 860 Hz und 1380 Hz verursachen Verzerrungen zweiter Ordnung bei den Frequenzen (1380−860) Hz = 520 Hz und bei (1380 + 860) Hz = 2240 Hz, also noch innerhalb des Übertragungsbereiches. Eine Kombinationsfrequenz dritter Ordnung, nämlich (2·1380−860) Hz = 1900 Hz, liegt etwa in der Bandmitte. Die anregenden Schwingungen bestehen nun in Wirklichkeit aus je einem Linienpaar mit z.B. 6 bzw. 12 Hz Abstand („4-Ton-Methode"), so daß die infolge der Nichtlinearität entstehenden Töne bei 520 Hz und bei 2240 Hz aus vier bzw. bei 1900 Hz aus sechs eng benachbarten Linien zusammengesetzt sind. Diese Gruppen werden durch einfache Filter ausgesiebt und gemessen. Es zeigt sich, daß die mit dieser Methode gewonnenen Ergebnisse bereits sehr gut mit solchen übereinstimmen, die mit einem breitbandigen Rauschsignal erzielt werden (vgl. Abschnitt 5.4), da die Wahrscheinlichkeitsverteilung des aus vier Linien bestehenden, anregenden Signales schon gut an die Normalverteilung herankommt. Man besitzt damit ein Verfahren, das eine genügend verläßliche Aussage über die bei der Übertragung eines echten Sprachsignales entstehenden Verzerrungen zuläßt. [5.10].

Eine Differenztonbildung tritt auch auf, wenn *drei* Schwingungen mit verschiedenen Frequenzen ein nichtlineares Zweitor durchlaufen. Das kann beispielsweise eine unmodulierte Trägerschwingung sein und ein weiterer modulierter Träger. Durch eine Nichtlinearität 3. Ordnung (allgemein ungerader Ordnung) überträgt sich die Modulation teilweise auf den bisher unmodulierten Träger und kann mit ihm empfangen werden (sog. Kreuzmodulation).

Die Linearität von Baugruppen für die Fernsehübertragung prüft man nach Bild 5.5 indem man den Pegel $p_{Stör}$ einer aus Ton- und Farbträgerfrequenz sowie Bildfrequenz entstehenden Störung $f_{Stör} = f_{Ton} - f_{Farb} + f_{Bild}$ selektiv ausmißt. Mit Hilfe der Tabelle 5.1 kann auf die Kenngröße p_3 oder c_3 zurückgerechnet werden. (DIN 45004 [5.11]).

---

[1] Weitere am Ausgang des Prüflings anstehende Frequenzen ($\alpha \pm \beta$, 2α, 2β usw.) müssen ggf. unterdrückt werden.

Beispiel 5.2

Man zeichne für den Verstärker aus Beispiel 5.1 die Ausgangspegel p_α, $p_{2\alpha}$, $p_{3\alpha}$ in Abhängigkeit vom *Eingangspegel* $p_{\alpha0}$ eines Sinussignales.

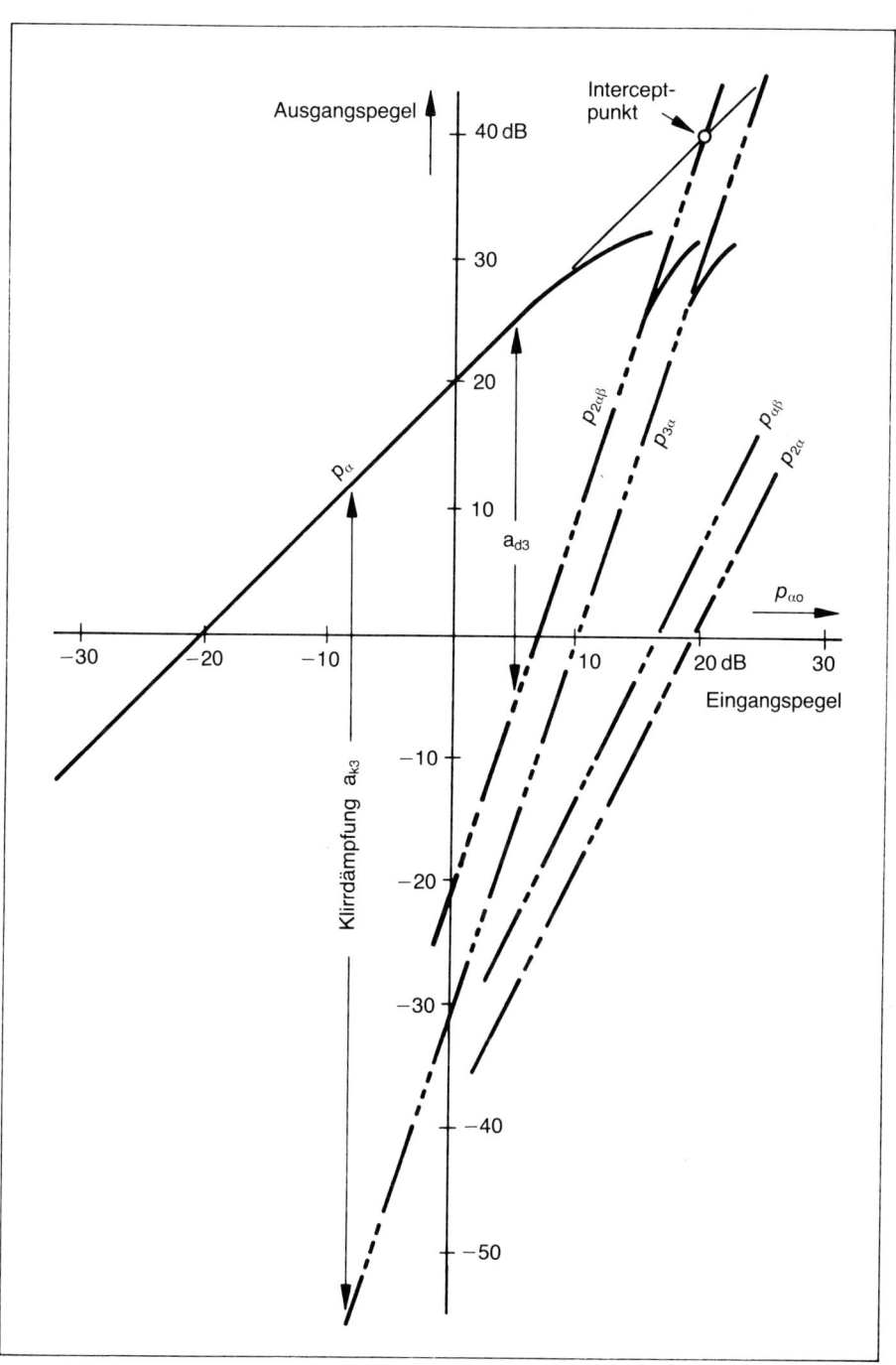

Anhand der Tabelle 5.1 ergibt sich (alle Pegel in dB):

$$p_\alpha = p_1 + p_{\alpha 0}$$

$$p_{2\alpha} = p_2 + 2p_\alpha - 6 = p_2 + 2p_1 - 6 + 2p_{\alpha 0}$$

$$p_{3\alpha} = p_3 + 3p_\alpha - 15{,}6 = p_3 + 3p_1 - 15{,}6 + 3p_{\alpha 0}.$$

Mit den Zahlen für p_2 und p_3 aus Beispiel 5.1 sowie $p_1 = 20 \cdot \lg c_1 = 20$ dB erhält man

$$p_\alpha = 20 + p_{\alpha 0}$$

$$p_{2\alpha} = -73{,}2 + 2 \cdot 20 - 6 + 2p_{\alpha 0} = 39{,}2 + 2p_{\alpha 0}$$

$$p_{3\alpha} = -74{,}9 + 3 \cdot 20 - 15{,}6 + 3p_{\alpha 0} = -30{,}5 + 3p_{\alpha 0}.$$

Speist man nun den Verstärker mit einer weiteren, gleich starken Sinusschwingung der Frequenz β, bezieht aber den Ausgangspegel nach wie vor auf den Pegel $p_{\alpha 0}$ *einer* Schwingung, dann bekommt man für den Pegel bei den Frequenzen $(\alpha \pm \beta)$

$$p_{\alpha\beta} = p_2 + 2p_\alpha = p_2 + 2p_1 + 2p_{\alpha 0} = -33{,}2 + 2p_{\alpha 0}$$

und für die Differenzschwingung 3. Ordnung bei $(2\alpha - \beta)$ bzw. $(2\beta - \alpha)$

$$p_{2\alpha\beta} = p_3 + 3p_\alpha - 6 = p_3 + 3p_1 - 6 + 3p_{\alpha 0} = -20{,}9 + 3p_{\alpha 0}.$$

Wenn $\alpha \approx \beta$ ist, liegt dort auch $(2\alpha - \beta)$ und $(2\beta - \alpha)$, d.h. diese Verzerrungen 3. Ordnung können auch in Schmalbandverstärkern oder selektiven Empfängern stören. Als Qualitätsmaß für die Linearität gibt man deshalb oft den Schnittpunkt der Geraden für $p_{2\alpha\beta}$ mit der Geraden für p_α, den sog. *Interceptpunkt* 3. Ordnung (bzw. den zugehörigen Pegel $p_{\alpha 0}$) an (Bild). Dieser Punkt ist nicht direkt meßbar, sondern nur zeichnerisch zu ermitteln, da er gewöhnlich schon in einem Gebiet liegt, in dem die vereinfachenden Annahmen für die Zusammenhänge in Tab. 5.1 nicht mehr zutreffen. Aus der zeichnerischen Darstellung der verschiedenen Pegel kann man die Klirrdämpfungen a_{k2} und a_{k3}, sowie a_{d3} direkt ablesen, vgl. Gl. (5.9). ●

5.3 Intermodulationsverfahren

Ein Zweitor mit einer nichtlinearen Kennlinie, die für verschiedene Werte der Eingangsspannung unterschiedliche Steilheit aufweist, kann dadurch geprüft werden, daß man die Übertragungseigenschaften in den verschiedenen Bereichen der Kennlinie untersucht. Man könnte als Eingangssignal eine Gleichspannung zur Festlegung des Arbeitspunktes nehmen, zu der man eine relativ kleine Wechselspannung als Meßspannung addiert und deren Übertragung analysiert wird. In Bereichen großer Steil-

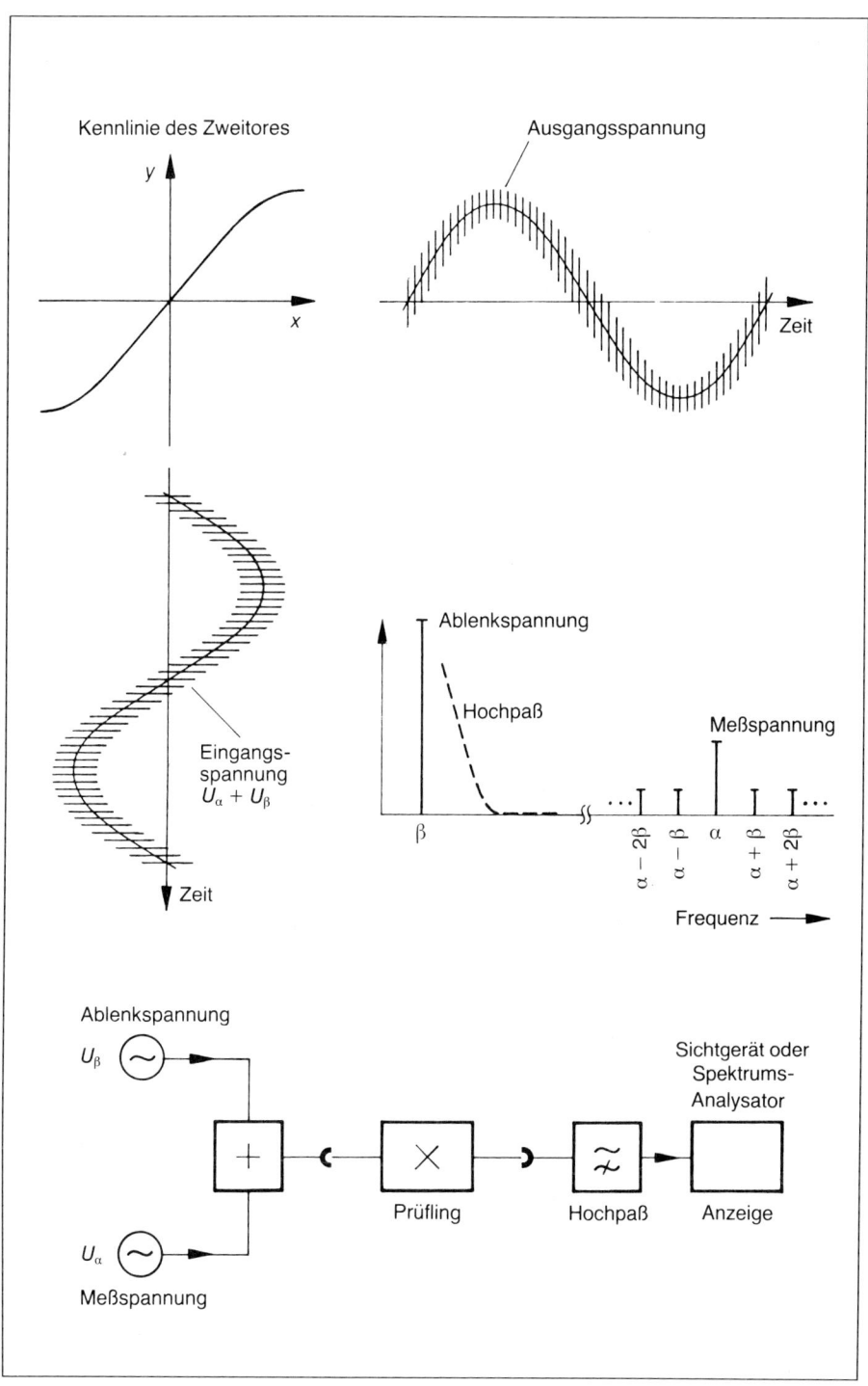

Bild 5.6: Intermodulationsmessung: Meßanordnung, Kennlinie des Prüflings und Spektrum am Ausgang.

heit hätte das Zweitor dann beispielsweise geringere Dämpfung als in solchen mit kleiner Steilheit. Die meisten in der Praxis vorkommenden Zweitore übertragen keine Gleichspannungen, deshalb wird diese durch eine niederfrequente Spannung, die sogenannte Ablenkspannung, ersetzt. Diese hat nur die Aufgabe, den Arbeitspunkt auf der nichtlinearen Kennlinie zu verschieben. Kennlinie, Ein- und Ausgangsspannungen sowie das typische Spektrum sind in Bild 5.6 dargestellt.

Wenn die Kennlinie des Prüflings durch eine Reihenentwicklung nach Gl. (5.1) bzw. Tabelle 5.1 gegeben ist, lassen sich die neu entstehenden Frequenzen aus dieser Zusammenstellung entnehmen. Wichtig sind vor allem die Kombinationsschwingungen $\alpha \pm \beta$, $\alpha \pm 2\beta$ oder allgemein $\alpha \pm q\beta$ in der Umgebung der Meßfrequenz α und mit den zugehörigen Pegeln $p_{\alpha\beta}$ bzw. $p_{2\beta\alpha}$ usw. Die Modulation der Meßspannung mit der Frequenz der Ablenkspannung bezeichnet man als *Intermodulation*. Meßverfahren, die aus der Intensität der Kombinationsschwingungen auf die Nichtlinearität des Zweitores zurückschließen, laufen unter dem Namen *Intermodulationsverfahren*.

Als Beispiel aus der Elektroakustik sei kurz die Meßtechnik zu DIN 45403, Blatt 4 [5.9] skizziert: Zwei Generatoren mit den Frequenzen 200 Hz und 8 kHz (andere übliche Kombinationen sind 400 Hz/4 kHz oder 60 Hz/12 kHz usw.) speisen über ein Summiernetzwerk den Prüfling. Die Amplituden bei den beiden Frequenzen verhalten sich wie 4 : 1. Als Aussteuerung gibt man die Spitzenspannung $A + B = \hat{U}_\alpha + \hat{U}_\beta$ an. Die Amplituden der Kombinationsfrequenzen werden am Ausgang des Meßobjektes selektiv gemessen und daraus der Intermodulationsfaktor m bestimmt:

$$m = \frac{\sqrt{\sum_q (U_{\alpha - q\beta} + U_{\alpha + q\beta})^2}}{U_\alpha} \quad . \tag{5.10}$$

Dazu verwendet man einen selektiven Pegelmesser oder man setzt mit Hilfe eines linearen Gleichrichters die Frequenzen in der Umgebung der Meßfrequenz α derart um, daß U_α den Gleichspannungswert U_- und die benachbarten Frequenzen eine Schwankung mit dem Effektivwert $U_\sim$ ergeben. Der Intermodulationsfaktor ist dann

$$m = \sqrt{2} \cdot \frac{U_\sim}{U_-} \quad . \tag{5.11}$$

Dieses Verfahren benötigt keine besonderen Selektionsmittel, die gerade bei niedrigen Aussteuerfrequenzen β aufwendig wären. Lediglich ein Bandpaß für die Umgebung der Meßfrequenz α ist erforderlich und, abhängig von den verfügbaren Meßgeräten, gegebenenfalls ein einfacher Hochpaß bzw. Tiefpaß, um die Anteile $U_\sim$ und U_- zu trennen.

Das Intermodulationsverfahren wird oft zur Untersuchung der Nichtlinearitäten in Breitbandbaugruppen verwendet (z.B. Verstärker in der Elektroakustik aber auch einzelne Transistoren usw.). Darüber hinaus hat es große Bedeutung für die Meßtechnik im *Richtfunk* bekommen: Die Richtfunkübertragung verwendet hauptsächlich Winkelmodulation, d.h. das gesamte Basisband wird im Gegensatz zur Kabelübertragung nochmals einem ZF- bzw. RF-Träger[1] aufmoduliert. In diesem Weg vorhan-

---

[1] RF = Radiofrequenz (zwischen einigen 100 MHz und ca. 10 GHz).

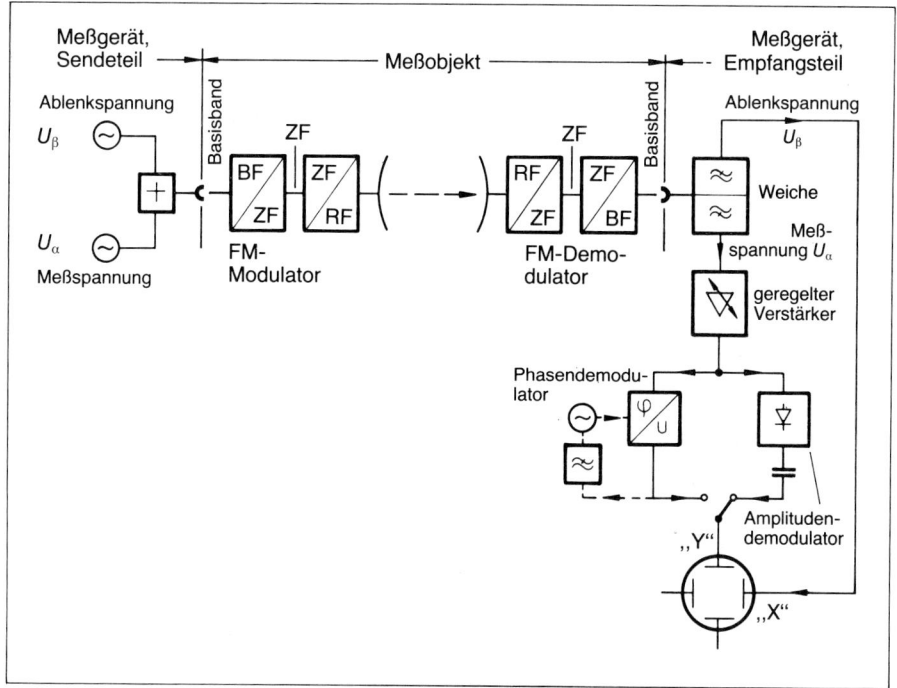

Bild 5.7: Blockschaltbild eines Verzerrungsmeßgerätes für Richtfunkanlagen.

dene Dämpfungs- und Phasenverzerrungen bewirken nach der Demodulation nicht-lineare Signalverzerrungen, wie später noch gezeigt wird.

Wichtig ist dabei, daß sich die zu beiden Seiten der Meßfrequenz α entstehenden Seitenlinien in Komponenten mit gleichem und entgegengesetztem Vorzeichen zer-legen lassen. Die Meßspannung erfährt also nicht nur eine Amplitudenmodulation, sondern auch eine Phasenmodulation. Vereinfachend kann man sagen, daß sich Abweichungen vom idealen *Dämpfungsverlauf* in der RF- oder ZF-Ebene als *Am-plitudenmodulation* der Meßspannung erkennen lassen und Verzerrungen im *Pha-senverlauf* eine entsprechende *Phasenmodulation* hervorrufen. Die Auswertung der entstehenden Verzerrungsprodukte erfolgt also nach zwei Kriterien; dementsprechend benötigt man einen Amplituden- und einen Phasendemodulator.

Das prinzipielle Blockschaltbild eines sogenannten „Verzerrungsmeßgerätes" für Richtfunkanlagen zeigt Bild 5.7. Der *Sendeteil* entspricht, bis auf die Lage der Meß-frequenz, der vorher besprochenen Anordnung. Der Prüfling besteht aus dem ZF-und RF-Modulator bzw. Demodulator und dem eigentlichen Übertragungsabschnitt. In allen diesen Teilen entstehen u.a. *lineare* Verzerrungen, die dann nach der Demo-dulation im Basisband *nichtlineare* Verzerrungen zur Folge haben. Das demodulierte Signal am Ausgang des Prüflings wird im Eingang des *Empfängers* durch eine Weiche aufgeteilt. U_β wird zur X-Ablenkung eines Oszilloskopes verwendet, U_α und die Seitenbänder werden zur Normierung auf einen konstanten, mittleren Pegel geregelt und danach demoduliert. Der darauf folgende rechte Zweig in Bild 5.7 wertet die Amplitudenmodulation aus und liefert die „differentielle Amplitude", der Phasendemodulator arbeitet mit einem träge nachgezogenen Vergleichsoszillator und ergibt die „differentielle Phase"[1]. Die Ergebnisse werden als Y-Werte am Bildschirm dargestellt. Da sie die gleiche Frequenz (oder ein Vielfaches) wie die Ablenkspannung haben, ergibt sich ein stehendes Bild.

Wegen der Bedeutung dieses Meßverfahrens in der Richtfunktechnik soll versucht werden, die *Entstehung der Verzerrungen* anschaulich zu beschreiben. Die rechnerische Behandlung ist in zahlreichen Arbeiten unter verschiedenen Gesichtspunkten dargestellt. [5.12 bis 5.14].

Die den ZF- und RF-Weg beschreibende Systemfunktion läßt sich nach Betrag und Phase aufteilen; sie ist in Bild 5.8 dargestellt, wobei die Phase von ihrem linearen Anteil, der einer frequenzunabhängigen Laufzeit entspricht, befreit wurde. Das Testsignal, die Summe aus niederfrequenter Ablenkspannung U_β (mit β zwischen 10 bis 100 Hz) und der eigentlichen Meßspannung U_α (α zwischen 50 kHz und einigen MHz), ergibt am Ausgang des FM-Modulators bei schwachem Modulationsindex im Amplitudenspektrum ein Linientripel mit den Abständen α. Recht anschaulich, aber nicht völlig korrekt, kann man sich vorstellen, dieses Tripel würde infolge der Ablenkspannung mit der Frequenz β über den ganzen ZF- bzw. RF-Bereich geführt. In der Bandmitte wird das Signal nicht beeinflußt, da ideale Übertragungsverhältnisse vorliegen, wohl aber an den Bandgrenzen. Dabei wird der Einfluß der (linearen!) Dämpfungs- und Phasenverzerrungen auf *eng* beieinanderliegende Linien selbstverständlich kleiner sein als bei größerem Abstand α. Die in den Empfängern vorhandenen Regelverstärker und Begrenzer sind nicht in der Lage, einen Frequenzgang der Dämpfung zu korrigieren, da sie nur die *Summe* aller Teilspannungen konstant halten, das *Verhältnis* der Amplituden dieser Spannungen untereinander aber nicht verändern. Der Abfall von $|A(\omega)|$ an den Bandgrenzen läßt somit die eine Seitenlinie relativ größer, die andere kleiner werden und zwar um so mehr, je größer α ist.

Im Zeigerdiagramm einer FM-Schwingung rotieren die Zeiger der beiden Seitenlinien mit der Frequenz α gegensinnig um die Spitze des Zeigers der mittleren Linie, die als Bezugsachse feststehend gedacht ist. Unterschiedliche Längen der beiden Zeiger bewirken, daß der Summenzeiger nicht mehr auf einer Geraden, sondern auf einer Ellipse kreist (Bild 5.8a). Nun ist die entscheidende Größe für die Winkeldemodulation der Phasenhub η, dem die demodulierte Spannung proportional ist. Eine merkliche Änderung von η infolge des Abfalles von $|A(\omega)|$ tritt dann ein, wenn die (relative) Abnahme der einen Seitenlinie nicht mehr durch die (relative) Zunahme der anderen aufgewogen wird. Das ist erst bei einer *Krümmung* und noch nicht bei einer linearen Abnahme von $|A(\omega)|$ der Fall. Das demodulierte Signal weist dann eine Amplitudenmodulation im Takt der Ablenkfrequenz β auf, sie wird am Bildschirm des Verzerrungsmeßgerätes als Abweichung von der Waagrechten erkennbar.

Eine ähnliche Wirkung hat der Verlauf der Phase an den Bandgrenzen: Ändern sich dort die Phasen für die Seitenlinien (Bild 5.8b), dann gibt es zwar immer noch einen Zeitpunkt, in dem beide Zeiger fluchten und der zugleich etwa der größten Auslenkung η entspricht, doch liegt dieser Zeitpunkt früher (oder später) im Vergleich zu dem bei idealer Übertragung. Das demodulierte Signal besitzt also bei einer Übertragung an den Bandgrenzen eine andere Laufzeit als bei idealer Übertragung. Diese Abhängigkeit wird im Phasenmeßkreis des Verzerrungsmeßgerätes erkannt.

Die Kurven auf dem Bildschirm des Meßgerätes gestatten somit Rückschlüsse auf die Art und die Intensität der linearen Verzerrungen im ZF- und RF-Weg. Allerdings erschwert die sogenannte *AM/PM-Umwandlung* eine elementare Deutung und Auswertung: Verschiedene Baugruppen im Übertragungsweg reagieren auf eine Amplitudenmodulation der ZF- oder RF-Schwingung mit einer zusätzlichen und zwar synchronen Phasenmodulation ihres Ausgangssignales. Man definiert einen AM/PM-Umwandlungsfaktor Θ, der angibt, wie groß der Phasenhub η als Folge eines Amplitudenmodulationsgrades m ist. (Im allgemeinen ist Θ komplex und frequenzabhängig.) Die aus einer Amplitudenmodulation entstehende Phasenmodulation wird dann im Demodulator genauso wie ein echtes Signal behandelt und verursacht deshalb eine Störung. [5.15].

---

[1] In diesem Falle spricht man häufig statt von differentieller Phase von *Gruppenlaufzeit* oder von *Laufzeit,* wobei die Meßfrequenz α die Rolle einer Spaltfrequenz spielt (vgl. Abschnitt 2.1 und 2.4.1). Neben niedrigen Meßfrequenzen sind aber auch solche bis zur oberen Grenze des Basisbandes erforderlich (siehe unten). Zutreffender wären dann die Begriffe „Differenzamplitude" bzw. „Differenzphase".

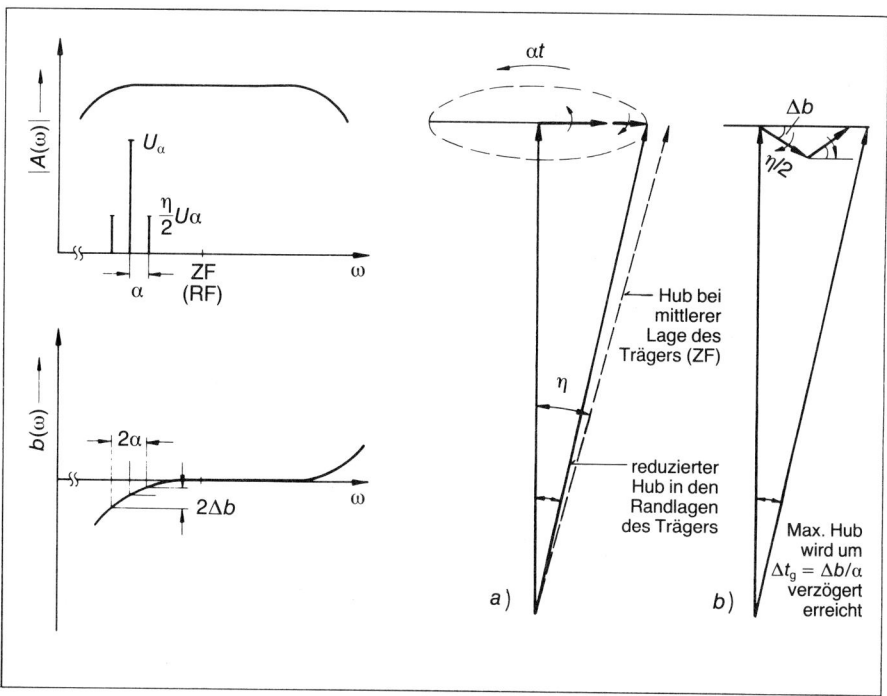

Bild 5.8: Systemfunktion einer Richtfunkbaugruppe nach Betrag und Phase (bei der nur die Abweichung vom linearen Verlauf dargestellt ist). Die Ablenkspannung U_β bewegt das Linientripel mit der Frequenz β im Übertragungsbereich hin und her (quasistationäre Betrachtung). Der Einfluß einer Betragsschwankung ist in (a) gezeigt: sowohl die ZF-Spannung als auch das demodulierte Signal sind amplitudenmoduliert. Der gekrümmte Phasenverlauf (b) bewirkt eine Laufzeitschwankung $\Delta t_g = \Delta b \cdot \alpha$ des demodulierten Signales.

Die Intermodulationsmessung im Basisband mit einem Spektrum nach Bild 5.6 erscheint im ZF- bzw. RF-Band wie eine Laufzeitmessung (vgl. Bild 2.9). Tatsächlich wird dabei geprüft, wie gut die beiden Zeiger der Seitenlinien *nach* der Übertragung wieder zum ursprünglichen Zeigerdiagramm zusammengesetzt werden können. Diese Prüfung wird nicht nur für niedere Meßfrequenzen (das entspräche dem Fall der Gruppenlaufzeitmessung), sondern auch für hohe ausgeführt, da bei einer Übertragung mit Frequenzmodulation das Signal in viele, frequenzmäßig zum Teil weit auseinander-liegende Komponenten zerlegt wird. Zudem wird die Prüfung im gesamten verfügbaren Übertragungsbereich vorgenommen, der mit einer genügend großen Ablenkspannung überstrichen werden kann. [5.15].

In der Fernseh-Meßtechnik benützt man ein gleichartiges Verfahren, um Angaben über die Verzerrungen im Zuge einer Übertragungsstrecke machen zu können (Bild 5.9). Das Prüfsignal (nach CCIR 451) besteht aus der „niederfrequenten" — in diesem Fall zeilenfrequenten — Sägezahnspannung; ihr ist eine höherfrequente, zweite Sägezahnspannung überlagert, deren Verformung (vor allem in der Stufenhöhe) am Bildschirm

Bild 5.9: Prinzipieller Verlauf eines Prüfsignales zur Intermodulationsmessung an Fernsehbaugruppen. Der zeilenfrequente Sägezahn (a) bestimmt den Arbeitspunkt und überstreicht die gesamte Helligkeitsskala von schwarz bis weiß. Ihm ist die sägezahnförmige „Meßspannung" (b) überlagert. (a) und (b) ergeben zusammen das stufenförmige Prüfsignal (c), dem ggf. der Farbträger zugefügt werden kann (in (b) angedeutet). Durch Nichtlinearitäten in der Übertragung erscheinen die Stufen empfangsseitig unterschiedlich hoch (f), was nach einer Differentiation besonders gut zu erkennen ist (g). Wird den Stufen die Farbträgerschwingung überlagert, so erhält man hinter einem Hochpaß das Bild (d). Die differentielle Phase dieser Frequenz wird ebenfalls ausgewertet (e).

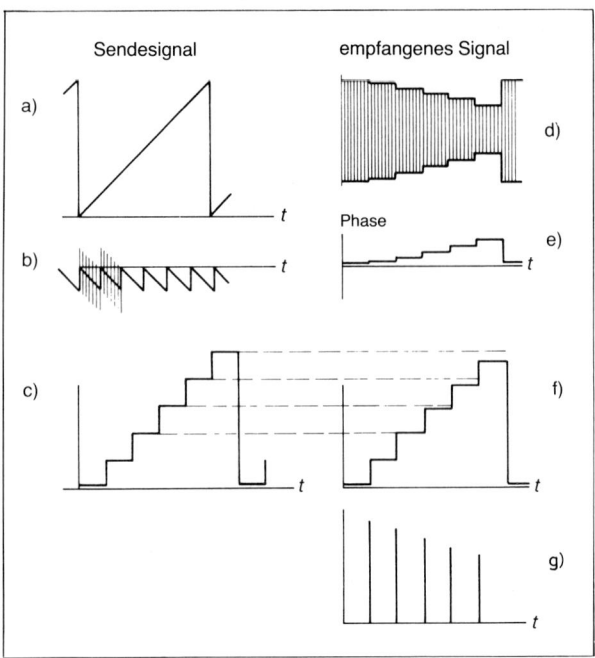

beobachtet wird (Bild 5.9 f). Häufig wird diesem Signal noch eine Sinusschwingung mit Farbträgerfrequenz (z.B. 4,433 MHz) überlagert, um die Übertragungseigenschaften bei dieser für die Farbinformation besonders wichtigen Frequenz kontrollieren zu können. [5.16].

Mit dem Intermodulationsverfahren lassen sich also die nichtlinearen Verzerrungen eines *frequenzmodulierten* Systems vollständig erfassen, sofern man sich nur für ein sinusförmiges Meß- und Aussteuersignal interessiert. Das Verfahren ist damit insbesondere zum Abgleich und zur Entzerrung solcher Systeme geeignet. Die Verzerrungen und Störwirkungen komplexer Basissignale, z.B. eines Trägerfrequenzsignales mit vielen Sprachkanälen, lassen sich damit nur schwer erfassen. Hierfür benützt man das im folgenden Abschnitt besprochene Meßverfahren.

5.4   Rauschklirrmessungen

Die bisher besprochenen Verfahren (Klirrfaktor- und Differenztonmessung, Intermodulationsverfahren) benützen zur Prüfung auf Nichtlinearität ein definiertes, einfaches Signal, dessen Verzerrungen gemessen werden. Diese stellen sich als neu entstandene Frequenzen dar, die selektiv gemessen werden. Die relative Amplitude einer neuen Frequenz wird in geeigneter Form angegeben und dient als Kenngröße und Qualitätsmaß. Ein besonderes Problem ist allerdings die Festlegung der für die Übertragung noch *zulässigen* Verzerrungen, da der Zusammenhang zwischen Signalqualität einerseits und den Kenngrößen für die Nichtlinearität andererseits nicht immer leicht anzugeben ist. Es liegt deshalb nahe, nach einem Meßverfahren zu suchen, das die Auswirkungen der Nichtlinearitäten auf die Qualität der übertragenen Nachricht unmittelbar angibt.

5.4.1 Rauschklirrmessungen in der TF-Technik

Die Störung, die ein einzelnes Gespräch oder auch ein Datensignal im Zuge einer breitbandigen TF-Übertragung erfährt, wird am besten durch die Leistung des Störgeräusches angegeben, das in einem Übertragungskanal auftritt und in einem unbelegten Kanal gemessen werden kann. Dieses Geräusch hat zwei Ursachen und setzt sich dementsprechend aus zwei Anteilen zusammen, dem *thermischen Rauschen* und dem sogenannten *Intermodulationsrauschen* als Folge der Nichtlinearitäten. Das letztere entsteht aus der gegenseitigen Beeinflussung aller gleichzeitig übertragenen Signale. Man wird deswegen zur Prüfung ein Testsignal einsetzen, das die Gesamtheit aller Signale möglichst genau simuliert: ein *normalverteiltes weißes Rauschen*. Die konstante Leistungsdichte („weiß") folgt unmittelbar aus der gleichmäßigen Belegung des Basisbandes durch die übertragenen Signale; die Normalverteilung ergibt sich aus dem sogenannten Zentralen Grenzwertsatz der Statistik[1].

Dieses Rauschsignal wird durch einen Hoch- bzw. Tiefpaß auf die Breite des nachzubildenden Basisbandes begrenzt. Außerdem wird der Kanal, in dem gemessen werden soll, durch Einfügen einer Bandsperre „freigeschaltet", vgl. Bild 5.10. Die Leistung dieses so vorbereiteten Testsignales ergibt sich direkt aus dem in zahlreichen Versuchen ermittelten *Langzeitmittelwert* der Leistung während der Hauptverkehrszeit in *einem* Kanal, der vereinbarungsgemäß mit 31,6 µW0 = −15 dBm0 angenommen wird, sowie der Zahl *n* der übertragenen Kanäle zu

$$\frac{P_0}{\mu W0} = 31{,}6 \cdot n \quad \text{oder} \quad \frac{p_0}{dBm0} = -15 + 10 \lg n. \tag{5.12}$$

Man nennt diesen Wert auch *Nennlast* oder *vereinbarte Belastung* (engl.: conventional load, CCITT G.223). [5.17 bis 5.19].

Der Langzeitmittelwert (−15 dBm0 bzw. 31,6 µW0) entspricht einer mittleren Leistung eines „Dauersprechers" von etwa 80 µW0, multipliziert mit einem „Aktivitätsfaktor" von 0,25 (Atemholen usw. sowie die Sprechzeit des Partners ergeben jeweils 0,5, zusammen also 0,25). Dazu kommt eine mittlere Leistung von etwa 10 µW0 je Kanal für die Übertragung der vermittlungstechnischen Signale und Pilotsignale. Die Summe wurde auf den Pegel von −15 dBm0 gerundet, der aber nach bisherigen Erfahrungen eher etwas zu hoch liegt.

Die Verwendung des Langzeitmittelwertes setzt eine genügend große Kanalzahl *n* voraus. Praktisch arbeitet man mit dieser Beziehung Gl.(5.12) ab *n* = 240 Kanälen. Bei

---

[1] Danach ist die Summe einer großen Zahl gleichartiger, aber zufälliger Einzelvorgänge (Spannungen in den Fernsprechkanälen) normalverteilt. Obwohl die Wahrscheinlichkeitsverteilung für die Spannung eines einzelnen Sprechers recht gut der *Laplaceverteilung* entspricht, folgt also das Summensignal der Normalverteilung.

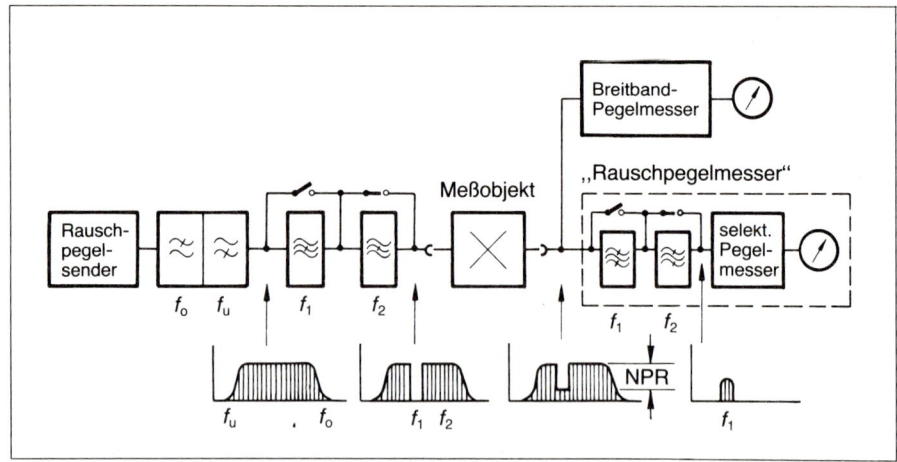

Bild 5.10: Blockschaltbild einer Rauschklirrmessung. Ein Hoch- und ein Tiefpaß begrenzen das weiße Rauschen auf das nachzubildende Basisband. Die Bandsperre (f_1) simuliert den unbelegten Kanal, in dem am Ausgang des Meßobjektes selektiv gemessen wird. Ein entsprechender Bandpaß (f_1) beugt einer zu starken Aussteuerung des Pegelmessers durch die gesamte Rauschleistung vor. Die Messung wird üblicherweise bei mehreren, genormten Frequenzen durchgeführt.

kleinerer Kanalzahl muß damit gerechnet werden, daß mitunter mehr als 1/4 aller Sprecher gleichzeitig aktiv sind. Man berücksichtigt das durch eine höhere vereinbarte Belastung:

$$\frac{p_0}{\text{dBm0}} = -1 + 4 \lg n; \qquad (12 \leqq n < 240) \,. \tag{5.13}$$

Der Einfluß der geringeren Kanalzahl auf die Wahrscheinlichkeitsverteilung, d.h. die Abweichung des wirklichen Signales von der Normalverteilung, wird im Testsignal nicht berücksichtigt.

Die Gleichungen (5.12 und 5.13) gelten nur bei Übertragung von Sprachsignalen. Werden andere Signale, z. B. Daten (oder vorwiegend Daten) übertragen, so verwendet man andere Beziehungen, die u. a. den jetzt gegen 1 gehenden Aktivitätsfaktor berücksichtigen.

Bild 5.10 zeigt den Meßaufbau für eine Rauschklirrmessung. Der Rauschpegelsender liefert breitbandiges Rauschen, das in den Bandbegrenzungsfiltern auf das Basisband $f_0 - f_u$ des Prüflings zugeschnitten wird. Das Rauschsignal wird bei den Frequenzen, bei denen gemessen werden soll, durch die Bandsperren unterdrückt[1]. In diesen Lücken tritt dann das thermische Rauschen und das Intermodulationsgeräusch allein auf und wird dort durch einen selektiven Pegelmesser gemessen. Zur Steigerung der Empfindlichkeit und der Meßgenauigkeit schaltet man dem Empfänger einen der

[1] Die 3-dB-Bandbreite der Sperren ist, je nachdem ob es sich um eine LC- oder Quarzsperre handelt, verschieden. Sie muß in jedem Fall klein sein gegen die Breite des Basisbandes, und die Sperrdämpfung von etwa 80 dB sollte wenigstens über die Fernsprechkanalbreite eingehalten werden; vgl. die Empfehlungen CCITT G. 228 (CCIR 399).

Meßfrequenz entsprechenden Bandpaß vor und reduziert damit das Eigenklirren bzw. erhöht den Rauschleistungsabstand des Empfängers (vgl. Abschnitt 1.7.1). Zur Kontrolle der Systembelastung wird häufig ein Breitbandpegelmesser dazugeschaltet. [5.20 bis 5.23].

In der Praxis haben sich *zwei Arten der Messung* eingeführt: Die einfachere Messung des *Rauschleistungsabstandes* (Noise-Power-Ratio Messung, kurz *NPR-Messung*) vergleicht das Rauschen im freigeschalteten Kanal mit dem ohne Sperrfilter auftretenden Rauschen. Dazu wird das Sperrfilter auf der Sendeseite einmal überbrückt und einmal eingeschaltet. Der NPR-Wert kann dann direkt als Differenz der beiden Pegelablesungen am (nicht absolut geeichten) Empfänger angegeben werden. Nachteilig ist der notwendige Zugriff zur Sendeseite, der nicht immer möglich ist. Steht jedoch empfangsseitig ein Breitbandpegelmesser zur Verfügung, so kann der bei überbrückter Sperre zu erwartende Rauschpegel über den Summenpegel und das Verhältnis von Basisbandbreite zu Empfängerbandbreite errechnet werden.

In der Regel werden die NPR-Werte für verschiedene Frequenzen und in Abhängigkeit von der Belastung angegeben. Solange nur das immer vorhandene thermische Rauschen berücksichtigt werden muß, steigen die NPR-Werte mit zunehmender Belastung (Summenpegel) an, bis dann das überproportional anwachsende Intermodulationsrauschen einsetzt und den Abstand wieder verringert. Es entstehen so die

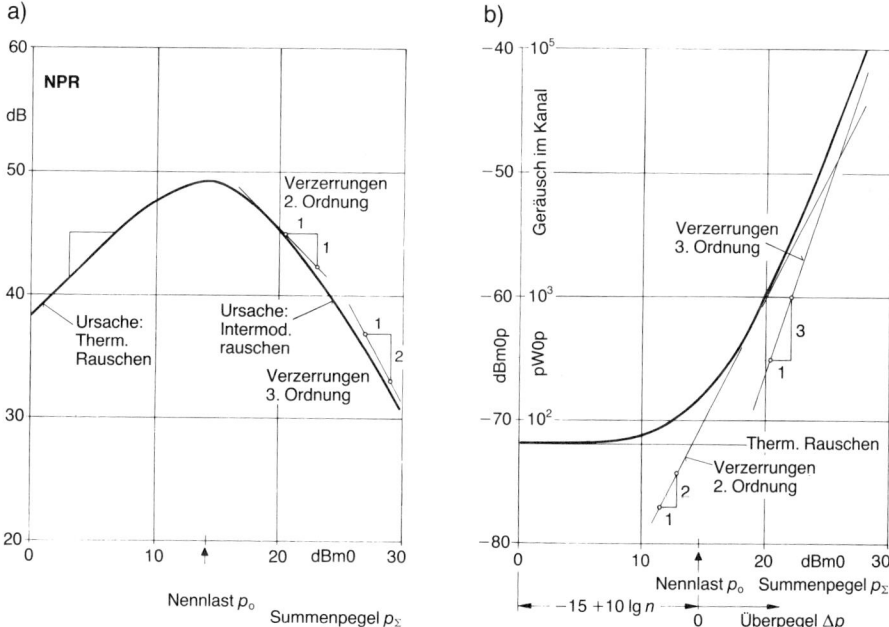

Bild 5.11: Die Ergebnisse einer Rauschklirrmessung können auf zwei Arten dargestellt werden: Über der Systembelastung p_Σ (Summenpegel) ist der NPR-Wert aufgetragen (a). Aussagekräftiger ist die direkte Angabe des Geräuschpegels bzw. der Geräuschleistung in einem Sprachkanal (b). Die Nennlast ergibt sich aus Gl. (5.12) bzw. (5.13); hier mit beispielsweise 960 Kanälen zu 14,8 dBm0. Das Gebiet der Verzerrungen 2. und 3. Ordnung ist an der Steigung zu erkennen.

typischen Kurven (Bild 5.11a) mit einem Maximum, das etwa bei der vereinbarten Belastung liegen sollte.

Aussagekräftiger als der NPR-Wert ist die *Messung der Geräuschleistung* in einem Kanal, da diese direkt mit den zulässigen Werten verglichen werden kann[1]. Die Geräuschleistung kann mit einem *absolut* messenden Empfänger direkt ermittelt werden; dabei berücksichtigt die Eichung die Bandbreite des Sprachkanales und die gehörrichtige Bewertung sowie den relativen Pegel am Meßort. Man erhält somit bei dieser Messung den sog. *Signal-Geräuschabstand* oder besser den Geräuschpegel in dBm0p und damit auch die Geräuschleistung in pW0p. Mit der Angabe der *Leistung* hat man den Vorzug, Geräuschbeiträge verschiedener Herkunft direkt addieren zu können. Das ist der Vorteil dieser ,,S/N-Messung'' (von engl.: Signal-to-Noise).

Besonders aufschlußreich ist die graphische Darstellung der S/N-Ergebnisse in Abhängigkeit vom Summenpegel (Bild 5.11b). Bei geringer Belastung bestimmt das thermische Rauschen das Gesamtgeräusch. Erst etwa bei Nennlast macht sich das Intermodulationsgeräusch mehr und mehr bemerkbar. Dabei gibt der Anstieg der Meßkurve Aufschluß über die Ordnung der Nichtlinearität. Die Ordinate erlaubt die direkte Ablesung der Geräuschleistung in dBm0 bzw. pW0, d.h. der Leistung, die am Ende der Übertragungsstrecke auftreten würde. [5.24].

Bild 5.12 zeigt den Zusammenhang zwischen den verschiedenen Parametern der Messung, den NPR- und S/N-Resultaten. Ausgehend vom Langzeitmittelwert bei -15 dBm0 errechnet sich der Summenpegel p_Σ aus der Kanalzahl n nach Gl.(5.12) und einem ggf. vorhandenen Überpegel Δp (Abweichung von der Nennlast). Von diesem Summenpegel im Basisband $f_o - f_u$ fällt in den einzelnen Kanal mit der Bandbreite Δf ein um $10 \lg (f_o - f_u)/\Delta f$ reduzierter Wert. Auf diesen bezieht die NPR-Messung den gemessenen Geräuschpegel. Die S/N-Angabe dagegen bezieht sich auf den 0-dBm0-Wert und entspricht damit dem am Empfangsort zu erwartenden Geräuschpegel im Kanal. Aus Bild 5.12 liest man unmittelbar den nachstehenden Zusammenhang ab:

$$\frac{NPR}{dB} + 10 \lg \frac{f_o - f_u}{\Delta f} - \frac{\Delta p}{dB} - 10 \lg n + 15 = - \frac{S/N}{dBm0} \ . \tag{5.14}$$

Führt man die Messungen bei einigen repräsentativen Frequenzen innerhalb des Basisbandes aus (etwa 3 bis 5), so hat man einen guten Überblick hinsichtlich der Qualität einer späteren Übertragung. Der Wunsch, auch während des Betriebes Aussagen über die Qualität machen zu können, führte auf die sog. *Außerbandtechnik* (im Gegensatz zu der bisher besprochenen Innerbandtechnik[2]): Dicht unterhalb bzw. oberhalb des Basisbandes wird ständig das Geräusch in einem durch Bandsperren gereinigten Bereich (hochohmig) gemessen und registriert. Der aktuelle Verkehr stellt jetzt die Belastung (Summenpegel) dar und sollte ebenfalls registriert werden. Da das thermische Rauschen und das Intermodulationsgeräusch nicht auf das eigentliche Basisband beschränkt sind, können die gemessenen Geräuschleistungen stellvertretend für die an nicht zugänglichen Frequenzen innerhalb des Basisbandes auftretenden genommen werden. Das Verfahren ist vor allem bei Richtfunksystemen eingeführt,

---

[1] Die zulässigen Geräuschwerte ergeben sich aus der CCITT-Empfehlung G.212. Zu einem längenabhängigen Wert (3 pW/km) kommen Zuschläge für die Modulation und Demodulation im Zuge der Übertragungsstrecke.

[2] Empfehlungen zur Innerbandtechnik enthalten CCITT G.228 bzw. CCIR 399, zur Außerbandtechnik CCIR 398.

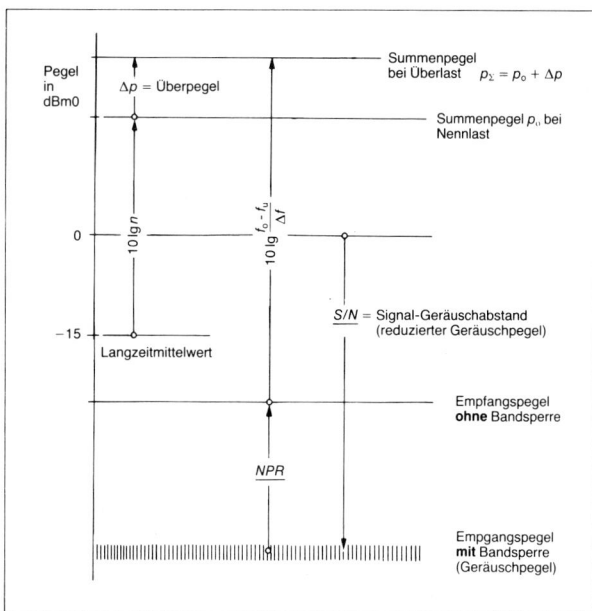

Bild 5.12: Pegelverhältnisse
bei der Rauschklirrmessung.

die aufgrund der Freiraumübertragung stärkere Qualitätsschwankungen aufweisen und die keine so scharfen Basisbandbegrenzungen besitzen wie Kabelsysteme (bei letzteren ist eine „Zwischenbandmessung" in den Lücken zwischen den Gruppen möglich).

5.4.2 Andere Anwendungen der Rauschklirrmeßtechnik

Die seit etwa 20 Jahren übliche Rauschklirrmeßtechnik [5.20] hat sich in der TF-Technik sehr gut bewährt, vor allem weil sie kein abstraktes Resultat liefert, sondern ein direktes Maß hinsichtlich der im Betrieb zu erwartenden Geräusche gibt. Sie wurde deshalb in mehr oder weniger abgewandelter Form zur Prüfung anderer Übertragungsglieder eingesetzt. Beispielsweise werden *Kanalumsetzer,* die je 12 Sprachkanäle zu einer Primärgruppe zusammenfassen, dadurch geprüft, daß sämtliche Kanäle bis auf einen mit verschiedenen, möglichst nicht korrelierten Rauschsignalen belastet werden. Auf der Empfangsseite wird im nicht gespeisten Kanal gemessen. Die Bandsperre und der Empfangsbandpaß sind also durch Filter ersetzt worden, die im Kanalumsetzer schon vorhanden sind. Die einzelnen an den NF-Eingängen liegenden Rauschquellen ergeben in der TF-Lage ein zusammenhängendes Rauschband mit einer Lücke in Kanalbreite.

Ebenso gehört die Messung der *Quantisierungsverzerrungen* der PCM-Übertragung zu den Rauschklirrmeßverfahren (vgl. Abschnitt 7.3.1). Diese Verzerrungen entstehen bekanntlich schon bei der Umsetzung des analogen Signales in quantisierte Abtastwerte. Das empfangsseitig wiederhergestellte Signal weicht dann infolge der Quantisierung geringfügig vom Originalsignal ab. Die Differenz zwischen beiden

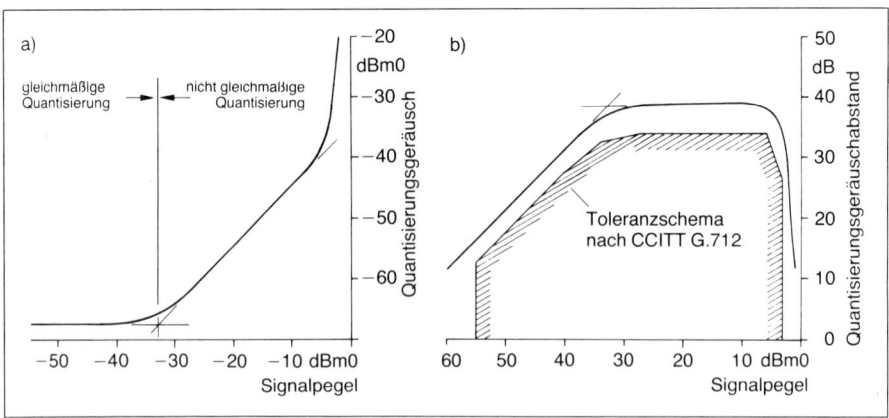

Bild 5.13: Quantisierungsgeräusch (a) und Quantisierungsgeräuschabstand in einem PCM-Kanal (b).

Signalen wird als Quantisierungsverzerrung oder -geräusch bezeichnet und in Abhängigkeit vom Sendepegel aufgetragen (Bild 5.13a).

Bei einer gleichmäßigen oder linearen Quantisierung (d.h. einer Quantisierung mit konstanter Stufenhöhe) ist die entstehende Verzerrungsleistung nur von der Größe der Quantisierungsstufe und nicht etwa vom Signalpegel abhängig, (da unabhängig vom Signalpegel als Differenzsignal eine Dreieckspannung mit der Amplitude gleich der halben Stufenhöhe entsteht). Eine lineare Quantisierung wird aber nur im Bereich kleiner Signalspannungen angewandt, bei größeren Momentanwerten wird auch die Stufung entsprechend vergrößert (nicht gleichmäßige Quantisierung), wodurch das Geräusch etwa proportional zum Signalpegel ansteigt. Wenn alle verfügbaren Stufen ausgeschöpft sind, wird das Signal hart begrenzt, die *Begrenzungsverzerrungen* setzen ein und steigen rapid an.

Bezieht man das Geräusch auf den jeweiligen Signalpegel, so ergibt sich ein Verlauf nach Bild 5.13b, der etwa der NPR-Darstellung von Bild 5.11a entspricht. Die zugehörige Meßtechnik ist in Bild 5.14 dargestellt ([5.25] und CCITT G.712). Sie benutzt ein schmalbandiges Rauschsignal im Bereich von 350−550 Hz als Meßsignal. Das dadurch hervorgerufene Quantisierungsgeräusch ist „weiß" und wird im Bereich von 800 bis 3350 Hz gemessen. Von dieser Meßbandbreite kann leicht auf das gesuchte Geräusch im gesamten Kanal umgerechnet werden.

Im Vergleich zu den Geräuschwerten von TF-Systemen, die in Bild 5.11 eingetragen sind, und die sich an der Faustformel „3 pW/km" orientieren, sind die bei PCM-Übertragung auftretenden Werte wesentlich größer. Dabei ist aber zu berücksichtigen, daß hohe Geräuschpegel immer nur in Verbindung mit großen Signalpegeln auftreten, bei fehlendem Signal fällt auch der Geräuschpegel auf kleine Werte zurück.

Die Ermittlung der Quantisierungsverzerrung setzt nicht zwingend ein Rauschsignal zur Anregung voraus. Ein einfaches Sinussignal ist ebenso geeignet, allerdings erzeugt die der Sinusfunktion eigentümliche Wahrscheinlichkeitsdichte in der Meßkurve eine sägezahnförmige Struktur, die von den Knickpunkten in der Kompanderkennlinie herrühren, d.h. vom sprungartigen Wechsel in der Höhe der Quantisierungsstufen. Der gleichmäßige Verlauf einer mit Rauschen gewonnenen Kurve ermöglicht es, bereits aus wenigen Meßpunkten Aussagen zu machen. Die Messung mit Sinussignalen erfordert dagegen eine größere Meßpunktdichte.

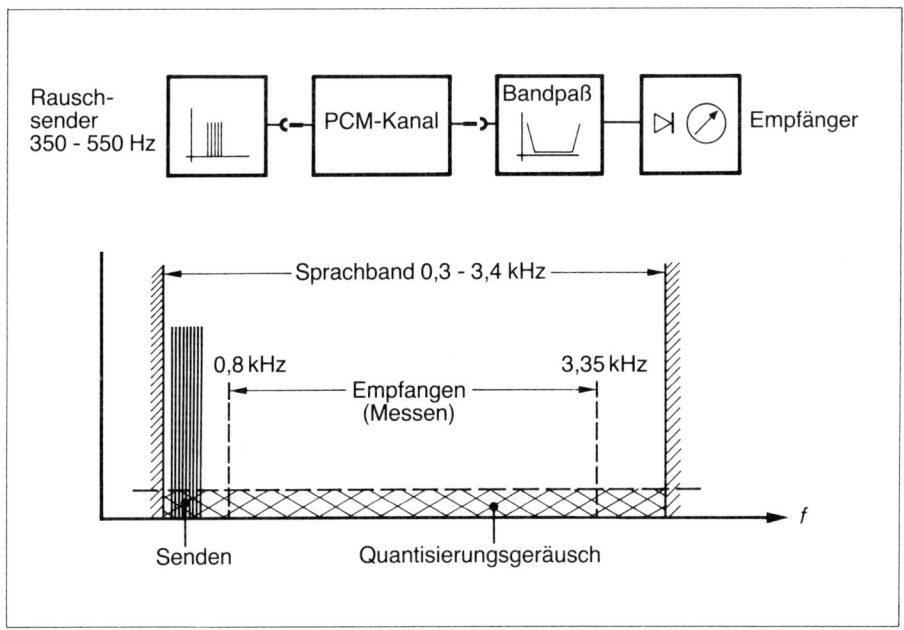

Bild 5.14: Messung des Quantisierungsgeräusches in einem PCM-Kanal.

5.5 Zusammenfassung

Die Güte einer Nachrichtenübertragungseinrichtung wird außer von linearen Verzerrungen vor allem von nichtlinearen Verzerrungen beeinflußt. Da einmal vorhandene nichtlineare Verzerrungen kaum mehr beseitigt werden können (lineare lassen sich relativ leicht entzerren), hat ihre meßtechnische Erfassung und Beurteilung besondere Bedeutung. Alle üblichen Meßverfahren speisen den Prüfling mit einem determinierten Signal und werten die Verformung, also die Veränderung dieses Signales aus. Dabei sind schon kleinste Veränderungen zu erfassen, da z.B. in langen Übertragungsstrecken viele gleiche Einheiten in Kette geschaltet sind und sich die einzelnen Verzerrungen kumulieren.

Einer Verformung des Prüfsignales entspricht im Frequenzbereich die Veränderung des spektralen Gehaltes, d.h. die Entstehung neuer Frequenzen. Deshalb sind dafür geeignete Meßgeräte im weitesten Sinne selektiv ausgelegt, und umgekehrt eignen sich z.B. selektive Pegelmesser in der Regel auch für Nichtlinearitätsmessungen.

Im einfachsten Fall genügt als Prüfsignal eine Sinusschwingung, deren Oberschwingungen gemessen werden und − auf die Grundschwingung bezogen − als *Klirrfaktor* k_v bzw. *Klirrdämpfung* a_{kv} angegeben werden.

Mit speziellen, auf die Klirrfaktormessung zugeschnittenen Geräten (Klirrfaktormesser bzw. Klirranalysator) kann man kleinste Klirrfaktoren bis unter 1‰ und zwar bis zu

Frequenzen der Grundschwingung von etwa 1 MHz bestimmen. Häufig genügt zur Kennzeichnung schon die Angabe des *Gesamtklirrfaktors,* der sich aus der Quadratsumme der Einzelklirrfaktoren errechnen oder mit breitbandigen Meßgeräten messen läßt. Diese unterdrücken dann nur die Grundschwingung. Bild 5.15 zeigt ein solches Gerät.

Für vollkommen gedächtnislose Systeme genügen die Klirrfaktoren zur Beschreibung der nichtlinearen Eigenschaften. Diese Voraussetzung trifft jedoch selten zu, so daß Klirrfaktormessungen im gesamten Frequenzbereich des Prüflings erforderlich wären; das ist aber unmöglich, sobald die betreffende Oberschwingung aus dem Übertragungsbereich des Prüflings herausfällt. In diesem Fall und insbesondere bei relativ schmalbandigen Meßobjekten arbeitet man besser mit der *Differenztonmessung.* Diese leitet aus der Intensität der Kombinationsschwingungen, die sich aus zwei gleich starken Sinusschwingungen benachbarter Frequenzen ergeben, die Differenztonfaktoren (bzw. -dämpfungen) als geeignete Kenngröße ab. Bei schmalbandigen Objekten ist es vor allem die Kombinationsfrequenz 3. Ordnung $2\alpha - \beta$, die wieder in die Nähe von α und β und damit in den Durchlaßbereich des Prüflings fällt.

Im Gegensatz zur Differenztonmessung benutzt man bei den *Intermodulationsverfahren* zwei Sinusschwingungen sehr *unterschiedlicher Frequenz und Amplitude.* Eine niederfrequente Ablenkspannung großer Amplitude bestimmt praktisch den Arbeitspunkt auf der Kennlinie, in dem dann eine höherfrequente Meßspannung übertragen wird. Unterschiedliche Steilheiten der Kennlinie bewirken eine Modulation der Meßspannung mit der Ablenkfrequenz, die entweder durch selektive Messung oder oszilloskopisch ausgewertet wird. Letzteres ist bei den *Verzerrungsmeßgeräten* der Richt-

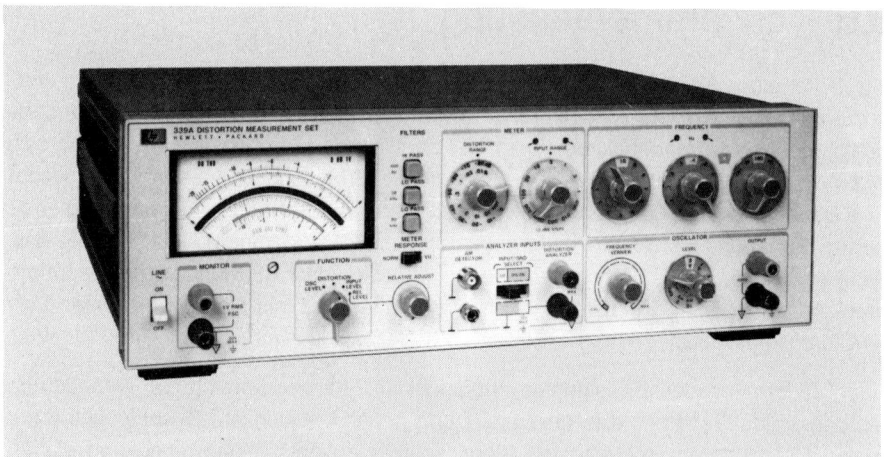

Bild 5.15: Klirrfaktormesser für Frequenzen von 10 Hz bis 110 kHz (Grundschwingung) und für Summenklirrfaktoren von 0,01% bis 100%. Der Oszillator für die Grundschwingung ist in das Gerät bereits eingebaut; mit seiner Frequenzeinstellung ist die mitlaufende Bandsperre zur Unterdrückung der Grundschwingung gekoppelt. Eine automatische Referenzwerteinstellung (100%) bei überbrückter Sperre vereinfacht die Bedienung. Zusätzlich einschaltbare Hoch- und Tiefpässe unterdrücken die Netzfrequenz bzw. engen den Frequenzbereich auf den interessierenden Teil ein.

funktechnik der Fall, die nach diesem Prinzip arbeiten, und die die Modulation sowohl nach Amplitudenverzerrungen als auch nach Laufzeit- oder Phasenverzerrungen auswerten (Bild 5.16). Beide Resultate können bei heute verfügbaren Geräten mit einer Auflösung bis zu etwa 0,2% dargestellt werden. Bei der differentiellen Phase entspricht dem ein Winkel $\Delta b = 0{,}002 \cdot 57° \approx 0{,}1°$ was z.B. bei einer Meßfrequenz von 500 kHz einer Laufzeit nach Gl.(2.17) von $\Delta b / 2\pi\ f_M = 0{,}002/(2\pi \cdot 500\ \text{kHz}) = 0{,}6\ \text{ns}$ entspricht.

Die Bildschirmkurven geben Aufschluß über Art und Ursache der Verzerrungen und gestatten eine unmittelbare Einstellung der Entzerrungsmittel, mit der die linearen Verzerrungen im Übertragungsweg korrigiert werden, die die Ursache für die nichtlinearen Verzerrungen im Basisband sind.

Die konsequente Weiterentwicklung der genannten Meßverfahren stellt die *Rauschklirrmethode* dar. Sie verwendet als Prüfsignal ein weißes, auf das Basisband begrenztes Rauschen, was praktisch als eine Vielzahl von Sinusschwingungen aufgefaßt werden kann. Sendeseitig werden im Spektrum Lücken ausgespart, in denen am Ausgang des Prüflings das gesamte Geräusch gemessen wird. Außer dem von der Belastung abhängigen *Intermodulationsrauschen* wird also auch das *thermische Rauschen* erfaßt. Damit läßt sich sehr genau die in einem Übertragungskanal zu erwartende Geräuschleistung angeben.

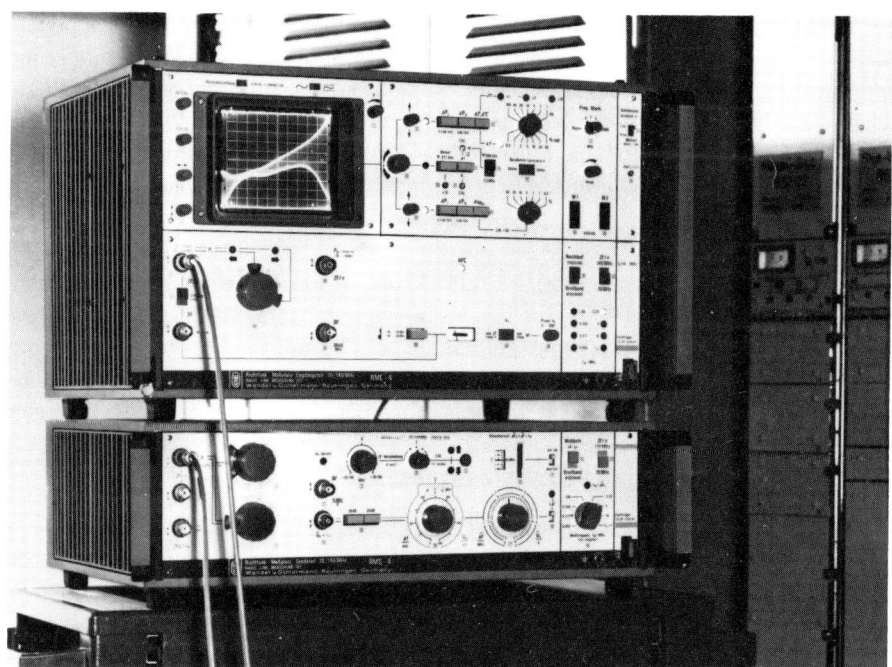

Bild 5.16: Verzerrungsmeßgerät für die Richtfunktechnik, bestehend aus Sendeteil (unten) und Empfangs- und Auswerteteil. Auf dem Bildschirm werden zwei Ergebniskurven gleichzeitig dargestellt.

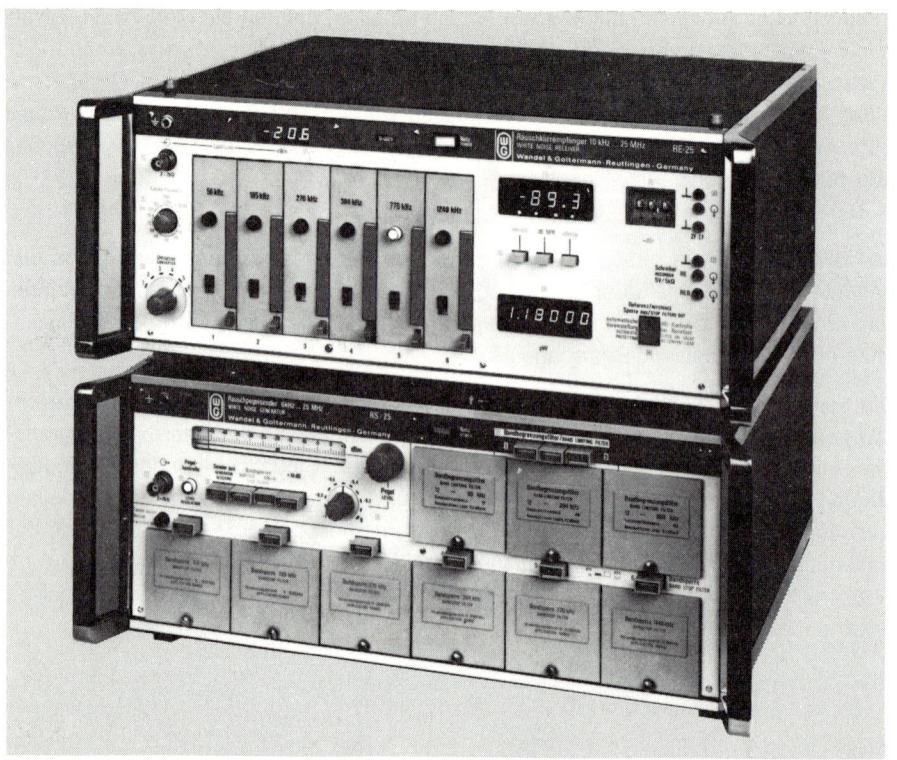

Bild 5.17: Rauschklirrmeßplatz bestehend aus Rauschpegelsender und Rauschpegel-messer. Im Sender (unten) erkennt man die eingeschobenen Bandbegrenzungsfilter und Bandsperren. Im Pegelmesser befinden sich die entsprechenden Bandpaßein-schübe, die zugleich die der Meßfrequenz zugeordneten Trägeroszillatoren für den selektiven Empfangsteil enthalten. Der Pegelmesser besitzt eine selbstabgleichende digitale Anzeige für den reduzierten Geräuschpegel bzw. Geräuschleistung.

Verglichen mit den anderen Meßverfahren ist die Rauschklirrmessung relativ auf-wendig, liefert dafür aber sehr realitätsbezogene Resultate. Bild 5.17 zeigt einen Rauschklirrmeßplatz. Man erkennt im Sender und Empfänger Einschübe, die die frequenzabhängigen Teile enthalten (Bandbegrenzungsfilter, Bandsperren und Band-pässe). Rauschpegelmesser sind besonders empfindlich, ihr auf Kanalbandbreite bezogenes Eigenrauschen liegt bei -125 bis -130 dBm. Damit lassen sich auch bei niederen relativen Pegeln noch Geräuschpegel von -80 bis -90 dBm0p ($\triangleq 10$ bis 1 pW0p) messen.

In abgewandelter Form werden Rauschklirrmessungen auch zur Ermittlung der *Quantisierungsverzerrungen* in einem PCM-Sprachkanal oder zu Qualitätsmessungen an Kanalumsetzern ausgeführt. Weitere ähnliche Anwendungen sind denkbar.

6 Messung stochastischer Größen

6.1 Definitionen

Mit dem Begriff „stochastische Größen" sind hier Meßgrößen gemeint, die nicht von determinierten, sondern von zufälligen Erscheinungen stammen, also von Zufallsvariablen oder Zufallsprozessen. Beispiele hierfür sind etwa Dichte- und Verteilungsfunktionen, statistische Parameter wie Mittelwert Varianz, Korrelation usw. oder auch Größen, die Ursache oder Wirkung solcher zufälligen Erscheinungen beschreiben. Da der wichtigste Zufallsprozeß in der Nachrichtentechnik das *Rauschen* ist [5.6; 6.1 bis 6.3], werden sich die Ausführungen dieses Kapitels hauptsächlich auf die Messung der Rauscheigenschaften von Systemen und der vom Rauschen verursachten Signalstörungen sowie auf Korrelationsmessungen beschränken.

Zur Charakterisierung der *Rauscheigenschaften* eines Systems bedarf man einiger Definitionen, die anhand von Bild 6.1 besprochen werden [6.4; 6.5; 6.10]. Das Meßobjekt ist ein Zweitor, das am Klemmenpaar 1 von einem Sender mit dem Quellenwiderstand R_1 gespeist wird und am Klemmenpaar 2 mit einem Leistungsanzeiger als Empfänger beschaltet ist.

Für die folgenden Definitionen sei zunächst das Gesamtsystem als *rauschfrei* betrachtet. Denkt man sich nun das System am Klemmenpaar 2 aufgetrennt, so läßt sich der linke Teil als Quelle mit gegebener Quellenspannung (Quellenstrom) und gegebenem Quellenwiderstand betrachten. Für eine solche Quelle kann man eine *verfügbare Leistung* (maximal bei Anpassung, d.h. bei Abschluß mit dem konjugiert komplexen Quellenwiderstand, abgebbare Leistung) angeben. Diese Leistung ist in Bild 6.1 mit P_2 und einem abgeknickten Pfeil gekennzeichnet, da sie unabhängig von der im Betrieb tatsächlich an den Empfänger abgegebenen Leistung ist (gestrichelter Pfeil). Ganz analog hierzu läßt sich auch am Klemmenpaar 1 eine von der tatsächlich abgegebenen Leistung (gestrichelter Pfeil) unabhängige verfügbare Leistung P_1 (abgeknickter Pfeil)

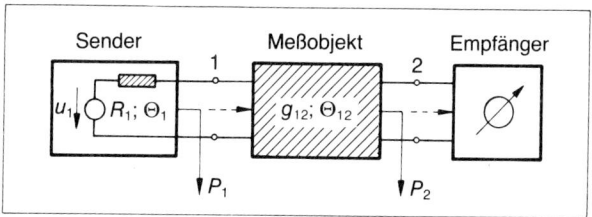

Bild 6.1: Rauschendes Zweitor zwischen Sender und Empfänger.

definieren. Das Verhältnis dieser beiden Leistungen ergibt den *verfügbaren Gewinn* (die verfügbare Leistungsverstärkung) des Zweitores zu

$$g_{12} = \frac{P_2}{P_1} \quad .$$ (6.1)

Der verfügbare Gewinn g_{12} gestattet also die Berechnung der verfügbaren Leistung P_2 (und zwar bei *realen* Verhältnissen am Klemmenpaar 1) als Funktion der *verfügbaren* Leistung P_1.

Beispiel 6.1
Zur Erläuterung der bisher definierten Begriffe möge ein einfaches Beispiel zu Bild 6.1 dienen. Das Meßobjekt sei ein einfaches, aus einem Längswiderstand bestehendes

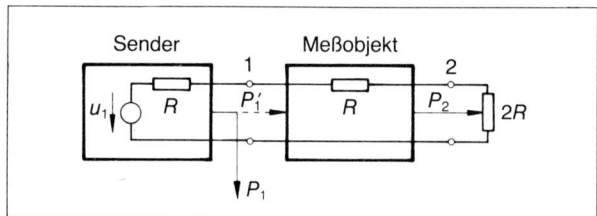

Zweitor (Bild). Am Tor 2 ist die Leerlaufspannung u_1 und der Innenwiderstand $2R$. Die verfügbare und bei Anpassung (Beschaltung mit $2R$) auch tatsächlich abgegebene Leistung beträgt damit:

$$P_2 = \frac{u_1^2}{4 \cdot 2R} = \frac{u_1^2}{8R} \quad .$$

Diese Leistung ergibt sich am Tor 2 bei realen Verhältnissen (Fehlanpassung) am Tor 1. Trotzdem läßt sich hier ebenfalls eine verfügbare Leistung definieren (Leerlaufspannung u_1, Innenwiderstand R):

$$P_1 = \frac{u_1^2}{4R} \quad .$$

Daraus folgt der verfügbare Gewinn nach Gl.(6.1) zu

$$g_{12} = \frac{P_2}{P_1} = \frac{1}{2} \quad .$$

Das Zweitor nimmt jedoch unter den realen Verhältnissen am Tor 1 lediglich die Leistung

$$P_1' = (\frac{3}{4} u_1)^2 \cdot \frac{1}{3R} = \frac{3 u_1^2}{16R}$$

auf; sein tatsächlicher Gewinn beträgt

$$g_{12}' = \frac{P_2}{P_1'} = \frac{2}{3} \quad .$$

198

Die verfügbare Leistung P_2 folgt demnach entweder aus den verfügbaren oder den realen Größen zu

$$P_2 = g_{12} \cdot P_1 = g'_{12} \cdot P'_1 = \frac{u_1^2}{8R} \; .$$

Obwohl also P_1 und g_{12} nur Rechengrößen sind, läßt sich P_2 aus ihnen korrekt ermitteln. Die Verhältnisse sind ganz ähnlich denen bei der Betriebsdämpfung (vgl. Tab. 1.3), bei der ebenfalls die verfügbare Leistung der Quelle als Bezugsleistung dient. Der einzige Unterschied besteht darin, daß hier auch am Tor 2 die verfügbare Leistung betrachtet wird. Die Betriebsdämpfung des Zweitors beträgt unter dieser Bedingung

$$a_B = 10 \lg \frac{P_1}{P_2} = 10 \lg \frac{1}{g_{12}} = 3 \, \text{dB} \quad . \qquad\qquad \bullet$$

Nun werde das reale *rauschende* System betrachtet. Der Sender besteht aus einer Spannungsquelle und einem mit der Temperatur Θ_1 rauschenden Quellenwiderstand. Das Meßobjekt hat die noch zu definierende (und zu messende) Rauschtemperatur Θ_{12}. Das Rauschen des Empfängers wird zunächst vernachlässigt.

Für $u_1 = 0$ hat der Sender die verfügbare Rauschleistung $P_1 = k\Theta_1 B_N$ (vgl. Abschnitt 1.4.1)[1]. Dann tritt am Ausgang die verfügbare Rauschleistung

$$P_2 = g_{12}k(\Theta_1 + \Theta_{12})B_N \qquad\qquad (6.2)$$

auf. Dies ist eine Definitionsgleichung für die *Rauschtemperatur* Θ_{12} des Meßobjektes: Neben der verstärkten Eingangsleistung $g_{12}P_1 = g_{12}k\Theta_1 B_N$ tritt noch der Rauschanteil $g_{12}k\Theta_{12}B_N$ des Meßobjektes auf. Die Rauschtemperatur Θ_{12} ist offensichtlich so definiert, daß man das Meßobjekt als rauschfrei betrachten kann, wenn man die Temperatur Θ_1 des Quellenwiderstandes um Θ_{12} erhöht. Aus Gl. (6.2) folgt explizit:

$$\Theta_{12} = \frac{P_2}{g_{12}kB_N} - \Theta_1 \geqq 0. \qquad\qquad (6.3a)$$

Alternativ zur Rauschtemperatur wird oft auch die *Rauschzahl* F_{12} angegeben (vgl. auch (Gl.1.13)):

$$F_{12} = \frac{P_2}{g_{12}P_1} = \frac{P_2}{g_{12}k\Theta_1 B_N} = 1 + \frac{\Theta_{12}}{\Theta_1} \geqq 1 \; . \qquad\qquad (6.3b)$$

Sie ist das Verhältnis der verfügbaren Ausgangsleistung P_2 nach Gl. (6.2) zur verfügbaren Ausgangsleistung bei rauschfreiem Zweitor. Im Gegensatz zur Rauschtemperatur ergeben sich für die Rauschzahl offensichtlich unterschiedliche Werte je nach der Temperatur Θ_1 des Quellenwiderstandes, weswegen die Rauschzahl stets nur für Normaltemperatur $\Theta_1 = \Theta_0 = 290$ K definiert wird. In anderen Fällen muß sie umgerechnet werden, weswegen es zweckmäßiger ist, mit der Rauschtemperatur zu rechnen.

Zu beachten ist jedoch, daß die Rauschtemperatur bzw. die Rauschzahl vom *Quellenwiderstand* R_1 und in der Regel von der *Frequenz* abhängt. Die Abhängigkeit von R_1 rührt daher, daß ein Zweitor unterschiedlich rauscht, wenn es am Eingang mit ver-

---

[1] $k = 1,38 \cdot 10^{-23}$ Ws/K Boltzmannkonstante; Θ absolute Temperatur; $k\Theta_0 = 4 \cdot 10^{-21}$ W/Hz $= 4 \cdot 10^{-18}$ mW/Hz $\triangleq -174$ dB(mW/Hz); $\Theta_0 = 290$ K (17°C) Normaltemperatur; $B_N =$ äquivalente Rauschbandbreite.

schieden großen Widerständen beschaltet wird[1]. Die Frequenzabhängigkeit folgt u. a. aus dem Verlauf der Systemfunktion des Meßobjektes und schlägt sich in einer Frequenzabhängigkeit des verfügbaren Gewinns g_{12} nieder. Zur Angabe einer Rauschtemperatur oder Rauschzahl gehört also stets die Angabe des Quellenwiderstandes. Die Frequenzabhängigkeit erfaßt man durch Messung der Größen mit einem selektiven Empfänger. Man spricht dann von der *spektralen* Rauschtemperatur oder Rauschzahl bei einer bestimmten Frequenz.

Die Rauschtemperatur eines Zweitors ist definitionsgemäß gleich der fiktiven Erhöhung der Rauschtemperatur des Quellenwiderstandes, die bei nunmehr rauschfrei angenommenem Zweitor an dessen Ausgang die gleiche verfügbare Rauschleistung ergibt wie im realen Fall.

Hat man anstelle eines einzigen rauschenden Zweitors eine Kettenschaltung mehrerer Zweitore mit den verfügbaren Gewinnen g_{12}, g_{23}, g_{34} . . . und den Rauschtemperaturen Θ_{12}, Θ_{23}, Θ_{34} . . . vorliegen, so kann man die Kettenschaltung zu einem einzigen Zweitor mit der resultierenden Rauschtemperatur

$$\Theta_{res} = \Theta_{12} + \frac{\Theta_{23}}{g_{12}} + \frac{\Theta_{34}}{g_{12} \cdot g_{23}} + \cdots \tag{6.3c}$$

zusammenfassen [0.2]. Man erkennt hieran, daß bei verfügbaren Gewinnen $g_{ik} \gg 1$ praktisch nur die Rauschtemperatur des ersten Zweitores (der „Eingangsstufe") maßgebend ist. Sind dagegen im Übertragungsweg auch Dämpfungsglieder ($g_{ik} \ll 1$) eingeschaltet, können auch weitere Stufen zur resultierenden Rauschtemperatur beitragen (vgl. Beispiel 6.1c).

Mit Gl. (6.3c) kann nun ggf. auch der bisher als rauschfrei betrachtete Empfänger in Bild 6.1 mit seinen realen Rauscheigenschaften berücksichtigt werden.

Kennt man die Rauschtemperatur Θ_{12} des zu messenden Zweitors (oder ggf. die resultierende Rauschtemperatur Θ_{res} einer Kettenschaltung von Zweitoren nach Gl. (6.3c)) und addiert sie entsprechend Gl. (6.2) zur Rauschtemperatur Θ_1 des Quellenwiderstandes, so erhält man als Summe die sog. *effektive Systemrauschtemperatur,* die das Gesamtrauschen des Systems durch seine fiktive Konzentration im Quellenwiderstand beschreibt (vgl. auch Abschnitt 1.4.1). Man kann daraus die Signalleistung ermitteln, die zur Einhaltung einer bestimmten Signalgüte erforderlich ist. Diese Güte wird bei analogen Signalen vorwiegend durch den Rauschabstand, bei digitalen Signalen vorwiegend durch die Fehlerwahrscheinlichkeit beschrieben.

Der *Rauschabstand* ist nichts anderes als der relative Leistungspegel des Nutzsignals mit der Rauschleistung als Bezugsleistung (vgl. Tab. 1.1). Meßtechnisch kann er durch Pegelmessungen ermittelt werden, weswegen er hier nicht weiter erörtert wird. Die *Fehlerwahrscheinlichkeit* ist die Wahrscheinlichkeit dafür, daß ein digitales Signal infolge des Rauschens den ihm zugeordneten Bereich im Empfänger überschreitet und daher nicht richtig erkannt wird. Die Fehlerwahrscheinlichkeit spielt z. B. bei der digitalen Übertragung (vgl. Abschnitte 7.1 und 7.2.2) eine wichtige Rolle. Für die dort auftretenden binären Signale beträgt die Wahrscheinlichkeit P dafür, daß ein Binärzeichen verfälscht wird (Bitfehlerwahrscheinlichkeit):

$$P_{Bit} = Q\left(\frac{s}{2\sigma}\right), \text{ mit } Q(x) = \frac{1}{\sqrt{2\pi}} \int_{x}^{\infty} e^{-\frac{x^2}{2}} dx \quad . \tag{6.4}$$

---

[1] Hier wird eine gegebene Beschaltung vorausgesetzt, da es nur um die Messung der Rauschtemperatur geht. Das Problem der optimalen Beschaltung (Rauschanpassung und Rauschabstimmung) ist Gegenstand der Theorie rauschender Zweitore (vgl. z. B. [6.6; 6.2]).

Darin bedeutet s den Abstand der beiden Amplitudenwerte des Binärzeichens, σ die Standardabweichung des Rauschens und Q die sog. Komplementfunktion [0.2]. Die Gleichung gilt für den Fall, daß die Entscheidungsschwelle in der Mitte zwischen den beiden Amplitudenwerten liegt. Eine anschauliche Vorstellung von der Wirkung des Rauschens vermittelt das Augenmuster Bild 3.12: Je stärker sich das Auge durch überlagertes Rauschen „schließt", um so häufiger wird die Schwelle nach der falschen Seite hin überschritten. Meßtechnisch ermittelt man die Fehlerwahrscheinlichkeit durch Messung der *Fehlerhäufigkeit,* wobei man annimmt, daß die Fehlerhäufigkeit bei hinreichend großer Versuchszahl gleich der Wahrscheinlichkeit ist (vgl. Abschnitt 7.2.2.1).

Die für den Begriff der *Korrelation* zweier Signale wichtigen Definitionen werden hier nur kurz zusammengestellt (vgl. z.B. [6.7; 0.2]). Für zwei *reelle Leistungssignale* $x(t)$ und $y(t)$ definiert man die Korrelationsfunktion zu:

$$k_{xy}(\tau) = \lim_{T \to \infty} \frac{1}{T} \int_{-T/2}^{T/2} x(t)\,y(t-\tau)\,dt \quad \circ\!\!-\!\!\bullet \quad K_{xy}(f)\,. \tag{6.5}$$

Für verschiedene Signale, d.h. $y(t) \neq x(t)$, spricht man von der *Kreuzkorrelationsfunktion* $k_{xy}(\tau)$, für gleiche Signale, d.h. $y(t) = x(t)$, von der *Autokorrelationsfunktion* $k_{xx}(\tau) = k_{\underline{x}}(\tau)$. Die Fourier-Transformation (Zeichen $\circ\!\!-\!\!\bullet$ in Gl. (6.5)) führt nach dem Theorem von Wiener-Khintchine auf die *Kreuzleistungsdichte* $K_{xy}(f)$ bzw. die *Leistungsdichte* $K_{\underline{x}}(f)$ dieser Signale. Sind $x(t)$ und $y(t)$ *ergodische Zufallsprozesse,* so ist der zeitliche Mittelwert nach Gl. (6.5) identisch mit dem statistischen Mittelwert (d.h. mit dem Scharmittelwert). Wichtige Eigenschaften der Kreuz- (KKF) und der Autokorrelationsfunktion (AKF) sind:

Die KKF ist i.a. *weder* eine gerade *noch* eine ungerade Funktion der Zeitverschiebung τ, es gilt vielmehr $k_{xy}(-\tau) = k_{yx}(\tau)$. Haben $x(t)$ und $y(t)$ *gemeinsame periodische Komponenten*[1], so enthält auch die KKF die gleichen Periodizitäten als Funktion der Zeitverschiebung τ, jedoch i.a. mit anderem Amplitudenverlauf und ohne Information über deren Phasenlage. Das *Maximum* der KKF tritt bei einem Wert von τ auf, für den die Signale $x(t)$ und $y(t)$ die größte „Ähnlichkeit" haben. Unterscheiden sich die Signale lediglich um eine Laufzeit, so ist jener Wert τ identisch mit dieser Laufzeit und die KKF hat die Gestalt der AKF.

Die AKF ist stets eine *gerade* Funktion der Zeitverschiebung $\tau : k_{\underline{x}}(\tau) = k_{\underline{x}}(-\tau)$. *Periodische Komponenten* der Funktion $x(t)$ führen auf Komponenten gleicher Periodizität (s. oben). Das *Maximum* tritt stets bei verschwindender Zeitverschiebung, d.h. bei $\tau = 0$ auf und entspricht der mittleren Leistung des Signals $x(t)$.

Betrachtet man $x(t)$ als Erregung und $y(t)$ als Antwort eines *linearen zeitunabhängigen Systems* mit der Impulsantwort $a(t)$, so gilt für die KKF dieser Signale

$$k_{yx}(\tau) = a(\tau) \ast k_{\underline{x}}(\tau)\,, \tag{6.6a}$$

---

[1] einschließlich gemeinsamer Mittelwerte, die man als periodische Komponenten mit der Frequenz Null auffassen kann.

wobei der Stern die Faltung bedeutet. Besteht die Erregung aus *weißem Rauschen* der Leistungsdichte N', so ist deren AKF $k_{\underline{x}}(\tau) = N' \, \delta_0(\tau)$. Für diesen Fall liefert Gl. (6.6a):

$$k_{yx}(\tau) = N' \cdot a(\tau) \; . \tag{6.6b}$$

Die KKF zwischen Ausgangs- und Eingangssignal als Funktion der Zeitverschiebung τ ist dann identisch mit der Impulsantwort $a(t)$ des Systems.

6.2 Messung der Rauschtemperatur (Rauschzahl)

Eine direkte Messung der Rauschtemperatur nach Gl. (6.3a) würde eine Absolutmessung der Leistung P_2 sowie die Kenntnis der verfügbaren Leistungsverstärkung g_{12} und der äquivalenten Rauschbandbreite B_N erfordern. Man benützt daher Meßverfahren, die ohne Absolutmessung und möglichst ohne Kenntnis der Daten des Meßobjektes auskommen. Hierzu verwendet man nach Bild 6.1 einen Sender, der neben dem rauschenden Innenwiderstand[1] noch eine definiert einstellbare Spannungsquelle u_1 hat. Je nachdem, ob diese ein (z. B. sinusförmiges) Signal oder Rauschen abgibt, spricht man von der Signal- oder von der Rauschquellenmethode.

Bei beiden Methoden wird zunächst mit $u_1 = 0$ gemessen. Die Anzeige am Empfänger ist dann proportional der Leistung P_2 nach Gl. (6.2). Nun stellt man bei der *Signalquellenmethode* am Sender eine Spannung mit definiertem Effektivwert $\overline{u_1^2}$ ein, so daß die Quelle eine in der Größenordnung der Rauschleistung liegende verfügbare Signalleistung $\overline{u_1^2}/(4R_1)$ besitzt. Die Anzeige ist jetzt proportional der Leistung

$$P_2' = g_{12} \frac{\overline{u_1^2}}{4R_1} + P_2 \; . \tag{6.7}$$

Bildet man aus Gl. (6.7) und (6.2) das Verhältnis P_2'/P_2 und löst nach Θ_{12} auf, so ergibt sich mit $\Theta_1 = \Theta_0 = 290 \, \text{K}$:

$$\Theta_{12} = \frac{\overline{u_1^2}}{4R_1 k B_N} \cdot \frac{1}{\dfrac{P_2'}{P_2} - 1} - \Theta_0 \; . \tag{6.8}$$

Die *Vorteile* dieser Methode gegenüber der direkten Messung nach Gl. (6.3a) sind, daß am Empfänger nur das Leistungsverhältnis P_2'/P_2 abgelesen werden muß und daß die Verstärkung g_{12} nicht bekannt zu sein braucht. Ein *Nachteil* dagegen ist, daß die äquivalente Rauschbandbreite B_N des Gesamtsystems Meßobjekt–Meßgerät bekannt sein muß.

---

[1] Für die *Messung* kann dabei stets angenommen werden, daß dessen Rauschtemperatur $\Theta_1 = \Theta_0 = 290 \, \text{K}$ beträgt, weswegen mit diesem Wert weitergerechnet wird.

Diesen Nachteil vermeidet die *Rauschquellenmethode*. Hierbei ist der Sender in Bild 6.1 ein Rauschgenerator, dessen zusätzlich zum Rauschen seines Quellenwiderstandes verfügbare Rauschleistung

$$\frac{\overline{u_1^2}}{4R_1} = k \cdot \Delta\Theta \cdot B_N \tag{6.9}$$

definiert eingestellt und formal als fiktive Temperaturerhöhung $\Delta\Theta$ der Temperatur des Quellenwiderstandes gedeutet werden kann. Mit Gl. (6.9) folgt aus Gl. (6.8):

$$\Theta_{12} = \frac{\Delta\Theta}{\frac{P_2'}{P_2} - 1} - \Theta_0 . \tag{6.10}$$

Hier sind nun gar keine Kenntnisse über das Meßobjekt mehr erforderlich. Man muß lediglich $\Delta\Theta$ am Sender und P_2'/P_2 am Empfänger ablesen, um das Ergebnis zu erhalten. Besonders einfach wird die Messung nach Gl. (6.10) (dies gilt auch für Gl. (6.8), wenn man die Leistung des Senders gerade so einstellt, daß $P_2' = 2P_2$ wird, sich also gerade die *doppelte Leistung* bzw. der $\sqrt{2}$-fache Effektivwert der Spannung am Empfänger ergibt. Dann folgt aus Gl. (6.10) für die Rauschtemperatur und aus Gl. (6.3b) für die Rauschzahl:

$$\Theta_{12} = \Delta\Theta - \Theta_0 ; \quad F_{12} = \frac{\Delta\Theta}{\Theta_0} . \tag{6.11}$$

Die Rauschquellenmethode ist also durchaus vorzuziehen, so daß man die Signalquellenmethode nur anwenden wird, wenn kein geeigneter Rauschgenerator zur Verfügung steht.

Zu erwähnen ist noch einmal die Frage der *Anpassung*. In Bild 6.1 sowie in allen Gleichungen wurde mit verfügbaren, d. h. maximal bei Anpassung abgebbaren Leistungen gerechnet. Das legt die Vermutung nahe, daß bei der Messung nach Bild 6.1 sowohl das Meßobjekt an den Sender als auch der Empfänger an das Meßobjekt angepaßt sein muß. Dies ist *nicht* der Fall und wäre praktisch auch undurchführbar, da man die Eigenschaften des Meßobjektes meist nicht kennt. Man rechnet zwar mit verfügbaren Leistungen, jedoch können die tatsächlichen Leistungen davon abweichen (gestrichelt in Bild 6.1). Die Fehlanpassung spielt keine Rolle, da man bei der Messung nur mit Leistungs*verhältnissen* arbeitet und diese sich durch Fehlanpassung nicht ändern. (vgl. auch Beispiel 6.1.)

Die wichtigsten Forderungen an die Geräte bei Rauschmessungen gehen aus dem Gesagten hervor. Der *Rauschgenerator* soll ein definiert einstellbares Zusatzrauschen abgeben, das weiß ist innerhalb der Bandbreite des Meßobjektes. Die Temperaturerhöhung $\Delta\Theta$ (bzw. die zusätzliche verfügbare Leistungsdichte $k\Delta\Theta$) soll direkt ablesbar sein, z. B. als Vielfaches von Θ_0 : $\Delta\Theta = x\Theta_0$ bzw. $k\Delta\Theta = xk\Theta_0$. Dann ergeben sich die gesuchten Größen nach Gl. (6.11) auf einfachste Weise zu

$$\frac{\Theta_{12}}{\Theta_0} = x - 1 ; \quad F_{12} = x . \tag{6.12}$$

Der Quellenwiderstand des Senders soll definiert und ggf. einstellbar sein, da das Meßergebnis i. a. vom Quellenwiderstand abhängt (vgl. Abschnitt 6.1).

Zur *Erzeugung des Rauschens* gibt es, je nach Leistung und Frequenzbereich, verschiedene Möglichkeiten, deren wichtigste hier nur kurz erwähnt werden können. Als Rauschquelle kann ein *Widerstand* dienen, dessen thermische Rauschspannung auf einen gewünschten Pegel verstärkt werden kann. Es läßt sich damit weißes Rauschen im Bereich von einigen kHz bis über hundert MHz (je nach Bandbreite der benutzten Verstärker) erzeugen. Als Rauschquelle bis ca. 1 GHz verwendet man oft auch eine Vakuumdiode, die man im Sättigungsgebiet betreibt *(Rauschdiode)*. Der vom Schroteffekt herrührende Mittelwert des Rauschstromquadrates ist sehr genau proportional dem Sättigungsstrom, der sich leicht messen und über die Katodentemperatur (d.h. mit dem Heizstrom) einstellen läßt. Eine Rauschdiode kann daher auch direkt als Rauschnormal benutzt werden.

Ein Problem bei diesen Rauschquellen ist der sog. *Funkeleffekt, der die Rauschleistung zu niedrigen Frequenzen hin*, d.h. bei ca. $f \leqq 10$ kHz, mit $1/f$ ansteigen läßt, so daß hier kein weißes Rauschen mehr abgegeben wird. Eine Möglichkeit, weißes Rauschen auch bei tiefen Frequenzen zu erzeugen, ist die *Frequenzumsetzung* eines Rauschbandes aus einem höheren in den gewünschten niederen Frequenzbereich.

Eine weitere Möglichkeit ist die Erzeugung von Rauschspektren mit Hilfe binärer *Pseudozufallsfolgen*. Diese können bei geeigneter Auslegung der Pseudozufallsgeneratoren (vgl. Abschnitt 7.2.2) und durch geeignete Tiefpaßfilterung zu Signalen geformt werden, die normalverteiltem weißem Rauschen äquivalent sind, dessen obere Bandgrenze mit Hilfe der Taktfrequenz in weiten Grenzen von mHz bis einige 10 kHz einstellbar ist.

Als Rauschquellen für sehr hohe Frequenzen von einigen 100 MHz bis weit in den GHz-Bereich verwendet man schließlich *Gasentladungsröhren* innerhalb geeigneter Koaxial- oder Hohlleiteranordnungen.

Der *Rauschempfänger* soll selektiv sein, falls man (wie das in der Regel der Fall ist) die spektrale Rauschtemperatur messen will. Eine zu kleine Bandbreite führt jedoch zu starken Schwankungen der Anzeige und beeinträchtigt damit die Meßgenauigkeit (vgl. Abschnitt 1.6.4). Der Empfänger muß eine Effektivwertgleichrichtung besitzen, sofern man die Signalquellenmethode anwendet. Hierbei muß nämlich die Summe der Leistungen zweier Signale verschiedener „Kurvenform" (Rauschen und Sinus) richtig angezeigt werden. Bei der Rauschquellenmethode ist dies nicht erforderlich, da hierbei nur das Leistungsverhältnis von Signalen gleicher „Kurvenform" gemessen wird. Als Empfänger bei Rauschmessungen sind also selektive Pegelmesser mit und ggf. ohne Effektivwertgleichrichtung geeignet. [6.8].

Rauschgenerator und Rauschempfänger lassen sich zu automatisierten *Meßplätzen* kombinieren. Der Rauschgenerator wird periodisch ein- und ausgetastet, das Rauschleistungsverhältnis P_2'/P_2 in Gl. (6.10) wird fortlaufend gemessen und die dazugehörige Rauschtemperatur bzw. Rauschzahl berechnet und analog oder digital ausgegeben.

Beispiel 6.2

a) Zur Messung der spektralen Rauschtemperatur eines Prüflings steht ein selektiver Pegelmeßplatz zur Verfügung. Der Empfänger (Pegelmesser) hat die für das Gesamtsystem bestimmende äquivalente Rauschbandbreite $B_N = 2,5$ kHz und besitzt Effektivwertgleichrichtung.

Zur Rauschmessung muß also die Signalquellenmethode, d.h. Gl. (6.8) angewendet werden. Die erforderliche Sendeleistung $\overline{u_1^2}/4R_1$ ist dabei meistens so klein, daß sie von einem Pegelsender nicht direkt bezogen werden kann. Man muß vielmehr zwischen Sender und Meßobjekt noch zusätzliche Dämpfungsglieder einschalten.

Der für eine Anzeigenerhöhung von 3 dB auf dem Pegelmesser benötigte Sendepegel betrage -113 dBm. Welche Rauschtemperatur Θ_{12} hat das Meßobjekt?

Der Sendepegel in dBm entspricht direkt der verfügbaren Signalleistung (vgl. Abschnitt 1.3). Bei -113 dBm ergibt sich also für den Ausdruck $\overline{u_1^2}/4R_1$ in Gl. (6.8):

$$\frac{\overline{u_1^2}}{4R_1} = 5 \cdot 10^{-12}\,\text{mW} = 5 \cdot 10^{-15}\,\text{W} \; .$$

Die Erhöhung von 3 dB am Pegelmesser entspricht in Gl. (6.8) gerade dem Verhältnis

$$\frac{P_2'}{P_2} = 2 \; .$$

Für die Rauschtemperatur des Senderquellenwiderstandes wird $\Theta_0 = 290$ K angenommen. Mit $k\Theta_0 = 4 \cdot 10^{-21}$ W/Hz und $B_N = 2{,}5 \cdot 10^3$ Hz folgt dann aus Gl. (6.8):

$$\frac{\Theta_{12}}{\Theta_0} = \frac{5 \cdot 10^{-15}\,\text{W}}{4 \cdot 10^{-21}\,\dfrac{\text{W}}{\text{Hz}} \cdot 2{,}5 \cdot 10^3\,\text{Hz}} - 1 = 499 \; .$$

Die Rauschtemperatur beträgt also $\Theta_{12} = 499\,\Theta_0$. Die dazugehörige Rauschzahl folgt aus Gl. (6.3b) zu

$$F_{12} = 1 + \frac{\Theta_{12}}{\Theta_0} = 500 \; .$$

b) Zur gleichen Messung steht ein Rauschgenerator zur Verfügung, dessen zusätzliche verfügbare Rauschleistungsdichte in Vielfachen von $k\Theta_0$ ablesbar ist. Welche Ablesung ergibt sich?

Für $\Theta_{12} = 499\,\Theta_0$ bzw. $F = 500$ folgt aus Gl. (6.12) $x = 500$. Die Ablesung lautet demnach $500\,k\Theta_0$.

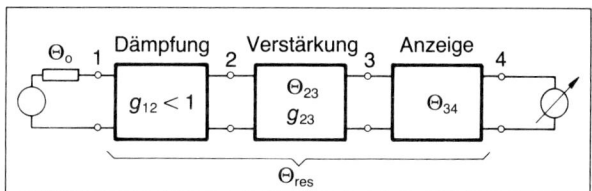

c) Gegeben sei der im Bild dargestellte Nachrichtenempfänger. Er wird von einem Sender gespeist, dessen Quellenwiderstand mit der Temperatur Θ_0 rauscht. Der Empfänger besteht aus der Kettenschaltung eines Dämpfungsgliedes aus passiven Widerständen der Temperatur Θ_0 (z. B. lange verlustbehaftete Zuleitung von einer Antenne, Eingangsteiler usw.), eines Verstärkers und einem Anzeigegerät. Folgende Daten seien durch Messung bekannt:

$$g_{12} = 0{,}25 \; ; \quad \Theta_{23} = 500\,\Theta_0 \; ; \quad g_{23} = 100 \; ; \quad \Theta_{34} = 500\,\Theta_0 \; .$$

Welche Rauschtemperatur Θ_{res} besitzt die Gesamtanordnung?

Um Gl. (6.3c) anwenden zu können, muß zunächst die Rauschtemperatur Θ_{12} des Dämpfungsgliedes aus seiner Dämpfung $a/\text{dB} = -10 \cdot \lg g_{12}$ bzw. aus dem bekannten verfügbaren Gewinn berechnet werden. Sie ergibt sich aus einer einfachen Überlegung: Am Klemmenpaar 2 herrscht nach Gl. (6.2) mit $\Theta_1 = \Theta_0$ eine verfügbare Rauschleistung:

$$P_2 = g_{12} k (\Theta_0 + \Theta_{12}) B_N.$$

Sender *und* Dämpfungsglied lassen sich jedoch bezüglich dieses Klemmenpaares 2 als neuer Sender auffassen, dessen Quellenwiderstand ebenfalls mit der Temperatur Θ_0 rauscht und damit die verfügbare Leistung

$$P_2 = k \Theta_0 B_N$$

besitzt. Durch Gleichsetzen der beiden letzten Gleichungen findet man:

$$\Theta_{12} = (\frac{1}{g_{12}} - 1) \Theta_0 . \tag{x}$$

Die Rauschtemperatur eines Dämpfungsgliedes aus passiven Widerständen der Temperatur Θ_0 hängt also ausschließlich von seiner Dämpfung bzw. seinem verfügbaren Gewinn ab. Mit Gl. (6.3c) ergibt sich nun für die gesuchte Rauschtemperatur:

$$\Theta_{\text{eff}} = 3 \Theta_0 + \frac{500 \Theta_0}{0,25} + \frac{500 \Theta_0}{0,25 \cdot 100} = 3 \Theta_0 + 2000 \Theta_0 + 20 \Theta_0 .$$

Man erkennt hieraus, wie äußerst schädlich sich eine Dämpfung am Eingang eines Verstärkers auf die resultierende Rauschtemperatur auswirkt. Neben seinem eigenen Beitrag, der nach Gl. (x) für $g_{12} = 1$ ($a = 0$) zwar verschwindet, mit zunehmender Dämpfung jedoch stark ansteigt, erhöht das Dämpfungsglied auch den Rauschbeitrag des nachfolgenden Verstärkers. Das Rauschen des Anzeigegerätes, das die gleiche Rauschtemperatur wie der Verstärker hat, geht wegen dessen hohen verfügbaren Gewinns $g_{23} = 100$ nur noch mit 1% von dessen Rauschbeitrag in das Gesamtrauschen ein.

d) Es ist daher nicht verwunderlich, daß man möglichst jede Dämpfung zwischen Senderausgang und Verstärkereingang vermeidet. Dies gilt besonders beim Empfang schwacher Signale z.B. von Satelliten oder aus dem Weltraum. Die Quelle besteht hierbei aus der Antenne mit Rauschtemperaturen von wenigen 10 K. Extrem rauscharme Verstärker haben vergleichbare Rauschtemperaturen. Eine verlustbehaftete Zuleitung zwischen Antenne und Verstärker kann dabei stark ins Gewicht fallen. So ergibt nach Gl. (x) eine Dämpfung $a = 0,1$ dB (mit $a = -10 \lg g_{12}$) einen Beitrag zur Rauschtemperatur von $\Theta_{12} = 6,75$ K, eine Dämpfung von 1 dB einen Beitrag von 75,09 K und eine Dämpfung von 3 dB einen Beitrag von 290 K $= \Theta_0$. Aus diesem Grund werden bei Erdefunkstellen die Verstärker möglichst direkt an der Antenne angebracht. ●

6.3 Korrelationsmessungen

Die sog. Korrelationstechnik oder Korrelationsanalyse, deren Grundlagen schon lange bekannt sind [6.9], wird erst in neuerer Zeit in größerem Maße praktisch eingesetzt. Das liegt einerseits an der zunehmenden Bedeutung statistischer Probleme in der Nachrichtentechnik und auf anderen Gebieten, andererseits auch daran, daß erst die moderne Technik den Bau adäquater Meßgeräte bei vertretbarem Aufwand ermöglicht hat. Da das Gebiet noch im Fluß ist, soll lediglich ein Überblick über das Meßprinzip und einige Anwendungsmöglichkeiten gegeben werden.

Die prinzipielle Wirkungsweise eines Korrelators läßt sich aus Gl. (6.5) ablesen und ist in Bild 6.2 dargestellt. Nach Verzögerung eines der beiden Signale um τ ist deren Produkt zu bilden und über dieses Produkt genügend lange (theoretisch unendlich lange) zu integrieren. Das Ergebnis ist ein einziger Funktionswert der Korrelationsfunktion, nämlich derjenige für den eingestellten Wert τ. Bei der in Bild 6.2 gezeichneten Schalterstellung wird die KKF $k_{xy}(\tau)$ gebildet, bei den drei weiteren Kombinationsmöglichkeiten der Schalter können noch die KKF $k_{yx}(\tau)$ sowie die AKF $k_{\underline{x}}(\tau)$ und $k_{\underline{y}}(\tau)$ gebildet werden. Will man den Verlauf der Korrelationsfunktion wissen, so muß man hinreichend viele Werte von τ nacheinander einstellen und die Meßwerte als Funktion von τ auftragen. Das kann sehr zeitraubend sein, ganz abgesehen von den Schwierigkeiten, Verzögerung, Multiplikation und Integration direkt in der Weise wie in Bild 6.2 dargestellt, also analog, vorzunehmen.

Moderne *Korrelatoren* sind Digitalrechner, die in Echtzeit die Korrelationsfunktionen berechnen. Zur Verarbeitung auf dem Digitalrechner ist Gl. (6.5) zunächst für *diskrete* Abtastwerte umzuschreiben:

$$k_{xy}(m\tau_0) = \lim_{N \to \infty} \frac{1}{N} \sum_{n=1}^{N} x(n\tau_0) \cdot y\,[(n-m)\tau_0] \ . \qquad (6.13)$$

An die Stelle der Zeitdifferenz τ sind die diskreten Werte $m\tau_0$ getreten. Statt einer Integration über die Zeit t wird eine Summation über diskrete Zeitpunkte $n\tau_0$ ausgeführt. Die Anordnung Bild 6.2 geht damit in die Rechenschaltung Bild 6.3 über (die Schalter sind weggelassen), deren Wirkungsweise im folgenden erörtert wird.

Zunächst müssen die zu korrelierenden Signale *abgetastet* und *quantisiert* werden. Die Abtastwerte liegen dann als Folgen $x(n\tau_0)$ und $y(n\tau_0)$ digitaler Zahlen vor. Will man die Korrelationsfunktion nach Gl. (6.13) für insgesamt M Zeitpunkte $m = 0 \ldots M{-}1$ berechnen, muß man M Abtastwerte des Signals $y(t)$ speichern. (Dies entspricht M

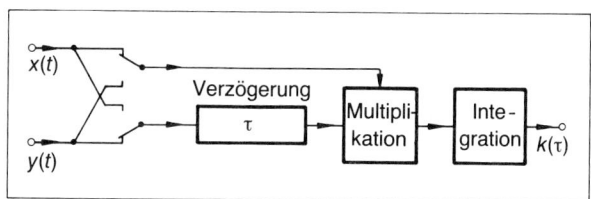

Bild 6.2:
Prinzip eines Korrelators.

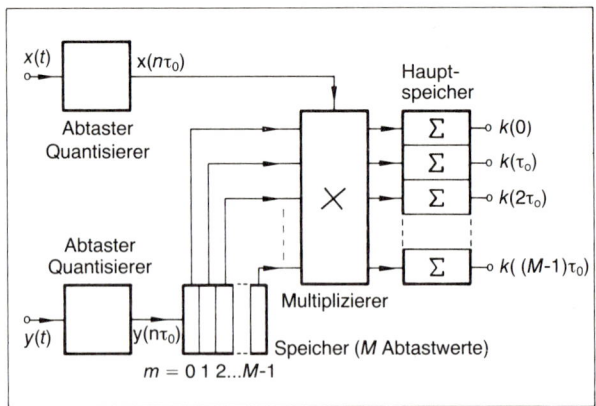

Bild 6.3: Blockschaltbild eines Korrelators.

verschiedenen Verzögerungen in Bild 6.2.) Diese Abtastwerte werden in einem Multiplizierer nacheinander mit dem aktuellen Abtastwert $x(n\tau_0)$ *multipliziert* und dem Hauptspeicher zugeführt. Damit ist die in Gl.(6.13) vorgeschriebene Operation für alle betrachteten $m = 0 \ldots M$-1 für einen aktuellen Zeitpunkt n ausgeführt. Nun muß nach Gl.(6.13) noch über $n = 1 \ldots N$ Zeitpunkte *gemittelt* werden, was im Hauptspeicher durch Summation geschieht. An dessen Ausgängen stehen dann die Werte der Korrelationsfunktion für die M gewünschten Werte der Zeitdifferenz $m\tau_0$ zur Verfügung und können zyklisch abgefragt und auf einem Sichtgerät als punktierter Kurvenzug dargestellt werden.

Ausgeführte Meßgeräte arbeiten mit folgenden *typischen Daten:* Die Signale $x(t)$ und $y(t)$ werden bis zu einer Bandbreite von 1 MHz ausgewertet. Das bedingt laut Abtasttheorem eine maximale Abtastrate von 2 MHz, d.h. eine „Auflösung" von $\tau_0 = 0{,}5$ μsec. Die Abtastwerte werden mit 6 bit zuzüglich 1 bit für das Vorzeichen quantisiert. Das entspricht 128 bipolar angeordneten Quantisierungsstufen. Die Korrelationsfunktion wird für $M = 256$ Werte der Zeitdifferenz berechnet. Die Mittelung müßte nach Gl.(6.13) über unendlich viele aufeinanderfolgende Werte N erfolgen. Praktische Werte liegen bei maximal $N = 10^5 \ldots 10^6$, so daß die Ergebnisse stets nur Schätzwerte der Gl.(6.13) sind.

Im folgenden werden die wichtigsten *Anwendungen* der Korrelationsmessungen besprochen. Entsprechend den in Abschnitt 6.1 gegebenen Definitionen können sie ganz allgemein zum Auffinden statistischer „Ähnlichkeiten" zweier Signale dienen. Dazu gehört u.a. auch die Entdeckung periodischer Komponenten, die zwei verschiedenen Signalen gemeinsam sind oder in einem einzigen Signal enthalten sind und die z.B. wegen starker Störungen auf andere Weise nicht erkennbar wären. Weiterhin lassen sich durch Korrelationsmessungen aufgrund des Theorems von Wiener-Khintchine Leistungsdichten, also spektrale Größen, indirekt bestimmen. Dies ist überall dort von Bedeutung, wo eine Spektralanalyse schwierig ist (z.B. bei sehr tiefen Frequenzen).

Besonders wichtig für die Nachrichtenübertragung sind Korrelationsmessungen an Aus- und Eingangssignalen von Nachrichtensystemen. Ein einfaches Modell hierfür ist in Bild 6.4 dargestellt: Das Sendesignal $x(t)$ wird durch das System mit der Impulsantwort $a(t)$ verzerrt und erscheint am Ausgang als $x'(t)$. Zu diesem „Nutzanteil" des Empfangssignals tritt ein unterwegs eindringender „Störanteil" $n(t)$ (z.B. Rauschen

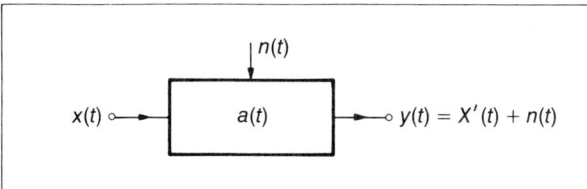

Bild 6.4: Modell für
Korrelationsmessungen.

der sich im einfachsten Fall zum Nutzanteil addiert (additive Störung) und das Empfangssignal $y(t) = x'(t) + n(t)$ ergibt. Dabei wird im folgenden stets angenommen, daß die Signale $x(t)$ und $n(t)$ statistisch unabhängig und damit *unkorreliert* sind.

Zur Abkürzung wird im folgenden für die Zeitfunktionen $g(t) = g$ und $g(t - \tau) = g_\tau$ gesetzt. Die Mittelwertbildung nach Gl.(6.5) wird durch einen Querstrich gekennzeichnet: $k_{xy}(\tau) = \overline{xy_\tau}$. Dabei ist zu beachten, daß die Mittelwertbildung eine *lineare* Operation ist, daß also z.B. gilt:

$$\overline{(x_1 + x_2)y_\tau} = \overline{x_1 y_\tau} + \overline{x_2 y_\tau} \ .$$

Bei der Messung an Systemen nach Bild 6.4 sind *zwei Fälle* zu unterscheiden: Steht neben dem Empfangssignal y auch das Sendesignal x zur Verfügung, so kann außer der AKF des Empfangssignals auch die KKF für Empfangs- und Sendesignal gebildet werden. Ist das Sendesignal x nicht zugänglich, kann nur die AKF des Empfangssignals gemessen werden.

Im *ersten Fall* ergibt sich die *Kreuzkorrelationsfunktion* zwischen Empfangs- und Sendesignal zu

$$k_{yx}(\tau) = \overline{(x' + n) \cdot x_\tau} = \overline{x' \cdot x_\tau} + \overline{n x_\tau} = \overline{x' \cdot x_\tau} \ . \tag{6.14}$$

Sie enthält nur einen *Nutzanteil,* da Störung n und Sendesignal x voraussetzungsgemäß unkorreliert sind. Daraus ergeben sich folgende Anwendungen: Man kann trotz der Störung n die KKF zwischen dem Nutzanteil x' des Empfangssignals und dem Sendesignal x ermitteln. Den Wert τ, bei dem das Maximum dieser KKF auftritt, kann man als *Signallaufzeit* definieren. Dies ist besonders bei stark verzerrtem Nutzanteil x' des Empfangssignals sinnvoll (vgl. Bild 6.5), da in diesem Fall andere Methoden der Laufzeitmessung versagen (wie z.B. die oszilloskopische oder die Gruppenlaufzeitmessung, vgl. Abschnitt 2.5). Daß die Definition sinnvoll ist, erkennt man im Fall eines verzerrungsfreien Systems. Das Ausgangssignal x' ist dann lediglich das um die Signallaufzeit t_0 verzögerte Eingangssignal x, d.h. $x' = x(t - t_0)$ und somit $k_{yx}(\tau)$ die um diese Laufzeit verschobene AKF des Eingangssignales.

Schließlich läßt sich aus der KKF nach Gl.(6.14) noch die *Impulsantwort* $a(t)$ eines Systems ablesen, wenn das Sendesignal x weißes Rauschen ist (Gl.(6.6.b)). Dies ist zunächst technisch einfacher, als die direkte Messung der Impulsantwort (vgl. Abschn. 3.1). Weiterhin kann auf diese Weise die Messung der Impulsantwort während des Betriebes erfolgen, da ein schwaches Rauschen am Eingang meist nicht stört. Diese Anwendungsmöglichkeit hat besondere Bedeutung bei der sog. „System-Identifikation" komplexer Systeme in der Regelungstechnik. Bedingung hierfür ist, daß der Korrelator durch das Nutzsignal des in Betrieb befindlichen Systems nicht übersteuert wird. Siehe hierzu Bild 6.6.

Im *zweiten Fall* steht das Sendesignal x nicht zur Verfügung. Man kann dann nur die *Autokorrelationsfunktion* des Empfangssignals bilden:

$$k_{\underline{y}}(\tau) = \overline{(x' + n) \cdot (x'_\tau + n_\tau)} = \overline{x' \cdot x'_\tau} + \overline{n \cdot x'_\tau} + \overline{x' \cdot n_\tau} + \overline{n \cdot n_\tau}$$

$$= \overline{x' \cdot x'_\tau} + \overline{n \cdot n_\tau}. \tag{6.15}$$

Die beiden Mischterme in Gl. (6.15) fallen weg, da Stör- und Nutzsignale unkorreliert sind. Trotzdem tritt hier neben dem *Nutzanteil* $\overline{x' \cdot x'_\tau}$, d.h. der AKF des Signals x', noch ein *Störanteil* $\overline{n \cdot n_\tau}$, nämlich die AKF des Störsignals n auf. Hieraus läßt sich ggf. auf die Art der Störungen schließen. Der Störanteil klingt jedoch mit wachsender Zeit-verschiebung τ ab, so daß auch periodische Komponenten des Nutzanteils trotz starker Störungen erkennbar werden. Hiervon macht man u. a. in der Radioastronomie Ge-brauch. Vgl. Bild 6.7 und 6.8.

Moderne Korrelatoren bieten darüberhinaus noch *weitere Meßmöglichkeiten.* Durch wiederholte Abtastung eines ebenfalls sich wiederholenden Signals und Mittelung der Abtastwerte läßt sich das Signal weitgehend vom Rauschen befreien und in seiner *Kurvenform* exakt rekonstruieren (Bild 6.9. Im Gegensatz hierzu wird durch Korrelation lediglich die Periodizität, nicht jedoch die Kurvenform des Signals erkennbar). Aller-dings muß hierbei die Möglichkeit einer Synchronisation der Abtastung mit dem Signal gegeben sein. Schließlich kann man durch Sortieren einer großen Anzahl von Abtastwerten die *Wahrscheinlichkeitsdichtefunktion* bzw. die Wahrscheinlichkeitsver-teilungsfunktion eines Signals messen (Bild 6.10; 6.11). Außer in der Nachrichten-technik gibt es noch zahlreiche andere Anwendungen der Korrelationsverfahren, insbesondere auf dem Gebiet der Signalverarbeitung.

6.4 Zusammenfassung

In der gesamten Übertragungstechnik spielt der Rauschabstand eine entscheidende Rolle. Jedes Übertragungssystem verschlechtert den Rauschabstand. Der Beitrag eines Meßobjektes auf das Gesamtrauschen läßt sich durch seine *Rauschtemperatur* (Rauschzahl) kennzeichnen. Kennt man die Rauschtemperaturen aller Teilübertra-gungssysteme, so kann man (wenn auch noch die Leistungsverstärkungen bekannt sind) das Rauschen des Gesamtsystems angeben.

Die Rauschtemperatur (Rauschzahl) mißt man vorzugsweise nach der Rauschquellen-methode mit einem geeichten Rauschgenerator, da hierbei keine Daten des Meß-objektes und Anzeigegerätes in die Messung eingehen. Als Notbehelf bedient man sich der Signalquellenmethode, bei der ein geeichter Signalgenerator benötigt wird und die äquivalente Rauschbandbreite des Gesamtsystems Meßobjekt-Anzeigegerät bekannt sein muß. Rauschtemperatur und Rauschzahl werden in der Regel als „spektrale" Größen selektiv gemessen und gelten stets nur für einen definierten Quellen-widerstand.

Bei digitalen Systemen spielen nicht der Rauschabstand, sondern die durch das Rauschen verursachten Fehler bei der Signalerkennung die wichtigste Rolle. Hier ist man an der direkten Messung der *Fehlerhäufigkeit* der Signale interessiert.

Korrelationsmessungen dienen, allgemein ausgedrückt, der Messung der „Ähnlichkeit", d.h. der statistischen Verwandtschaft zweier Signale. Die Signale können dabei determiniert, zufällig oder aus beiden Arten additiv zusammengesetzt sein. Die stets als zeitliches Mittel gemessenen Korrelationsfunktionen stimmen bei ergodischen Zufallsprozessen mit den entsprechenden statistischen Mittelwerten überein. Aus den Eigenschaften der *Kreuz-* und *Autokorrelationsfunktionen* von Signalen und Systemen ergeben sich die Anwendungsmöglichkeiten der Korrelationsanalyse. Sie erstrecken sich sowohl auf die Entdeckung extrem schwacher Signale im Rauschen als auch auf die Untersuchung von Systemeigenschaften. Außerdem lassen sich aus den Korrelationsfunktionen über die Fourier-Transformation die dazugehörigen Leistungsdichten ermitteln.

Die folgenden Oszillogramme demonstrieren einige der genannten Anwendungsmöglichkeiten eines Korrelators. Das Bildschirmraster ist dabei stets in cm geteilt:

Bild 6.5 ist ein Beispiel für die Messung der Signallaufzeit durch Kreuzkorrelation bei verformtem und durch Rauschen gestörtem Ausgangssignal. Die Laufzeit läßt sich im Maximum der KKF $k_{yx}(\tau)$ unmittelbar ablesen.

Bild 6.6 vergleicht die durch Korrelationsmessung ermittelte Impulsantwort eines Systems mit deren direkter Messung im Zeitbereich.

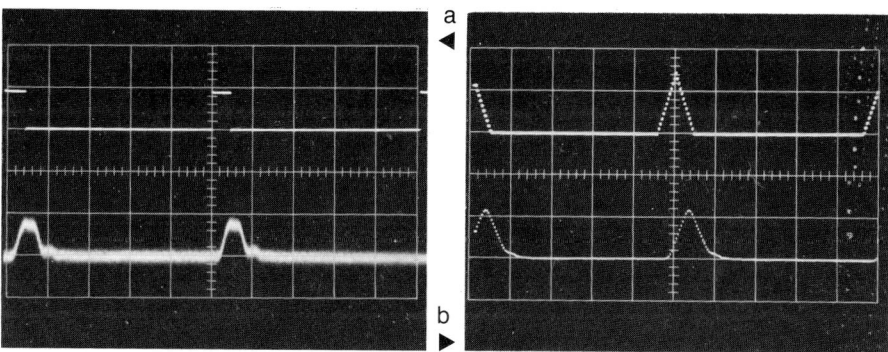

Bild 6.5: Messung der Signallaufzeit durch Kreuzkorrelation.
a) Sendesignal (oben) und Empfangssignal (unten) im Zeitbereich; eine Signallaufzeit ist nur schwierig zu entnehmen. (Zeitkoeffizient 50 µs/cm.)
b) AKF des Sendesignals (oben) und KKF zwischen Empfangs- und Sendesignal (unten). Im Maximum der KKF läßt sich die Signallaufzeit unmittelbar ablesen. (Zeitfenster 500 µs $\triangleq$ 50 µs/cm.)

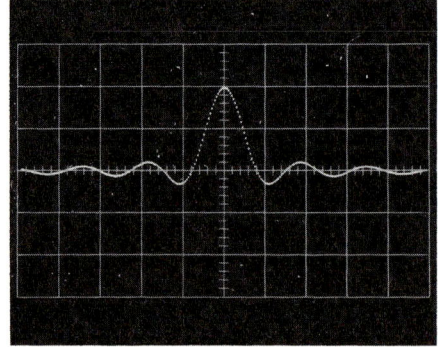

Bild 6.6: Oben: Messung der Impulsantwort eines mit weißem Rauschen gespeisten Tiefpasses durch Kreuzkorrelation des Ausgangs- mit dem Eingangssignal. (Zeitfenster 1 ms $\triangleq$ 0,1 ms/cm.)
Unten: Impulsantwort im Zeitbereich. (Zeitkoeffizient 0,1 ms/cm.)

Bild 6.7 zeigt die AKF von bandbegrenztem weißem Rauschen. Bei scharfer Bandbegrenzung müßte der erste Nulldurchgang bei $\tau = 1/2\,B$ liegen. Die Abweichung ist auf unscharfe Bandbegrenzung zurückzuführen.

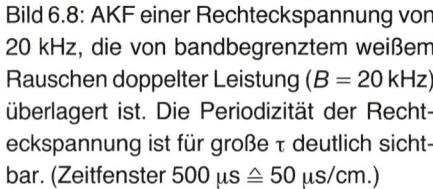

Bild 6.7: AKF von bandbegrenztem weißem Rauschen. ($B = 20$ kHz, Zeitfenster 250 μs $\triangleq$ 25 μs/cm.)

Überlagert man ein Rechtecksignal mit bandbegrenztem weißem Rauschen, so kann es im Zeitbereich u. U. nicht mehr als Nutzsignal erkannt werden. Die AKF des Gesamtsignals dagegen läßt nach Abklingen des Störanteils für große τ die Periodizität des Nutzsignales deutlich erkennen (Bild 6.8).

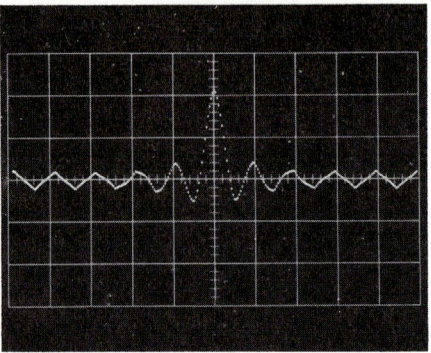

Bild 6.8: AKF einer Rechteckspannung von 20 kHz, die von bandbegrenztem weißem Rauschen doppelter Leistung ($B = 20$ kHz) überlagert ist. Die Periodizität der Rechteckspannung ist für große τ deutlich sichtbar. (Zeitfenster 500 μs $\triangleq$ 50 μs/cm.)

Als Beispiel für die Wiedergewinnung eines stark verrauschten Signals möge Bild 6.9 dienen. Voraussetzung hierfür ist eine Synchronisation durch das ursprüngliche Signal.

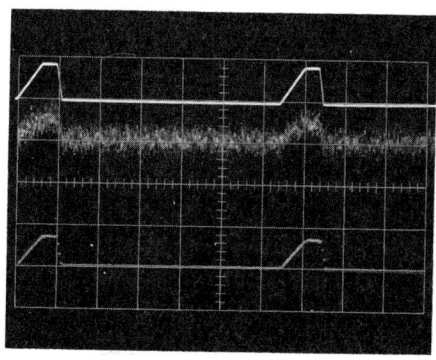

Bild 6.9: Ein Originalsignal (oben) wird durch Rauschen praktisch unkenntlich gemacht. Durch synchrone Abtastung und genügend lange Mittelung der Abtastwerte läßt sich seine Kurvenform rekonstruieren (unten).

Schließlich sind die Bilder 6.10 und 6.11 Beispiele für die Verwendung eines Korrelators zur Bestimmung von Wahrscheinlichkeitsdichte- bzw. -verteilungsfunktionen. Bild 6.10 zeigt diese Funktionen für normalverteiltes Rauschen. Bild 6.11 gibt die Dichtefunktion einer Rechteckschwingung ohne und mit überlagertem Rauschen wieder. Man erkennt deutlich, daß in einem solchen Fall eine Binärentscheidung mit großen Fehlern behaftet sein wird.

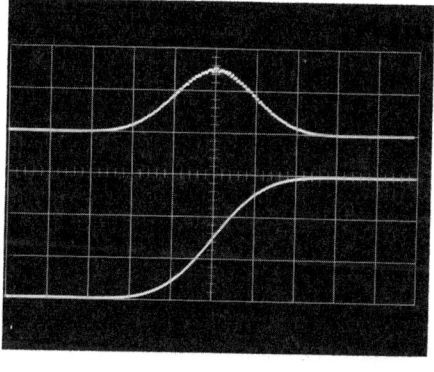

Bild 6.10: Dichtefunktion (oben) und Verteilungsfunktion (unten) normalverteilten Rauschens mit $U_{eff} = 1$ v. (Ablenkkoeffizient horizontal 1 V/cm.)

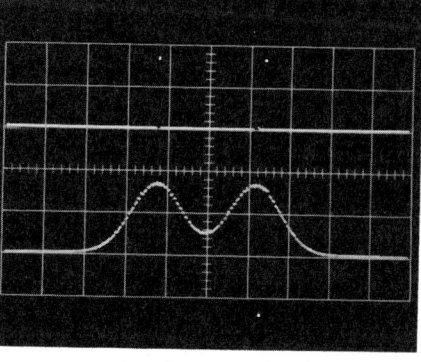

Bild 6.11: Dichtefunktionen eines Binärsignals ohne (oben) und mit (unten) überlagertem Rauschen. Die Dichtefunktion des ungestörten Signals besteht theoretisch aus zwei Dirac-Impulsen, die nur unvollkommen wiedergegeben werden.

213

7 Messungen an digitalen Systemen

Die elektrische Übertragungstechnik kennt neben den analogen (amplitudenkontinuierlichen) Signalen auch digitale (amplitudendiskrete, quantisierte) Signale, die nur bestimmte Amplitudenwerte annehmen können und meistens auch zeitdiskret sind, d.h. in einem bestimmten Zeitraster (Takt) gesendet werden. Die besonderen Vorteile solcher Signale können als bekannt vorausgesetzt werden (Regenerierbarkeit, Verwendung einfacher digitaler Schaltungen zur Signalverarbeitung und Speicherung, Zeitmultiplextechnik). Auch die Meßtechnik hat im Hinblick auf diese Besonderheiten typische Meßverfahren entwickelt, die für die heute wichtigsten digitalen Verfahren, nämlich *Datenübertragung* und *PCM-Technik,* dargestellt werden sollen. Trotz aller Gemeinsamkeiten sind die praktischen Unterschiede zwischen diesen beiden Verfahren so groß, daß die Meßgrößen und daher auch die Meßverfahren z.T. verschieden sind und deshalb auch getrennt beschrieben werden müssen. [7.1 bis 7.6].

7.1 Überblick

Ein wichtiges Kriterium für jede Nachrichtenübertragung ist die Qualität, mit der die ausgesendete Nachricht am Empfangsort wiedergegeben werden kann. Während es für die analoge Übertragung kein eindeutiges Qualitätsmaß gibt, ist bei digitaler Übertragung die *Fehlerhäufigkeit*[1], also die Zahl der falsch empfangenen Bits bezogen auf die Zahl der insgesamt gesendeten, eine geeignete Meßgröße:

$$\text{Bitfehlerhäufigkeit } F_{\text{Bit}} = \frac{\text{Anzahl der Bitfehler } n_F}{\text{Gesamtzahl der übertr. Bits } n} \; . \tag{7.1}$$

Man kann Fehlerhäufigkeiten auch für Bitfolgen definieren und daher sinngemäß unterscheiden zwischen *Bitfehlern,* zwischen *Zeichenfehlern* (mehrere Bits bilden zusammen ein ,,Zeichen'') und *Blockfehlern* (eine größere Zahl von Bits bildet einen gemeinsam übertragenen und ggf. auf Richtigkeit kontrollierten Block). Für den praktischen Betrieb ist es wichtig, ob eine Fehlerhäufigkeitsmessung nur außerhalb oder auch während der Betriebszeit durchgeführt werden kann. Im zweiten Fall müssen mit

---

[1] Gemäß DIN 5476 unterscheidet man Fehlerhäufigkeit (auch Fehlerquote) von Fehlerrate und versteht unter letzterem die Zahl der falsch empfangenen Bits in der *Zeiteinheit.* Das angelsächsische Schrifttum kennt nur den Ausdruck *Bit-Error-Rate* (BER) für Fehlerhäufigkeit. Man rechnet mit der Fehlerhäufigkeit als Schätzwert für die Fehlerwahrscheinlichkeit. Der Schätzwert ist um so besser, je größer die Anzahl n der übertragenen Bits wird. Für $n \to \infty$ nimmt man Übereinstimmung an.

der Nachricht zusätzliche Kontrollbits übertragen werden; ggf. ermöglicht eine aufwendigere und damit redundante Codierung den Schluß auf ein fehlerbehaftetes Signal. Schließlich gibt es übertragungstechnische Maßnahmen zur Fehlererkennung oder sogar -korrektur, die aber über die eigentliche Fehlerhäufigkeitsmessung hinausgehen.

Ein Bitfehler kann verschiedene Ursachen haben: Eine in den digitalen Kanal eindringende *Störung* (thermisches Rauschen, Nebensprechen) kann zu einer Fehlentscheidung beim Erkennen (Detektion) führen.

Bild 7.1 erklärt das Zustandekommen von Bitfehlern durch überlagertes Rauschen bei einem einfachen Binärsignal, etwa einem PCM-Signal. In der Mitte zwischen den beiden möglichen Zuständen (-1, $+1$) liegt die Entscheidungsschwelle. Wenn der Momentanwert des Rauschens den Signalwert zum Zeitpunkt der Abtastung so weit verschiebt, daß er über die Entscheidungsschwelle hinausfällt, ergibt sich ein Fehler. Die Häufigkeit einer Überschreitung ist aus der Wahrscheinlichkeitsdichte des Rauschsignales, d. h. der Normalverteilung zu entnehmen. Die Rauschspannung $\sqrt{N}$ bestimmt die Breite (Standardabweichung) der Kurve, die in normierter Darstellung gezeichnet ist. Die Fehlerwahrscheinlichkeit P ist direkt aus den Flächen unter der Normalverteilungskurve abzulesen. Wenn die Gesamtfläche gleich 1 ist, entspricht der schraffierte Teil $Q(\sqrt{S/N}) = P$ der Fehlerwahrscheinlichkeit (vgl. Gl. (6.4), die Q-Funktion liegt tabelliert vor). Im technisch interessanten Bereich der Fehlerwahrscheinlichkeit ($\leqq 10^{-5}$) findet man eine Abnahme von etwa 1 Dekade/dB.

Für mehrstufige Signale gelten ähnliche Überlegungen. Da bei gleichem Störabstand die Abstände der Entscheidungsschwellen jetzt kleiner sind, ergeben sich entsprechend mehr Fehler.

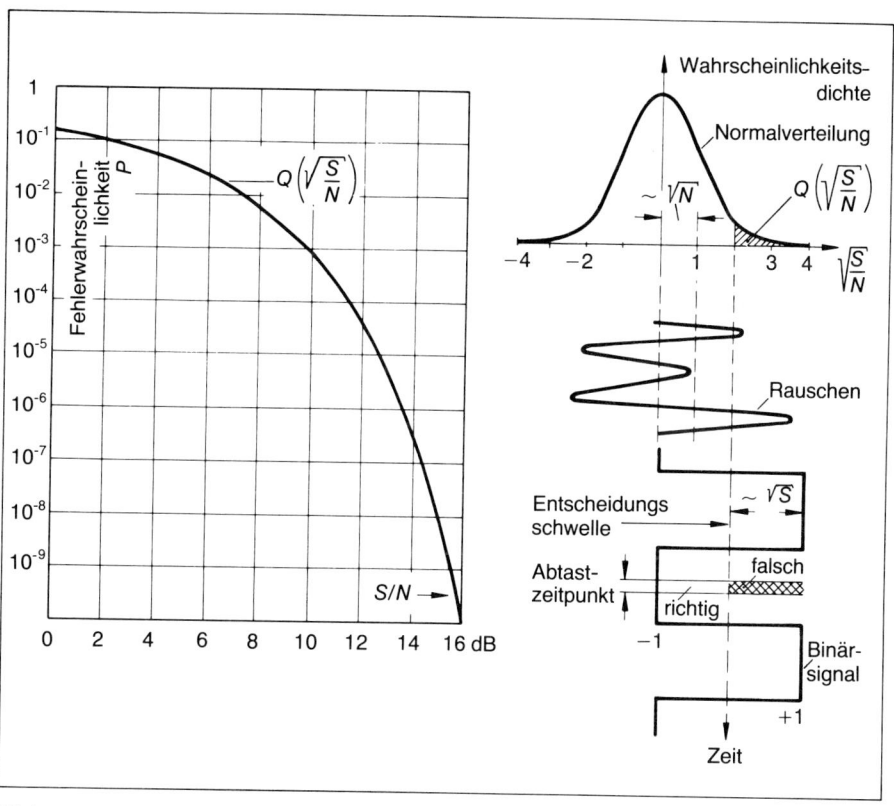

Bild 7.1: Zusammenhang zwischen Störabstand und Fehlerwahrscheinlichkeit bei einem einfachen Binärsignal.

Es liegt in der Natur des digitalen Signales, daß eine Störung so lange keinen Einfluß hat, wie ihre Spitzen kleiner sind als die halbe Stufenhöhe (Abstand zwischen zwei Kennzuständen). Dadurch entsteht eine charakteristische Abhängigkeit der Fehlerhäufigkeit vom Störabstand: Bis zu einem Schwellenwert entstehen praktisch keine Fehler; erst dann setzen diese beinahe schlagartig ein und nehmen sehr rasch zu.

Besteht die Störung aus Rauschen, so ist wegen der stets vorhandenen hohen Spitzen diese Schwelle nicht so ausgeprägt. Bei technisch interessierenden Fehlerwahrscheinlichkeiten von 10^{-6} bis 10^{-9} ändern sich diese aber mit dem Rauschabstand so stark (etwa um den Faktor 10 je dB Störabstand, Bild 7.1), daß eine geringfügige Erhöhung zwar zu bedeutungslosen Werten, eine geringfügige Erniedrigung jedoch sehr rasch zu untragbar hohen Werten führt, so daß praktisch auch hier ein *Schwellenverhalten* vorliegt. Es ist also keine ,,allmähliche'' Verschlechterung einer digitalen Strecke zu beobachten, die Anlaß zur Überprüfung sein könnte; die Verschlechterung tritt vielmehr ,,plötzlich'' ein.

Da *Störgeräusche auf Datenleitungen* unmittelbar Bitfehler verursachen, hat die Geräuschmessung an solchen Leitungen besondere Bedeutung. Daß dazu keine Bewertungsfilter (vgl. Abschnitt 1.4.3) erforderlich sind, ist offensichtlich; trotzdem wird aus Gründen der Einheitlichkeit häufig die *bewertete* Messung gefordert. Neben einer Messung des Grundgeräusches ist deshalb auch die Messung, Zählung oder Registrierung von Störimpulsen verschiedenster Herkunft besonders wichtig.

Durch Störungen verursachte Fehlentscheidungen treten häufiger auf, wenn zusätzlich die einzelnen Schritte nicht exakt im erwarteten Zeitraster liegen, also zeitlich ,,zittern'', was allgemein mit dem englischen Ausdruck *Jitter* bezeichnet wird. In der Datenübertragung nennt man diese Erscheinung *Zeichen-, Telegraphie-* oder *Schrittverzerrung*. Ursprünglich rührten diese Verzerrungen hauptsächlich von dejustierten Telegraphenrelais her, haben aber auch in den linearen Verzerrungen der Leitung ihre Ursache. Werden Datensignale in einer Digitalvermittlung verarbeitet, so ergibt sich ein Jitter durch die geringen, aber unterschiedlich großen Wartezeiten bis ein Flankenwechsel ,,bearbeitet'' wird. Sofern Datensignale auf TF-Wegen — moduliert — übertragen werden, wirkt sich auch das Phasenrauschen der Trägeroszillatoren in entsprechenden Verzerrungen aus.

Die Datenübertragung verwendet auf den analogen Fernsprechwegen verschiedene Modulationsarten: Neben der Amplitudenmodulation benutzt man Phasen- und Frequenzmodulation sowie Kombinationen dieser Arten.

Ein gebräuchliches Verfahren ist z.B. die Phasenumtastung (engl.: Phase Shift Keying, PSK): Eine Trägerschwingung von beispielsweise 1,8 kHz kann mehrere, etwa 4 verschiedene Phasenlagen annehmen (4-PSK). Das entspricht einem vierstufigen Digitalsignal, das je Schritt 2 bit übertragen kann (vgl. Einleitung zu Abschnitt 7.2). Bei einer Schrittgeschwindigkeit von 1,2 kBd läßt sich demnach eine Übertragungsgeschwindigkeit von 2.4 kbit/s erzielen. Der Empfänger arbeitet mit kohärenter Demodulation, wobei zwei Demodulatoren mit der gleichen, jedoch in der Phase um 90° verschiedenen Trägerschwingung gespeist werden. Die Gleichspannungen an den Modulatorausgängen repräsentieren dann gemeinsam die vier möglichen Signalzustände, die z.B. auf einem XY-Oszilloskop ein *Signalzustandsdiagramm* nach Bild 7.2 ergeben.

Die Entscheidungsschwellen sind bei phasenmodulierten Signalen Grenzlinien in der komplexen Ebene. Die in Bild 7.2 eingetragenen Punkte stellen den Idealzustand dar. Ein überlagertes Rauschen läßt diese Punkte mehr und mehr ,,verschwimmen''

Bild 7.2: a) Zeigerdiagramm (Signalzustandsdiagramm) eines Vierphasenmo-
dulierten Datensignales. Die Punkte stellen den Idealfall dar. Das Achsenkreuz
bildet zugleich die Entscheidungsschwellen. Phasenjitter dehnt die Punkte bogen-
förmig auf, Rauschen läßt sie verschwim-
men. b) und c) am Oszilloskop aufgenommene Signalzustandsdiagramme eines
16stufigen amplituden- und phasenmodulierten Datensignales mit den erwähnten
Störungen.

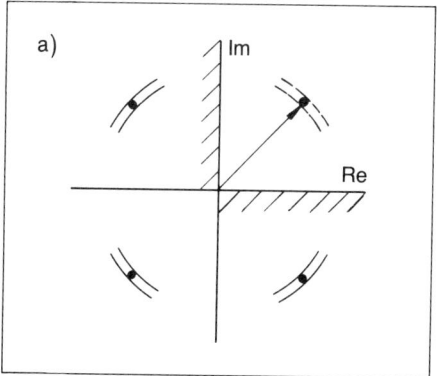

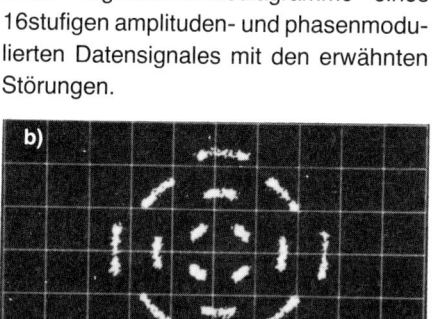

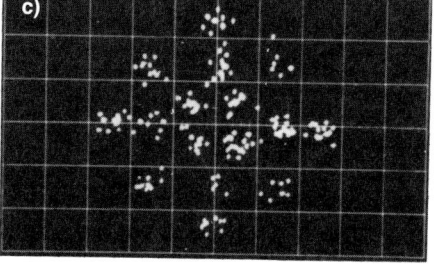

und zwar in reeller und imaginärer Richtung. Die Berechnung der Fehlerhäufigkeit
verläuft nun entsprechend unter Berücksichtigung beider Komponenten. Ein Phasenjitter der Trägerschwingung dehnt den Punkt zu einem Kreisbogenausschnitt auf.
Damit kann auch Jitter direkt zu Fehlern führen, zumindest macht er das Signal anfäl-
liger gegen Störungen durch Rauschen.

Der *Jitter von PCM-Signalen* kann mehrere Ursachen haben: Ein dem Digitalsignal
überlagertes Störgeräusch (z. B. Nebensprechen) läßt die Nulldurchgänge verschwim-
men und ruft Jitter hervor. Das Phasenrauschen der an der Takterzeugung beteiligten
Oszillatoren spielt ebenso eine Rolle wie die Reaktion der Taktrückgewinnungsschaltung in einem Regenerator auf typische digitale Muster ("Musterjitter"). Dazu kommt
noch der durch das "Stopfen" verursachte, relativ niederfrequente Jitter.

Werden mehrere Bitströme zu einem einzigen Strom in einer höheren Hierarchie zusammengefaßt, dann
erfolgt ein Ausgleich zwischen den verschiedenen, voneinander abweichenden Takten durch Einfügen von
Stopfbits in den gemeinsamen Signalstrom. Empfangsseitig werden diese wieder entnommen, was kurze
Phasensprünge verursacht, jedoch im Mittel wieder auf die ursprüngliche Bitrate führt.

7.2 Meßtechnik für Datenübertragungs-
einrichtungen

Im Vergleich zur klassischen Fernsprechübertragungstechnik fällt bei der Datenübertragung die Vielfalt der Systeme und Verfahren auf. Die Dienste sind sehr verschieden, angefangen beim Fernschreibverkehr mit einer Übertragungsgeschwindig-

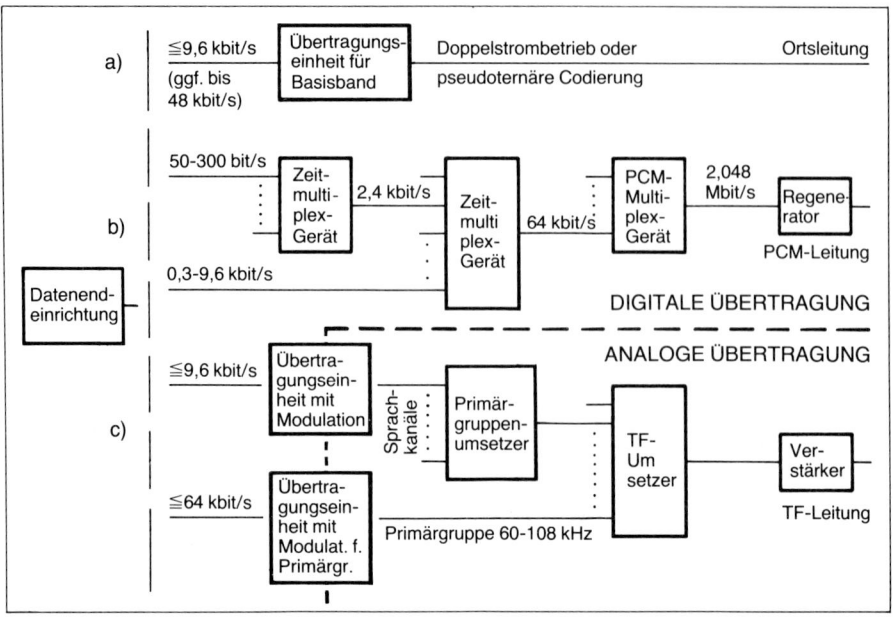

Bild 7.3: Vereinfachte Darstellung der verschiedenen Möglichkeiten zur Datenübertragung.

keit[1] von 50 bit/s bis zur „schnellen Datenübertragung" mit 48 kbit/s und höher, wie sie für die Datenfernverarbeitung notwendig ist. Die einzelnen Zeichen oder Blöcke können *synchron*, also in einem festen Zeitraster oder *asynchron* (dazu zählt der Start-Stop-Betrieb) übertragen werden. Zahlreiche Varianten gibt es bei der eigentlichen Verkehrsabwicklung („Prozeduren"), dabei soll auch an die unterschiedlichen Betriebsarten (Simplex, Halb- oder Vollduplexbetrieb) und Codierungen (Telegraphenalphabet Nr. 2, Nr. 5 u. a.) erinnert werden. Wenn Fernsprechleitungen mit einer unteren Frequenzgrenze von ca. 300 Hz für die Übertragung der digitalen Zeichen herangezogen werden, ist eine *Modulation* notwendig. Amplituden-, Frequenz- und Phasenmodulation, zum Teil kombiniert oder mehrstufig, werden verwendet. Bild 7.3 zeigt die heute gängigen Übertragungsarten und unterscheidet die Bereiche der *digitalen* von denen der *analogen Übertragung*. Dementsprechend teilt sich auch die Meßtechnik auf. [7.51].

Die einfachste Art ist die direkte Übertragung des Datensignales auf Orts- oder Bezirksleitungen (a). Dazu wird im allgemeinen das Einfachstromsignal in ein Doppelstrom- oder pseudoternäres Signal umgeformt, um die Störungen der Nachbaradern klein zu halten. Da ein pseudoternäres Signal gleichstromfrei ist, können Übertrager ggf. im Leitungszug verbleiben. Zur Überbrückung größerer Entfernungen faßt man verschiedene Digitalsignale in Zeitmultiplexgeräten unter Hinzufügung übertragungstechnischer Zeichen zu größeren Bündeln

---

[1] auch Übertragungsrate oder Bitrate genannt und in bit/s angegeben. Zu unterscheiden davon ist die *Schrittgeschwindigkeit*, d.h. die Anzahl der pro Sekunde übertragenen Codeelemente. Sie wird in Bd („Baud") angegeben. Es ist 1 Bd = (ld q) bit/s, wobei q die Stufenzahl des Codes ist. Für binäre Signale ($q = 2$) sind Schritt- und Übertragungsgeschwindigkeit gleich.

zusammen, die dann über eine PCM-Leitung geführt werden (b). Analoge Verbindungen können ebenfalls benützt werden, sobald das Signal in einem „Modem" (Modulator/Demodulator-Baustein) in eine für den Fernsprechkanal geeignete Form gebracht wurde (c). Bei höheren Übertragungsgeschwindigkeiten setzt man Übertragungseinheiten ein, die den Primärgruppenumsetzer umgehen („Breitbandmodem").

Der im Bild dargestellte hierarchische Aufbau muß nicht vollständig durchlaufen werden. Eine Verbindung kann auf tieferer Ebene direkt erfolgen; ebenso sind Kombinationen der Verfahren möglich. [7.7].

7.2.1 Messungen an analogen Einrichtungen zur Datenübertragung

Die Inbetriebnahme und Wartung eines Systems zur Datenübertragung erfordert neben der Messung der Dämpfung, der Laufzeit und des Geräusches weitere ergänzende Messungen [7.8 bis 7.10]: Besonders wichtig ist die Erfassung des Phasenjitters, der durch die Oszillatoren in den TF-Umsetzereinrichtungen, aber auch durch Rufstrom und Netzbeeinflussung entsteht. Die Auswirkung eines Jitters ist aus Bild 7.2 zu ersehen. Jitterwerte von einigen Grad haben schon einen spürbaren Einfluß auf die Fehlerhäufigkeit. Gemessen wird der Spitze-Spitze-Wert, da nicht so sehr die Leistung der Jittermodulation sondern die Spitzenwerte für Bitfehler ausschlaggebend sind.

In Bild 7.4 ist das Blockschaltbild eines Phasenjittermeßgerätes nach der Empfehlung CCITT O.91 dargestellt: Ein Testton von 1020 Hz wird am Eingang eines Fernsprechkanales angelegt und auf der zu prüfenden TF-Strecke übertragen. Auf der Empfangsseite wird die jitterbehaftete Schwingung über eine Eingangsstufe und einen Bandpaß einem Phasenmesser zugeführt. (Die erforderliche Referenzfrequenz wird in bekannter Weise über eine Phasenregelschleife gewonnen.) Das Ausgangssignal des Phasenmessers entspricht der Jittermodulation. Es wird nach Begrenzung auf den wichtigen Frequenzbereich (20 bis 300 Hz) in einer Gleichrichterschaltung verarbeitet und der Spitze-Spitze-Wert angezeigt. Übliche Meßbereiche sind einige Grad bis zu einigen 10 Grad bei einer Unsicherheit von 5 bis 10% des jeweiligen Meßbereiches. Die CCITT-Empfehlungen (z.B. M1020), in denen die Eigenschaften eines für die Datenübertragung geeigneten Fernsprechweges zusammengefaßt sind, nennen als zulässigen Wert einen Jitter von 15° (Spitze-Spitze). [7.11; 7.12; 7.52].

Das im Blockschaltbild gezeigte Gerät ermöglicht weiterhin neben einer bewerteten oder unbewerteten Geräuschmessung die Messung des *Frequenzversatzes,* wie er bei der TF-Übertragung in der Regel auftritt. Unter Frequenzversatz versteht man die Differenz zwischen einer gesendeten und der empfangenen Frequenz, hervorgerufen durch geringe Frequenzabweichungen der Umsetzeroszillatoren vom Sollwert um wenige Hertz oder um Bruchteile davon. Frequenzversatz wirkt sich vor allem bei der kohärenten Demodulation eines Datensignales störend aus. Üblicherweise wird noch ein einwandfreies Arbeiten der Modems bei einem Frequenzversatz bis zu ±6 Hz gefordert. Die bereits genannte Empfehlung M 1020 läßt für Leitungen max. ±5 Hz zu, ein Wert, der im allgemeinen ohne Schwierigkeiten eingehalten werden kann.

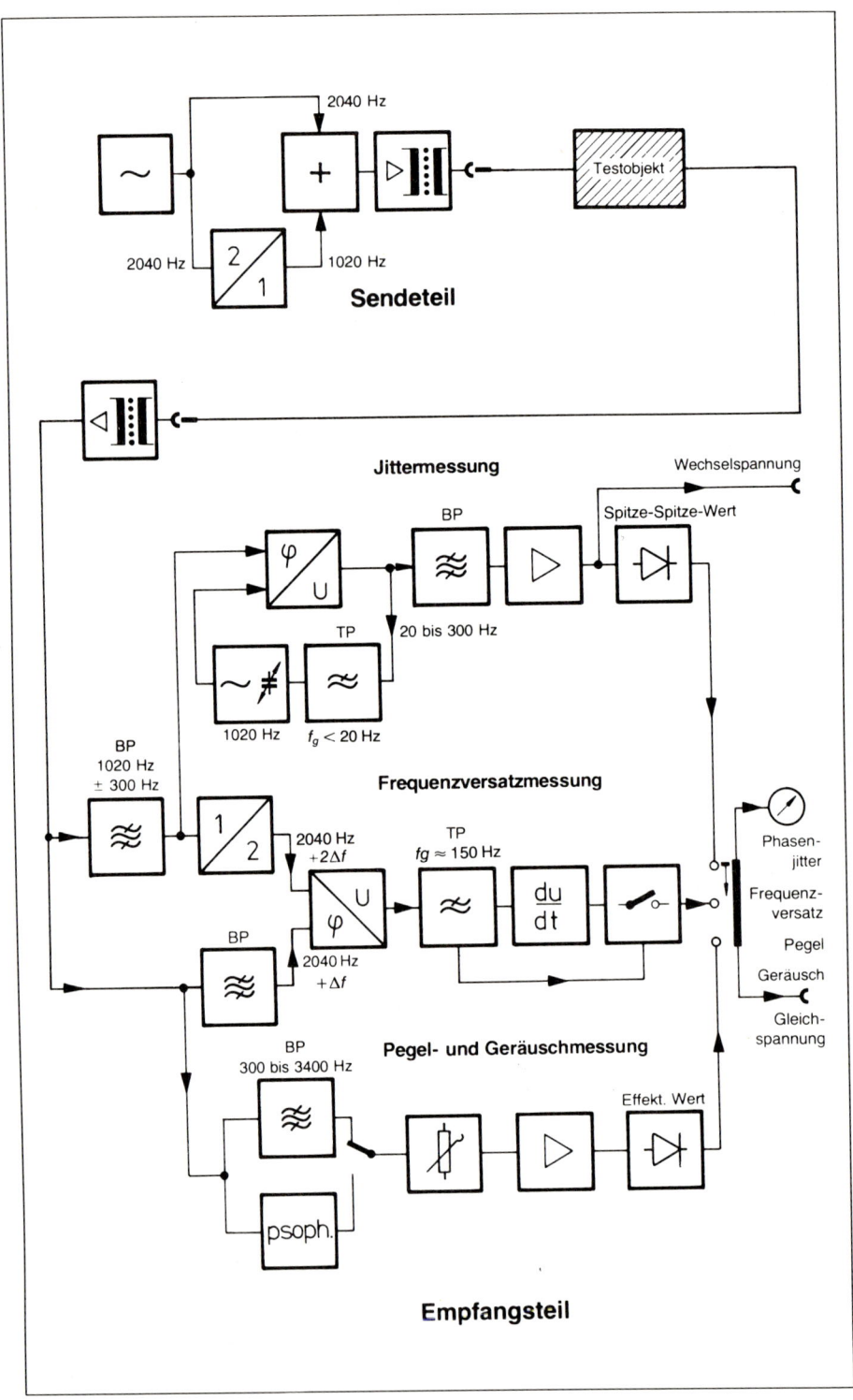

Bild 7.4: Blockschaltbild eines Meßgerätes für Jitter, Frequenzversatz und Geräusch.

Das der Messung zugrunde liegende Verfahren ist sehr einfach: Zusammen mit dem Meßton für Jitter wird dessen erste Oberschwingung (2·1020 Hz) übertragen. Empfangsseitig vergleicht man diese − ggf. um Δf veränderte Frequenz (2040 + Δf) − mit einer dort durch Verdoppelung erzeugten Frequenz 2·(1020 + Δf) = 2040 + 2Δf. Die Differenz beider beträgt Δf. Gemessen wird sie im vorliegenden Gerät mit einem Phasenmesser und nachfolgendem Differenzierer (ω = dφ/dt). Ein Schalter blendet die Impulse aus, die bei Unstetigkeiten in der Kennlinie des Phasenmessers auftreten können (vgl. Tabelle 2.1). Die von einer solchen Meßanordnung geforderten Eigenschaften und verschiedene Meßverfahren sind in der Empfehlung CCITT O.111 zusammengestellt.

Kurzzeitige oder rasche Änderungen der Parameter des Übertragungssystems, die nicht unmittelbar ausgeregelt werden können, rufen ebenfalls Fehler hervor. Dazu zählen *Pegel-* und *Phasensprünge,* kurze *Unterbrechungen* und *Störimpulse.* Diese spontanen Änderungen lassen sich kaum durch eine gezielte Messung erfassen, vielmehr versucht man, sich aus einer Zählung und Klassifizierung oder einer Registrierung über der Zeit einen Überblick über mögliche Zusammenhänge und Ursachen zu verschaffen.

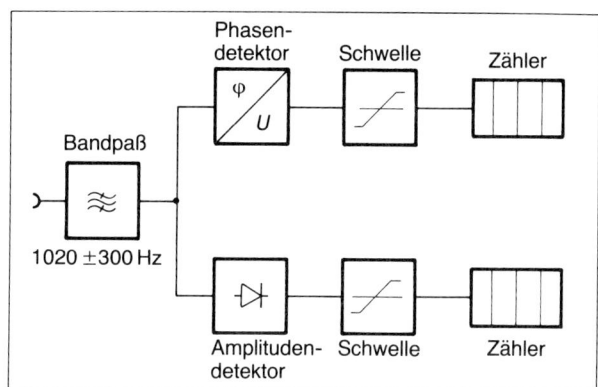

Bild 7.5: Meßschaltung für Pegel- und Phasensprünge beim Meßton 1020 Hz.

Meßgeräte für die genannten Aufgaben sind alle nach dem gleichen Prinzip aufgebaut. Als Beispiel dient ein Gerät zur Messung der Amplituden- und Phasensprünge nach [5.10], dessen vereinfachtes Blockschaltbild in Bild 7.5 wiedergegeben ist: Auf einen Eingangsbandpaß zur Bandbegrenzung (es wird mit dem gleichen Meßton wie für die Jittermessung gearbeitet) folgen ein Phasen- und ein Amplitudendetektor. Die Ausgangsspannungen dieser Detektoren sind den Phasen- und Pegeländerungen des Meßsignales proportional und werden je einer Vergleichsschaltung mit einstellbaren Schwellen zugeführt. Im Phasenmeßkanal können z.B. Schwellen von 10° bis 45° in Stufen von 5° eingestellt werden. Bei der Pegelmessung sind Schwellen von 2, 3 und 6 dB vorgesehen. Phasen- bzw. Pegelsprünge, die die eingestellte Schwelle überschreiten, werden in einem Zähler registriert. Dabei ist eine Zeitsperre vorgesehen (,,Totzeit''), die Sprünge von weniger als 4 ms Dauer unterdrückt.

Die von CCITT in O.61 und O.62 empfohlenen Unterbrechungsmeßgeräte arbeiten ebenfalls selektiv mit einem Meßton von 2 kHz. Die Schwellen zur Registrierung liegen bei 6 und 10 dB für ein einfaches Gerät, eine aufwendigere Anordnung bietet zusätzlich die Schwellen 3 und 20 dB.

Ein Gerät zur Zählung der Störimpulse muß dagegen notwendigerweise breitbandig sein. Die Empfehlung O.71 schlägt in Stufen von 3 dB einstellbare Schwellen vor und nennt Meßzeiten von 5, 15, 30 und 60 min.

7.2.2 Messungen an digitalen Einrichtungen zur Datenübertragung

7.2.2.1 Fehlerhäufigkeitsmessungen

Die wichtigste digitale Messung an einer Datenverbindung ist die Bestimmung der Fehlerhäufigkeit. Dazu wird auf der Sendeseite ein bekannter Text ausgesendet und empfängerseitig auf Richtigkeit kontrolliert. In der *Fernschreibtechnik* sind kurze Prüftexte üblich[1], die vom Auge ,,auf Richtigkeit geprüft'' werden und zugleich eine Kontrolle aller Typen der Fernschreibmaschine zulassen. Die Datenübertragung verwendet kurze Folgen von 0-1-Signalen (z.B. 1000..., 1110... usw.) und sog. *Pseudozufallstexte,* vor allem den in der CCITT-Empfehlung V. 52 festgelegten 511-Bit-Text, der in einem *rückgekoppelten Schieberegister* erzeugt wird. Sender und Empfänger enthalten das gleiche Schieberegister und können deshalb gemeinsam anhand des Bildes 7.6 beschrieben werden.

Das aus n Stufen aufgebaute Schieberegister ist von seinem Ausgang und einem oder mehreren Abgriffen über einen bzw. mehrere Modulo-2-Addierer (Exklusiv-Oder) rückgekoppelt. Jedes der n Flip-Flops kann die beiden möglichen Zustände 0 und 1 annehmen; insgesamt sind also 2^n Kombinationen denkbar, die nach

---

[1] z.B. ,,The quick brown fox jumps over the lazy dog 1 2 3 4 5 6 7 8 9 0''

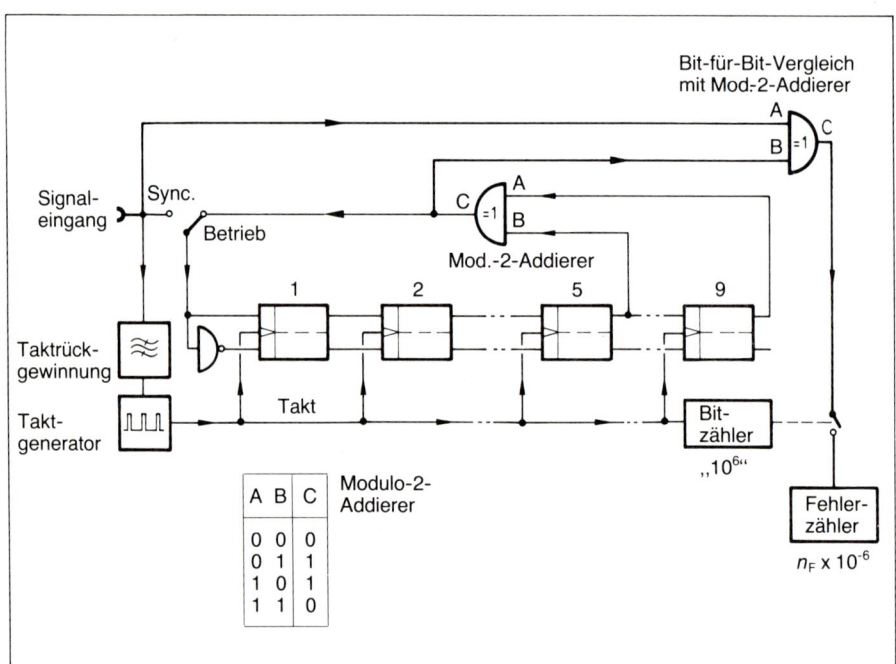

Bild 7.6: Prinzip eines Fehlerhäufigkeitsmessers. (Das Sendesignal wird in einem gleich aufgebauten Schieberegister erzeugt.) Zur Synchronisation des Empfängers wird dessen Register eine zeitlang mit dem einlaufenden Signal gespeist und dann rückgekoppelt. Die Fehlerhäufigkeit ergibt sich aus dem Quotienten der gezählten Fehler und den insgesamt empfangenen Bits. Wenn der Bitzähler 10^6 bit durchläßt, kann die Fehlerzahl n_F als Fehlerhäufigkeit $F_{Bit} = n_F \cdot 10^{-6}$ gelesen werden.

und nach das Schieberegister durchlaufen, wenn die Flip-Flop-Schaltungen von einem Taktgenerator ange-steuert werden. Lediglich ein einziger Zustand ist unzulässig: Wenn alle Register am Ausgang Null aufweisen, erzeugt der Modulo-2-Addierer ebenfalls nur Nullen für den Eingang und der Pseudo-Zufallsgenerator verharrt in dieser Position. Durch geeignete Vorkehrungen kann dieser Zustand vermieden werden, es ergibt sich dann maximal eine Periode von 2^n-1 bit am Ausgang des Zufallsgenerators. Im vorliegenden Fall erhält man mit n = 9 eine Folge von 2^9-1 = 511 bit. [7.13].

Der Empfänger besitzt einen gleichartig aufgebauten Zufallsgenerator, der das Referenzsignal erzeugt. Die Synchronisation mit dem zu prüfenden Signal erfolgt z.B. dadurch, daß das ankommende Signal für eine ge-wisse Zeit anstelle des zurückgekoppelten in die Register eingeschrieben wird. (Bild 7.6). Schaltet man danach auf die Rückkopplung um, so wird intern das gleiche Muster synchron erzeugt und kann zum Bit-für-Bit-Vergleich herangezogen werden. Selbstverständlich muß der Taktgenerator des Empfängers auf den Takt des einlaufenden Signales abgestimmt werden. Der eigentliche Vergleicher besteht lediglich aus einem wei-teren Modulo-2-Addierer: Sobald sich die beiden Signale an seinem Eingang unterscheiden, ergibt sich eine 1 am Ausgang, die in einem Fehlerzähler summiert wird.

Aufgrund der Forderung nach hoher Übertragungssicherheit, d.h. kleinster Fehler-häufigkeit, wurden Verfahren zur Fehlererkennung entwickelt. Werden in einem *Daten-block* bestimmter Länge ein oder mehrere Fehler festgestellt, dann wird der ganze Block wiederholt. Blocklänge und Bitfehlerwahrscheinlichkeit müssen in einem ver-nünftigen Verhältnis stehen, wenn nicht durch eine zu häufige Blockwiederholung die Übertragung schleppend werden soll. Es ist deshalb sinnvoll, *Blockfehlerhäufigkeiten* bei verschieden langen Blöcken zu messen. Meßgeräte, die außer zur Bitfehlermes-sung auch zur Messung der Blockfehlerhäufigkeit eingerichtet sind, besitzen deshalb umschaltbare Blocklängen. Für grundsätzliche Überlegungen arbeitet man gerne mit einem Modell eines Datenkanales, bei dem die einzelnen Fehler statistisch unabhängig voneinander sind. Dann läßt sich mit den Gesetzen der Statistik die Blockfehlerwahr-scheinlichkeit P_{Block} aus der Bitfehlerwahrscheinlichkeit P_{Bit} errechnen. Als gute Nähe-rung ergibt sich bei einer Blocklänge *l* die Blockfehlerwahrscheinlichkeit zu

$$P_{Block} \approx P_{Bit} \cdot l \ . \tag{7.2}$$

Die Näherung gilt unter der Voraussetzung, daß $P_{Bit} \cdot l \ll 1$ ist und deshalb zwei oder mehr Fehler in einem Block so gut wie nie auftauchen. Allerdings trifft diese Annahme der statistischen Unabhängigkeit nicht immer zu. Häufig hat man es mit ganzen *Fehler-bündeln* (auch *Fehlerbüschel* oder engl.: burst) zu tun, so daß im allgemeinen die gemessene Blockfehlerhäufigkeit günstiger ist als die errechnete. Fehlerbündel wer-den z.B. durch Störimpulse, Wählsignale usw. verursacht. [7.14 bis 7.16].

Eine Variante der Blockfehlermessung stellt die Ermittlung der *fehlerbehafteten* bzw. *fehlerfreien Sekunden* (engl.: Error-Free-Seconds, abgekürzt EFS) in einem bestimm-ten Zeitabschnitt *T* dar. Die Blocklänge ist in diesem Fall durch die Zahl der Bits in einer Sekunde festgelegt.

Wenn *v* die Übertragungsgeschwindigkeit ist, dann werden in einer Sekunde $v \cdot 1s$ bit übertragen. Die „Block-länge" ist also $l = v \cdot 1s$. In der gefragten Zeit *T* liegen insgesamt $m = T/s$ Sekunden vor, von denen defini-tionsgemäß $m_F = P_{Block} \cdot m$ fehlerbehaftet sind:

$$m_F = P_{Block} \cdot \frac{T}{s} = P_{Bit} \cdot v \cdot 1s \cdot \frac{T}{s} = P_{Bit} \cdot v \cdot T. \tag{7.3}$$

(Die Beziehung gilt mit den Einschränkungen der Näherung Gl. (7.2)).

Beispiel 7.1

Bei einer Datenübertragung mit einer Übertragungsgeschwindigkeit von $v = 2400$ bit/s wird eine Fehlerwahrscheinlichkeit $P_{Bit} \leq 10^{-6}$ erwartet. Mit wieviel Fehlern n_F kann man in einer Meßzeit T im Mittel rechnen? Wieviel fehlerbehaftete Sekunden sind in 1 Stunde zu erwarten?

Nach Gl. (7.1) ist mit $F_{Bit} = P_{Bit}$

$$P_{Bit} = \frac{n_F}{n} = \frac{n_F}{v \cdot T}$$

$$n_F = P_{Bit} \cdot v \cdot T = 10^{-6} \cdot 2400 \text{ bit/s} \cdot T.$$

Es ergeben sich folgende Wertepaare:

T	1 s	417 s $\approx$ 7 min	1 h	1 h 10 min
n_F	$(2{,}4 \cdot 10^{-3})$	1	8,6	10

Solange mit hoher Wahrscheinlichkeit nicht mehrere Fehler in einem Block auftauchen ($P_{Bit} \cdot l \ll 1$), also keine Bündelfehler vorliegen, gelten die obigen Resultate auch für die fehlerbehafteten Blöcke. Faßt man die Zahl der Bits je Sekunde ($v \cdot$ 1s) als Blocklänge auf, dann ist auch $P_{Bit} \cdot v \cdot 1s = 10^{-6} \cdot 2{,}4 \cdot 10^3 \ll 1$ erfüllt und man erhält je Stunde 8,6 fehlerhafte Sekunden. ●

Das Beispiel zeigt, daß selbst bei nicht allzu kleinen Fehlerhäufigkeiten[1] lange Meßzeiten erforderlich sind, um überhaupt *einen* Fehler zu registrieren. Dazu kommt, daß bei sehr wenig Fehlern die statistische Sicherheit eines Rückschlusses vom Meßergebnis auf die gesuchte Fehlerwahrscheinlichkeit P noch sehr gering ist. Deshalb ist es sinnvoll, bei Messungen an Systemen mit relativ niederen Übertragungsgeschwindigkeiten registrierende Verfahren, insbesondere Zähler und Drucker zu verwenden.

Der Zusammenhang zwischen notwendiger Meßzeit und geforderter statistischer Sicherheit des Resultates läßt sich über die Poisson-Verteilung errechnen. Sie ist besonders zur Beschreibung von Experimenten geeignet, bei denen die Wahrscheinlichkeit für ein positives Ergebnis des Versuches ($\triangleq$ Fehler) sehr gering ist, die Zahl der Versuche ($\triangleq$ übertragene Bits) dafür aber groß ist. [7.17; 7.18]. Als Ergebnis folgt

$$P_{Bit} \leq \frac{n_F}{v\,T} \cdot k = F_{Bit} \cdot k, \tag{7.4}$$

wobei der Faktor k in Bild 7.7 als Funktion der Fehlerzahl n_F für drei verschiedene statistische Sicherheiten S[2] angegeben ist.

---

[1] Im Telex- und Datexnetz rechnet man mit 10^{-6} bis 10^{-5}.
[2] Vergleiche Abschnitt 0.3.2; dort ist die statistische Sicherheit mit P bezeichnet.

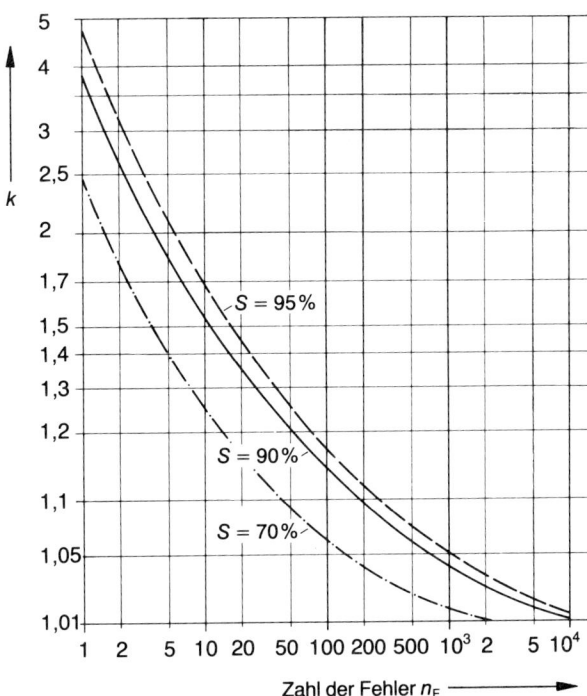

Bild 7.7: Zum Vertrauensbereich bei der Fehlerzählung.

Zur praktischen Berechnung benützt man den engen Zusammenhang zwischen der Summenhäufigkeit der Poisson-Verteilung und der Chi-Quadrat-Verteilung, die öfters in geeigneter Form tabelliert ist [7.19; 7.20]. Ebenso läßt sich folgende einfache Näherung für die Fehlerzahl n_F bei gegebener Schranke k verwenden; sie gilt für $P_{Bit} \ll 1$:

$$n_F = \frac{c^2 \cdot k}{(k-1)^2} \ .$$

$c = c(S)$ ist der den Vertrauensbereich kennzeichnende Parameter:

S	95%	90%	70%
c	1,64	1,28	0,52

Man entnimmt Bild 7.7, daß für $n_F = 10$ Fehler eine Messung bei ausreichender statistischer Sicherheit ($S = 90\%$) noch mit einem Fehler von bis zu 50% behaftet ist. Das reicht in vielen Fällen aus. Die dazu erforderliche Meßzeit ergibt sich aus Gl. (7.4) zu

$$T = \frac{10}{v \cdot F_{Bit}} \approx \frac{10}{v \cdot P_{Bit}} \ .$$

Da der Vertrauensbereich direkt mit der Zahl der Fehler verbunden ist, wird häufig eine absolute *Fehlerzählung* anstelle einer (relativen) Häufigkeitsmessung vorgenommen.

Beispiel 7.2

Eine Fehlerhäufigkeitsmessung bei einer Datenübertragung mit $v = 64$ kbit/s über eine Meßzeit von 60 sec ergab $F_{Bit} = 3 \cdot 10^{-6}$. Ist das Ergebnis zuverlässig? In welchem Bereich dürfte die Fehlerwahrscheinlichkeit liegen?

Aus der gegebenen Fehlerhäufigkeit errechnet sich mit der Meßzeit T und der Übertragungsgeschwindigkeit v die absolute Zahl n_F der Fehler zu:

$$F_{Bit} = \frac{n_F}{v \cdot T} \; ; \quad n_F = F_{Bit} \cdot v \cdot T = 3 \cdot 10^{-6} \cdot 64 \cdot 10^3 \, \text{bit/s} \cdot 60\,\text{s} \approx 12 \; .$$

Nach Bild 7.7 wird die Fehlerwahrscheinlichkeit mit $k = 1{,}5$ ($S = 90\%$) unter $1{,}5 \cdot 3 \cdot 10^{-6} = 4{,}5 \cdot 10^{-6}$ liegen. $\bullet$

7.2.2.2 Verzerrungsmessungen

Die vom Demodulator oder von der Basisband-Übertragungseinrichtung an die Endeinrichtung gelieferten Signale können um so leichter erkannt werden, je weniger sie vom idealen Verlauf abweichen [7.21]. Wesentliche Kennzeichen des Datensignales sind die Zeitpunkte des Überganges vom einen in den anderen Kennzustand (Bild 7.8). Man unterscheidet den tatsächlichen *Kennzeitpunkt* vom idealen *Sollzeitpunkt* und gibt die relative Abweichung als Schrittverzerrung oder kurz als Verzerrung an. Die Ursachen für solche Verzerrungen sind vielfältig: Schlecht justierte Relais, lineare Verzerrungen auf den Übertragungsleitungen, Phasenrauschen und Phasensprünge auf TF-Strecken oder der Durchgang eines Datensignales durch eine digitale Vermittlung usw.

Eine ständig vorhandene, einseitige Verlängerung des einen Kennzustandes auf Kosten des anderen bezeichnet man als *einseitige Verzerrung* (Bild 7.8a) und beschreibt sie in Prozent mit

$$\delta_e = \frac{T_1 - T_0}{T_1 + T_0} \cdot 100\% \; . \tag{7.5}$$

Praktisch kann man sie nur an einem 1010…-Signal messen, denn bei einem beliebigen Signal würden sich weitere Einflüsse überlagern. Je nachdem, welcher Kennzustand betont wird, ergeben sich aus Gl. (7.5) negative oder positive Werte. Entsprechend der Zuordnung $0 \triangleq$ Startpolarität und $1 \triangleq$ Stoppolarität spricht man auch bei Start-Stop-Verfahren von „x % startpolar" für negative bzw. „x % stoppolar" für positive Werte.

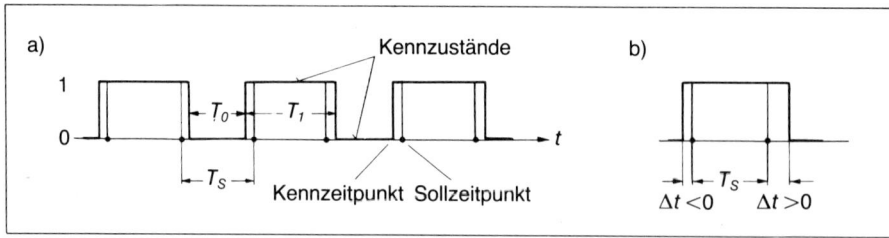

Bild 7.8: a) Einseitige Verzerrung eines Binärsignales, b) zur Definition der individuellen Verzerrungen. Ein Nacheilen einer Flanke gegenüber dem Sollzeitpunkt wird als positive Verzerrung definiert.

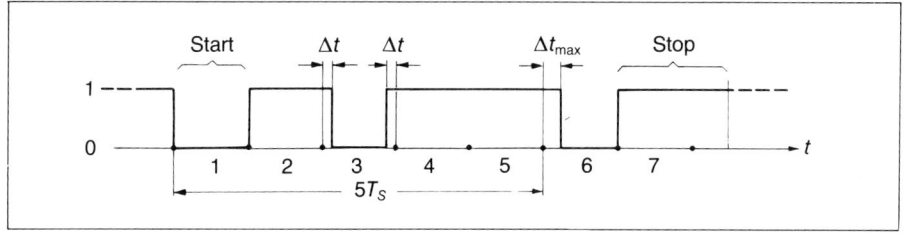

Bild 7.9: Buchstabe F (Nr. 6) im internationalen Telegraphenalphabet Nr. 2 mit obligatorischem Start- und Stopzeichen. Die Sollzeitpunkte sind Vielfache der idealen Schrittdauer T_S vom Einsatz des Startzeichens aus gerechnet.

Im praktischen Betrieb erfährt jedes Zeichen, d.h. jeder Polaritätswechsel eine andere zeitliche Verschiebung Δt vom Sollzeitpunkt. Deswegen gibt man eine *individuelle Verzerrung* an, die durch Gl. (7.6) definiert ist (T_S = Schrittdauer):

$$\delta_{ind} = \frac{\Delta t}{T_S} \cdot 100\%. \tag{7.6}$$

Entsprechend der Lage des Kennzeitpunktes zum Sollwert ergeben sich *positive* oder *negative Werte*. Ein Nacheilen einer Vorder- oder Rückflanke erhält nach Bild 7.8b im Sinne der positiven Zeitachse auch ein positives Vorzeichen und umgekehrt. Wie die Bezeichnung „individuelle Verzerrung" schon ausdrückt, versteht man darunter die jedem Übergang eigentümliche zeitliche Verschiebung, die sich meßtechnisch nur mit einer Momentaufnahme des zeitlichen Verlaufes erfassen läßt (oszilloskopische Darstellung).

Interessant sind aber eigentlich nur die *größten vorkommenden* Abweichungen. Man gibt deswegen die Summe aus größter positiver individueller Verzerrung Δt_{max} und betragsmäßig größter negativer individueller Verzerrung Δt_{min} innerhalb eines gewissen Zeitraumes an und bezeichnet dieses Maß bezogen auf T_S als *isochrone Verzerrung*[1] (diese kann nur positive Werte annehmen):

$$\delta_{is} = \frac{\Delta t_{max} + |\Delta t_{min}|}{T_S} \cdot 100\% . \tag{7.7}$$

Die Forderung, nur den größten Wert anzugeben, läßt sich gerätetechnisch leicht erfüllen. Üblicherweise wird der größte gemessene Wert in einer bestimmten Zeitspanne von einigen Sekunden oder 20 Sekunden und zwar repetierend angezeigt. (CCITT V.51).

Die Messung der isochronen Verzerrung wird nicht nur bei synchroner Übertragung durchgeführt. Auch bei asynchronem Betrieb kann eine isochrone Verzerrung angegeben werden. Die Sollzeitpunkte einer Zeichenfolge werden dabei vom Startimpuls aus gerechnet. Als *Start-Stop-Verzerrungsgrad* (Bild 7.9) gibt man die größte zeit-

---

[1] isochron, griechisch: von gleicher Dauer.

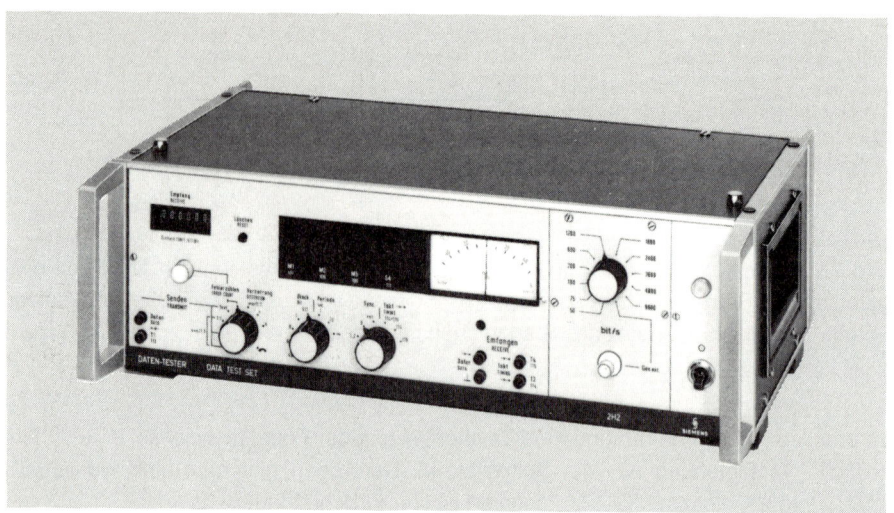

Bild 7.10: Gerät zur Messung von Verzerrungen, Bit- und Blockfehlerhäufigkeiten bei Übertragungsgeschwindigkeiten von 50 bis 9600 bit/s.

liche Abweichung $|\Delta t_{max}|$ innerhalb einer durch Start- und Stopschritt definierten Folge und zwar bezogen[1] auf die ideale Schrittdauer T_S an:

$$\delta_{St} = \frac{|\Delta t_{max}|}{T_S} \cdot 100\%. \tag{7.8}$$

Auf eine Vorzeichenangabe wird dabei meistens verzichtet. Zur Messung verwendet man ebenfalls ein Oszilloskop.

Ein Beispiel eines Meßgerätes für Fehlerzahl und Verzerrungen zeigt Bild 7.10. Es kann bei Geschwindigkeiten von 50 bis 9600 bit/s eingesetzt werden. Der Sendeteil verfügt über den 511-bit-Text, die 1010...-Folge sowie Dauer-0- und Dauer-1-Signale, die mit den Pegeln- und Quellenwiderständen nach den V24/V28-Empfehlungen verfügbar sind.[2]

Der Empfangsteil verarbeitet entweder das am Ort oder in der Gegenstation durchgeschleifte Signal oder ein dort separat erzeugtes. Die Synchronisation wird intern durchgeführt oder ggf. aus dem Takt der Datenübertragungseinrichtung abgeleitet. In der Betriebsart „Fehler zählen" werden die Bit- oder Blockfehler gezählt. Um Auskunft über die günstigste Blocklänge zu bekommen oder um den tatsächlichen Verhältnissen zu entsprechen, können interne Blöcke mit l = 8, 64, 511 und 4088 bit Länge gebildet werden.

Die registrierten Fehler werden mit einem elektronischen Zähler angezeigt; die Zahl der empfangenen Blöcke ist an einem mechanischen Zähler ablesbar. Mit Kenntnis der Meßzeit läßt sich aus der Zahl der Bitfehler die Fehlerhäufigkeit F_{Bit} bestimmen. Die Blockfehlerhäufigkeit ergibt sich nach der Definition aus dem Verhältnis der registrierten Blockfehler zu der Zahl der eingelaufenen Blöcke.

---

[1] daher auch als *Bezugsverzerrungsgrad* bezeichnet.

[2] Die CCITT-Empfehlung V.24 (DIN 66020 [7.22]) enthält Angaben über die Schnittstelle zwischen Datenend- und Datenübertragungseinrichtung. Außer den eigentlichen Datenleitungen werden die Funktionen von ca. 20 weiteren Leitungen festgelegt, die verschiedene Gerätezustände, Befehle und Quittungen signalisieren. V.28 nennt die zugehörigen elektrischen Parameter (Quellenwiderstand, Spannung). Über weitere gebräuchliche Schnittstellen siehe [7.54].

In einer weiteren Betriebsart können *Verzerrungen* gemessen werden. An einem 1010-Signal kann die einseitige Verzerrung bestimmt werden; die jeweils größten positiven bzw. negativen individuellen Verzerrungen innerhalb einer einstellbaren Überwachungszeit (1 s und 20 s) werden digital angezeigt; außerdem kann die isochrone Verzerrung als Summe der größten individuellen Verzerrungen direkt abgelesen werden.

Seitdem Mikroprozessoren als Kleinrechner Eingang in die Meßtechnik gefunden haben, sind Geräte auf dem Markt, die den Verkehr auf der Verbindung zwischen Datenendgerät und Datenübertragungseinrichtung überwachen (,,Schnittstellenüberwachungsgerät, Datenmonitor usw.''). Ihre Möglichkeiten reichen von einer einfachen Aufzeichnung des Verkehrs an einem Monitorbildschirm über die Fehlerhäufigkeitsmessung bis zu Verzerrungs- oder allgemeinen Zeitmessungen. Die Analyse, warum ein Fehler auftritt, wird erleichtert, wenn der gesamte Verkehr ständig einen Speicher durchläuft. Dieser wird ,,eingefroren'', sobald ein bestimmtes Ereignis oder ein Fehler registriert wird. Die gesamte Vorgeschichte, die ggf. den Fehler verursachte, kann dann am Bildschirm untersucht werden. Die Geräte können auch ersatzweise an die Stelle des Endgerätes oder der Übertragungseinrichtung treten und deren Funktionen simulieren.

7.3 Meßtechnik für PCM-Systeme

Um die Vorteile der digitalen Übertragung auch für analoge Signale, etwa Fernsprechsignale und Tonprogramme, ausnutzen zu können, wurde die Pulscodemodulation entwickelt. [7.32]. Durch Abtasten werden zeitdiskrete Amplitudenproben gewonnen, quantisiert und als Binärzahlen übertragen. Allen gängigen *Fernsprech-PCM-Systemen* gemeinsam ist die *Abtastfrequenz von 8 kHz* (entsprechend einer maximal übertragbaren Frequenz von 4 kHz) und eine *Quantisierung in 2 x 128 Stufen.* Sie unterscheiden sich dagegen in der Kanalzahl und in der Kompanderkennlinie (siehe Abschnitt 7.3.1). So besitzen die europäischen 30-Kanal-Systeme die sog. A-Kennlinie, während die nordamerikanischen 24-Kanal-Systeme die μ-Kennlinie verwenden (CCITT G.711).

Die Meßtechnik läßt sich aufteilen in eine, die zwischen den Analogeingängen bzw. -ausgängen Untersuchungen durchführt, in eine, die den Übergang vom Analogsignal zum Digitalsignal und umgekehrt verfolgt und schließlich in eine, die nur die rein digitale Übertragung zum Gegenstand hat. [7.23; 7.24; 7.33].

Bild 7.11 zeigt die einzelnen Abschnitte und zugleich die wesentlichen Teile eines PCM-Systems. Die 30 analogen Fernsprechkanäle werden im sog. *Multiplexer* abgetastet, quantisiert, codiert und zusammengefaßt, nachdem sie zuvor im *Kennzeichenumsetzer* von den vermittlungstechnischen Zeichen getrennt worden sind. Diese werden dem Multiplexer gesondert zugeführt und von diesem − codiert − in den Zeitkanal 16 eingefügt (vgl. Bild 7.15). Die eigentliche Übertragungsstrecke beginnt und endet mit dem *Leitungsendgerät* (siehe Abschnitt 7.3.3) und enthält *Regeneratoren* in einem vom Kabeltyp abhängigen Abstand von 2 bis 4 km. Die Empfangsstelle entspricht im Aufbau der Sendestelle. Der Übersichtlichkeit wegen ist hier nur eine Übertragungsrichtung gezeichnet.

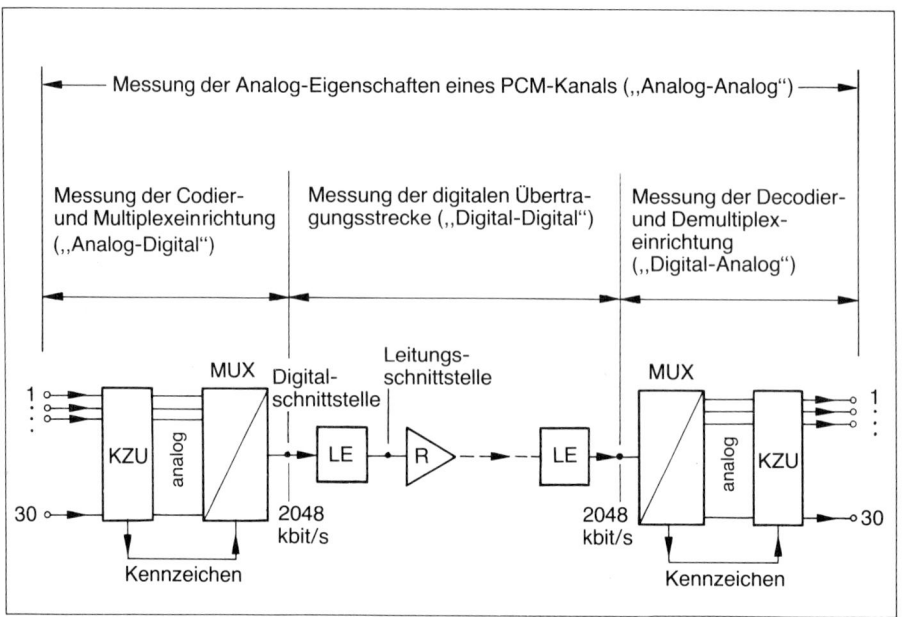

Bild 7.11: Aufbau eines 30-Kanal-PCM-Systems. (KZU Kennzeichenumsetzer, MUX Multiplexer, Demultiplexer, LE Leitungsendgerät, R Regenerator.)

7.3.1 Messungen zwischen Analogeingang u. -ausgang

Neben den bekannten Messungen an einem Fernsprechkanal, wie absolute und frequenzabhängige Restdämpfung oder Nebensprechen, gibt es zwei typische Meßaufgaben, die auf die Eigenart der digitalen Übertragung zurückgehen. Die Quantisierung mit endlich breiten Stufen erzeugt bereits am Sendeort die Quantisierungsverzerrungen, die sich am Empfangsort als Quantisierungsgeräusch bemerkbar machen. Um auch bei verschieden großen Pegeln stets etwa den gleichen Abstand zwischen Nutzsignal und Geräusch zu erzielen, werden kleine Signale mit feiner Stufung und die großen Momentanwerte stärkerer Signale mit gröberer Stufung quantisiert. Die so entstehende *Kompressorkennlinie* (Bild 7.12) besitzt also etwa den Verlauf der Logarithmusfunktion. Allerdings wird sie als Polygonzug ("Segmentkennlinie") definiert und im Unterschied zum Logarithmus existiert sie auch für negative Werte und ist in der Umgebung des Nullpunktes durch eine lineare Funktion angenähert. (CCITT G.711).

Selbstverständlich muß die (extrem nichtlineare) Verzerrung die das Signal sendeseitig durch die Kompressorkennlinie erfährt, am Empfangsort wieder ausgeglichen werden. Das leistet die inverse, sog. *Expanderkennlinie*[1]. Wenn nun beide Kennlinien sich nicht ideal ergänzen, entsteht insgesamt eine nichtlineare Übertragungskennlinie, die entsprechende Verzerrungen zur Folge hat. Diese werden meßtechnisch zusammen mit dem Quantisierungsgeräusch erfaßt. Man spricht deswegen zutreffen-

---

[1] Aus Kompressor- und Expanderkennlinie wurde das Kunstwort *Kompanderkennlinie* gebildet.

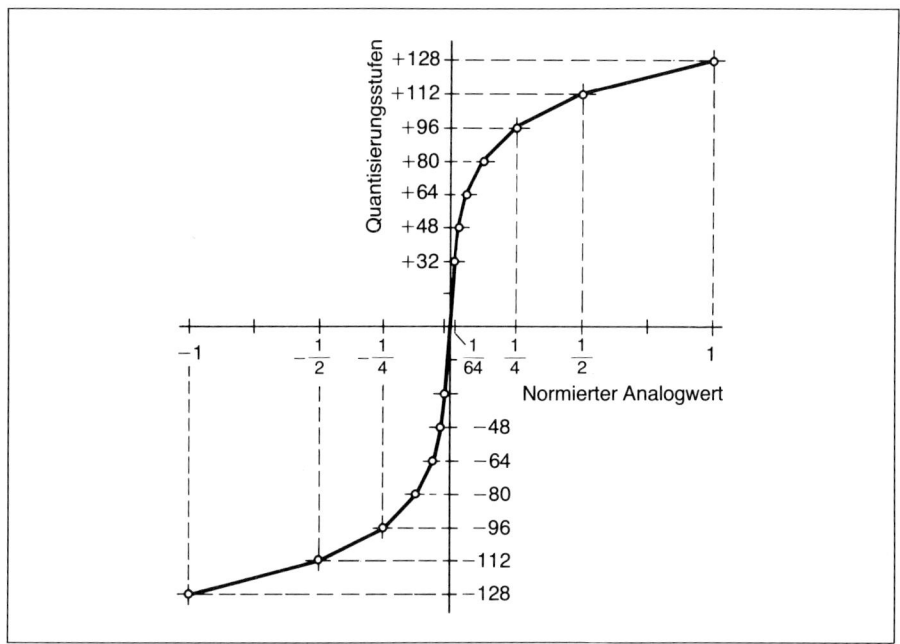

Bild 7.12: Verlauf der 13-Segment-Kennlinie („A-Gesetz"). Die Knickpunkte ergeben sich durch fortlaufendes Halbieren des Analogwertes, wobei jedem Intervall 16 der 128 Stufen eines Astes zugeordnet sind. Das kleinste Intervall enthält 32 Stufen.

der von einer *Messung der Gesamtverzerrung* (engl.: total distortion). Die Messung wurde bereits in Abschnitt 5.4.2 als besondere Form der Rauschklirrmethode beschrieben.

Eine unzureichende Übereinstimmung von Kompressor- und Expanderkennlinie wirkt sich auch in einer *Pegelabhängigkeit der Restdämpfung* aus, einem Effekt, den die rein analoge Übertragungstechnik nicht kennt. Die Ausführung einer solchen Messung ist recht einfach: Während sonst die Restdämpfung mit einem Sinuston nur bei *einem* Pegel gemessen wird, wird dieser nun variiert (Bild 7.13). Dabei fallen 3 Gebiete auf: Im rechten Teil steigt die Restdämpfung stark an, sobald die für die Quantisierung verfügbaren Stufen ausgeschöpft sind. Der dem Digitalwert zugeordnete Pegel, d.h. der empfangene Pegel, kann dann einem weiter steigenden Sendepegel nicht mehr folgen. Im mittleren Teil ergibt sich gute Übereinstimmung zwischen Sende- und Empfangspegel, sofern auch die jeweiligen Kennlinien sich gegenseitig richtig ergänzen. Bei kleinen Pegeln machen sich zunächst die Quantisierungsstufen bemerkbar, bis dann bei kleinsten Werten ein empfangsseitig immer noch vorhandenes „Kanalruhegeräusch" (siehe unten), zu großen negativen Dämpfungen führt[1].

Da die Feinstruktur der Kurve als Folge der Quantisierungsstufen kaum meßtechnisch wichtige Aussagen liefert, jedoch für eine Übersichtsmessung bei wenigen Meß-

---

[1] Häufig findet man auch Angaben zur Pegelabhängigkeit der Verstärkung statt der Dämpfung. Beide Angaben unterscheiden sich nur durch das Vorzeichen.

Bild 7.13: Toleranzschema und prinzipieller Verlauf der Pegelabhängigkeit der Restdämpfung mit Sinussignal. Die Kurve biegt nach oben ab, sobald die Aussteuerungsgrenze erreicht ist. Diese Grenze läßt sich jedoch besser durch den Pegel bestimmen, bei dem die Restdämpfung auf 1 dB angestiegen ist; dieser liegt sehr genau 2 dB darüber. (Der Pegel ist selektiv zu messen.)

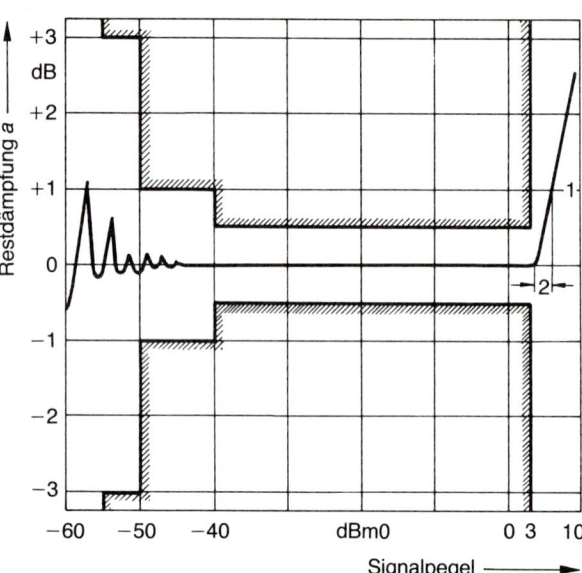

punkten nur ein unzureichendes Bild vermittelt, verwendet man anstelle des Sinussignales oft ein *Rauschsignal,* mit dem ein gleichmäßigerer Verlauf erzielt werden kann, da die Stufensprünge stärker verwischt werden.

Jeder Übertragungskanal zeigt ein mehr oder weniger großes Grundgeräusch. Dies nimmt bei analoger Übertragung etwa proportional zur Entfernung zu (ca. 3 pW0p/km), bleibt aber bei digitaler Übertragung nahezu auf dem bereits durch die Quantisierung verursachten Wert. Auch bei fehlendem Signal am Eingang des Kanals verursacht das stochastische Hin- und Herkippen zwischen den kleinsten Stufen ein *Kanalruhegeräusch,* das bei einwandfreien Anlagen unter −65 dBm0p liegt und mit einem Geräuschpegelmesser direkt gemessen werden kann.

Das Ruhegeräusch des europäischen 30-Kanal-Systems mit den Daten nach der CCITT-Empfehlung G.712 ergibt sich nach folgender Rechnung: Die kleinste Stufe der Kennlinie entspricht dem normierten Analogwert $\frac{1}{64} \cdot \frac{1}{32} = \frac{1}{2048}$, (vgl. Bild 7.12 und 7.14). Sie wird im Decodierer mit der halben Stufenhöhe $\frac{s}{2} = \frac{1}{2} \cdot \frac{1}{64 \cdot 32}$ wiedergegeben. Bei exakt symmetrischer Kennlinie (kein Nullpunktversatz) würde selbst das kleinste Rauschsignal am Eingang eine Rechteckspannung am Ausgang hervorrufen. Der Pegel dieses „Stufenkippens" liegt deshalb um

$$\Delta p = 20 \cdot \lg \frac{1}{2 \cdot 64 \cdot 32} = -72,25 \text{ dB}$$

unter einer Rechteckspannung mit der relativen Amplitude 1. Deren Pegel liegt seinerseits um 3,01 dB über dem einer Sinusspannung mit dem relativen Spitzenwert 1. Einer solchen wird aber vereinbarungsgemäß der reduzierte[1] Pegel 3,14 dBm0 zugeordnet (CCITT G.711). Das Kanalruhegeräusch liegt damit bei

$$-72,25 \text{ dB} +3,01 \text{ db} +3,14 \text{ dBm0} = -66,1 \text{ dBm0}$$

Besitzt die Codiererkennlinie einen gewissen Nullpunktversatz, so kann das Stufenkippen u. U. ganz verschwinden.

---

[1] vgl. Abschnitt 1.2.2

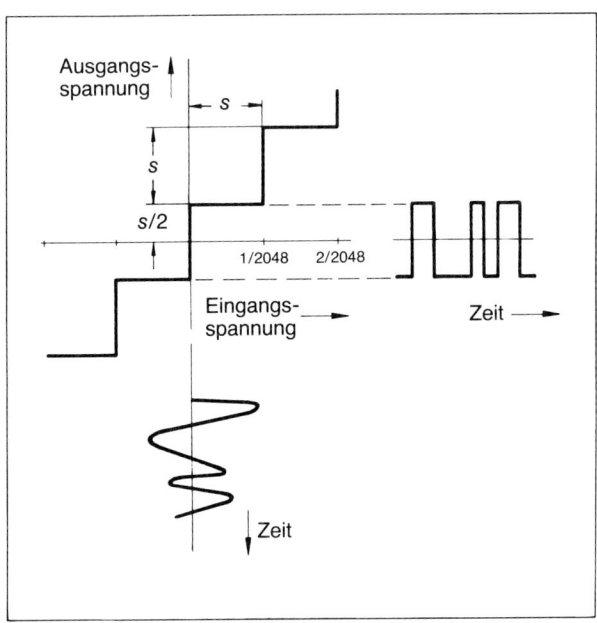

Bild 7.14: Zur Entstehung des Kanalruhegeräusches als Folge der Feinstruktur der Übertragungskennlinie.

7.3.2 Messungen am Codierer und Decodierer

Codierer (bzw. Decodierer) setzen das analoge Signal in ein digitales bzw. umgekehrt um. Meistens ist damit auch die Zusammenfassung mehrerer Kanäle zu einem gemeinsamen Bitstrom verbunden. Man spricht deswegen auch von *Multiplexern* bzw. *Demultiplexern*. Am Ausgang des Multiplexers steht ein Digitalsignal zur Verfügung, das außer der achtstelligen Binärzahl für jeden Kanal („Codewort") zu bestimmten Zeitpunkten eingefügte Informationen für den Demultiplexer enthält (Bild 7.15). Es ergibt sich so ein *Rahmen,* der bei den 30-Kanal-Systemen aus 32 Zeitabschnitten oder Zeitschlitzen zu je 8 bit besteht und im Abschnitt 0 abwechselnd ein *Synchron-* oder ein *Meldewort* enthält. Im Abschnitt 16 werden die zur Vermittlung benötigten Kennzeichen übertragen, die vom sog. Kennzeichenumsetzer aufbereitet und für alle 30 Fernsprechkanäle gemeinsam übertragen werden. Die restlichen 30 Zeitabschnitte enthalten die codierten Fernsprechsignale. Die Dauer des Rahmens von 125 μsec entspricht der Abtastfrequenz von 8 kHz. 16 Rahmen bilden zusammen einen *Kennzeichen-* oder *Überrahmen.*

Messungen an einem Codierer bzw. Decodierer erfordern entweder eine Analogquelle und einen Digitalempfänger oder umgekehrt eine Digitalquelle und einen Analogempfänger. Da im digitalen Bitstrom nicht nur ein einzelner Kanal enthalten ist, müssen Vorkehrungen getroffen werden, um aus diesem Strom die dem einzelnen Kanal zugehörigen Digitalsignale auszusieben. [7.25].

So speist man zur *Messung des Codierers* diesen an den Klemmen für einen bestimmten Fernsprechkanal mit einem Meßsignal (Sinuston). Ein am Digitalausgang angeschlossener *Analysator* ist in der Lage, an den Synchronworten den Rahmen-

233

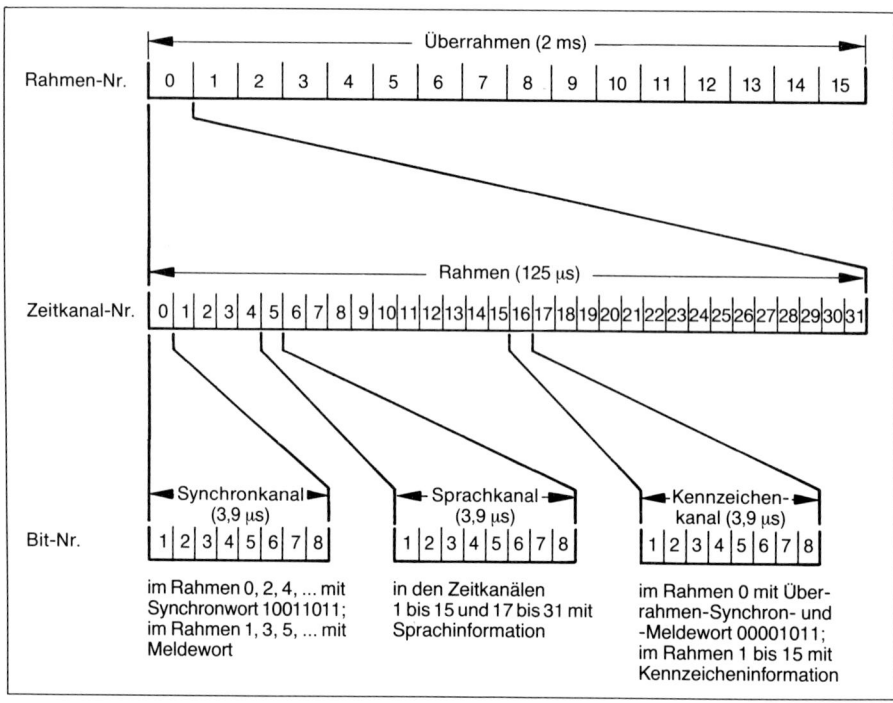

Bild 7.15: Rahmenaufbau des Systems PCM 30.

anfang und damit durch Abzählen auch einen beliebigen Fernsprechkanal zu erkennen. Dessen Codewörter werden ausgesiebt und in ihrer Wertigkeit miteinander verglichen. Das innerhalb einer bestimmten Zeit von beispielsweise 0,2 Sekunden angefallene „*größte*" Codewort wird angezeigt, meistens als entsprechende Amplitudenstufe, seltener als Spitzen- oder effektiver Pegel (vgl. z. B. Bild 7.16).

Da aus der Sinusschwingung nur wenige Proben je Periode entnommen werden, darf die Frequenz keine Subharmonische der Abtastfrequenz sein. Nur dann fallen innerhalb der Meßzeit genügend viele voneinander verschiedene Proben an, unter denen sich dann auch die den Spitzenwert repräsentierende befindet.

Manche Analysatoren besitzen zusätzlich einen *Meßdecodierer,* der sich durch einen besonders *geringen Eigenfehler* auszeichnet. Man erreicht das beispielsweise dadurch, daß man die einlaufenden Codewörter, die noch der Kompression unterliegen, auf eine gleichmäßige Stufung umcodiert. Dabei geht man über die von der Anfangssteigung gegebene Stufenzahl[1] hinaus, z. B. auf $2 \cdot 4096 = 8192 = 2^{13}$ Stufen und erzielt damit eine genauere Zuordnung von Digitalzahl und entsprechendem Analogwert, da sich die Unsicherheit der letzten Stelle des Digital-Analog-Wandlers weniger auswirkt.

Mit einem Meßdecodierer lassen sich die verschiedenen Analog-Analog-Prüfungen nach Abschnitt 7.3.1 (Quantisierungsverzerrungen, pegelabhängige Restdämpfung,

---

[1] Der Steigung des innersten Segmentes der Kompanderkennlinie entsprechend ergäbe sich eine gleichmäßige Quantisierung mit $4096 = 2^{12}$ Stufen. Systemcodierer (bzw. Decodierer) arbeiten ebenfalls zuerst mit 2^{12} gleich großen Stufen, um anschließend auf das A-Gesetz umzucodieren.

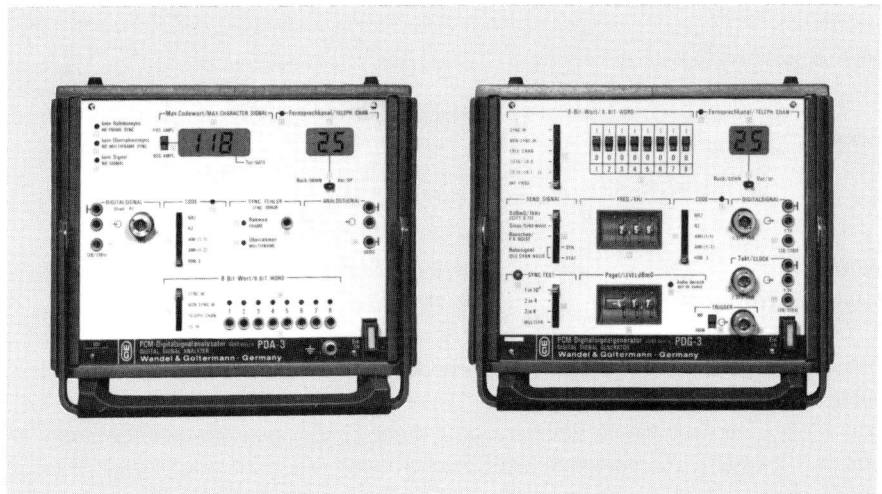

Bild 7.16: Digitalsignalgenerator (rechts) und -analysator. Am Generator sind Frequenz und Pegel für ein codiertes Sinussignal an Daumenradschaltern einstellbar. Der gespeiste Kanal wird angezeigt. Zusätzlich kann ein frei programmierbares 8-bit-Codewort an beliebiger Stelle des Rahmens eingefügt werden. Die Ausgänge für Signal und Takt sind symmetrisch und unsymmetrisch verfügbar.

Im Analysator wird für einen einstellbaren Fernsprechkanal das „maximale Codewort" (Vorzeichen wählbar) innerhalb eines Zeitabschnittes von 250 ms repetierend angezeigt. Weiter kann ein Codewort durch Leuchtdioden dargestellt werden, was zur Überprüfung feststehender Wörter (etwa des Synchronwortes, Meldewortes usw.) wichtig ist.

Ruhegeräusch) nunmehr am Codierer allein durchführen. Fehler sind dann nur im Codierer zu suchen.

Die entsprechende *Messung am Decodierer* wird mit Hilfe eines Digitalsignal-Generators und eines breitbandigen Empfängers (Kanalbreite) ausgeführt (Bild 7.16). Der Generator erzeugt zunächst den vollständigen PCM-Rahmen nach Bild 7.15. In einen wählbaren Zeitabschnitt (Fernsprechkanal) läßt sich ein einstellbares Bitmuster einfügen. Die Folge dieser Codewörter ergibt an dem gewählten Kanalausgang des Prüflings das entsprechende Signal. CCITT schreibt beispielsweise in der Empfehlung G.711 die Erzeugung einer Wortfolge vor, die einem 1000 Hz-Ton mit dem Pegel 0 dBm0 entspricht („digitales Milliwatt"). Für genauere Untersuchungen ist das zu wenig, auch verursacht die aus nur vier verschiedenen Codewörtern bestehende Folge[1] einen relativ hohen Klirrfaktor und läßt, da immer nur die gleichen Stufen angesprochen werden, keine weiteren Auswertungen zu.

Speichert man dagegen eine große Zahl verschiedener, aber im Sinusverlauf dicht aufeinanderfolgender Proben ab und ruft diese überschlagend auf, dann erhält man eine sehr gute Annäherung an die Codewortfolge, die einem echten Analogsignal entsprechen würde. Der in Bild 7.16 gezeigte Digitalsignalgenerator enthält

---

[1] Die bei der Frequenz von 1000 Hz erforderlichen 8 Wörter nutzen die Symmetrieeigenschaften der Sinusfunktion aus: Man erzeugt nur die vier Werte $\pm \sin 22{,}5^\circ$ und $\pm \sin 67{,}5^\circ$.

beispielsweise 797 Proben (Primzahl!) abgespeichert, die den Funktionswerten $y_v = \sin\left(\frac{360}{797} \cdot v\right)^\circ$ entsprechen.

Um einen 1000 Hz-Sinuston zu simulieren, wird daraus die Folge y_0, y_{100}, y_{200} ... y_{700}, y_3 ($\triangleq y_{800}$), y_{103}, y_{203} ... y_6 ($\triangleq y_{803}$), y_{106} ... y_9 ($\triangleq y_{806}$) usw., allgemein $y_{(n \cdot \Delta v)\bmod 797}$ mit $n = 0, 1, 2$ ... aufgerufen. Erst wenn alle 797 gespeicherten Proben einmal ins Spiel gekommen sind, wiederholt sich der Zyklus. Allerdings ergibt sich dadurch eine geringfügig von 1000 Hz abweichende Frequenz, nämlich

$$f = \frac{8000\,\text{Hz}}{797} \cdot \Delta v = \frac{8000}{797} \cdot 100\,\text{Hz} = 1003{,}76\,\text{Hz}.$$

Mit einer anderen „Schrittweite" Δv lassen sich beliebige andere Frequenzen näherungsweise simulieren (z. B. 300 Hz mit einem $\Delta v = 300\,\text{Hz} \cdot \dfrac{797}{8000\,\text{Hz}} \approx 30$ ergibt $f = \dfrac{800\,\text{Hz}}{797} \cdot 30 = 301{,}1\,\text{Hz}$).

Wenn außer dem Pegel 0 dBm0 auch andere Pegel durch entsprechende Codewörter erzeugt werden sollen, müssen diese entweder in Speichern abgelegt sein oder sie müssen aus einem Standardvorrat durch Umrechnen gewonnen werden. Im ersten Fall ergäbe sich ein immenser Speicherbedarf, wenn für jede einstellbare Frequenz auch eine einigermaßen dichte Pegelreihe vorrätig sein soll. Deshalb bieten einfache Generatoren nur *eine* Frequenzreihe bei *festem* Pegel und *eine* Pegelreihe bei *fester* Frequenz. Sobald aber der Aufwand für eine Umrechnung in Kauf genommen wird, lassen sich praktisch alle Pegel bei sämtlichen verfügbaren Frequenzen realisieren. Die Umrechnung entspräche einer Multiplikation der Standard-Codewörter mit einem Faktor, wenn diese linear gestuft vorlägen. Da sie aber dem Kompandergesetz entsprechend annähernd logarithmisch gestuft sind, läßt sich die Multiplikation auf eine *einfachere Addition* mit einem dem gewünschten Pegel zugeordneten Summanden reduzieren. Die geringen Abweichungen der Kompanderkennlinie (Bild 7.12) von der echten logarithmischen Kennlinie sind als Korrekturwerte gespeichert und werden dem Ergebnis zugefügt.

Schließlich ist es auch möglich, die Codewörter festzulegen, die einem *schmalbandigen Rauschen* entsprechen, wie es zur Messung der Quantisierungsverzerrungen (Abschnitt 5.4.2) oder der pegelabhängigen Restdämpfung benötigt wird. Somit kann man alle wichtigen Analogmessungen nach Abschnitt 7.3.1 nicht nur für die Codier- sondern auch für die Decodiereinrichtung *allein* durchführen, einen Fehler also entweder der Sende- oder der Empfangseinrichtung zuordnen.

7.3.3 Messungen an der Übertragungsstrecke

Die eigentliche Übertragungsstrecke besteht aus den Leitungsabschnitten und den dazwischen eingefügten Regeneratoren. Auch die Leitungsendgeräte (Bild 7.11) werden noch dazu gerechnet; über sie ist ein bequemer Zugang für die Meßeinrichtungen möglich. Sie dienen hauptsächlich der Umsetzung zwischen internem Code an der sog. Digitalschnittstelle und Leitungscode, der Regeneration ankommender Signale und der Fernspeisung der Regeneratoren.

Analogmessungen an der Übertragungsstrecke beschränken sich auf die Bestimmung der Dämpfung, evtl. der Laufzeitverzerrungen (z. B. mit dem „Augenmuster", vgl. Abschnitt 3.5) und des Nebensprechens. Sie können nur zwischen zwei Regeneratoren durchgeführt werden, da Analogsignale nicht von Regeneratoren übertragen werden. Wichtiger sind die Messungen der *digitalen Eigenschaften* der gesamten Strecke. Dazu gehören in erster Linie die Fehlerhäufigkeitsmessungen und Jittermessungen.

7.3.3.1 Fehlerhäufigkeitsmessungen

Fehlerhäufigkeitsmessungen können im Gegensatz zur Datenübertragung sowohl *außer Betrieb* als auch *im Betrieb* durchgeführt werden: Die PCM-Technik verwendet im eigentlichen Leitungsabschnitt anstelle des Binärcodes einen *Leitungscode,* der eine gewisse Redundanz besitzt, dafür aber eine Fehlerkontrolle ermöglicht. Eine entsprechende Meßeinrichtung prüft lediglich die *Einhaltung der Codiervorschrift,* ohne die eigentliche Nachricht zu decodieren. Die Veränderung eines Bits infolge einer Störung macht sich zunächst als Codeverletzung bemerkbar.[1] In der Regel verursacht dann eine solche auch einen Fehler des Binärsignales, das aus dem Leitungssignal gewonnen wird. Je nach Leitungs-Code und Strategie des Decodierers können aber auch weitere sog. *Folgefehler,* hinzukommen. Man muß also streng genommen zwischen Codefehlern und Fehlern im eigentlichen Binärsignal unterscheiden. Für den häufig benutzten Leitungscode HDB-3 ist das Verhältnis von Binärfehler zu Codefehler etwa 1,2 [7.26].

---

[1] Die Überwachung einer Strecke nach diesem Verfahren ist aber nur sinnvoll, wenn alle Regeneratoren *codetransparent* sind, also keine Neucodierung vornehmen.

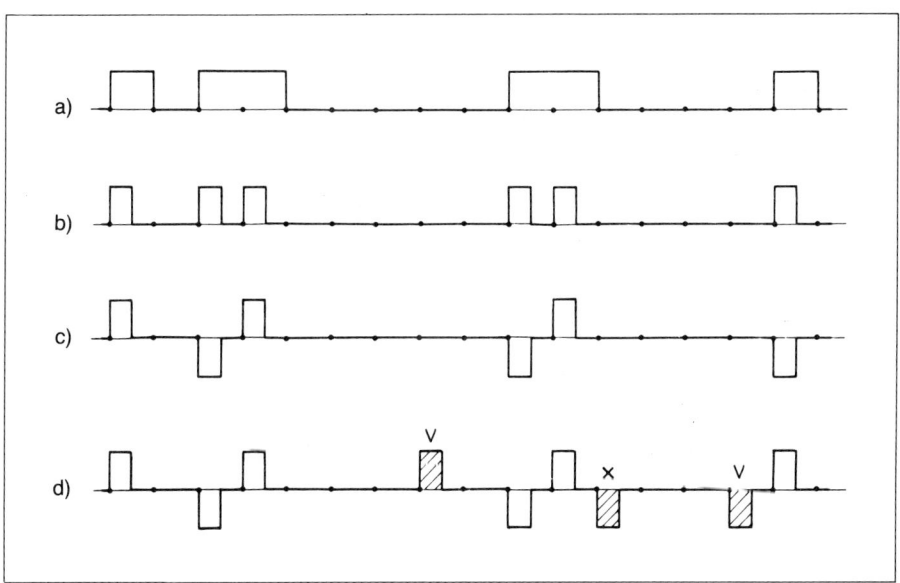

Bild 7.17: In der PCM-Technik verwendete Codes. a) Binärsignal, NRZ (*Non Return to Zero*). b) Binärsignal, RZ (*Return to Zero*). c) AMI-Signal (RZ oder Half Baud). d) HDB-3-Signal. Die gewollt eingefügten Verletzungen wechseln in ihrer Polarität. Die nicht im Bild dargestellte, vorhergehende Verletzung hatte also negative Polarität; die rechts dargestellte muß damit zwingend negativ sein. Um sie aber als Verletzung zu erkennen, wird ein weiteres negatives Eins-Bit 3 Positionen vor der Verletzung eingefügt (x).

Die PCM-Grundsysteme verwenden als Leitungscode den AMI- und den HDB-3-Code (AMI = Alternate Mark Inversion, HDB-3 = High Density Bipolar mit nicht mehr als 3 Nullen). [7.27; 7.28]. Beide Codes verfügen über die Werte +1, 0 und −1, sind also auf den ersten Blick ternäre Codes. Tatsächlich aber sind +1 und −1 gleichwertig und entsprechen einer binären 1. Um jedoch einen Gleichanteil im Leitungssignal zu unterdrücken und die Leistungsdichte bei tiefen Frequenzen zu vermindern, wird jede zweite binäre 1 als −1 übertragen. Man bezeichnet deswegen diese Leitungscodes auch als *pseudoternäre* Codes. Bild 7.17 zeigt ein Binärsignal in NRZ- und RZ-Form und das entsprechende AMI-codierte Signal (c).

Eine längere Folge von Nullen kann Unsicherheiten in den Taktrückgewinnungsschaltungen der Regeneratoren hervorrufen. Dieser Nachteil ist beim HDB-3-Code beseitigt, denn hierbei wird jede 4. (8., 12., . . .) Null in einer Folge durch eine 1 ersetzt, die aber als „Codeverletzung'' gesetzt wird und so als verkappte Null erkannt werden kann. Um wiederum keinen Gleichanteil entstehen zu lassen, wechseln diese Verletzungen ihre Polarität ebenfalls. Dazu muß aber u. U. noch eine weitere 1 anstelle der *ersten* Null in einer Folge eingefügt werden (Bild 7.17d). Der Decodierer wertet deshalb grundsätzlich jede 1 als 0, wenn sie 3 Positionen vor einer Verletzung liegt. Dadurch können sich aufgrund eines falsch übertragenen Bits weitere *Folgefehler* ergeben.

Den Vorteilen der pseudoternären Codes (kein Gleichanteil, Fehlerhäufigkeitsmessung als Codeverletzungsmessung im Betrieb möglich) steht eine Redundanz von etwa 37% gegenüber (1 − ld 2/ld 3 = 0,37).

Für höhere Übertragungsgeschwindigkeiten verwendet man Codes, die weniger redundant sind. Sie gehören zur Familie der 4B/3T-Codes, die anstelle eines Blockes aus 4 *binären* Schritten einen solchen aus 3 *ternären* setzen [7.29; 7.30]. Damit reduziert sich die Schrittgeschwindigkeit im Verhältnis 4 : 3 und die Redundanz geht zurück auf

$$1 - \frac{4 \cdot \mathrm{ld} 2}{3 \cdot \mathrm{ld} 3} \triangleq 15{,}9\%.$$

Den 4^2 = 16 möglichen verschiedenen binären Blöcken stehen 3^3 = 27 ternäre Blöcke gegenüber. Man kann also für die ternäre Seite zwei „Alphabettafeln'' aufstellen, die nur wenige Zuordnungen gemeinsam haben. Die Auswahl der geltenden Alphabettafeln erfolgt nach dem momentanen Stand der *laufenden Digitalsumme*, die aus der Summe sämtlicher vorhergehender Ternärwerte (−1, 0, +1) besteht. Da die Alphabettafeln so aufgestellt sind, daß in der einen die negativen, in der anderen die positiven Werte überwiegen, kann man durch abwechselnden Gebrauch der beiden Alphabettafeln stets erreichen, daß die Digitalsumme innerhalb vorgegebener Werte bleibt. Umgekehrt führt ein Bitfehler nach einigen Schritten mit hoher Wahrscheinlichkeit auf ein Überschreiten der zulässigen laufenden Digitalsumme und kann so erkannt werden. Allerdings ist die Zahl der Folgefehler mit im Mittel 2 bis 4 erheblich höher als etwa beim HDB-3-Code. Da der ternäre Block 000 nicht in die Alphabete aufgenommen wurde, können nie mehr als 4 Nullen unmittelbar hintereinander auftreten.

Meßgeräte zur Überwachung der Coderegeln sind relativ einfach aufgebaut. Eine logische Schaltung prüft die Einhaltung der Gesetze und zählt jede Verletzung (Meßart „Zählen''). Wenn die Zahl n_F der Fehler in einem Intervall von beispielsweise 10^7 bit gezählt wird, kann das Ergebnis als Fehlerhäufigkeit $n_F \times 10^{-7}$ gedeutet werden. Da diese Messungen *ohne Störung des Betriebes* durchgeführt werden können, eignet sich das Verfahren zur Dauerüberwachung.

Die eigentliche *Fehlerhäufigkeitsmessung* kann dagegen nur außer Betrieb vorgenommen werden. Sie erfordert einen Testsignalgenerator, der einfache periodische Muster oder Pseudozufallsmuster (Bild 7.6) abgeben kann. Um die Taktfestigkeit des Prüflings zu testen, werden längere Muster als in der Datenübertragung benützt, z.B. bis zu $2^{23}-1$ bit. Diese langen Muster enthalten von sich aus schon entsprechend lange Nullfolgen. Ggf. können zusätzliche Nullfolgen eingeblendet werden. Außerdem kann das Signal noch mit Jitter versehen werden. Letztlich wird immer das einwandfreie Erkennen des Signales geprüft, wobei die Fehlerhäufigkeit als Kriterium dient.

Im Fehlerhäufigkeitsmesser (Bild 7.18) wird das Signal zunächst regeneriert und dann entweder direkt, d.h. im Leitungscode oder nach Decodierung als Binärsignal dem

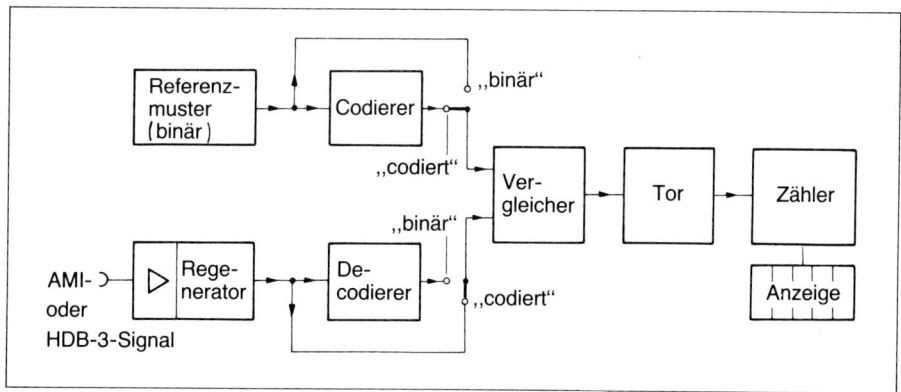

Bild 7.18: Vereinfachtes Blockschaltbild eines Fehlerhäufigkeitsmessers. Das Signal kann nach Regeneration direkt oder ggf. decodiert als Binärsignal mit dem Referenzmuster verglichen werden. Zum Vergleich im Leitungscode muß die Referenz ihrerseits codiert werden.

Vergleicher zugeführt. Entsprechend muß das Vergleichs- oder Referenzmuster aufbereitet sein. Der Zähler registriert entweder die absolute Zahl oder die in einem entsprechenden Intervall (z. B. in 10^7 oder 10^8 bit) einlaufenden Fehler, so daß das Ergebnis direkt als Fehlerhäufigkeit gelesen werden kann. Für die statistische Sicherheit der Meßergebnisse gelten die gleichen Ausführungen wie in Abschnitt 7.2.2.1. Auch die Messung der fehlerfreien Sekunden oder Zeiten wird in der PCM-Technik ausgeführt; dabei bleiben Folgefehler praktisch belanglos.

Eine Fehlerhäufigkeitsmessung ist besonders dann aussagekräftig, wenn die fehlerverursachenden Bedingungen variiert werden können. Als typisches Beispiel sei die *Messung an einem Regenerator* anhand der Meßanordnung Bild 7.19 erläutert: Ein Mustergenerator erzeugt ein Zufallsmuster, das eine künstliche Leitung mit veränderbarer, frequenzabhängiger Dämpfung (,,Leitungslänge") durchläuft. Ihm wird ein Störsignal hinzugefügt, das aus einem Rauschgenerator stammt. Das Rauschsignal simu-

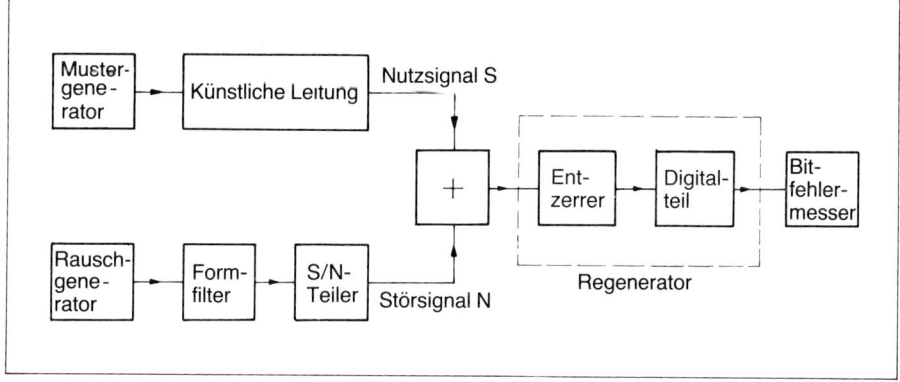

Bild 7.19: Blockschaltbild einer Regenerator-Meßeinrichtung.

239

liert die Störungen infolge Nebensprechens längs der Leitung. (Die wirklichen Stör-
quellen sind die Nachbaradern, die PCM-Signale in entgegengesetzter Richtung übertragen.) Das Spektrum dieser Signale muß in einem Form- oder Bewertungsfilter
nachgebildet werden. Gleichzeitig wird in ihm die Frequenzabhängigkeit der Nahnebensprechdämpfung mit $-4,5$ dB/Oktave berücksichtigt. Der zu prüfende Regenerator wird also mit einem Testsignal gespeist, das weitgehend den tatsächlichen Verhältnissen entspricht. Die Fehlerhäufigkeit wird in Abhängigkeit von der ,,Leitungs-
länge'' und dem Störabstand aufgenommen.

Der große Vorzug der digitalen Übertragung liegt in der Möglichkeit, das Signal rechtzeitig regenerieren zu können. Zwar lassen sich dadurch Fehler nicht ganz vermeiden,
doch kann über den Störabstand fast jede beliebig kleine Fehlerwahrscheinlichkeit –
auch für lange Strecken – erzielt werden.

Beispiel 7.3

Gegeben sind Digitalübertragungsstrecken mit $n = 1, 10, 100$ und 1000 Regeneratoren. Welches S/N-Verhältnis muß am Eingang der einzelnen Regeneratoren vorliegen,
damit die Fehlerwahrscheinlichkeit der gesamten Strecke bei 10^{-6} liegt?

Die Fehler entstehen in den einzelnen Regeneratoren und summieren sich längs der
Strecke. Auf jeden der n Regeneratoren entfällt also $1/n$ der insgesamt zugelassenen
Fehlerwahrscheinlichkeit. Für 1 Regenerator gilt also der Wert 10^{-6}, der nach Bild 7.1
ein S/N-Verhältnis von ca. 13,5 dB erfordert. Bei $n = 10$ Regeneratoren ist der Wert
nur noch 10^{-7}, was aber schon mit einem S/N-Verhältnis von 14,3 dB erzielt wird. Entsprechend ergeben sich für $n = 100$ und 1000 die Werte in der Tafel.

Zum Vergleich ist in der Tafel auch der S/N-Abstand für analoge Strecken eingetragen,
der im einzelnen Verstärkerfeld herrschen muß, damit für die gesamte Strecke jeweils
ein S/N-Wert von 50 dB erreicht wird. Im Gegensatz zur digitalen Übertragung muß
hier die Signalleistung proportional zu n erhöht werden.

Hinweis: Bei Rechnungen mit der nur in Tafeln vorliegenden Q-Funktion kann man vorteilhafterweise die Nähe-
rung $Q\left(\sqrt{S/N}\right) \approx 0,4 \sqrt{N/S} \cdot \exp\left(-\dfrac{S/N}{2}\right)$ verwenden, deren Fehler für S/N-Werte größer als 10 ($\triangleq$ 10 dB)
unter 10% liegt.

Anzahl n der Verstärker- bzw. Regeneratorfelder	Störabstand S/N in dB je Feld	
	bei analoger Übertragung mit $S/N = 50$ dB	bei digitaler Übertragung mit $P_{\text{Bit}} = 10^{-6}$
1	50	13,54
10	60	14,32
100	70	14,98
1000	80	15,56

●

7.3.3.2 Jittermessungen

Fehlentscheidungen im Regenerator sind nicht nur eine Folge des Störgeräusches, sondern entstehen auch durch Abtasten außerhalb des optimalen Abtastzeitpunktes. Ursache dafür ist der *Jitter* des digitalen Signales, d. h. eine zeitabhängige Abweichung der Nulldurchgänge von ihrer Sollage. [7.31].

Jitter kann durch Rauschen und Nebensprechen entstehen, das dem Digitalsignal überlagert ist. Die dadurch schwankenden Nulldurchgänge lassen den Takt in einem Regenerator und damit das abgehende Signal ebenfalls jittern. Seiner Entstehung nach wird diese Art als *nichtsystematischer Jitter* bezeichnet. Zu diesem zählt auch der Jitter infolge des *Stopfens* [7.34], ein Vorgang, mit dem Multiplexer höherer Ordnung die geringfügig voneinander abweichenden Schrittgeschwindigkeiten der verschiedenen Zubringersysteme ausgleichen. Der entsprechende Demultiplexer entfernt die Stopfbits, die keine Information enthalten; dadurch entsteht ein spontaner Phasensprung im abgehenden Untersystem, dessen niederfrequente Komponenten nicht ganz unterdrückt werden können.

Systematischer Jitter entsteht in jedem Regenerator einer Strecke als Reaktion auf bestimmte Muster im Digitalsignal, die infolge der Leitungsverzerrungen versetzte Nulldurchgänge und damit ein Impulsnebensprechen zur Folge haben. Man spricht deswegen direkt von *Musterjitter*. [7.35].

Der systematische Jitter läßt sich als Zeitfunktion $\vartheta(t)$ bzw. deren Fourier-Transformierte $\Theta(\omega)$ angeben. Dagegen ist der nichtsystematische Jitter ein stochastischer Prozeß, der durch seine Autokorrelationsfunktion bzw. deren Fourier-Transformierte, der „Leistungsdichte", beschrieben werden kann.

Beide Jitterarten unterscheiden sich hinsichtlich der Akkumulation auf einer Übertragungsstrecke. Dabei spielt die sog. *Jitterübertragungsfunktion* des einzelnen Regenerators eine wesentliche Rolle. Man versteht darunter das Verhältnis des Ausgangsjitters $\Theta_2(\omega)$ zum Eingangsjitter $\Theta_1(\omega)$. Man erhält so eine Jitterübertragungsfunktion $H(\omega)$; ein Beispiel dafür zeigt Bild 7.20.

Da der Jitter in jedem Regenerator neu entsteht und deshalb als additive Jitterquelle an jedem Eingang aufgefaßt werden kann, summieren sich die Anteile aus jedem Feld und erscheinen im Ergebnis mit der m. Potenz $H^m(\omega)$, wenn m die Zahl der durch-

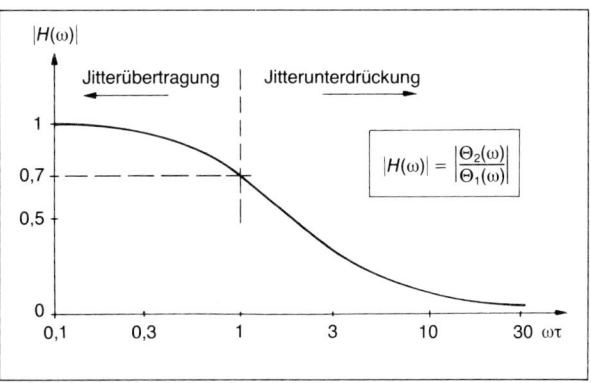

Beispiel 7.20: Beispiel einer Jitterübertragungsfunktion $H(\omega) = 1/(1 + j\omega\tau)$. Die Kenngrößen des Resonanzkreises zur Taktrückgewinnung im Regenerator sind in $\tau = 2Q/\omega_o$ zusammengefaßt (Taktfrequenz ω_0, Güte Q).

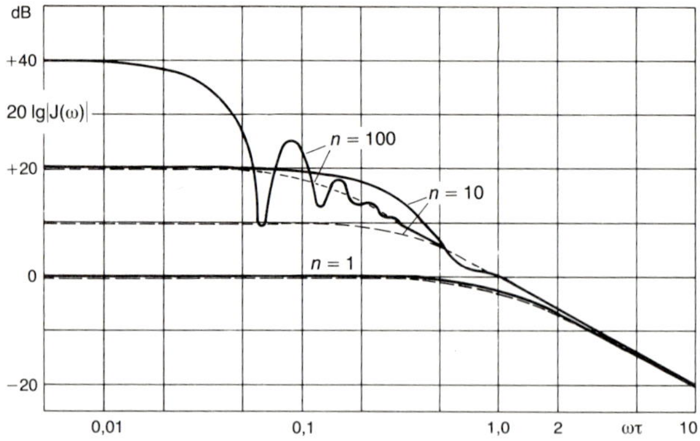

Bild 7.21: Jitterakkumulationsfunktionen bei systematischem (——) und nichtsystematischem Jitter (-----). n ist die Zahl der Regeneratoren. (Die Regeneratoren sind mit Resonanzkreisen ausgerüstet.

laufenen Regeneratoren ist ($1 \leqq m \leqq n$). Die gesamte *Jitterakkumulationsfunktion* $J(\omega)$ einer Strecke mit n Feldern ergibt sich deshalb als Summe einer geometrischen Reihe zu [7.36 bis 7.38]

$$J(\omega) = H^n + H^{n-1} + \cdots H^3 + H^2 + H = H \cdot \frac{1 - H^n}{1 - H} \qquad (7.9a)$$

bei systematischem Jitter und zu

$$|J(\omega)|^2 = (|H|^2)^n + (|H|^2)^{n-1} + \cdots + |H|^2 = |H|^2 \cdot \frac{1 - |H|^{2n}}{1 - |H|^2} \qquad (7.9b)$$

bei nichtsystematischem Jitter.

Beide Arten zeigen also wesentliche Unterschiede: Nichtsystematischer Jitter wird „leistungsmäßig", systematischer Jitter dagegen *direkt* summiert. Dabei ergibt die n. Potenz $H^n(\omega)$ in Gleichung (7.9a) eine Vervielfachung und Aufspreizung der Nullstellen in der Jitterakkumulationsfunktion, die in Bild 7.21 besonders bei $n = 100$ deutlich zu erkennen ist. Ein zu hoher Jitter führt schließlich in den letzten Regeneratoren zu Fehlern. Der Messung des Jitters am Eingang und am Ausgang eines Regenerators, also seiner Jitterübertragungsfunktion sowie des am Ausgang auftretenden, intern entstehenden Jitters kommt also besondere Bedeutung zu . Schließlich muß noch die *Jitterverträglichkeit* untersucht werden, d.h. ob ein Übertragungsglied imstande ist, am Eingang einen gewissen Jitter zu bewältigen, ohne selbst Fehler zu erzeugen. Alle diese Eigenschaften werden gewöhnlich in Abhängigkeit von der Modulationsfrequenz ω ermittelt, doch ist das Auftreten von Fehlern hauptsächlich vom Spitzenwert des Jitters abhängig. Die CCITT-Empfehlung O.171 gibt Meßhinweise und führt die bei verschiedenen Systemen noch zulässigen Jitterwerte an.

Die einfachste Art einer Jittermessung besteht in der oszilloskopischen Darstellung des Digitalsignales, wobei die Triggerung am besten durch das unverjitterte bzw. definiert verjitterte Eingangssignal des Prüflings vorgenommen wird. Im ersten Fall erhält man dann den Eigenjitter, im zweiten wird das Jitterübertragungsverhalten gemessen. Das Verfahren ist zwar einfach, läßt aber hinsichtlich der Meßgenauigkeit zu wünschen übrig, da die Breite der verschmierten Flanken nicht genau abzulesen ist.

242

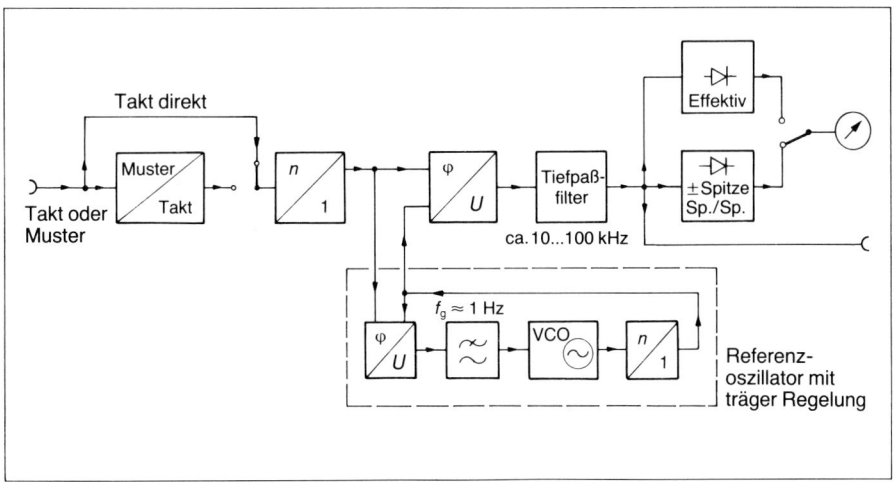

Bild 7.22: Blockschaltbild eines Jittermeßgerätes.

Bild 7.22 zeigt das Blockschaltbild eines speziellen *Jittermeßgerätes*. Das Gerät mißt den Jitter eines Taktes, wie er etwa einem Regenerator entnommen werden kann. (Der gesuchte Jitter des Digitalsignales am Ausgang des Prüflings ist identisch mit dem seines Taktes.) Ist der Takt nicht verfügbar, so wird ersatzweise aus dem Digitalsignal intern ein Takt gewonnen. Da bei sehr tiefen Jitterfrequenzen Hübe von 10 Bitbreiten[1] vorkommen, ist eine Frequenzteilung erforderlich, um den Meßbereich des eigentlichen Phasenmessers nicht zu überschreiten (vgl. Abschnitt 2.3.2). Dieser vergleicht den zu messenden Takt mit einem Referenztakt, der einem sehr träge nachgeregelten Oszillator entnommen wird (Phasenregelschleife). Der Oszillator folgt lediglich den ganz tiefen Jitterfrequenzen, ist also als Referenz ab einigen Hertz schon brauchbar. Ein umschaltbares Tiefpaßfilter mit einer Grenzfrequenz von einigen 10 bis einigen 100 kHz[2] begrenzt das Jitterspektrum nach oben. Die Anzeige erfolgt entweder als positiver oder negativer Spitzenwert, als Spitze-Spitze-Wert oder als Effektivwert. Für die spektrale Auswertung kann ein selektiver Pegelmesser angeschlossen werden.

Mit einer solchen Meßanordnung läßt sich zunächst bei unverjittertem Eingangssignal der *Grund-* oder *Eigenjitter* eines Gerätes bestimmen. Um die Jitterverträglichkeit und die Jitterübertragung zu ermitteln, benötigt man weiter einen *Jittermodulator,* der in der Lage ist, ein Digitalsignal nach Frequenz und Hub definiert zu beeinflussen.

In Bild 7.23 ist eine geeignete Anordnung dargestellt, mit der die Übertragungsfunktion $H(\omega) = \Theta_2(\omega)/\Theta_1(\omega)$ und auch die Jitterverträglichkeit gemessen werden kann. Die bei zunehmendem Jitter beinahe schlagartig einsetzenden Übertragungsfehler kennzeichnen das Überschreiten der zulässigen Grenze. Dabei kann der Prüfling ein einfacher Regenerator sein, eine komplette Multiplex- und Demultiplexeinrichtung höherer Ordnung oder eine digital arbeitende PCM-Vermittlung.

---

[1] Eine Bitbreite heißt auch Einheitsintervall, engl. Unit Interval, abgekürzt UI.

[2] Die Werte gelten für 2-Mbit-Systeme; allgemein rechnet man mit einer maximalen Grenzfrequenz, die etwa 1/10 der Bitrate entspricht.

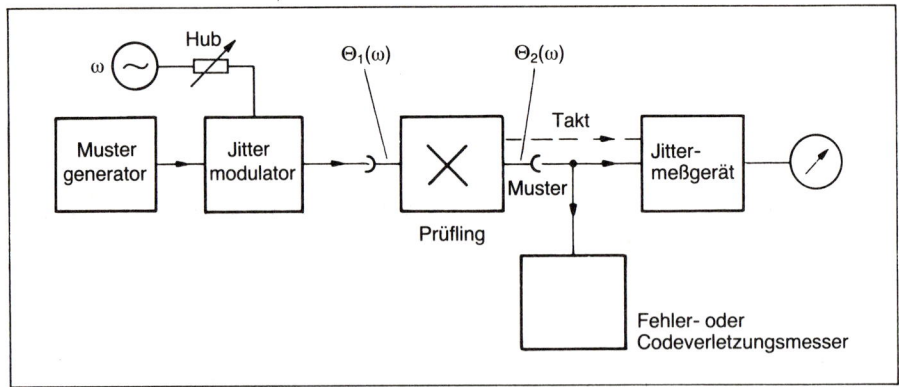

Bild 7.23: Anordnung zur Messung der Jitterübertragungsfunktion und der Jitterverträglichkeit.

7.4 Messungen an Lichtleitern

Zu den klassischen Übertragungsmedien, dem metallischen Leiter sowie dem freien Raum, kam in jüngster Zeit die *Glasfaser* als Lichtleiter[1] hinzu, die das in einer lichtemittierenden Diode (LED) oder einem Halbleiterlaser erzeugte Licht zu einem lichtempfindlichen Empfänger überträgt [7.39 bis 7.41]. Dabei ist sowohl eine *analoge* als auch eine *digitale* Übertragung möglich. Die Meßtechnik vor und nach dem optischen Sender bzw. Empfänger unterscheidet sich nicht von der bisher besprochenen. Das eigentliche Übertragungsmedium, die Glasfaser, erfordert jedoch besondere Meßverfahren [7.42].

Die Wirkungsweise eines Lichtleiters beruht darauf, daß er in seiner Randzone *(Mantel)* einen geringeren Brechungsindex besitzt als in seinem Innern *(Kern)*. Das Licht wird also durch Totalreflexion bzw. Brechung innerhalb des Glases geführt. Die Fasern haben einen Außendurchmesser von 50 bis 100 μm. Entsprechend dem radialen Verlauf des Brechungsindex unterscheidet man *Multimode-* und *Monomodefasern,* die, wie ihr Name erklärt, mehrere oder nur einen Wellenmode führen. Der gegenwärtig überwiegend verwendete Typ ist die Multimodefaser, die entweder als *Stufenindexfaser* mit einem schroffen Übergang zwischen den Brechungsindizes des Kerns und des Mantels oder vor allem als *Gradientenfaser* mit allmählichem Übergang gefertigt wird.

Ein Lichtleiter ist hinsichtlich seiner Übertragungseigenschaften durch sein *Dämpfungs-* und *Laufzeitverhalten* charakterisiert. Die Dämpfung hängt merklich von der optischen Wellenlänge ab. Im technisch wichtigen Bereich von ca. 0,7 bis 1,7 μm Wellenlänge, d.h. in der Umgebung einer Frequenz von 300 THz, treten Werte zwischen 1 und 10 dB/km auf. Innerhalb interessierender Übertragungsbandbreiten von einigen 100 MHz kann sie jedoch als konstant angesehen werden, so daß keine Dämpfungs-

---

[1] Für dieses Übertragungsmedium wird eine Vielzahl verschiedener Namen verwendet, z.B. Lichtwellenleiter, optischer Wellenleiter, optische Faser, Lichtleitfaser u.a. Da sich noch kein einheitlicher Name durchgesetzt hat, wird hier der Kürze wegen der Ausdruck *Lichtleiter* benutzt.

verzerrungen der Signale entstehen. Es treten vornehmlich Laufzeitverzerrungen auf, deren Ursache die sog. *Dispersion* ist (vgl. Abschnitt 7.4.2). Die drei genannten Fasertypen unterscheiden sich hauptsächlich in ihrem Dispersionsverhalten. Die Dispersion bewirkt ein zeitliches Auseinanderlaufen kurzer Lichtimpulse („Pulsverlängerung"), wodurch letztlich die Reichweite bzw. die Übertragungsgeschwindigkeit begrenzt wird. Wegen der relativ empfindlichen und dünnen Faser sowie der im Vergleich zur Kupferader schwierigen Verbindungstechnik (Steckverbinder und Spleiße), haben schließlich die Methoden der *Reflexionsmessung* und *Fehlerortung* besonderes Gewicht.

Das Prinzip der optischen Nachrichtenübertragung und deren wesentliche Eigenschaften seien hier kurz erläutert: Das Basisbandsignal wird dem Licht als Träger aufmoduliert. Allerdings ist das Licht keine kohärente Schwingung, sondern je nach verwendeter Quelle ein mehr oder weniger breites Spektrum eng benachbarter Frequenzen. So beträgt die Bandbreite $\Delta\lambda$ des Lichtes einer LED etwa 40 nm; das sind etwa 5% der mittleren Wellenlänge von 850 nm, und bei einer Laserdiode sind es ebenfalls noch $\Delta\lambda = 2$ nm $\triangleq 2{,}5\%$[1]. Die gesamte Wirkung aller Schwingungen kann nur mit der optischen *Leistung* (ähnlich dem Effektivwert) erfaßt werden. Man spricht deswegen von *Intensitätsmodulation*.

Die LED als optischer Sender gibt eine Licht*leistung* ab, die dem zugeführten *Strom* proportional ist, und erst bei hohen Stromdichten zeigt sich ein Sättigungsverhalten. Die Laserdiode besitzt gleichfalls ab einem gewissen Schwellenstrom einen annähernd linearen Zusammenhang dieser Art. Die optischen Empfänger benutzen als Wandler eine PIN-Diode oder eine Lawinenfotodiode (APD von engl.: Avalanche Photo Diode). [7.43; 7.44].

Bild 7.24 zeigt das Modell einer optischen Übertragung. Der Sender erzeugt z. B. ein impulsförmiges Signal (Gaußimpuls), mit dem die lichterzeugende Diode gespeist wird. Diese setzt den elektrischen Strom − linear − in eine Lichtleistung um. Die Impulse erfahren bei der Übertragung in erster Linie die erwähnte Verlängerung. Die praktisch frequenzunabhängige Dämpfung sei hier vernachlässigt. Dann ist die Fläche unter dem Impulsverlauf, d.h. der Energieinhalt des Impulses am Eingang und Ausgang der Faser, gleich groß. Die Impulse lassen sich am besten durch ihre „Halbwertsbreite" T_E bzw. T_A kennzeichnen. Aus der Halbwertsbreite folgt nach dem Zeit-Bandbreite-Produkt der Nachrichtentechnik die maximal übertragbare Frequenz zu $1/2T$, wobei diese Frequenz etwa der Halbwertsbreite der Frequenzfunktion entspricht. Anschaulich läßt sich dieses auch aus der eingezeichneten Cosinus-Funktion ablesen.

Würde man die Faser mit einem Dirac-Impuls ($T_E = 0$) speisen und nimmt man Proportionalität zwischen der Verlängerung T_V dieses Impulses und der Faserlänge l an, dann läßt sich eine Bandbreite B_F der Faser angeben, die auch als die höchste erreichbare Schrittgeschwindigkeit verstanden werden kann:

$$B_F = f_{max} < \frac{1}{2T_V} = \frac{1}{2T_V' l} \cdot \qquad (7.10)$$

Darin ist T_V' die auf die Länge bezogene Pulsverlängerung des Dirac-Impulses. Die Verlängerung eines *endlich* breiten Sendeimpulses der Dauer T_E muß über die Beziehung

$$T_A = \sqrt{T_E^2 + T_V^2} \qquad (7.11)$$

berechnet werden (vgl. Abschnitt 3.1).

---

[1] Diesen Bandbreiten entsprechen Δf-Werte von ca. 20 bzw. 1 THz. Hiergegen kann die durch Modulation bedingte Bandbreite vernachlässigt werden.

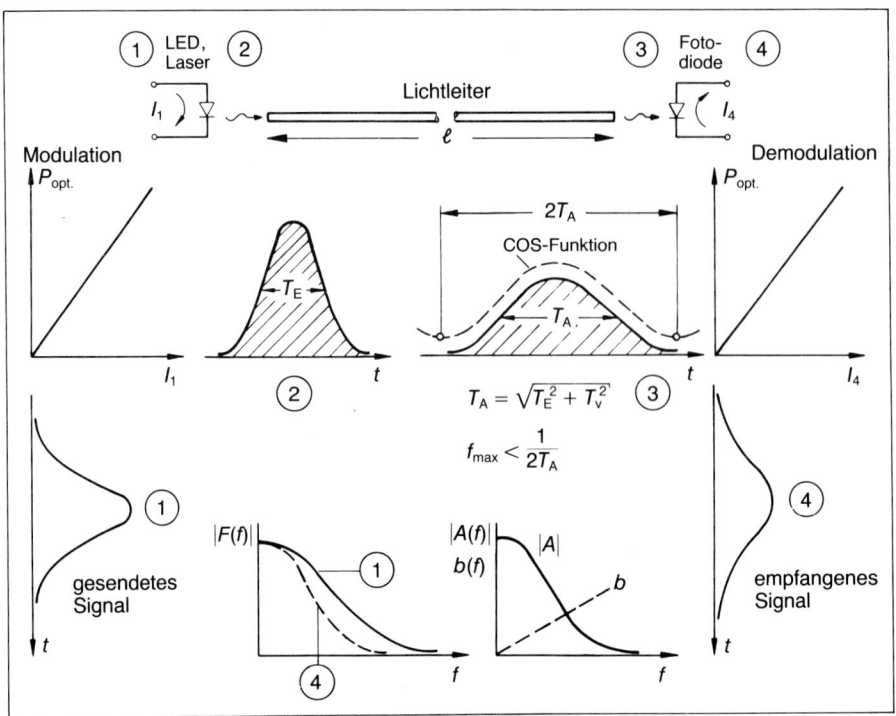

Bild 7.24: Prinzip einer optischen Übertragung, Signale am Ein- und Ausgang.

Zu den Gauß-Impulsen 1 und 4 gehören die eingetragenen Spektren $F(f)$. Der Quotient aus beiden ist bekanntlich die Systemfunktion, die hier einem Gauß-Tiefpaß mit linearer Phase entspricht.

7.4.1 Dämpfungsmessungen

Eine Dämpfungsmessung beruht auf dem Vergleich der aus einer Faser austretenden Lichtleistung P_2 mit der der Faser zugeführten Leistung P_1

$$\frac{a}{dB} = 10 \lg \frac{P_1}{P_2} \; . \tag{7.12a}$$

Um die Schwierigkeiten einer absoluten Leistungsmessung, d. h. einer Eichung des Senders und des Empfängers zu umgehen, führt man einen Vergleich der Leistungen durch, indem man ersatzweise die Einfügungsdämpfung mißt. Die Messung der Bezugsleistung erfolgt dabei durch direkten Anschluß des Empfängers an den Sender unter der Annahme, daß sie mit der von der Faser aufgenommenen Leistung P_1 identisch ist.

Während die Ankopplung der Faser an die großflächige Empfangsdiode relativ unkritisch ist und keine Justierung erfordert, muß auf die Ankopplung an die Sendediode größere Sorgfalt verwendet werden. Um Unterschiede zwischen zwei Ankopplungen zu vermeiden, arbeitet man mit der „Abschneidemethode", bei der zuerst am Faserende gemessen wird und eine zweite Messung unmittelbar am Senderausgang, d. h. bei dort abgeschnittener Faser durchgeführt wird. Die Differenz beider Messungen ist die gesuchte Dämpfung, in die nur die Unsicherheiten der Ankopplung der Empfangsdiode eingehen.

Bild 7.25 zeigt das Blockschaltbild für eine Dämpfungsmessung. Eine Laserdiode gibt rechteckmodulierte Signale ab (Lichtwellenlänge ca. 850 nm, Leistung am Fasereingang ca. 0,1 mW). Ein mit der Laserdiode integrierter oder extern angeschlossener Detektor dient zur Konstanthaltung der Lichtleistung, da diese sonst sehr stark temperaturabhängig wäre. Ein *Modenmischer* (z.B. eine an zahlreichen Stellen schwach gekrümmte Faser) erzeugt eine Vielfalt möglicher Licht-Ausbreitungsmoden, ihm folgt ein *Modenabstreifer* (z.B. ein Faserstück von einigen 100 Meter Länge); danach ist am Ausgang des Senders ein „Modengleichgewicht" erreicht.

Am Empfängereingang folgt auf die Fotodiode ein selektiver Verstärker mit Teiler und Gleichrichter sowie eine geeignete Anzeige. Die Eichung des Gerätes wird von Zeit zu Zeit durch direkten Anschluß an den Sender hergestellt. Dämpfungen bis zu etwa 50 dB sind meßbar. Eine gute Linearität der Fotodiode ist Voraussetzung für genaue Messungen.

Als „lineare" Fotodiode hat sich die in Sperrichtung vorgespannte PIN-Diode bewährt. Für den Konstantstrom (hoher Quellenwiderstand) als Folge des Lichteinfalls gilt das Gesetz $I = k \cdot P_{opt.}$ mit $k \approx 0{,}2$ bis $0{,}5$ A/W ($\lambda \approx 850$ nm). Gl. (7.12a) lautet somit:

$$\frac{a}{dB} = 10 \lg \frac{P_1}{P_2} = 10 \lg \frac{I_1}{I_2} \ . \tag{7.12b}$$

Das logarithmierte Stromverhältnis wird also mit dem *Faktor 10* multipliziert! Daraus folgt dann, daß ein optisches Leistungsverhältnis $P_1 : P_2 = 10 \triangleq 10$ dB in einem nachgeschalteten elektrischen Teiler (Bild 7.25) ebenfalls durch ein Verhältnis 10 − das sind jetzt 20 dB − ausgeglichen werden muß.

Nachteilig ist bei der PIN-Diode ihre relativ niedere Grenzfrequenz von etwa 10 bis 100 MHz. (Bei dieser ist ihre Empfindlichkeit für ein sinusförmig moduliertes Licht um 3 dB abgefallen.) Der Grenzfrequenz entspricht dann nach Gl. (3.3) eine Anstiegszeit $T_a \approx 0{,}34/B_a$ von rund 3 ... 30 ns.

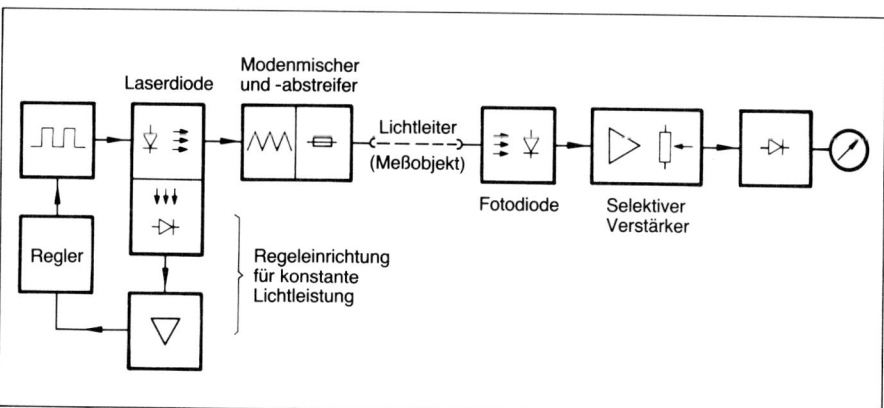

Bild 7.25: Blockschaltbild einer Dämpfungsmeßeinrichtung.

Die *Lawinenfotodiode* ist zwar für viele meßtechnische Anwendungen nicht genügend linear, besitzt aber infolge ihrer internen Stromverstärkung (Lawineneffekt) eine rund 100fache Empfindlichkeit. Außerdem ist sie wesentlich „schneller" als die PIN-Diode. (In gewissen Grenzen ist die interne Verstärkung gegen die Grenzfrequenz austauschbar, man gibt deswegen für sie ein Verstärkungs-Bandbreite-Produkt an; ein typischer Wert ist 100 GHz.) Beim Einsatz der Lawinendiode ist ihr höheres Eigenrauschen zu berücksichtigen.

Da lichtemittierende Halbleiter nicht „durchstimmbar" sind, kann mit der beschriebenen Anordnung die Dämpfung nur bei einer bestimmten Wellenlänge gemessen werden. Das ist für viele Aufgaben ausreichend. Für umfassende Dämpfungsmessungen, etwa in der Faserentwicklung, benützt man dagegen einen sogenannten *Monochromator* als Quelle. Dieser filtert aus dem weißen Spektrum einer Glühlampe mit Prismen oder Beugungsgittern einen schmalen, wählbaren Wellenlängenbereich von einigen nm aus, der praktisch als monofrequent angesehen werden kann.

Das in Abschnitt 7.4.3 erläuterte Rückstreuverfahren kann ebenfalls zur Dämpfungsmessung herangezogen werden.

7.4.2 Dispersionsmessungen

Unter dem Begriff *Dispersion* einer Faser versteht man hauptsächlich zwei physikalisch verschiedene Effekte, die sich beide elektrisch wie eine *Laufzeitverzerrung* auswirken. Die *Materialdispersion* rührt von der wellenlängenabhängigen Brechungszahl des Glases her und ist am besten bekannt von der spektralen Zerlegung des Lichtes durch ein Prisma. Dagegen hat die *Modendispersion* ihre Ursache in der unterschiedlichen Laufzeit eines Lichtstrahles, je nachdem ob dieser sich im Zentrum der Faser (direkt) oder in den Randzonen (mehrfach gebeugt) fortpflanzt. Dieser Effekt spielt demnach in einer sog. Monomodefaser keine Rolle, während die Materialdispersion beim nahezu monochromatischen Licht einer Laserdiode ohne Einfluß ist. Ein weiterer Effekt ist die sog. *Wellenleiterdispersion,* die von der Frequenzabhängigkeit der Gruppenlaufzeit in Abhängigkeit von der Geometrie des Wellenleiters herrührt. Sie ist etwa um eine Größenordnung kleiner als die beiden anderen Dispersionsarten und kann deshalb meistens vernachlässigt werden.

Die Dispersion bewirkt eine Verlängerung eines Lichtimpulses und somit eine Reduzierung der Übertragungsgeschwindigkeit entsprechend Gl. (7.10) und Bild 7.24. Wenn T_E die Halbwertsbreite am Eingang ist, und mit T_V' die Dispersionseigenschaft der Faser angegeben wird, ergibt sich die Breite T_A am Ausgang nach Durchlaufen der Länge l aus Gl. (7.11) zu

$$T_A = \sqrt{T_E^2 + (T_V' \, l)^2} \ . \tag{7.13}$$

Aus einer Messung der beiden Impulsbreiten T_E und T_A läßt sich auf T_V' zurückzurechnen[1]:

$$T_V' = \frac{1}{l} \sqrt{T_A^2 - T_E^2} \ . \tag{7.14}$$

---

[1] Bei Modendispersion ist die Konstante T_V' für eine Gradientenfaser nur bis zu einer gewissen Länge l_c (einige km) näherungsweise längenproportional; darüber ist T_V' etwa proportional $\sqrt{l}$.

Die Impulsverlängerung aufgrund der Materialdispersion, also infolge unterschiedlicher Laufzeiten für verschiedene Spektralanteile des Lichtes, ist um so ausgeprägter, je breitbandiger das Signal ist. Die Bandbreite des emittierten Lichtes beträgt, wie schon erwähnt, bei einer Laserdiode etwa $\Delta\lambda \approx 2$ nm, bei einer lichtemittierenden Diode (LED) etwa $\Delta\lambda \approx 40$ nm. Um den Einfluß der Lichtbandbreite zu berücksichtigen, gibt man dann statt der Verlängerung T'_V (z. B. in ns/km) den spezifischen Wert $T'_V/\Delta\lambda$ (z. B. in ps/(km·nm)) an.

Zur Dispersionsmessung verwendet man einen optischen Impulssender. Die Halbwertsbreite der Impulse soll möglichst klein sein, sie beträgt ca. 100 ps. Als Empfänger eignet sich nur die schnellere Lawinenfotodiode (siehe Abschnitt 7.4.1), um die tatsächliche Impulsverlängerung der Faser ohne nennenswerten Meßfehler bestimmen zu können. Die unbefriedigende Linearität der Lawinendiode kann sich vor allem beim Vergleich zweier leistungsmäßig stark verschiedener Impulse bemerkbar machen. Mit einem *optischen Dämpfungsglied* (Graufilter) läßt sich aber der Sendeimpuls zur Messung seiner Halbwertsbreite soweit dämpfen, daß die Nichtlinearität der Lawinendiode vernachlässigbar wird, wobei der Dämpfungswert selbst ohne Einfluß auf die Halbwertsbreite bleibt. Zur Messung der Impulslänge sind Abtastoszilloskope, ggf. mit besonderen Triggereinrichtungen erforderlich [7.45].

Beispiel 7.4

a) Eine Laserdiode erzeugt Impulse mit einer Halbwertsbreite $T_E = 250$ ps. Die spektrale Breite des Lichtes ist $\Delta\lambda = 2$ nm. Von der zur Übertragung verwendeten Monomodefaser ist ihre Dispersionseigenschaft (reine Materialdispersion) mit $T'_V/\Delta\lambda = 100 \frac{ps}{km \cdot nm}$ bekannt. Welche Halbwertsbreite T_A kann nach einer Länge $l = 1, 2$ und 5 km erwartet werden?

Mit $\Delta\lambda = 2$ nm erhält man $T'_V = 100 \cdot 2$ ps/km und $T_V = 200$ ps, 400 ps bzw. 1 ns. Daraus errechnet sich T_A mit Gl. (7.13) zu:

$$T_A = \sqrt{T_E^2 + (T'_V \cdot l)^2} = \sqrt{(250\ ps)^2 + (T'_V \cdot l)^2}$$

l	1	2	5 km
$T'_V \cdot l$	200	400	1000 ps
T_A	320	470	1030 ps

Infolge der Quadratsumme bestimmt praktisch der größere der beiden Summanden unter der Wurzel das Ergebnis.

b) An einer Fertigungslänge $l = 500$ m einer Gradientenfaser wurde $T_{E1} = 200$ ps und $T_{A1} = 400$ ps ermittelt. Welche maximale Schrittgeschwindigkeit (Begrenzung infolge Modendispersion) ist später bei einer Streckenlänge $l = 6$ km erreichbar, wenn die Halbwertsbreite der Sendeimpulse höchstens 300 ps sein wird?

Mit Gl. (7.14) erhält man aus den Messungen

$$T_V' = \frac{1}{0{,}5} \sqrt{400^2 - 200^2} \; \frac{ps}{km} = 693 \; ps/km$$

und daraus für die vorgesehene Streckenlänge nach (Gl. (7.13)

$$T_A = \sqrt{300^2 + (693 \cdot 6)^2} = 4170 \; ps$$

bzw. nach Gl. (7.10) sinngemäß die maximale Schrittgeschwindigkeit

$$B_F < \frac{1}{2T_A} = \frac{1}{2 \cdot 4170 \; ps} = 120 \; MBd.$$

(Die Impulsverlängerung T_V für die gesamte Länge wird wegen der Neigung zur $\sqrt{l}$-Abhängigkeit eher kleiner sein als die aus $T_V' \cdot l$ ermittelte, die Werte für T_A und B_F also günstiger.) ●

7.4.3 Methoden zur Fehlerortung

Die außerordentliche Feinheit der Faser verlangt eine häufigere Überprüfung bei der Fertigung und Verlegung. Verletzungen oder Faserbrüche sind mit bloßem Auge kaum zu erkennen. Die Prüfung auf optische Durchlässigkeit hat deshalb große Bedeutung. Besonders eignet sich die aus der Kabelmeßtechnik übernommene Zeitbereich-Reflektometrie (vgl. Abschnitt 4.6), die auch *Impulsechomethode* heißt.

Eine impulsgetastete Laserdiode sendet kurze, kräftige Lichtimpulse aus (Bild 7.26). Die Halbwertsbreite bestimmt das Auflösungsvermögen der Anordnung; ein Impuls von beispielsweise 10 ns Dauer nimmt auf der Faser bei einem Brechungsindex $n_{Glas} = \sqrt{\varepsilon_{Glas}} \approx 1{,}5$ eine Länge von ca. 2 m ein. Über eine optische Anordnung, die elektrisch wie eine Gabelschaltung oder ein Richtkoppler wirkt, verläßt der Impuls den Sende-

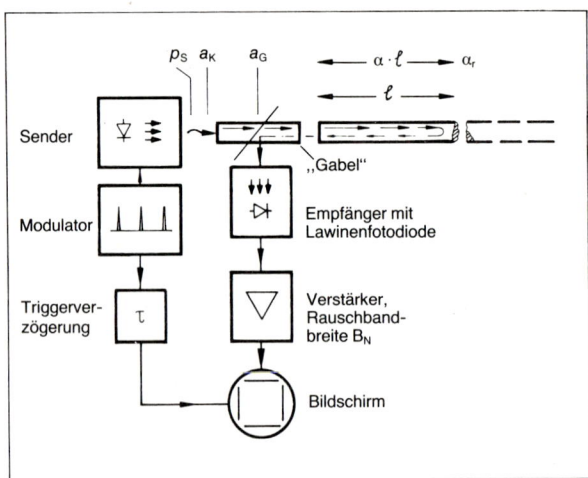

Bild 7.26: Prinzip der Fehlerortung auf Lichtleitern.

teil. In der Faser selbst erfährt er an einem Riß oder einer Unterbrechung eine Reflexion. Im günstigsten Fall, nämlich bei einem Bruch senkrecht zur Faserrichtung, ergibt sich ein Reflexionsfaktor r von

$$r = \frac{n_{\text{Glas}} - n_{\text{Luft}}}{n_{\text{Glas}} + n_{\text{Luft}}} = \frac{1,5 - 1}{1,5 + 1} = 0,2 \ . \tag{7.15}$$

Die reflektierte Leistung ist damit nur das r^2-fache der zufließenden Leistung, d.h. 4% ($\hat{=}$ 14 dB) werden reflektiert. Wirkliche, z.B. schräg verlaufende Brüche haben weit größere Reflexionsdämpfungen (20 bis 40 dB).

Diese reflektierte Leistung wird in der optischen Gabel zu einem Empfänger abgezweigt, der den Impuls nach Verstärkung auf einem Bildschirm darstellt. Aus der Zeit Δt zwischen Aussenden des Impulses (Triggerzeitpunkt) bis zum Eintreffen des reflektierten Impulses kann der Ort der Störung berechnet werden. Die Entfernung bis zur Störung ist

$$l = \frac{c}{n_{\text{Glas}}} \cdot \frac{\Delta t}{2} \quad \text{bzw.} \quad \frac{l}{\text{m}} \approx 100 \cdot \frac{\Delta t}{\mu\text{s}} \ . \tag{7.16}$$

Damit ist eine sehr genaue Bestimmung der Fehlerentfernung auf dem Lichtleiter möglich, so daß eher die Schwierigkeit besteht den zugehörigen Ort auf einer verlegten Faser zu finden.

Die Dämpfung der Faser und die Reflexionsdämpfung bestimmen zusammen mit der Sendeleistung und Empfängerempfindlichkeit die *Reichweite des Verfahrens*. Anhand von Bild 7.26 läßt sich eine Bilanz aufstellen: Der Sendepegel p_S vermindert um die Ankopplungsdämpfung a_K, die doppelte Gabel- und Faserdämpfung $2(a_G + \alpha l)$ sowie die Reflexionsdämpfung a_r muß einen optischen Pegel ergeben, der noch deutlich über dem Rauschpegel des Empfängers liegt. Man definiert dazu eine *äquivalente Lichtleistung*, engl.: *NEP* (Noise Equivalent Power), die mit der Wurzel aus der Rauschbandbreite B_N des Empfängers multipliziert eine dem Eigenrauschen entsprechende Lichtleistung ergibt [6.11].[1] Es gilt also die Ungleichung:

$$p_S - a_K - 2a_G - 2\alpha l - a_r > 10 \lg (NEP \cdot \sqrt{B_N}). \tag{7.17}$$

Die Pulsfolgefrequenz ist nach oben begrenzt durch den maximalen Entfernungsmeßbereich. Aus Gl. (7.16) folgt beispielsweise für $l \leq 5$ km und $n_{\text{Glas}} = 1,5$ eine Impulslaufzeit $\Delta t = 2l \cdot n_{\text{Glas}}/c \geq 2 \cdot 5 \cdot 1,5$ km/3.10^5 km/s $= 50$ μs; das entspricht einer höchsten Folgefrequenz von 20 kHz. Um die verfahrensbedingte gute Entfernungsauflösung voll auszunutzen, verzögert man den Triggerimpuls in einer digitalen Zählerschaltung um exakt definierte Zeiten.

Beispiel 7.5
Setzt man in Gl. (7.17) die Werte $a_K = 10$ dB, $a_G = 3$ dB, $a_r \geq 30$ dB, *NEP* für eine Lawinenfotodiode $\dot{=} -100$ dBm und (wegen der hohen zeitlichen Auflösung) $B_N =$

---

[1] Die Multiplikation mit lediglich der Wurzel aus der Rauschbandbreite beruht darauf, daß – wie schon erwähnt – Proportionalität zwischen elektrischem Rausch*strom* und optischer Rausch*leistung* besteht. Für PIN-Dioden kann man mit einer äquivalenten Lichtleistung $NEP = 10^{-12}$W/$\sqrt{\text{Hz}}$ $\hat{=}$ -90 dBm und für Lawinenfotodioden mit 10^{-13}W/$\sqrt{\text{Hz}}$ $\hat{=}$ -100 dBm rechnen, jeweils in Verbindung mit einem geeigneten Verstärker.

100 MHz ein, dann erhält man $p_S - 2\alpha l > -14$ dB. Will man bei einem Dämpfungsbelag von $\alpha = 5$ dB/km noch einen Entfernungsmeßbereich von $l = 3$ km erzielen, dann ist dafür eine Impulsspitzenleistung $p_S > -14 + 30 = 16$ dBm erforderlich. Um einen ausreichenden Rauschabstand zu erreichen, sollte die Laserdiode deshalb einen Spitzenpegel von ca. 30 dBm, d.h. 1 W Spitzenleistung erzeugen, was allein schon wegen der thermischen Belastung ein entsprechend kleines Tastverhältnis voraussetzt. ●

Das Glas zeigt im Gegensatz zu den metallischen Leitern eine diffuse Streuung, die als Rayleigh-Streuung bekannt ist. Diese verursacht u.a. die Faserdämpfung, kann aber auch zur Fehlerortsbestimmung und Dämpfungsmessung nach dem *Rückstreuverfahren* herangezogen werden [7.46 bis 7.50]. Die Anordnung ist im Prinzip dieselbe wie in Bild 7.26. Von jedem Ort der Faser wird beim Passieren des Lichtimpulses ein um etwa 50 - 60 dB unter der geführten Leistung liegender Anteil reflektiert, der nach einer Zeit $\Delta t(l)$ am Empfänger eintrifft. Stellt man die einlaufende Lichtleistung über der Zeit dar, so bekommt man wegen $\Delta t \sim l$ ein Bild der örtlichen Reflexionen längs der Leitung (Bild 7.27). Die exponentielle Abnahme der reflektierten Leistung mit der Entfernung legt eine logarithmische Darstellung nahe. Da außerordentlich kleine Leistungen verarbeitet werden müssen, muß mit einem Abtastverfahren gearbeitet werden, wobei über viele, zu jeweils gleichen Zeiten nach dem Triggerimpuls entnommene Proben integriert wird. Je mehr Proben verwendet werden, um so rauschfreier ist das Bild, um so träger ist aber auch die Darstellung, die sich bei langsamer Verschiebung des Abtastzeitpunktes ergibt. Zur Aufzeichnung ist deshalb nur ein Speicheroszilloskop oder ein XY-Schreiber geeignet.

Dieses unter dem Namen „Boxcar-Integration" bekannte Verfahren ist eine echte Korrelationsmessung nach Abschnitt 6.1 bzw. Gl. (6.14): Das System wird mit dem Sendesignal $x(t) = \delta(t)$ erregt, die gesuchte Impulsantwort $a_0(t)$ wird durch Rauschen $n(t)$ gestört, so daß das Ausgangssignal $y(t) = a_0(t) + n(t)$ ist. Ein Ausblenden von $y(t)$ durch einen um τ verzögerten Abtastimpuls $\delta(t-\tau)$ entspricht einer Multiplikation. Die erforderliche Mittelwert-

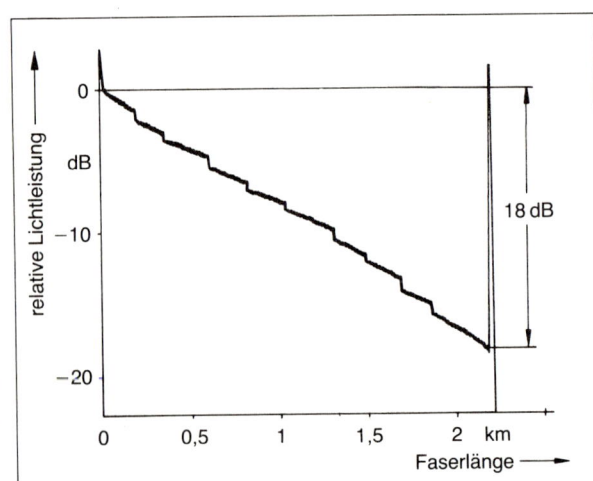

Bild 7.27: Ergebnis einer Dämpfungs- und Reflexionsmessung nach dem Rückstreu-Verfahren (nach [7.48]).

252

bildung wird in einem einfachen RC-Glied als gleitende Integration ausgeführt. Damit ist die Vorschrift von Gl. (6.14) erfüllt.

$$k_{yx}(\tau) \;=\; \overline{y(t) \cdot \delta(t\text{-}\tau)} \;=\; \overline{a_0(t) \cdot \delta(t\text{-}\tau)} \;+\; \overline{n(t) \cdot \delta(t\text{-}\tau)} \;=\; a_0(\tau) \;.$$

Die Mittelwertbildung für einen Wert $\Delta t \;=\; \tau$ muß praktisch so lange getrieben werden, bis ein genügend rauschfreies Bild erreicht ist. In Wirklichkeit verändert man τ langsam, so daß ein vollständiges Bild in der Durchlaufzeit T gewonnen wird. Das S/N-Verhältnis verbessert sich um so mehr, je größer die Durchlaufzeit T gegenüber der Zeit Δt_{max} ist.

Bild 7.27 zeigt das Ergebnis einer Rückstreumessung an einer mehrfach gespleißten Faser mit ca. 2,2 km Länge und ungefähr 18 dB Gesamtdämpfung. Die Teilabschnitte besitzen verschieden große Dämpfungen, was an den unterschiedlichen Steigungen im Bild zu erkennen ist. Das Faserende ist durch die hohe Spitze markiert, die von der Reflexion des Sendeimpulses herrührt.

7.5 Zusammenfassung

Digitale Verfahren eignen sich sowohl zur Übertragung analoger Signale als auch digitaler Informationen (Daten). Für die analogen Signale gelten dann die gleichen Qualitätsforderungen wie sie für die rein analoge Übertragung aufgestellt wurden. Der zusätzliche Einfluß der digitalen Übertragung (PCM) wird durch die Messung des *Quantisierungsgeräusches,* der *Pegelabhängigkeit der Restdämpfung* und die Messung des *Kanalruhegeräusches* erfaßt. Ein Gerät zur Bestimmung dieser analogen Größen ist in Bild 7.28 gezeigt.

Der Meßplatz enthält einen NF-Generator für Sinussignale (zwischen 200 und 3600 Hz) und Rauschsignale (350 bis 550 Hz). Relative und reduzierte Pegel sind in den gängigen Bereichen einstellbar. Der Empfänger besitzt eine selbsteinstellende Ziffernanzeige und kann folgende Messungen ausführen: Quantisierungsverzerrungen zwischen 10 und 40 dB (vgl. Abschnitt 5.4.2); dabei wird die Differenz zwischen Rauschpegel und Pegel der Verzerrungen automatisch angezeigt. Außerdem Frequenz- und Pegelabhängigkeit der Restdämpfung, ebenfalls mit automatischer Meßbereichseinstellung und schließlich Ruhegeräusch, psophometrisch bewertet bis -90 dBm0p.

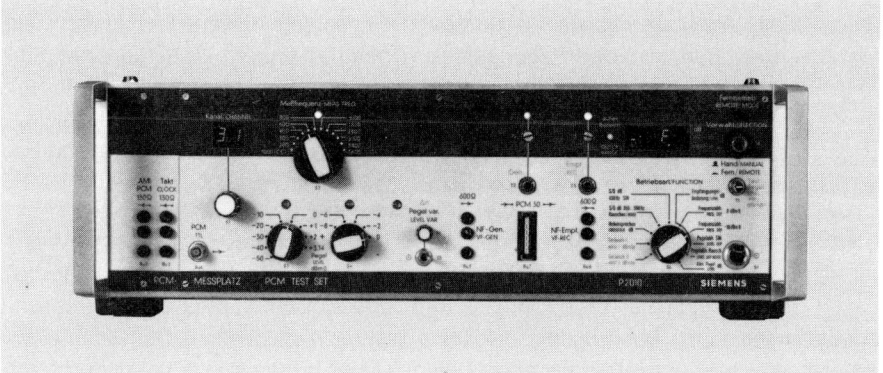

Bild 7.28: Meßplatz zur Messung in der NF-Ebene von PCM-Systemen (für Quantisierungsverzerrungen, Restdämpfung, Ruhegeräusch und Nebensprechen).

Zusätzlich enthält das Gerät einen *Digitalsignalgenerator,* mit dem PCM-Wortfolgen erzeugt werden können, die einem Pegel von 0 dBm0 und verschiedenen Frequenzen oder einem Sinuspegel von 800 Hz mit Pegeln zwischen +3,14 und −58 dBm0 entsprechen. Der damit gespeiste Kanal innerhalb eines Rahmens ist wählbar; das Signal ist bereits HDB-3-codiert.

Da derartige Messungen an den Eingängen der PCM-Multiplexgeräte der Grundsysteme in großer Zahl anfallen, ist es naheliegend, Meßgeräte zu bauen, die den Meßablauf weitgehend automatisch durchführen [7.53].

Das Qualitätsmaß für die digitale Übermittlung ist ausschließlich die *Fehlerwahrscheinlichkeit,* für die Näherungswerte aus einer Fehlerhäufigkeitsmessung gewonnen werden. Die statistische Sicherheit dieser Aussage ist nur an die Anzahl der gemessenen Bitfehler gebunden. Die Mindestzahl liegt bei 10 bis 20 Fehlern. Damit kann die Größenordnung der Fehlerwahrscheinlichkeit angegeben werden. Weiter ist dabei vorausgesetzt, daß die Fehler statistisch unabhängig verteilt auftreten und keine Bündelfehler vorliegen.

Entsprechende Messungen werden sowohl *im Betrieb* als auch *außer Betrieb* durchgeführt. Für Messungen während des Betriebes muß das Signal zusätzlich Redundanz enthalten (z.B. pseudoternäre Codierung). Die Datenübertragung verwendet *Zeichen* aus 5 bis 10 Bits oder wesentlich längere *Blöcke,* die durch zusätzlich übertragene Bits auf Richtigkeit kontrolliert und bei fehlerhafter Übertragung wiederholt werden. So ist es z.B. möglich, insgesamt eine Fehlerwahrscheinlichkeit von 10^{-12} zu erreichen, selbst wenn für die eigentliche Übertragung nur eine Wahrscheinlichkeit von 10^{-6} zugesichert wird. Bei pulscodemodulierter Sprachübertragung sind keine derartigen Maßnahmen nötig, da selbst hohe Fehlerwahrscheinlichkeiten bis 10^{-4} die Verständlichkeit kaum beeinträchtigen. Während in der Datenübertragung die Fehlerermittlung fast ausschließlich Sache der Datenendeinrichtungen ist, gibt es für PCM-Verbindungen Geräte, die die *Einhaltung der Codiervorschrift* überwachen (Codeverletzungsmesser). Außerdem ist es in den Endeinrichtungen möglich, die einwandfreie Übertragung etwa des Synchronwortes zu kontrollieren.

Die Fehlerhäufigkeitsmessung außer Betrieb wird anhand eines Bit-für-Bit-Vergleiches zwischen empfangenem Signal und dem auf der Empfangsseite reproduzierten Sendesignal durchgeführt. Bei geringer Übertragungsgeschwindigkeit verwendet man kürzere, bei hohen Geschwindigkeiten entsprechend längere Pseudozufallsfolgen.

Weitere Messungen an digitalen Übertragungseinrichtungen dienen in erster Linie dazu, die *Ursachen von Übertragungsfehlern* herauszufinden. Dazu gehören Störungen durch *Rauschen* (thermisches Rauschen oder auch Nebensprechen), dessen Momentanwert das Signal zum Abtastzeitpunkt so weit verändert, daß Fehlentscheidungen möglich werden. Rauschmessungen sind deshalb auch für digitale Übertragungsabschnitte wichtig.

Schrittverzerrungen und *Jitter* sind eine weitere Ursache für falsches Erkennen eines Bits, da sie den optimalen Abtastzeitpunkt beeinflussen. Der Jitter infolge trägerfrequenter Übertragung eines Datensignales wird vor dem Demodulator an den Phasenschwankungen eines übertragenen 1020-Hz-Testtones gemessen. Der Jitter eines PCM-Signales bzw. Verzerrungen eines Datensignales lassen sich gut oszilloskopisch beobachten. Genauer ist die Messung, die die Zeitpunkte der Flankenwechsel des regenerierten Signales heranzieht. Da für Fehler die größten Jitterwerte ausschlag-

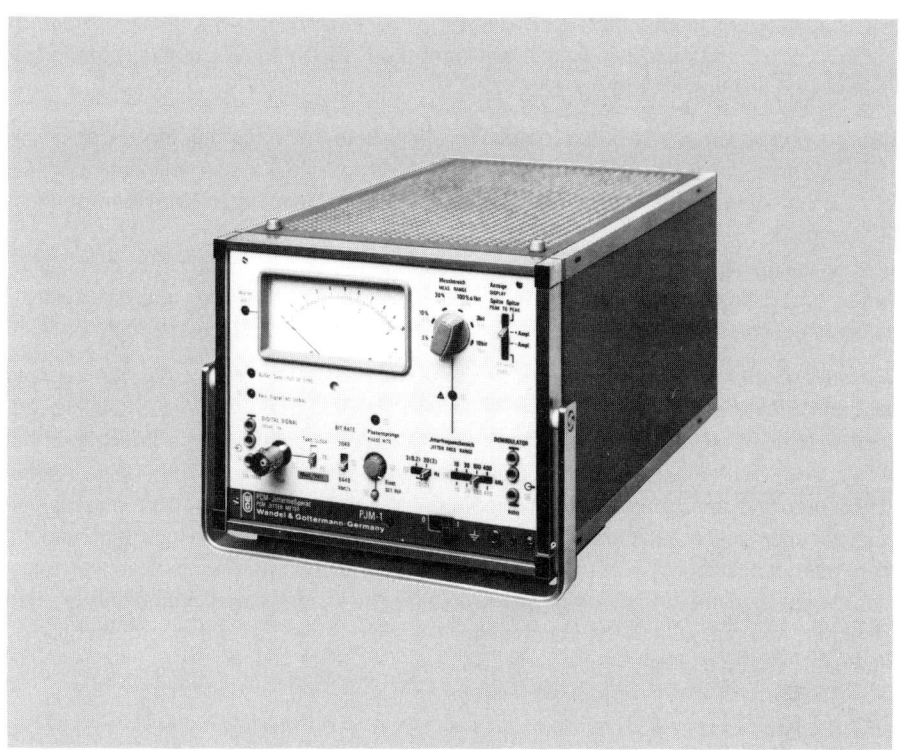

Bild 7.29: PCM-Jittermeßgerät für 2 und 8 Mbit/s. Der Meßbereich (Vollausschlag) zwischen 3% und 10 bit (1 bit = 1 Einheit = 100%) umfaßt alle vorkommenden Jitterwerte. Angezeigt wird der positive oder negative Spitzenwert bzw. der Spitze-Spitze-Wert oder auch der Effektivwert. Der ausgewertete Jitterfrequenzbereich ist zwischen 2 oder 20 Hz und 10, 30, 100 oder 400 kHz einstellbar; das phasendemodulierte Signal kann gleichfalls entnommen werden. Schließlich können Phasensprünge ab einer einstellbaren Schwelle erfaßt und (beispielsweise über einen Zähler) registriert werden.

gebend sind, wird gewöhnlich der Spitzenwert des Jitters oder auch der Spitze-Spitze-Wert gemessen. Während bei der Datenübertragung Verzerrungen in der Größenordnung der Taktdauer vorkommen, treten bei PCM-Übertragung Jitterhübe von 10 und mehr Bitbreiten (UI) auf. Deshalb hat die Messung des *Ausgangsjitters* wie der *Jitterverträglichkeit* an den Eingangsklemmen eines Anlagenteiles besondere Bedeutung. Die meßtechnische Ermittlung der *Jitterübertragungsfunktion* eines Bausteines gibt Aufschluß über seine Fähigkeit, den Jitter des Eingangssignales möglichst stark reduziert weiterzugeben. Die Unterscheidung zwischen systematischem und nichtsystematischem Jitter hat Bedeutung für die Art der *Jitterakkumulation.* Zur Untersuchung des Jitterverhaltens benötigt man einen Jittergenerator oder auch -modulator und einen Jittermesser. Ein solcher ist in Bild 7.29 dargestellt.

Die analoge oder digitale Übertragung über *Lichtleiter* bringt neben den besprochenen Meßaufgaben weitere, die sich auf die Eigenschaften der Glasfaser beziehen. Die Reichweite einer Verbindung wird entweder durch die *Dämpfung* oder die *Dispersion* der Glasfaser bestimmt. Letztere bewirkt ein Auseinanderlaufen der Impulse, wodurch die höchste Schrittgeschwindigkeit bestimmt wird. Einen Meßplatz für Dämpfungsmessungen an Glasfasern zeigt Bild 7.30.

Dispersionsmessungen werden in der Regel im Zeitbereich durchgeführt. Dabei wird die Zunahme der Pulsbreite mit Hilfe eines Abtastoszilloskopes gemessen und auf die Verbreiterung eines Dirac-Impulses umgerechnet. Messungen der Übertragungseigenschaften im Frequenzbereich werden selten durchgeführt. (Grundsätzlich könnte auch aus der Verformung eines empfangenen Impulses oder aus den Dämpfungs- und Phasenverzerrungen eines übertragenen Sinussignales auf die Systemfunktion geschlossen werden.)

Für die *Fehlerortung* auf Lichtleitern setzt man Impulsverfahren ein. Aus der Laufzeit bis zum Eintreffen des reflektierten Impulses kann auf den Ort einer Stoßstelle geschlossen werden. Da der einlaufende Impuls den doppelten Weg zurückgelegt hat und zudem die Reflexionsfaktoren nicht allzu groß sind, muß man mit hohen Impulsleistungen und sehr empfindlichen Empfängern arbeiten, um technisch interessante Längen ausmessen zu können. Das *Rückstreuverfahren* nützt die Rayleigh-Streuung der Faser aus. Dazu ist auf der Empfangsseite eine noch höhere Empfindlichkeit erforderlich, die nur mit einem Abtastverfahren erreicht werden kann. Vorteilhaft ist, daß nicht nur der unterschiedliche Dämpfungsverlauf längs der Faser sondern auch kleine Inhomogenitäten (Spleiße) gut zu erkennen sind.

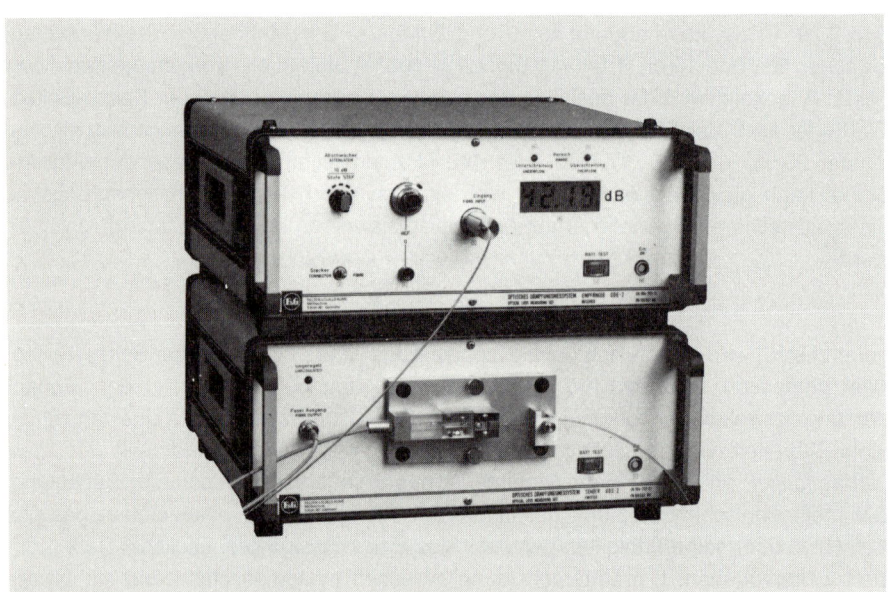

Bild 7.30: Dämpfungsmeßplatz für Lichtleiter. Der Meßplatz besteht aus dem Sender (unten) und dem Empfänger. Der Halbleiterlaser des Sendeteils erzeugt eine Rechtecksignal konstanter optischer Leistung. Der Empfänger mißt zunächst die Intensität des gesendeten und dann die des empfangenen Signales und zeigt die Dämpfung direkt in dB an. Der Meßplatz ist für eine Wellenlänge von 830 nm eingerichtet und kann Dämpfungen bis 50 dB messen.

Literaturverzeichnis

Außer in der angegebenen Literatur finden sich zahlreiche, z. T. ausführliche Gerätebeschreibungen und meßtechnische Hinweise in den Katalogen der Meßgerätehersteller, wie z. B. (in alphabetischer Reihenfolge) Hewlett-Packard, Marconi Instruments, Rohde u. Schwarz, Siemens, Schlumberger, Wandel & Goltermann.

Kapitel 0

0.1 Telekommunikationsbericht der Kommission für den Ausbau des technischen Kommunikationssystems (KtK), mit 8 Anlagebänden. Hrsg.: Bundesministerium für das Post- und Fernmeldewesen, Bonn: 1976.

0.2 Wolf, H.: Nachrichtenübertragung. Berlin, Heidelberg, New York: Springer 1974 (Hochschultext).

0.3 DIN 40 146: Begriffe der Nachrichtenübertragung. Blatt 1: Grundbegriffe, Blatt 2: Ortsbezogene Pegel, Nutzpegel, Dynamik, Meßpegel, Störpegel, Störabstand, Blatt 3: Meß- und Prüfsignale.

0.4 Wolf, H.: Lineare Systeme und Netzwerke. Korr. Nachdruck. Berlin, Heidelberg, New York: Springer 1978 (Hochschultext).

0.5 DIN 1319: Grundbegriffe der Meßtechnik. Blatt 1: Messen, Zählen, Prüfen, Blatt 2: Begriffe für die Anwendung von Meßgeräten, Blatt 3: Begriffe für die Fehler beim Messen.

0.6 Kreyszig, E.: Statistische Methoden und ihre Anwendungen. 6. Aufl. Göttingen: Vandenhoek & Ruprecht 1977.

0.7 DIN 43 745: Elektronische Meßeinrichtungen. Angabe der Betriebsgüte in Datenblättern und Normen.

0.8 (ohne Autor): Über die Angabe der Betriebsgüte elektronischer Meßeinrichtungen. Nachrichtentechn. Z. 26 (1973), K23–K24.

0.9 DIN IEC 66.22 (Entwurf 1976): Ein Schnittstellensystem für programmierbare Meßgeräte.

0.10 Klaus, J.: Wie funktioniert der IEC-Bus? Elektronik (1975) H.4, 72–78, H.5, 73–78.

0.11 Freytag, H. H.: Konzeption programmierbarer Meßgeräte mit IEC-Standard-Interface. Frequenz 30 (1976), 190–195.

0.12 Klein, P. E., Wilhelmy, H.: Der IEC-Bus. Elektronik (1977) H.10, 63–74.

0.13 Lichte, J.: Aufbau und Anwendung des IEC-Bus. Techn. Messen 46 (1979), 361–364, 431–436.

0.14 Frühauf, T.: IEC-Bus-Ratgeber. Elektronik (1980) H.8, 105–109, H.9, 80–86.

0.15 DIN 40 046: Umweltprüfungen für die Elektrotechnik (8 Teile).

0.16 VDE 0411: Bestimmungen für elektronische Meßgeräte und Regler.

0.17 VDE 0875: Regeln für die Funk-Entstörung von Geräten, Maschinen und Anlagen.

0.18 Klein, P. E.: Wie entsteht eine Norm? Elektronik (1979) H.9, 35–42; H.10, 66–70.

0.19 Wagner, S.: Zur Behandlung systematischer Fehler bei der Angabe von Meßunsicherheiten. PTB-Mitteilungen 5 (1969), 343–347.

0.20 Scherenzel, H.: Meßgenauigkeit der TF-Meßgeräte und ihre Nachprüfung. Fernmeldepraxis 56 (1979), 725–734.

0.21 Wirk, A., Thilo, H. G.: Niederfrequenz- und Mittelfrequenz-Meßtechnik für das Nachrichtengebiet. Stuttgart: Hirzel 1956.

0.22 Oliver, B. M.; Cage, J. M.: Electronic Measurements and Instrumentation. New York: McGraw-Hill 1971.

0.23 Zinke, O., Brunswig, H.: Hochfrequenz-Meßtechnik. 3. Aufl. Stuttgart: Hirzel 1959.

0.24 Kaiser, R.: Betriebsmessungen der Fernmeldetechnik (Teil 1, Übertragungstechnik). Berlin: Schiele und Schön 1972.

0.25 Bidlingmaier, M., Haag, A., Kühnemann, K.: Einheiten, Grundbegriffe, Meßverfahren der Nachrichten-Übertragungstechnik. Berlin, München: Siemens AG 1973.

0.26 Rahmig, G.: Niederfrequenz-Übertragungstechnik. Stuttgart, Berlin, Köln, Mainz: Berliner Union/Kohlhammer 1972.

0.27 German, S., Drath, P.: Handbuch der SI-Einheiten. Braunschweig und Wiesbaden: Vieweg 1979. (Insbesondere Kapitel 7, Meßtechnische Begriffe.)

0.28 Jones, W. T.: Die Zukunft der Normung im Fernmeldewesen. Elektr. Nachrichtenwesen 54 (1979), 335–344.

0.29 Bach, H. W., Feil, H. A.: Umweltbedingungen, Umweltprüfungen. Klimatische Umwelteinflüsse und Simulationsverfahren für die Erprobung technischer Produkte. Berlin u. München: Siemens AG 1979.

0.30 Wieland, H.: Meßtechnik I, Allgemeine Regeln und Durchführungen von Messungen. 2. Aufl. Hamburg: R. v. Decker/G. Schenck 1975 (Der Dienst bei der Deutschen Bundespost, Postleitfaden).

Kapitel 1

1.1 DIN 5493: Logarithmierte Größenverhältnisse (Pegel, Maße)

1.2 Zaiser, W.: Pegelangaben in der Übertragungstechnik. Nachrichtentechn. Z. 16 (1963), 137–142, 461–463.

1.3 Quintas, V.: The Decibel. Telecom. J. 41 (1974), 653–666.

1.4 Wirz, P.: 50 Jahre Dezibel. Der Elektroniker 18 (1979), H.10, S. EL 18

1.5 DIN 40148: Übertragungssysteme und Vierpole. Blatt 1: Begriffe und Größen, Blatt 2: Symmetrieeigenschaften von linearen Vierpolen und Klemmenpaaren, Blatt 3: Spezielle Dämpfungsmaße.

1.6 Jeromin, G.: Dämpfungs- und Pegelbegriffe der Fernsprech-Übertragungstechnik. Taschenb. d. Fernmeldepraxis 1976, 96–119. Berlin: Schiele u. Schön.

1.7 v. Brandt, R., Irmer, T.: Der Begriff und die Bedeutung des „Relativen Pegels" in der Nachrichtenübertragungstechnik. Nachrichtentechn. Z. 29 (1976), 377–381.

1.8 DIN 45405: Geräusch- und Fremdspannungsmesser für elektroakustische Breitbandübertragung.

1.9 Niese, H.: Vorschlag für einen Lautstärkemesser zur gehörrichtigen Anzeige von spitzenhaltigen Geräuschen bei beliebiger Schallfeldform. Hochfrequenztech. u. Elektroakustik 66 (1958), 125–139.

1.10 Manfreda, A., Rössner, K.: Geräuschspannungsmesser für Fernsprechen und Tonübertragung. Siemens Z. 42 (1968), 570–573.

1.11 Scherenzel, H.: Wobbelmeßgeräte für TF-Grundleitungen. Fernmeldepraxis 50 (1973), 538–601.

1.12 Linke, J. M.: Residual Attenuation Equalization of Broadband Systems by Generalized Transversal Networks. Proc. IEE 114 (1967), 339–348.

1.13 Veit, I.: Gleichrichtung mit Halbleiterdioden. Internat. Elektron. Rdsch. 21 (1967), 281–286.

1.14 Bennett, W. R.: Response of a Linear Rectifier to Signal and Noise. Bell Syst. Techn. J. 23 (1944), 97–109.

1.15 Meinke, H., Gundlach, F. W. (Hrsg.): Taschenbuch der Hochfrequenztechnik, Kapitel T. 3. Aufl. Berlin, Göttingen, Heidelberg: Springer 1968.

1.16 Müller, M.: Quasi-Effektivwertgleichrichtung durch Knickkennlinie. Frequenz 22 (1968), 160–167.

1.17 Krügel, L.: Abschrimwirkung von Außenleitern flexibler Koaxialkabel. Telefunken Ztg. 29 (1956), 256–266.

1.18 Jungfer, H.: Die Messung des Kopplungswiderstandes von Kabelabschirmungen bei hohen Frequenzen. Nachrichtentechn. Z. 9 (1956), 553–560.

1.19 Saleh, A. A. M: Theory of Resistive Mixers. Research Monograph No. 64. Cambridge (Mass.) u. London: The MIT-Press 1971.

1.20 Harzer, P.: Ein einfaches und relativ genaues Verfahren zum Erzeugen der Abstimmfrequenz eines Pegelmeßplatzes. Nachrichtentechn. Z. 24 (1971), 545–550.

1.21   Baghdady, E. J., Lincoln, R. N., Nelin, B. D.: Short Term Frequency Stability: Characterization, Theory and Measurement. Proc. IEEE 53 (1965), 704–722.

1.22   Cutler, L. S., Searle, C. L.: Some Aspects of the Theory and Measurement of Frequency Fluctuations in Frequency Standards. Proc. IEEE 54 (1966), 136–154.

1.23   Allan, D. W.: The Measurement of Frequency and Frequency Stability of Precision Oscillators. National Bureau of Standards, Technical Note 669, Mai 1975.

1.24   DeBella, G. B., Shewaga, W. J.: Frequency Selective Levelmeter Selection Criteria for FDM Carrier Systems. Telecommunications April 1977, 35–42.

1.25   Kartaschoff, P.: Frequency and Time. London, New York, San Francisco: Academic Press 1978.

1.26   Heydel, J.: Hochfrequenzmeßtechnik mit Spektrumsanalysatoren. Fernmelde-Praxis 51 (1974), 957–972.

1.27   Kühnlein, H., Sauer, K.: Quadratische Gleichrichtung mit hoher Empfindlichkeit. Internat. Elektron. Rdsch. (1965), 321–326.

1.28   Kayserilioglu, C.: The Noise Response of the Envelope Detector. Nachrichtentechn. Z. 25 (1972), 564–566.

1.29   Weinmann, E.: Die Grundstörungen des selektiven Pegelmessers, ihre Ursachen und ihr Einfluß auf den Meßfehler. Nachrichtentechn. Z. 29 (1976), 800–804.

1.30   Gnamm, H.: Fehler bei der Pegelmessung durch Fehlanpassung. Nachrichtentechn. Z. 22 (1969), 665–668.

1.31   Volejnik, W.: Aktive Modulatoren in der Nachrichten-Übertragungstechnik. Siemens-Z. 46 (1972), 796–800.

1.32   Smith, W. L.: Frequency and Time in Communications. Proc. IEEE 60 (1972), 589–593.

1.33   DIN 44 013: Bezugsdämpfungsmesser (Objektiver Bezugsdämpfungsmeßplatz OBDM) Aufbau und Anwendung.

1.34   Harzer, P.: Frequenzsynthese in modernen Pegelmeßplätzen. Nachrichtentechn. Z. 33 (1980), 90–94.

1.35   Spindler, W.: Messung von Pegeldifferenzen im Frequenzbereich von 300 Hz bis 200 MHz. Nachrichtentechn. Z. 22 (1969), 716–724.

1.36   Bayer, H.: Möglichkeiten zum Erhöhen der Meßgenauigkeit und zum Vereinfachen der Bedienung selektiver Pegelmesser. Nachrichtentechn. Z. 22 (1969), 235–239.

1.37   Gutzmann, F.: Zur Wahl des richtigen Wellenwiderstandes von Hochfrequenz-Kabeln. Nachrichtentechn. Z. 7 (1954), 136–139.

1.38   Blackband, W. T.: The Choice of Impedance for Coaxial Radio-Frequency Cables. Proc. IEE 102, Part B (1955), 804–814.

Kapitel 2

2.1   Wolf, H.: Über Phasen- und Gruppenlaufzeit. Nachrichtentechn. Z. 16 (1963), 457–460.

2.2   Kirschstein, F., Krieger, H.: Über die Bedeutung von Phasen- und Gruppenlaufzeit. Nachrichtentechn. Z. 11 (1958), 57–60.

2.3   Großkopf, H.: Über die Messung und Beurteilung von Phasenfehlern mit Hilfe der Gruppenlaufzeit. Nachrichtentechn. Z. 14 (1961), 545–553.

2.4   Macek, O.: Phasenmessung bei Ton- und Hochfrequenzen. Arch. Techn. Messen V 3631–10, Febr. 1961, 35–38.

2.5   Marzetta, L. A.: A High-Performance Phase-Sensitive Detector. IEEE Trans. Instrument. and Meas. IM-20 (1971), 296–301.

2.6   Nyquist, H., Brand, S.: Measurement of Phase Distortion. Bell Syst. Techn. J. 7 (1930), 522–549.

2.7   Coenning, F.: Fortschritte in der Technik der Gruppenlaufzeitmessung. Nachrichtentechn. Z. 18 (1965), 503–510.

2.8   Schröder, H., Möhrmann, K. H.: Messung der Gruppenlaufzeit von Fernsehsignalen bei trägerfrequenter Übertragung in Kabelsystemen. Frequenz 31 (1977), 232–235.

2.9   Morgenstern, G.: Gruppenlaufzeit und Impulslaufzeit. Arch. Elektr. Übertr. 25 (1971), 393–395.

2.10   Are Group Delay Time and/or Phase Delay Time Useful Parameters for Defining Low Distortion Transmission? IEEE Trans. COM-21 (1973), 1446–1448.

2.11 Cohan, V. C.: On the Usefulness of Group Delay and/or Phase Delay. Parameters for Low Distortion Transmission. IEEE Trans. COM-22 (1974), 1147–1148.

2.12 Mar, H.: Are Group Delay Time and/or Phase Delay Time Useful Parameters for Defining Low Distortion Transmission? IEEE Trans. COM-22 (1974), 1148.

2.13 Fettweis, A.: On the Significance of Group Delay in Communication Engineering. Arch. Elektr. Übertr. 31 (1977), 342–348.

2.14 Müller, M.: On the Relevance of Group Delay in Non-narrow-band Communications. Arch. Elektr. Übertr. 33 (1979), 177–184.

2.15 Müller, M.: Zum Thema Phasen- und Gruppenlaufzeit. Nachrichtentechn. Z. 17 (1964), 257–259.

2.16 Müller, M.: Signal delay. IEEE Trans. COM-23 (1975), 1375–1378.

2.17 Müller, M.: Einhundert Jahre „Gruppenlaufzeit". Nachrichten-Elektronik 30 (1976) 29–30.

2.18 Hoffmann, G.: Gruppenlaufzeit und Signallaufzeit. Nachrichten-Elektronik 30 (1976), 119–120.

2.19 Hoffmann, G.: Zur Problematik Gruppenlaufzeit – Signallaufzeit. Nachrichtentechn. Z. 29 (1976), 443–444.

2.20 Müller, M.: Gruppenlaufzeit und Signallaufzeit. Nachrichten-Elektronik 30 (1976), 221–222.

Kapitel 3

3.1 Fürsatz, M., Federspiel, H., Seifert, F.: Impedanz- und Übertragungsmessung durch rechnergestützte Analyse des Einschwingverhaltens. Arch. Elektr. Übertr. 30 (1976), 421–428.

3.2 Berg, R.: Waveform Parameter Measurements Using the Microprocessor Controlled Oscilloscope 1722 A. Hewlett-Packard Appl. Note 185 (Dec. 1974).

3.3 Wolf, H.: Über den Zusammenhang zwischen Bandbreite und Anstiegszeit. Elektronik 12 (1963), 303–308 mit Berichtigung Elektronik 13 (1964), 22.

3.4 Czech, J.: Oszillografen-Meßtechnik. Berlin: Verl. f. Radio-Foto-Kinotechnik 1965.

3.5 Carter, H., Schanz, G. W.: Kleine Oszillographenlehre. Hamburg: Deutsche Philips GmbH 1976 (Philips Fachbücher).

3.6 van Erk, R.: Oscilloscopes, Functional Operation and Measuring Examples. New York: McGraw-Hill 1978.

3.7 Lipinski, K.: Das Oszilloskop, Funktion und Anwendung. Berlin: VDE-Verlag 1978.

3.8 Klein, P. E.: Das Oszilloskop. München: Franzis 1979.

3.9 DIN 43 740: Angabe der Eigenschaften von Elektronenstrahl-Oszilloskopen. Teil 1 (IEC 351.1) Normaloszilloskope, Teil 2 (IEC 351.2) Speicheroszilloskope.

3.10 Klein, P. E.: Oszilloskope der Mittelklasse. Elektronik (1975) H.11, 76–82.

3.11 Bell, R. A.: Principles of Cathode Ray Tubes, Phosphors and High Speed Oscillography. Hewlett-Packard Appl. Note 115.

3.12 Russel, M. E.: Factors in Designing a Large Screen Wide Band CRT. Hewlett-Packard J. Dec. 1967.

3.13 Orwiller, B.: Oscilloscope Vertical Amplifiers. Beaverton/Oregon: Tektronix 1969 (Circuit Concepts Book).

3.14 Weber, J.: Oscilloscope Probe Circuits. Beaverton/Oregon: Tektronix 1969 (Circuit Concepts Book).

3.15 Lipinski, K.: Speicherverfahren in Oszillografenröhren. Intern. Elektron. Rdsch. 26 (1972), 259–264.

3.16 van Harrison: An Easier-To-Use Variable-Persistence-Storage Oscilloscope with Brighter Sharper Traces. Hewlett-Packard J. Sept. 1976, 2–8.

3.17 Dolch, V.: Oszilloskop-Zusatzgerät ermöglicht Trigger-Verzögerung nach Zeit und Ereignis. Elektronik (1976) H.11, 115–117.

3.18 Quick, P.: Transientenrekorder. Elektronik-Praxis (1977) H.10.

3.19 IEC 548: Expression of the Properties of Sampling Oscilloscopes.

3.20 Mulvey, J.: Sampling Oscilloscope Circuits. Beaverton/Oregon: Tektronix 1970 (Circuit Concepts Book).

3.21 Buhr, V.: Prüfzeilen im Fernseh-Übertragunsbetrieb. Taschenb. der Fernmelde-Praxis. Berlin: Schiele u. Schön 1973, 430–455.

3.22 Santoni, A.: Needed for Logic Testing: A New Breed of Instruments. Electronics 48 (1975), H.18, 88–93.

3.23 Dolch, V.: Logikanalyse – Gerätetechnik und Anwendungen. Elektronik (1978) H.3, 40–46.

3.24 Pedrini, A., Lipinski, K.: Der rechnergesteuerte Oszillograf. Elektronik (1973) H.8, 271–276.

3.25 Baumann, T.: Mikroprozessor als Oszilloskop-Baustein. Nachrichtentechn. Z. 28 (1975) H.8, K302–K305.

3.26 Lipinski, K.: Die Einblendung alphanumerischer Zeichen in Oszillografenröhren. Elektronik (1972) H.1, 3–7.

3.27 Springer, H.: 1 GHz at 10 mV in a General Purpose Plug-in Oscilloscope. Tekscope (Tektronix Inc.) 11 (1979) H.1, 3–8.

3.28 Aufrecht, D.: An Intelligent Programmable Transient Digitizer. Tekscope (Tektronix Inc.) 11 (1979) H.1, 9–13.

Kapitel 4

4.1 Illgen, M., Böhm, K.: Der Einfluß von Oberschwingungen in Drehstromanlagen auf Funktionssicherheit und Übertragungsqualität in Fernmeldeanlagen. Der Fernmelde-Ingenieur 34 (1980) H.6, 1–30.

4.2 IEC 268–3: Sound System Amplifiers (1969).

4.3 DIN 45 404: Messung der Unsymmetrie elektroakustischer Geräte; Erdunsymmetrie.

4.4 Küpfmüller, K.: Einführung in die theoretische Elektrotechnik. 10. Aufl. Berlin, Heidelberg, New York: Springer 1973.

4.5 Klein, W.: Die Definition der Betriebsdämpfung und der Streumatrix bei komplexen Abschlußwiderständen. Arch. Elektr. Übertr. 22 (1968), 567–571.

4.6 Montgomery, C. G., Dicke, R. H., Purcell, E. M.: Principles of Microwave Circuits. New York: McGraw-Hill 1948.

4.7 Carlin, H. J.: The Scattering Matrix in Network Theory. Trans. IRE CT-3 (1956), 88–97.

4.8 Schuon, E., Wolf, H.: Die Darstellung von Mehrpolen durch die Streumatrix. Nachrichtentechn. Z. 12 (1959), 361–366 und 408–415.

4.9 Groll, H.: Mikrowellenmeßtechnik. Braunschweig: Vieweg 1969.

4.10 Deschamps, G. A.: Determination of the Reflection Coefficients and Insertion Loss of a Waveguide Junction. J. of Appl. Physics 24 (1953), 1046–1050.

4.11 Wolf, H.: Zur Theorie des Reflektometers. Arch. Elektr. Übertr. 8 (1954), 505–512.

4.12 Wolf, H.: Anwendung der Theorie des Reflektometers. Arch. Elektr. Übertr. 9 (1955), 221–227.

4.13 Wolf, H.: Gekoppelte Hochfrequenzleitungen als Richtkoppler. Nachrichtentechn. Z. 9 (1956), 375–382.

4.14 Strickland, J. A.: Time Domain Reflectometry. Beaverton/Oregon: Tektronix 1970.

4.15 Fricke, H. W.: Zeitbereich-Reflektometrie. Messen und Prüfen. Febr. 1970. S. 105–112.

4.16 Knorr, S.: Zeitbereich-Reflektometrie in der Impulsmeßtechnik. Elektronik (1969) H.3, 75–79.

4.17 Bauer, H. G., Weißker, F.: Die Fehlerortung an Fernsprechleitungen mit dem Echographen. Nachrichtentechn. Z. 12 (1959), 41–52.

4.18 Schlüter, K.: Der Reflektomat, ein Impulsecho-Meßgerät für Koaxialkabel. Siemens Z. (1964), 296–298.

4.19 Rietz, W.: Hochohm-Fehlerortung an Nachrichtenkabeln. Nachrichtentechn. Z. 32 (1979), 448–450.

4.20 Mayr, K., Wendl, H.: Verbesserte Fehlerortung von Hochohmfehlern an Fernmeldekabeln. Nachrichtentechn. Z. 33 (1980), 95–99.

4.21 Jenik, F.: Über die Bestimmung der Wellenwiderstände kurzer Leitungen mit dem Impulsreflektometer. Nachrichtentechn. Z. 20 (1967), 566–570.

Kaptiel 5

5.1 Ebenhöh, P.: Übertragungseigenschaften quasilinearer Vierpole. Frequenz 29 (1975), 227–235.

5.2 Butterweck, H.–J.: Frequenzabhängige nichtlineare Übertragungssysteme. Arch. Elektr. Übertr. 21 (1967), 239–254.

5.3 Bedrosian, E., Rice, S. O.: The Output Properties of Volterra Systems (Nonlinear Systems with Memory) Driven by Harmonic and Gaussian Inputs. Proc. IEEE 59 (1971), 1688–1707.

5.4 Feldtkeller, R., Wolman, W.: Fastlineare Netzwerke. Telegraphen- u. Fernsprechtechnik (1931), 168–171 und 242–248.

5.5 Simons, K. A.: The Decibel Relationships between Amplifier Distortion Products. Proc. IEEE 58 (1970), 1071–1086.

5.6 Members of the Techn. Staff Bell Telephone Lab.: Transmission Systems for Communications. Winston-Salem N. C.: Bell Telephone Lab. Inc. 1970.

5.7 Steinbuch, K., Marko, H.: Ein Beitrag zur Frage des Additionsgesetzes des Klirrgeräusches in Weitverkehrssystemen. Nachrichtentechn. Z. 8 (1955), 71–78.

5.8 Seidel, V.: Der Einfluß höherer Kennlinienpotenzen auf die Meßergebnisse bei Differenzfrequenz- und Klirrdämpfungsmessungen. Fernmeldetechnik 11 (1971), 166–170.

5.9 DIN 45403: Messung von nichtlinearen Verzerrungen in der Elektroakustik. Blatt 1: Begriffe, Meßverfahren, Anwendung und Bewertung. Blatt 2: Klirrfaktorverfahren. Blatt 3: Differenztonverfahren. Blatt 4: Intermodulationsverfahren.

5.10 Bell Syst. Data Communications Technical Reference: Transmission Parameters Affecting Voiceband Data Transmission Measuring Techniques. PUB 41 009, AT & T Comp. 1975.

5.11 DIN 45004: Meßverfahren für Antennenverstärker für Ton- und Fernsehrundfunkanlagen im Frequenzbereich von 0,1 bis 1000 MHz.

5.12 Pooch, H., Köhler, K., Gräbner, H.-J.: Richtfunktechnik (Kap. 11). Berlin: Schiele u. Schön 1974.

5.13 Müller, M.: Die Zeigermethode, ein anschauliches Verfahren zur Behandlung von Verzerrungen der Kleinhub-FM mit Anwendung auf FM-Richtfunk. Arch. Elektr. Übertr. 16 (1962), 25–35 und 93–99.

5.14 Müller, M.: Zum Problem der Messung von Übertragungseigenschaften bei Systemen mit Kleinhub-FM. Nachrichtentechn. Z. 19 (1966), 147–155.

5.15 Dick, R.: Die Erkennbarkeit von Fehlern im Übertragungsweg von FM-Signalen mit Hilfe moderner Verzerrungsmeßgeräte. Frequenz 25 (1971), 373–381.

5.16 Weaver, L. E.: Television Video Transmission Measurements (Kap. 4). St. Albans (UK): Marconi Instruments 1977.

5.17 Holbrook, B. D., Dixon, J. T.: Load Rating Theory for Multichannel Amplifiers. Bell Syst. Techn. J. 18 (1939), 624–644.

5.18 de Boer, J., Hooijkamp, C.: The Required Load Capacity of FDM Multi-Channel Amplifiers. Philips Telecom. Rev. 36 (1978), 225–242.

5.19 Fischer, G.,Rasch, J.: Die bei Fernsprech- und Rundfunkübertragung auftretenden elektrischen Leistungen unter Berücksichtigung von Preemphase und Kompander. Nachrichtentechn. Z. 18 (1965), 205–209.

5.20 White, R. W., Whyte, J. S.: Equipment for Measurement of Interchannel Crosstalk and Noise on Broadband Multichannel Systems. The Post Office Electr. Engrs. J. 48 (1955), Part 3, 127.

5.21 Rexroth, G.: Rauschklirrmessungen an TF-Grundleitungen. Taschenb. d. Fernmeldepraxis 1979. Berlin: Schiele u. Schön.

5.22 Oliver, W.: Die Belegung von Vielkanal-Weitverkehrsanlagen mit weißem Rauschen. Arch. techn. Messen, Blatt V 3714 (Okt. 1969).

5.23 Tant, M. J.: Multichannel Communication Systems und White Noise Testing. St.Albans (UK): Marconi Instruments Inc. 1974.

5.24 Heidenreich, K.-H.: Der Rauschklirr-Belastungsversuch – Darstellung und Auswertung der Ergebnisse. Nachrichtentechn. Z. 27 (1974), 457–463.

5.25 Hessenmüller, H., Schuon, E.: Rauschklirrmessungen an PCM-Systemen. Frequenz 26 (1972), 118–123.

5.26 Marko, H.: Die Berechnung der Klirrfaktoren und des Klirrgeräusches für die verschiedenen Verzerrungsarten bei Vielkanal-Richtfunksystemen mit Frequenzmodulation. Nachrichtentechn. Z. 10 (1957), 450–457.

Kapitel 6

6.1 Rice, S. O.: Mathematical Analysis of Random Noise. Bell Syst. Techn. J. 23 (1944), 282–332 und 24 (1945), 46–156.

6.2 Bittel, H., Storm, L.: Rauschen. Berlin, Heidelberg, New York: Springer 1971.

6.3 Beneking, H.: Praxis des elektronischen Rauschens. Mannheim, Wien, Zürich: Bibliographisches Institut 1971.

6.4 van der Ziel, A.: Noise. Sources, Characterization, Measurement. Englewood Cliffs N. J.: Prentice-Hall 1970.

6.5 Telefunken Laborbuch, Band II S. 67 ff, Band III S. 117 ff. Ulm: Telefunken AG 1969 bzw. 1963.

6.6 Rothe, H. Dahlke, W.: Theorie rauschender Vierpole. Arch. Elektr. Übertr. 9 (1955), 117–121 und Rothe, H. (Herausgeber): Theorie rauschender Vierpole und deren Anwendung. Telefunkenröhre, H. 33, Okt. 1956.

6.7 Bendat, J. S., Piersol, A. G.: Random Data: Analysis and Measurement Procedures. New York, London, Sydney, Toronto: Wiley-Interscience 1971.

6.8 Broderick, P.: Noise Measurements with Electronic Voltmeters. Marconi Instrumentation 10 (1965), 18–22.

6.9 Lange, F. H.: Korrelationselektronik. 2. Aufl. Berlin: VEB-Verlag Technik.

6.10 Mumford, W. W., Scheibe, E. H.: Noise, Performance Factors in Communication Systems. Dedham, Mass.: Horizon House – Microwave Inc. 1968.

6.11 Müller, R.: Rauschen. Berlin, Heidelberg, New York: Springer 1979.

Kapitel 7

7.1 NTG-Empfehlung 1202: Begriffe der Telegrafentechnik und der Telegrafie-Endeinrichtungen für Datenübertragung; 1971.

7.2 DIN 44 302: Begriffe der Datenübertragung und -übermittlung.

7.3 Irmer, T., Kersten, R., Schweizer, L.: Begriffe der Digitalübertragungstechnik. Frequenz 32 (1978), 241–245, 269–272., 297–302.

7.4 Bocker, P.: Datenübertragung Bd. 1 u. 2. Berlin, Heidelberg, New York: Springer 1976 u. 1977.

7.5 Bacher, W., Brunow, D., Schierenbeck, F.: Datenübertragung, Eigenschaften der Verbindungswege, Technik und Geräte. München: Siemens AG 1978.

7.6 Kraus, G.: Einführung in die Datenübertragung. München: Oldenbourg 1978.

7.7 Beiheft „Digital-Übertragungstechnik". Telcom Report 2 (1979). Berlin u. München: Siemens AG.

7.8 Marko, H., Heidner, D.: Ein Meßplatz zur Prüfung von Datenübertragungssystemen. Nachrichtentechn. Z. 22 (1969), 78–84.

7.9 Sethy, A.: Stand der Prüftechnik datenübertragungstechnischer Geräte für Ortsleitungen. Frequenz 33 (1979), 231–235.

7.10 Ochel, G.: Spezielle Meßverfahren und Meßgeräte für analoge Datenübertragungswege. Taschenb. d. Fernmeldepraxis. Berlin: Schiele u. Schön 1980.

7.11 Lubarsky, A.: A Digital Method of Measuring Phase-Jitter. IEEE Trans. COM-19 (1971), 736–737.

7.12 Krietemeyer, H.: Messung zeitabhängiger Phasenschwankungen an den Datenübertragungsleitungen. Fernmelde-Praxis 48 (1971), 223–231.

7.13 Peterson, W. W.: Prüfbare und korrigierbare Codes. München: Oldenbourg 1967.

7.14 Swoboda, J.: Ein statistisches Modell für die Fehler bei binärer Datenübertragung auf Fernsprechleitungen. Arch. Elektr. Übertr. 23 (1969), 313–322.

7.15 Pangratz, H.: Ein Generator zur Nachbildung der auf Datenleitungen auftretenden Büschelstörungen. Nachrichtentechn. Z. 25 (1972), 253–258.

7.16   Müller, K.: Simulation büschelartiger Störimpulse. Nachrichtentechn. Z. 21 (1968), 688–692.

7.17   Göldner, R.: Eine Abschätzung für gemessene Bitfehlerraten. Nachrichtentechn. Z. 23 (1970), 462–463.

7.18   Wellhausen, H. W., Martin, D.: Fehlerhäufigkeitsmessungen. Nachrichtentechn. Z. 24 (1971), 553–600.

7.19   Müller, P., Neumann, P., Storm, R.: Tafeln der mathematischen Statistik. München: Hanser 1977.

7.20   Graf, U., Henning, H. J., Stange, K.: Formeln und Tabellen der mathematischen Statistik. 2. Aufl. Berlin, Heidelberg New York: Springer 1966.

7.21   Horak, W.: Verzerrungen und Fehler bei Wechselstromtelegraphie. Nachrichtentechn. Z. 23 (1970), 412–420.

7.22   DIN 66 020, Teil 1: Datenübertragung; Anforderungen an die Schnittstelle bei Übergabe bipolarer Datensignale, Übertragungsgeschwindigkeiten bis 20 kbit/s.

7.23   Kersten, R., Schweizer, L., Pospischil, R.: Meßtechnik für Pulscode-Modulationssysteme. Teil I bis III. Arch. Techn. Messen, Blatt V 3718–7, –8, –9.

7.24   Sommer, J.: Neue PCM-Meßgeräte (Meßgeräte für die Nachrichtentechnik Bd. 1). Berlin: Schiele u. Schön 1979.

7.25   Capecchiacci, G. G., Molinari, A. M.: Accuracy Assignment and Separated Performance Measurement in the Transmitting and Receiving Ends of PCM Multiplexers. Alta Frequenza XLIV (1975), 57-3E bis 65-11E.

7.26   Fahrenholz, J., Wellhausen, H. W., Martin, D.: Eigenschaften von Codes für codetransparente digitale Übertragungsstrecken. Ber. d. Forschungsinst. des FTZ, 44 TBr 35, Okt. 1972.

7.27   Appel, U., Tröndle, K.: Zusammenstellung und Gruppierung verschiedener Codes für die Übertragung digitaler Signale. Nachrichtentechn. Z. 23 (1970), 11–16.

7.28   Buchner, J. B.: Ternary Line Codes. Philips Telecom. Rev. 34 (1976), 72–86.

7.29   Jessop, A., Waters, D. B.: 4B/3T, an Efficient Code for PCM Coaxial Line Systems. 17th Intern. Scient. Congr. on Electronics, Rome 1970, B–6 2., 276–283.

7.30   Bertelsmeier, M.: Blockcodes für digitale Signalübertragung – Vergleich einiger 4B/3T-Blockcodes. NTG-Fachberichte 64, 123–127.

7.31   Tröndle, K., Söder, G., Lutz, E.: Entstehung des Phasenjitters in regenerativen, digitalen Übertragungssystemen und seine statistischen Kenngrößen. Nachrichtentechn. Z. 31 (1978), 613–614.

7.32   Cattermole, K, W.: Principles of Pulse Code Modulation. London: Iliffe 1969.

7.33   Klink, D.: Meßtechnik an PCM 30-Systemen. Taschenbuch der Fernmeldepraxis 1978, S. 363–408. Berlin: Schiele u. Schön.

7.34   Kühne, F.: Eigenjitter von Positiv-Null-Negativ-Stopfsystemen mit digitaler Taktrückgewinnung. Frequenz 33 (1979), 352–356.

7.35   Wenzel, R.: Phasenjitter auf digitalen Verbindungen. TEKADE Techn. Mitt. 1979, 38–43.

7.36   Kohlschmidt, R.: Zur Jitterakkumulation in PCM-Übertragungsstrecken. Fernmeldetechnik 12 (1972), 154–156.

7.37   Lutz, E., Söder, G., Tröndle, K.: Einfluß des Impulsformers und der Taktrückgewinnungsschaltung auf die Akkumulation des Phasenjitters. NTG-Fachberichte 65, 382–387.

7.38   Tröndle, K., Söder, G., Lutz, E.: Akkumulation des Phasenjitters in regenerativen digitalen Übertragungssystemen. Arch. Elektr. Übertr. 32 (1978), 341–349.

7.39   Unger, H. G.: Optische Nachrichtentechnik. Berlin: Elitera 1976.

7.40   Fußgänger, K., Matt, H. J.: Stand der optischen Übertragungstechnik. Nachrichten Elektronik 1978, 249–252, 295–298.

7.41   Gruß, R.: Nachrichtenübertragung mit Lichtwellenleitern. Der Fernmeldeingenieur 33 (1979), H.8 und H.10.

7.42   Rittich, D., Meinighaus, W.: Meßgeräte für die optische Nachrichtentechnik. Frequenz 32 (1978), 350–356.

7.43   Schlachetzky, A., Müller, J.: Photodiodes for Optical Cummunication. Frequenz 33 (1979), 285–290.

7.44   Wiesmann, T.: Comparison of the Noise Properties of Receiving Amplifiers for Digital Optical Transmission Systems up to 300 Mbit/s. Frequenz 32 (1978), 340–346.

7.45   Filter, H. J., Kersten, R. T.: Digitale Verzögerungsschaltungen zum Einsatz bei Messungen an Lichtleitfasern. Elektronik 1980 H.12, 87–91.

7.46 Barnoski, M. K., Jensen, S. M.: Fiber Waveguides: A Novel Technique for Investigating Attenuation Characteristics. Applied Optics 15 (1976), 2112–2115.

7.47 Personick, S. D.: Photon Probe – an Optical Fiber Time-Domain Reflectometer. Bell Syst. Techn. J. 56 (1977), 355–366.

7.48 Rode, M., Weidel, E.: Ein Rückstreuverfahren zur Untersuchung von Lichtleitfasern. Nachrichtentechn. Z. 31 (1978), 144–146.

7.49 Schlang, P.: Dämpfungsmessungen an optischen Fasern. Nachrichtentechn. Z. 33 (1980), 30–31.

7.50 Schicketanz, D.: Theorie der Rückstreumessung bei Glasfasern. Siemens Forschungs- u. Entwicklungsber. 9 (1980), 242–248.

7.51 Coenning, F.: Meßgeräte für die Datenübertragungstechnik. Elektrotechnik u. Maschinenbau 95 (1977), H.2.

7.52 Heinrich, W.: Phasenjitter bei analoger Nachrichtenübertragung – Beschreibung, Ursachen und Messung. Fernmelde-Praxis 52 (1975), 469–478.

7.53 Amann, B., Schuon, E.: Ein Kleinautomat für Messungen an PCM-Fernsprechkanälen. Fernmelde-Praxis 55 (1978), 479–494.

7.54 Damm, R.: Schnittstellenfestlegungen in der Datenübertragungstechnik. Taschenbuch der Fernmeldepraxis 1979, S. 237–275. Berlin: Schiele u. Schön.

Bildnachweis

Die nachstehend aufgeführten Fotos wurden uns in dankenswerter Weise zur Wiedergabe überlassen: Elcom GmbH: Bild 4.22; Felten u. Guilleaume Carlswerk AG: Bild 7.30; Hewlett-Packard GmbH: Bilder 2.11 u. 5.15; Rohde u. Schwarz GmbH & Co KG: Bild 1.31; Siemens AG: Bilder 1.30, 7.10, 7.28; Wandel & Goltermann GmbH & Co: Bilder 1.32, 2.12, 4.20, 4.21, 5.16, 5.17, 7.16, 7.29; Institut für Nachrichtensysteme der Universität Karlsruhe: Bilder 3.10 bis 3.12 und 6.5 bis 6.11.

Sachverzeichnis